• 추천의 말 •

우리가 듣는 것이 우리의 존재를 만든다는 사실을 아름답고 매혹적이고 명료하게 밝혀낸 최고의 책. 이 책이 끝나는 것이 얼마나 아쉬웠는지 모른다.
_매리언 울프, 《다시, 책으로》《책 읽는 뇌》저자

오로지 크라우스만이 쓸 수 있는 책이며 모두가 읽어야 하는 책. 읽고 나면 소리적 경험에 대한 생각이 바뀌 ~~~~~~~~~~~ 것이다. 배경소음과 일상의 소리부터 ~~~~~~~~~~~ 아름답게 서술한다.
_~~~~~~~~~~~~ 《음악인류》저자

눈을 감고 보지 않 ~~~~~~~~~~~~~~ 않아도, 우리는 듣는다. 듣기에는 결코 멈춤이 ~~~~ 그래서 우리와 소리의 관계는 복잡하다. 뇌는 소리를 거르고 선별하고 볼륨을 올렸다 낮추며 의미와 생생한 기억을 만든다. 소리에 관한 책으로, 소리가 우리에게 갖는 의미를 다룬 책으로 이보다 뛰어난 것은 보지 못했다.
_칼 사피나, 《소리와 몸짓》저자

크라우스만큼 소리가 세상에서 행하는 역할을 이해하려고 애쓰는 사람도 없다. 그녀는 소리가, 특히 음악이 우리의 존재를 규정하는 다른 모든 것들과 뇌에서 긴밀하게 얽혀 있음을 보여준다. 어떻게 해로울 수 있는지, 어떻게 치유할 수 있는지 보여준다. 나는 이런 책을 본 적이 없다.
_이언 맥길크리스트, 《주인과 심부름꾼》저자

음악가이거나 우리 몸이 어떻게 작동하는지에 관심 있는 사람, 또는 두 가지 모두에 해당한다면 반드시 읽어야 할 책. 당신의 장바구니에 이 책을 반드시 넣을 것. 실망하지 않을 것이다.
_〈스켑틱〉

크라우스의 가장 큰 업적은 보이지 않는 것을 보이게 하고, 말을 매개로 한 공기의 진동을 생생하게 표현하며, 우리가 잠시 멈춰 귀 기울이도록 일깨워준다는 것이다.
_〈월스트리트저널〉

소리의 마음들

우리가 저마다 소리를
유일무이하게 받아들이는
과정에 대한 과학적 탐구

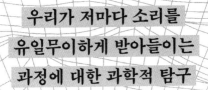

OF
SOUND
MIND

소리의 마음들

니나 크라우스 지음
장호연 옮김

위즈덤하우스

마이키, 러셀, 닉, 마셜에게

차례

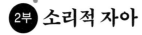

2부 소리적 자아

일러두기

• 맞춤법과 외래어 표기는 국립국어원 한글 맞춤법과 외래어 표기법을 따랐으나, 일부 관례로 굳어진 인명, 지명 등은 예외를 두었다.

• 국내 번역 출간된 책은 한국어판 제목으로 표기했으며, 미출간 도서는 원어를 병기했다.

들어가며

소리 마음:
소리와 뇌의 협업 관계

(((과소평가되는 소리와 청각)))

소리가 전혀 존재하지 않는 환경은 드물다. 소리가 없다고 하는 방음실이 있지만, 그곳에 서면 자신의 몸에서 나는 자그마한 소리들을 곧바로 알아차리게 될 것이다. 몸의 무게를 한 발에서 다른 발로 옮길 때 옷자락이 부스럭거리는 소리, 숨 쉬는 소리, 심장이 뛰는 소리, 고개를 돌릴 때 목이 삐걱대는 소리, 혀가 앞니 뒤쪽을 부드럽게 쓸어내리는 소리, 배에서 우르릉거리는 소리. 이렇듯 소리는 우리를 둘러싼 모든 곳에 있다. 눈에 보이지 않지만 결코 피할 수 없다.

우리의 청각은 항상 '켜진' 채로 있다. 눈을 감듯 귀를 닫을 수는 없다. 하지만 우리는 중요하지 않은 소리를 무시하고 우리의 의식 뒤편으로 밀어둘 수 있다. 다른 어떤 감각보다도 이런 일을 잘한다. 소리가 갑자기 사라지고 나서야 소리를 인식하고 있었음을 알아차린 적이 다들 있을 것이다. 냉장고 스위치가 꺼질 때, 근처에 있던 공회전 트럭의 엔진이 멈출 때, 혹은 아래층에서 누군가가 텔레비전을 끌 때 이런 경험을 하게 된다. 피할 수 없는 소리, 소리를 밀어두는 우리의 능력, 이 두 가지가 엮이면서 소리와 우리의 관계는 복잡한 것이 된다. 소리는 우리의 일차적인 소통 수단이며, 그런 만큼 사람에 기대어 살아가는 우리 존재의 핵심에 놓인다. 하지만 청각은 당연하게 여겨질 때가 많다. 대다수 사람들이 청각과 시각 중에 하나를 고르는 딜레마에 마주하여 시각의 손을 들어준다. 왜냐하면 침묵 속에서 살아가는 상황은 상상할 수 있지만 어둠과 더불어 사는 것은 그럴 수 없기 때문이다. 소리는 중요성을 제대로 인정받지 못하고 있다. 청각은 과소평가되는 감각이다.

나는 어려서부터 소리에 관심이 많았다. 어머니가 피아니스트여서 음악을 들으며 자랐다. 아이였을 때 내가 가장 좋아했던 곳은 피아노 밑이었다. 장난감을 그곳에 가지고 가서 놀 때면 바흐와 쇼팽, 스크랴빈의 음악이 흘러나왔다. 게다가 나는 한 가지 이상의 언어로 말하는 집안에서 자랐다. 뉴욕과 어머니의 고향인 이탈리아 트리에스테를 오가면서 자랐다. 그 덕분에 두 나라에 친구들과 가족이 있으며 두 언어 모두 능숙하게 할 줄 안다. 어린 시절 언어와 음악을 이렇게 접한 경험은 내게 큰 영향을 미쳤다. 오랜 세월이 흘러 내가 신경과학자와 대학 교수가 되어 '말과 음악의 생물학적 기초'라는 수업을 하게 된 것도 그런 영향일 것이다. 그 수업과 이 책에서 내가 다루는 것은 소리(소리의 풍부함, 소리의 의미, 소리의 힘)와 그것을 이해하는 뇌다.

어머니의 피아노가 소리를 처리하는 바로 그 청각적 뇌를 연구하도록 나를 곧장 이끈 것은 아니었다. 대학을 다닐 때 나는 언어에 관심이 있어서 먼저 비교문학을 공부했다. 그렇게 문학을 전공하다가 생물학 수업을 듣게 되었고, 비슷한 무렵에 에릭 레네버그Eric Lenneberg가 쓴 《언어의 생물학적 기초Biological Foundations of Language》라는 책[1]을 알게 되었다. 그 책에서 레네버그는 언어를 가능하게 하는 생물학적·진화적 원리들에 대해 서술했다. 언어 연구와 생물학 연구가 당시로서는 새로운 방식으로 결합된 것이었고, 그것이 내 관심을 끌었다. 나는 이런 연구가 가능하다는 것을 깨닫고 연구해보고 싶은 분야라고 생각했다. 그러나 언어에 한정시키고 싶지는 않았다. 더 포괄적인 소리 자체에 관심이 있었다. 소리는 우리 주위의 바깥에 어디든 존재하는데, 단어나 화음이나 동물 울음소리를 들을 때 우리 뇌 안에서는 어떤 일이 벌어질까? 소리는 우리를 어떻게 바꿀까? 소리의 경험은 우리가 소리를 듣는 방식에 어떤 식으로 영향을 미칠까? 이런 질문들을 바탕으로 나는 소리를 다루는 생물학을 연구 분야로 삼았다.

대학원에 진학하자 나는 배우면서 돈을 벌 수 있음을 알게 되었다. 내가 다달이 받는 급료는 200달러였고 집세로 50달러를 냈다. 드디어 경력의 출발 지점에 서게 된 것이다! 이제 나는 소리의 처리 과정을 다루는 생물학에서 연구 방향을 어떻게 잡아야 할지 정해야 했다. 곧 실험실에 들어가 친칠라의 청각신경에서 일어나는 투톤 억제two-tone suppression, 즉 두 음이 동시에 들릴 때 하나의 소리가 다른 소리에 영향을 미치는 것을 연구했다.[2] 그리고 이것을 어머니에게 열심히 설명했는데 나보고 이렇게 물으시는 것이었다. "니나, 너 무슨 일을 하는 거니?" 그 순간 친칠라의 투톤 억제가 어째서 어머니에게 중요한지 내가 설명하지 못한다는 것을 깨달았다. 나는 왜 그런 것을 연구하고 싶었을까? 니나, 무슨 일을 하는 거야?

내가 무엇을 하며 지내는지 어머니에게 설명하지 못한다면 그런 일은 하고 싶지 않다는 것이 분명해졌다. 내가 하는 과학은 사람들이 살아가는 세상에 명백히 기반을 둔 것이어야 한다는 생각이었다. 소리와 뇌에 대한 나의 관심은 여전히 높았다. 그래서 나는 실험실을 옮겨 토끼와 청각피질을 연구했다. 그곳에서 나는 훈련을 통해, 즉 소리에 의미를 부여하는 학습을 통해 청각적 뇌에 있는 개별 뉴런들이 행동을 바꾼다는 것을 알아냈다.[3] 의미가 크지 않은 소리에 뇌가 반응하는 방식과, 같은 소리가 예컨대 음식이 앞에 있다는 식의 의미를 새롭게 획득했을 때 뇌가 반응하는 방식이 달랐다. 소리와 뇌의 연관성이, 세상과 관련된 연관성이 만들어졌다. 뇌 바깥에 있는 신호의 의미가 뇌 안의 신호에 중요하다는 뜻이었다. 당시에는 새로운 발견이었고, 더 중요한 점은 이는 내가 어머니에게 설명할 수 있는 것이었다는 사실이다. 어머니는 그것의 의미를 알아보았다. 누구라도 그랬을 것이다. 나

소리의 마음들

는 뇌가 어떻게 그리고 왜 의미가 있는 소리에는 다르게 반응하는지 알아내고자 했다.

(((소리는 우리를 세상에 연결한다)))

소리를 지각하는 능력은 진화적으로 오래되었다. 모든 척추동물에는 청각 기제가 있다. 이와 대조적으로 보지 못하는 척추동물이 많다. 일부 두더지와 양서류, 어류, 굴속에서 살아가는 수많은 종이 그러하다. 소리 지각은 포식자나 다른 환경의 위험으로부터 스스로를 보호하기 위한 목적으로 진화했다. 오늘날 도로에서 요란하게 울리는 자동차 경적 소리가 일으키는 스트레스는 우리의 먼 선조들이 산사태나 동물의 대이동이 임박했음을 알리는 소음에 반응한 것과 본질적으로 다르지 않다.

헬렌 켈러는 "앞을 보지 못하는 상황은 우리를 사물들로부터 떼어놓고, 듣지 못하는 상황은 사람들로부터 떼어놓는다"라는 말을 했다. 소리는 우리가 볼 수 없고 묘사할 수 없는 어떤 것을 나타낸다. 어머니가 전화를 받자마자 왠지 평소와 다르게 들리는 여러분 목소리에 "무슨 일이야?" 하고 묻는 상황을 생각해보자. 소리는 보이지는 않지만 숨길 수 없고 의미로 가득하다.

그렇다면 '가장 선호하는 감각' 여론조사[4]*에서 어째서 시각이 가장 많은 표를 받을까? 어째서 미국국립보건원 산하 조직 중 시각연구소가 청각연구소보다 20년이나 먼저 설립되었을까? 나는 우리가 어떻게 듣는지 잊어버린 것을 하나의 이유로 꼽는다. 주위에서 항시 울려대는 요란한 소리로 인해 우리는 소리에 둔감해졌고 세세한 디테일을 들을 수 없게 되었다. 그러자 소리를 무시하고 시각에 기대기로 마음을 정한 것이다. 또 다른 이유는 소리가 중력이나 다른 일상의 막강한 힘들과 마찬가지로 보이지 않는다는 것이다. 여러분은 언제 마지막으로 중력에 진정으로 주목했는가? 눈에 보이지 않으면 마음이 멀어지는 법이다. 마지막 이유는 소리의 속성이 일시적이라는 것이다. 트랙터가 밭을 지나가는 장면을 본다고 하면, 우리의 시야를 가로지르는 동안 거대하고 노란색이고 금속성인 무언가가 남는다. 영속성이 있다. 우리가 트랙터의 속성들을 느긋하게 파악할 때까지 기다려주며 여러 시각 관련 기술어들이 가동된다. 그러나 소리는 한순간 끝나거나 순식간에 다른 소리로 넘어간다. 그리고 사라지고 나면 아무것도 없다.

음향의 관점에서 말의 가장 작은 단위를 생각해보자. 'brink'라는 단어는 하나의 음절밖에 없지만 다른 소릿값을 갖는 음소는 다섯 개다. 그중 하나만 바꿔도 의미가 달라지거나('drink') 아무 의미도 없는('brint') 단어가 된다. 일상의 대화에서 우리는 매초

---

* "자신에게 일어날 수 있는 최악의" 질병 순위를 매겨달라는 온라인 투표에 미국 성인 2000명이 응답했다. 그 결과 시력상실이 청력상실이나 알츠하이머병, 암, 팔다리를 잃는 것 등 여러 끔찍한 상황들을 제치고 최악의 것으로 꼽혔다.

스물다섯 개에서 서른 개나 되는 음소를 듣는다. 이것을 적절하게 처리하지 못하면 상대방 말을 오해할 수도 있다. 하지만 대부분의 상황에서 이처럼 빠르게 쏟아지는 소리는 우리의 신속한 청각계에 걸림돌이 거의 되지 않는다. 시각적 대상이 매초 스물다섯 번에서 서른 번 모습을 바꾼다고 생각해보라. 공이었다가 기린이었다가 구름이 된다고 말이다!

우리는 느긋하게 살피기에는 지나치게 빠르게 돌아가는 말을 어떻게 알아듣는 걸까? 그것은 우리의 청각적 뇌가 타의 추종을 불허하는 속도와 연산 능력을 갖추고 있기 때문이다. 1초가 얼마나 긴 시간인지 한번 생각해보라. 그리고 그것을 10분의 1로 줄여보자. 다시 10분의 1로 줄여보자. 이제 얼마나 빠른지 감도 잡히지 않을 것이다. 그런데 다시 10분의 1로 줄여야 한다. 청각뉴런은 1000분의 1초 만에 계산을 해낸다. 빛은 소리보다 빠르지만 뇌에서는 청각이 시각보다, 다른 어떤 감각보다 더 빠르다.

(((듣는 뇌는 감각하고 움직이고 생각하고 느끼는 것을 포함한다)))

우리는 소리를 듣기만 하는 것이 아니다. 소리를 알아들을 때 소리에 깊게 관여한다. 듣는 뇌는 방대하다. 듣는다는 것은 감각하기, 움직이기, 생각하기, 느끼기를 수반하는 활동이기 때문이다.

우리는 최근에야 듣기를 이런 식으로 보게 되었다.

귀와 뇌의 연결고리가 되는 아름답고 분화된 청각 구조물들을 떠올려보면 얼핏 조립라인에서 일하는 사람들이 생각날 수도 있다. 소리가 귀에 들어와 기착지들을 하나하나 지나면서 차례로 처리되는 것으로 말이다. 이런 계층적이고 일방향적인 설명은 소리가 처리되는 과정을 바라보는 고전적인 견해다. 여전히 끈질기게 남아 있지만 터무니없이 단순한 설명으로 큰 그림을 놓친다. 청각경로는 사막 한가운데 나 있는 일방통행로가 아니라 진입로와 출구, 교차로, 복잡한 나들목을 통해 인근의 여러 뇌 부위와 분주한 중심가가 사방팔방 연결된 고속도로다. 최고의 효율로 작동할 때 기반 시설과 교통 흐름이 매끈하고 신속하게 돌아가는 경이의 존재다. 하지만 도시고속도로가 그렇듯 한참 떨어진 곳에서 일어난 사고 때문에 전혀 상관없어 보이는 교통정체를 겪을 수도 있다.

물론 청각경로에도 계층과 구획이 있고 전담하는 분야가 있지만, 그것들은 서로 연결되고 외부의 힘들과 연결되어 있어서 힘을 발휘한다. 말과 음악은 청각 처리 중추가 소리지형에 관한 정보를 귀에서 뇌까지 외길로 충실하게 보냄으로써 생겨난 것이 아니다. 이런 인간의 성취는 감각계, 운동 네트워크, 동기부여와 보상에 관여하는 체계, 우리의 생각을 지배하는 인지 중추가 서로 긴밀하게 얽힌 연결망이 만들어낸 결과물이다. 실제로, 듣는 활동에는 감각하기, 움직이기, 생각하기, 느끼기가 수반된다(그림 0.1).

소리의 마음들

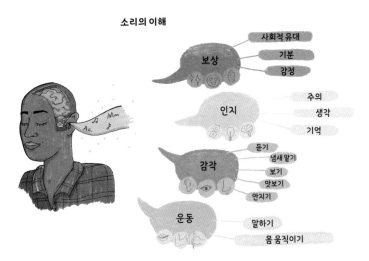

그림 0.1
소리를 알아듣는 과정에는 우리가 어떻게 생각하고 느끼고 감각하고 움직이는지가 관여한다.

청각과 운동신경이 연결된 덕분에 우리는 입과 혀와 입술을 움직여서 말도 하고 노래도 하며 다양한 신체 부위를 긴밀하게 조율하여 악기를 연주한다. 말을 들을 때 우리는 우리가 듣는 것에 맞춰 혀와 다른 조음調音 근육들을 무의식적으로 움직인다.

듣기는 생각하는 것과 연결되어 있다. 망치에 손을 찧었을 때 내뱉는 소리처럼 본능적인 발성도 있다. 하지만 가장 간단한 문장을 말하거나 가장 기본적인 음악을 연주하려 해도 상당한 양의 인지적, 지적 능력이 필요하다. 그리고 이것은 반대 방향으로도 작용한다. 치매의 가능성은 청력을 잃은 사람들에게서 확연히 더 높게 나타난다. 청력상실은 나이 든 사람이 대화를 따라가기 어

렵게 만드는 데 그치지 않는다. 우리가 생각하는 능력을 손상시
킨다.[5]

　말과 음악의 소리는 감정과 연관되는 뇌의 보상 체계를 가동시
키는 핵심 자원이다. 말과 음악은 이런 활동을 나눌 때 다른 사람
들과 감정적으로 깊이 연결되는 느낌이 일어나지 않았다면 지금
처럼 발달하지 않았을 수도 있다. 실제로 소리는 우리가 세상에
속해 있다는 감각을 만드는 데 기여하고 집처럼 편안함을 느끼게
한다.

　듣기가 고립된 일방향의 경로를 따라 일어나지 않는다는 것은
이제 대체로 받아들여지는 사실이다. 하지만 이에 따른 사고의
전환은 내가 연구를 시작하고 나서 일어났으니 비교적 최근의 일
이다. 청각계와 나머지 뇌가 긴밀하게 연결되어 있다는 것은 우
리가 소리를 처리하는 방식에 극적으로 작용한다. 우리가 소리와
사람을 경험할 때 핵심에 놓이는 것이며, 우리의 개성이 된다.

(((듣는 뇌는 경험에 의해 만들어진다)))

　남편과 나는 방 안의 온도 설정을 두고 다툴 때가 많다. 같은
온도를 서로 다르게 경험하기 때문이다. 감각계는 질량이나 온도
같은 물리적 속성을 객관적으로 측정하는 과학적 도구가 아니다.
우리 뇌는 물리적 세계를 이루는 신호들을 우리에게 의미가 있

도록 구성한다. 소리를 알아듣는 과정에는 우리가 어떻게 느끼고 생각하고 보고 움직이는지가 크게 작용한다. 역으로, 듣는 것도 우리가 느끼고 생각하고 보고 움직이는 것에 영향을 준다.

내가 '니나'라는 말을 듣고 반응하는 방식은 여러분과 분명히 다를 것이다. 중국어처럼 높낮이가 있는 성조 언어에서는 동일한 음절이 평평하게 발음할 때와 올라가게 혹은 내려가게 발음할 때 의미가 달라진다. 그러므로 중국어 화자는 영어 화자보다 뇌로 하여금 이런 음높이 신호 처리에 자원을 더 쏟도록 한다.[6] 시간이 흐르면 소리와 뇌의 협업으로 인해 뇌가 소리에 반응하는 방식이 달라진다. 엄마의 목소리가 아기에게(엄마가 보이지 않을 때에도) 각별한 의미를 갖게 되는 것이, 내 실험실에서 '데이나'라는

그림 0.2
뇌에서 소리를 처리하는 방식은 우리가 어떤 언어를 말하고 어떤 음악을 듣는지, 뇌의 건강이 어떤지에 따라 달라진다.

이름을 가진 아이가 '두', '도', '다', '디'라는 음절보다 '데이'라는 음절에 더 많은 뇌 부위가 반응을 보인 것이 바로 이런 뇌의 배선 때문이다(그림 0.2).

⟪ 경계를 넘나들다 ⟫

내가 다섯 살 때 이웃집 아이들이 이렇게 말했다. "우리와 놀려면 여섯 살은 되어야 해." 내가 완전한 이탈리아인도 완전한 미국인도 아닌 상황과 마찬가지로 이런 두 문화를 넘나드는 식의 교류는 예전부터 내가 서 있는 위치를 고민하게 만들었다. 과학자로서 나는 어디에 속해 있을까? 나는 항상 한 분야의 중심에 확고하게 놓일 때보다 분야와 분야가 교차하는 지점에 있을 때 가장 편안함을 느꼈다. 그래서 분야에 연연하지 않고 자유롭게 연구하고자 브레인볼츠Brainvolts라는 실험실을 만들었다.

브레인볼츠 웹사이트를 둘러보면 우리가 연구하고 있는 분야가 음악, 뇌진탕, 노화, 읽기, 이중언어에 이르는 것을 보게 된다. "대체 브레인볼츠에서 무엇을 하는 거지?" 하고 궁금증을 가질 수 있다. 간단한 대답은 소리와 뇌의 협업이 모든 것을 이어주는 주제라는 것이다. 소리는 우리 삶의 여러 측면에 영향을 미치며 그렇기에 우리의 뇌가 어떤 모습을 하게 되는지 결정한다.

내 남편은 브레인볼츠를 가리켜 '핫도그 가판대'라고 부른다.

소리의 마음들

내가 하는 일은 핫도그를 팔기 위한 기반 시설을 마련하는 것이다. 과학자는 전문 장비도 필요하지만 무엇보다 적절한 사람들이 있어야 한다. 나의 관심사는 연구 지원이 활발하게 이루어지는 분야가 아니어서 고충이 크다. 다섯 살 아이로 다시 돌아가 "우리는 여섯 살 아이들만 지원해"라는 소리를 듣는 것만 같다. 경계를 넘나들며 작업하는 고충이 그런 것이다. 다행히도 지금까지는 핫도그를 계속 만들어오고 있지만 말이다. 그만큼 희열도 있다. 과학 덕분에 나는 연구와 학계 바깥에 있는 특출한 사람들과 손잡고 일하게 되었다. 자신만의 독특한 관점을 발휘하여 브레인볼츠에서 일하는 사람들의 바탕에는 무엇보다 과학이 자리하고 있다. 우리의 과학은 교육, 음악, 생물학, 체육학, 의학, 산업에 몸담고 있는 협업자들에게 달려 있다. 나는 우리의 과학이 그들이 발을 딛고 서 있는 연구실 밖의 세상에서 살기를 바라는 마음이다. 신경과학자 노먼 와인버거Norman Weinberger의 말마따나 "자연은 학문의 분과에 관심이 없다."

브레인볼츠는 뇌와 비슷하다. 특이하고 분화된 개별 부분들(팀원들)이 전체적으로 다 연결되어 공명하는 통합적인 연결망이다. 30여 년 전에 창설되었을 때부터 나는 운 좋게도 뛰어난 사람들과 일하게 되었다. 다들 소리와 뇌의 접점에 지속적인 관심을 보이며 자신만의 관심사와 관점과 솜씨를 발휘하여 연구에 기여했다. 이어지는 본문에서 우리는 이런 연결망(뇌와 브레인볼츠 둘 다)에 대해 알아볼 것이다.

⟪ 소리 마음 ⟫

이 책이 형식을 갖추기 시작하자 나는 초고를 친구들과 가족에게 보여주고 자문을 구했다. 내 글이 이해가 되는지, 사회 여러 구성원에게 관심 가는 주제인지 알고 싶었다. 요리사, 변호사, 목수, 음악가, 화가로 이루어진 내 직계가족은 집필 초기에 방향을 잡는 데 중요한 몫을 했다. 초창기에 변호사인 내 사위가 소리에 관한 책인지 뇌에 관한 책인지 물었다. 그 질문을 받은 나는 둘 다임을 분명하게 하고 싶었다. 그러니까 이 책은 소리를, 그리고 우리의 뇌가 소리로 행하는 것을 다룬다. 아울러 소리가 우리에게 행하는 것도 다룬다. 소리 마음sound mind이 주제다.

요컨대 나는 소리 마음이 과거에서 현재, 나아가 미래로 이어지는 연속선상에서 중요한 영향력을 행사한다고 생각한다. 우리가 지금까지 평생 관여해온 소리들이 현재 우리 뇌가 지금의 모습을 하도록 만들었다. 그리고 현재 우리 뇌는 우리의 소리적 세계를 앞으로 어떻게 만들어갈지 결정할 수 있다. 여기에는 개인의 미래뿐만 아니라 자손들의 미래, 사회 전체의 미래도 포함된다. 이렇게 생각하면 소리 마음은 우리가 통제를 행하는 되먹임 고리feedback loop를 일으킨다. 우리는 소리에 관한 결정을 더 좋게 할 수도, 더 나쁘게 할 수도 있다. 올바른 결정을 하여 되먹임 고리가 선순환이 되게 만들 것인가, 아니면 나쁜 결정으로 악순환이 되게 할 것인가?

생물학자로서 내가 관심을 갖는 부분은 소리가 사람마다 다른 소리적 세계를 어떻게 발달시키고 우리가 세상과 관계를 맺도록 만드는가 하는 것이다. 나는 개별 뉴런을 직접 관찰하여 뇌에서 소리가 처리되는 과정을 정확하게 이해하고자 한다. 이 책에서 우리는 머리 바깥의 신호(음파)와 머리 안의 신호(뇌파)를 들여다볼 것이다. 소리 처리를 풍부하게 할 수 있는 방법들을 알아보고, 반대로 악영향을 미치도록 소리가 처리되는 기제도 알아볼 것이다. 음악이 신경계에 미치는 치유력과 소음의 파괴력을 살펴볼 것이다. 아울러 우리가 여러 언어를 말할 때, 언어장애가 있을 때, 리듬이나 새소리를 듣거나 뇌진탕을 겪을 때 소리 마음에 어떤 일이 벌어지는지 밝혀낼 것이다.

소리는 뇌 건강의 보이지 않는 동지이자 적이다. 우리와 소리의 만남은 우리 존재에 근원적인 자국을 남긴다. 살면서 접하는 소리들은 우리의 뇌를 더 좋게, 더 나쁘게 만든다. 그리고 다시 우리의 소리 마음은 우리가 접하는 소리 환경을 더 좋게, 더 나쁘게 만든다. 우리는 능숙한 청자가 될 것인가, 서툰 청자가 될 것인가? 우리가 소리에서 무엇을 높게 평가하는지에 따라, 우리가 살아가는 소리적 세계는 어떻게 만들어질까? 우리가 소리와 더불어 살아가는 생물학적 과정을 총체적으로 이해하고 나면 자신을 위해, 자손들을 위해, 사회를 위해 더 나은 선택을 할 수 있다.

어머니가 이 책을 즐겁게 읽어주시면 좋겠다.

1부
___

소리는 어떻게
작동하는가

1

머리 바깥의 신호

첫 장에서 다루는 주제는 머리 바깥에서 발견되는 신호, 즉 소리다. 소리는 그저 앞뒤로 진동하는 공기 분자일 뿐이다. 놀랍게도 바흐의 음악부터 베이컨을 지글지글 굽는 소리까지, 비틀스 노래 〈로키 라쿤Rocky Raccoon〉부터 쓰레기통을 뒤지는 라쿤의 소리까지 온갖 다양한 소리들이 모두 이런 단순한 기제에 바탕을 두고 있다. 소리는 종류뿐만 아니라 속성도 다양하다. 요란한 소리/조용한 소리, 높은 소리/낮은 소리, 협화음/불협화음, 빠른 소리/느린 소리, 거친 소리, 풀 소리, 무질서한 소리, 폴리포니, 쉭 하는 소리, 정전기 소리. 이런 소리가 지닌 속성의 아름다움을 차분하게 느껴보기 바란다. 우리가 소리 마음을 살펴보면서 몇 번이고 다시 만나게 될 요소들이니까.

소리는 움직임이다. 기타 현을 튕기면 주위의 공기가 움직인다. 그림 1.1은 튕겨진 기타 현의 다양한 상태를 나타낸 것이다. 맨 왼쪽에 보이는 것은 제자리에 있는 현이며 열두 개의 공기 분

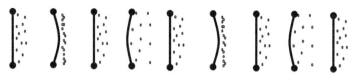

그림 1.1
현을 튕기면 주위의 공기 분자가 움직인다.

자가 현 오른쪽에 있다. 기타 현이 제자리에 있을 때 국소대기압은 1기압으로 대기압과 같다. 기타 현이 튕겨지면 잠깐 오른쪽으로 이동하면서 공기 분자들을 더 가깝게 몰아붙인다. 즉 기압이 더 높아진다.* 그러다가 아주 짧은 시간(음높이에 따라 수백분의 1초에서 수천분의 1초)이 경과하면 현은 원래 있던 곳으로 돌아가는데 제자리를 지나쳐서 살짝 더 왼쪽에 놓이게 된다. 그러면 오른쪽의 공기 분자들이 다시 넓게 퍼져 기압이 낮아진다. 하지만 지난번, 그러니까 현이 튕기기 전과 같은 자리는 아니다. 현이 살짝 더 왼쪽으로 이동했으니 그에 따라 그들의 간격도 더 넓어졌다. 그러고 나서 현은 반대로 다시 돌아가 같은 운동을 되풀이한다. 하지만 이번에는 지난번보다 이동하는 거리가 적다. 이렇게 매번 이동 거리가 줄어들다가 마침내 움직임이 완전히 멈추고 진동이 중단되면서 소리는 사라진다. 움직임이 소리였으므로 움직임이

---

* 기압의 이런 변화는 극도로 미미한 수준이다. 내가 계산한 것과 단위 변환이 정확하다면, 일반적인 기타 현을 튕겼을 때 국소대기압은 1.0002757375기압에서 1.00027587359기압으로 높아진다.

소리의 마음들

멈추면 소리도 끝나는 것이다.

(((소리의 구성요소)))

대부분의 소리는 몇 가지 구성요소로 기술할 수 있다(그림 1.2). 눈에 보이는 대상이 형태, 색깔, 질감, 크기로 분류되는 것과 같은 이치다. 소리는 보이지 않으므로 구성요소가 확연하지는 않지만 우리가 소리를 알아듣는 데 결정적으로 중요하다. 소리를 구성요

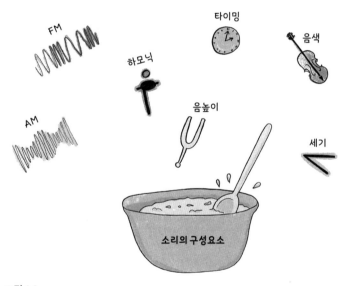

그림 1.2
무수히 다양한 소리는 공기의 움직임에서 비롯되고, 이것은 몇 가지 구성요소로 기술할 수 있다.

소의 관점에서 생각하면, 그러니까 움직이는 이런 공기 분자에서 벌어지고 있는 다양한 일들을 하나하나 알아보면, 뇌에서 소리가 처리된다는 것이 한층 놀랍게 여겨질 것이다. 이런 구성요소들을 파악하기에 도움이 되는 방법은 소리를 음높이, 타이밍, 음색의 관점으로 접근하는 것이다.

(((음높이)))

음높이는 소리를 '높고' '낮게' 지각하는 것이다. 우리는 플루트 소리를 높다고 하고 튜바 소리를 낮다고 한다. 주파수라는 물리적 속성에서 비롯된 소리를 들을 때 우리는 이런 식으로 구별한다. 높은 기압과 낮은 기압의 출렁임이 무척 빠르게 이어지면, 즉 주파수가 높으면 우리는 높은음을 듣는다. 낮은음은 기압의 변동이 좀 더 느긋하게 이루어지는 경우다(그림 1.3). 음높이는 우

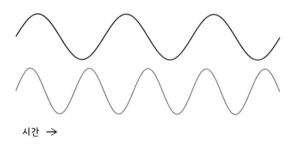

시간 →

그림 1.3
회색 파형이 검은색보다 더 많은 주기(더 높은 주파수)를 갖고 있어서 더 높은 음을 낸다.

소리의 마음들

리가 지각하는 것이고, 주파수는 측정 가능한 물리적 속성이다. 하지만 음높이와 주파수가 항상 완벽하게 맞아떨어지는 것은 아니므로 이렇게 구별할 때는 주의가 필요하다.

주파수는 고정된 시간 동안 어떤 사건이 벌어지는 횟수를 가리킨다. 미국에서 여러분은 매달 두 차례 급료를 받는다. 플로리다주 탬파에는 뇌우가 매년 평균 78회 몰아친다. 나는 매주 정크 메일을 스물두 통 받는다. 이런 것이 다 주파수다. 매초 기압이 출렁이는 횟수는 플루트의 음높이와 튜바의 음높이를 구별하게 하는 요인이다. 1초의 시간 단위에서 벌어지는 사건의 횟수는 헤르츠(Hz)로 표기한다. 인간의 귀로 감지할 수 있는 기압이 출렁이는 주파수 범위는 20헤르츠부터 2만 헤르츠까지다. 음높이가 높은 플루트는 250헤르츠에서 2500헤르츠에 이르는 음역의 음들을 연주할 수 있다. 음높이가 낮은 튜바는 30헤르츠에서 380헤르츠의 음들을 연주한다. 놀랍게도 두 악기의 음역이 겹치는 지점이 있다. 그러니 플루트와 튜바가 등장하는 협주곡에서 튜바가 더 높은 파트를 맡는 대목을 작곡하는 것이 가능하다.

그러나 소리의 주파수와 우리가 듣는 음높이가 항상 딱 맞아떨어지지는 않는다. 어떤 소리에서 음높이가 지각될 때, 즉 '흥얼거릴' 수 있을 때 우리가 흥얼거리는 주파수를 가리켜 기본주파수라고 부른다. 그림 1.4에 보면 두 가지 파형이 있는데 고점과 저점이 동일한 횟수(35회)로 등장한다. 그러니 명목상으로는 주파수가 같다. 하지만 저마다 다른 속도로 켜지고 사라지는 것(변조

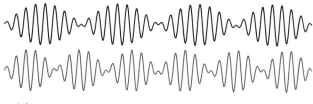

시간 →

그림 1.4

검은색 파형과 회색 파형은 주파수가 같다. 하지만 변조의 속도가 다르다. 즉 회색 파형에서 소리가 켜졌다 사라졌다 하는 속도가 더 빠르다. 그래서 검은색 파형보다 음높이가 더 높다. 여성은 (성대가 더 빠르게 진동하므로) 변조 속도가 남성보다 더 빨라서 같은 단어를 말할 때 더 높은 음높이를 낸다.

modulation)을 반복한다. 우리가 듣는 음높이는 이런 변조의 속도와 관련된다. 변조되는 파형의 주파수가 아니다.

이것을 잘 보여주는 예가 인간의 목소리다. 인간이 말하는 소리는 음높이(기본주파수)가 50헤르츠에서 300헤르츠에 이른다. 말할 때 기본주파수는 호흡으로 인해 성대주름이 열렸다 닫히는 속도와 상관관계가 있다. 성대주름이 움직이는 속도는 남성이 가장 느려서 깊은 소리가 나고, 아이들이 가장 빨라서 고음을 낸다. 흥미롭게도 목소리의 음높이는 개인과 성별에 따른 차이만 있는 것이 아니다. 기본주파수 차이가 다른 언어를 사용하는 화자들 사이에서도 평균적으로 관찰되었고,[1] 같은 언어를 사용하는 인구통계 집단 사이에서도 나타났다.[2] 이중언어 화자의 경우에는 하나의 언어를 다른 언어보다 일반적으로 더 높은 음높이로 말하는 사례도 있었다.[3]

(((음색)))

음악에서 음색은 똑같은 음을 연주하는 두 악기를 구별할 때 우리가 사용하는 일차적 수단이다. 말에서는 음색이 말소리(자음과 모음)를 구별하는 주요 단서가 된다. 남자와 여자가 똑같은 것을 말할 때 누가 누구인지 알아보는 데 도움을 주는 것은 기본주파수(목소리 음높이)다. 한 여자가 다른 두 가지를 말할 때는 음색으로 그녀가 말하는 '소'와 '수'를 구별할 수 있다. 음높이 지각의 물리적 실체가 기본주파수인 것처럼 음색 지각의 바탕이 되는 것은 기본주파수 위의 주파수들, 즉 하모닉harmonic이다.

소리가 어떤 주파수들로 이루어져 있는지 알아두면 유용하다. 주파수의 구성을 스펙트럼이라고 한다. 소리굽쇠의 스펙트럼은 단 하나의 주파수만 갖는다. 그림 1.5의 맨 위에 보이는 가느다란 수직선 하나가 그것이다. 하모닉 없이 기본주파수만 있다. 트롬본이나 클라리넷이 연주하는 미들C 소리의 스펙트럼을 보면 미들C의 기본주파수인 262헤르츠에 고점이 있고 기본주파수의 배수(524, 786 등)에 추가적인 고점이 더 있다. 이것이 하모닉이다. 그림 1.5의 중간 부분과 맨 아래 부분에서 모든 하모닉이 똑같은 에너지량을 갖지 않는다는 것을 알 수 있다. 이런 상대적인 에너지 분포 패턴이 트롬본과 클라리넷의 특징적인 소리를 만든다. 우리가 둘의 차이를 알아듣는 것은 이 때문이다. 독특한 하모닉 구성은 소리를 내는 악기의 모양과 구조로 결정된다. 마찬가지로

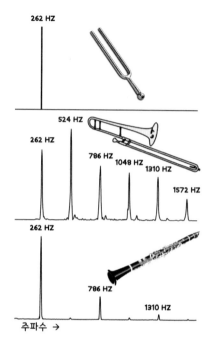

그림 1.5

소리굽쇠의 스펙트럼은 단 하나의 주파수(여기서는 미들C에 해당하는 262헤르츠)에서 수직선 하나만을 보인다. 미들C를 연주하는 악기는 262헤르츠에서 고점을 보이며 아울러 262헤르츠의 배수인 여러 하모닉에서 추가적인 고점들이 있다. 트롬본이나 클라리넷이 연주하는 미들C는 저마다 특징적인 악기 울림 때문에 다른 하모닉 패턴을 보인다. 스펙트럼은 같은 미들C를 다른 악기로 연주할 때 어째서 소리가 다른지 이해하는 데 도움이 된다. (x축은 주파수, y축은 에너지.)

우리의 혀와 입과 코의 생김새와 위치가 서로 다른 말소리를 구별하는 하모닉 패턴을 만든다.

우리는 혀와 입술의 위치를 바꾸고 코와 입으로 내보내는 공기량을 조절함으로써 특정한 하모닉을 강화하여 스펙트럼을 바꾼다(그림 1.6). 두 모음의 스펙트럼을 살펴보면 기본주파수로 설

소리의 마음들

정된 100헤르츠마다 고점들이 나타나지만, (회색 선으로 이어서 표시한) 고점들의 상대적 크기는 트롬본과 클라리넷의 차이와 비슷하게 완전히 다르다. 모음 '이'의 경우, 회색 선에서 치솟은 부분은 300헤르츠와 2300헤르츠에 해당한다. '우'의 경우에는 400헤르츠와 1000헤르츠에서 에너지가 높아졌다. 이렇듯 말소리에는 스펙트럼에서 치솟은 부분이 있는데, 에너지가 집중된 이런 주파수 대역을 포먼트formant라고 한다. 흥미롭게도, 이렇게 음향 에너지가 높은 대역은 화자와 상관없이 상당히 비슷하다. 음높이가 높은 사람이나 낮은 사람이나 '우'를 발음할 때는 400헤르츠와 1000헤르츠 부근에서 고점이 나타난다.

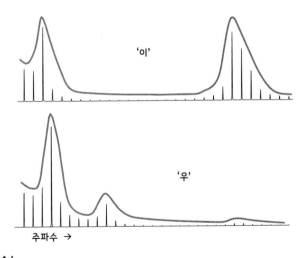

그림 1.6
'이'와 '우' 모두 기본주파수는 같지만 하모닉의 에너지가 집중된 대역이 다르다. (x축은 주파수, y축은 에너지.)

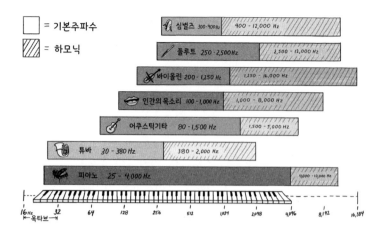

그림 1.7

악기와 목소리의 총 주파수 범위. 기본주파수 범위는 왼쪽에, 하모닉 범위는 오른쪽에 표시했다.

　　따라서 음색은 소리에서 하모닉의 내용물(위치와 상대적 크기)을 지각하는 것이다. 하모닉은 우리가 음색으로 두 악기의 차이나 두 말소리의 차이를 분간하게 해주는 소리의 물리적 속성이다. 특정 단어나 음절의 스펙트럼에서 부각되는 하모닉의 집합이 있다. 그림 1.7은 몇몇 악기와 인간의 목소리의 총 주파수(기본주파수와 하모닉) 범위를 표시한 것이다.

⟪⟪ 타이밍 ⟫⟫

　　지금까지 우리는 소리굽쇠, 단일한 음, 모음에 대해 알아보았다. 모두 시간이 흘러도 변동이 없는 소리의 예들이다. 그러나 타이밍이 신호 자체의 결정적 특징이 되는 부류의 소리가 있다. 소리가 시작하고 끝나는 시점을 말하는 것이 아니라 소리 자체가 본격적으로 시작하고 진행되는 양상을 말하는 것이다. 이런 예로 자음이 있다. 어떤 자음의 경우에는 타이밍이야말로 핵심이다.

 '빌'이라는 단어를 큰 소리로 말해보자. 이제 '길'이라고 말해보자. 입안에서 소리를 만드는 기제가 어떻게 다른지 설명할 수 있겠는가? 아주 쉽다. 전자는 입술이 붙어 있고 혀는 중립적인 위치에 놓인다. 후자는 입술을 살짝 벌리고 혀 뒤쪽을 입천장에 댄다. 이제 더 까다롭다. '빌'과 '필'을 말해보자. 둘은 정확히 어떻게 다를까? 'ㅂ'과 'ㅍ'을 발음할 때 결정적 차이는 곧바로 알아차리기 어려울 수도 있다. 혀와 입술의 위치가 거의 정확히 똑같기 때문이다. 주된 차이는 타이밍에 있다. 모음을 발음하기 시작하는 시점, 그러니까 성대주름이 '이'라고 말하기 시작하는 시점이 다르다. '빌'이라고 할 때는 모음의 발음이 곧바로 시작된다. 하지만 '필'이라고 할 때는 입술이 열리고 나서 아주 짧은 시간이 지난 뒤에야 모음의 발성이 시작된다. 그림 1.8의 위는 '빌'이라는 단어의 음파를 나타낸 것이다. 그 아래 음파에는 20분의 1초의 침묵이 앞에 들어갔다. 침묵이 더해진 것을 제외하면 둘은 꾸불꾸불한 움직임이 동일하다. 모음 '이'를 발음하기 전에 살짝 공백이 들어간 것만으로도 두 번째 음파는 대단히 명확하게 '필'이라는 소리를 낸다. 찰나의 타이밍이 언어에서 큰 차이를 만든다. 이

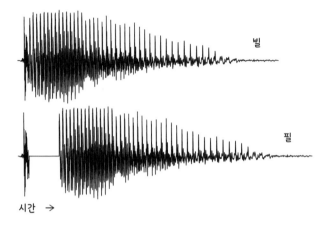

그림 1.8
모음의 발성이 시작되기 직전에 20분의 1초의 침묵을 더하면 '빌'이 '필'이 된다. (x축은 시간, y축은 에너지.)

것이 사소한 소리의 변화를 처리하기 위해 대단히 재빠른 청각적 뇌가 필요한 또 하나의 이유다.

시간에 따른 주파수 변화

'빌'과 '필'에서 나타나는 타이밍의 차이는 그림 1.8의 시간 도표로 쉽게 알아볼 수 있다. '이'와 '우' 같은 주파수의 차이는 그림 1.6의 스펙트럼 도표로 확인이 가능하다. 하지만 'ㅂ'과 'ㄱ'의 음향이 어떻게 구별되는지는 이런 도표로 파악하기 어렵다. 시간에 따른 주파수의 변화가 동반되기 때문이다. 'ㅂ'과 'ㄱ'의 차이를 제대로 묘사하려면 세 번째이자 마지막 도표 스펙트로그램을 동원해야 한다.

소리의 마음들

그림 1.9의 윗부분은 간단한 예를 든 것이다. 낮은 주파수로 시작해 시간이 흐르면서 높아졌다가 다시 낮아지는 음을 보여준다. 남자가 여자를 유혹하려고 부는 휘파람과 비슷하다. 사이렌 소리나 피아노 건반을 손가락으로 훑는 소리를 생각하면 된다.

'바'와 '가' 같은 자음에서는 음향 에너지가 높은 주파수 대역이 시간에 따라 바뀌는 양상이 차이를 만든다. 그림 1.9의 아랫부분에서 위쪽 대역을 보면 '바'와 '가'에서 똑같다. 낮은 주파수로 시작해 시간이 흐르면서 점점 높아지다가 '아'라는 모음에 이르러 평평해진다. 하지만 아래쪽 대역은 두 음절의 경우에 다르다. '바'는 낮은 주파수에서 높은 주파수로 가지만, '가'는 더 높게 시작해

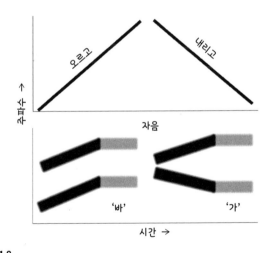

그림 1.9
스펙트로그램(시간에 따른 주파수 변화를 보여주는 도표). 위는 주파수가 오르고 내리는 음. 아래는 '바'와 '가'. 음향 에너지가 높은 주파수 대역이 시간에 따라 바뀌다가 모음 '아'에 이르러 안정화된다.

서 주파수가 낮아진다. FM 스위프FM sweep는 시간에 따른 이런 주파수 변동을 가리키는 용어로, 소리의 중요한 구성요소다.

이렇게 하여 타이밍이 자음('ㅂ'과 'ㅍ', 'ㅂ'과 'ㄱ')을 판별하는 데 핵심적 요소임을 알아보았다. '바/파'에서는 타이밍이 대조를 만드는 데 필요하고 그것으로 충분하다. '바/가'에서는 시간과 주파수의 협업이 차이를 만든다. 우리는 속도를 늦추고 소리를 측정함으로써 이런 소리의 특징을 따로 떼놓고 볼 수 있지만, 실생활에서는 무엇이 이런 차이를 만드는지 의식적으로 지각하기에는 지나치게 빨리 휙 지나간다. 놀랄 만큼 빠르다. 생각해보자. 여러분은 소리의 구성요소 관점에서 '바'와 '가'의 차이를 내가 말해주기 전에 알고 있었는가? 눈 깜짝할 사이에 벌어지는 FM 스위프로 '단단한 배'가 '반반한 개'가 될 수 있다는 것을 알아챘는가? 나는 귀로 들어서는 특정 에너지 대역이 올라가고 있는지 내려가는지 분간하지 못한다. 이렇게 워낙 빠르고 미묘하게 벌어지다 보니 자음은 지각에 취약해서 우리는 자음을 말할 때 음성기호(알파, 브라보, 찰리, 델타 등)를 사용한다. 이런 구별이 미묘하고 복잡한 데다 몇몇 사람들이 이것을 처리하는 데 어려움을 겪으면서 언어와 심지어 읽기에도 흥미진진한 일들이 벌어진다. 이 문제는 뒤에 가서 알아볼 것이다.

여기서 우리는 말에 초점을 맞추어 타이밍을 논의해보았다. 이것은 우연이 아니다. 말은 음악을 포함한 그 어떤 소리보다 훨씬 빠른 속도로 진행한다. 알레그로는 분당 120~170개의 박

(120~170bpm)이 들어가는 음악적 템포다. 계산의 편의성을 위해 알레그로 음악의 템포가 150bpm이라고 해보자. 그러면 1초에 2와 2분의 1개의 박(4분음표)이 들어가므로 4분음표는 여유만만하게 400밀리초(밀리초는 1000분의 1초), 8분음표는 200밀리초, 16분음표는 100밀리초의 지속 시간을 갖는다. 훨씬 빠른 프레스토 템포로 된 〈왕벌의 비행〉은 우리가 두 음을 따로 인지하는 데 꼬박 100밀리초가 필요하다는 사실을 제대로 활용해 보인 예다. 작곡가 림스키코르사코프는 주제 선율에 등장하는 16분음표가 80~85밀리초마다 몰아치도록 하여 벌이 윙윙거리는 느낌이 나도록 했다. 하지만 말은 이와 차원이 다르다. 말소리의 자음은 평소에도 그보다 훨씬 빨라서 20~40밀리초의 간격으로 돌아간다. 게다가 우리는 자음이 빈틈없이 꽉 채워진 말을 거의 무한정 만들 수도 있다. 〈왕벌의 비행〉은 연주하는 음악가에게는 천만다행으로 연주 시간이 짧다.

(((그 밖의 소리의 구성요소)))

세기intensity는 공기 압력이 얼마나 크게 바뀌는지 측정한 것으로 우리는 이를 음량으로 지각한다. 그림 1.1에서 기타 현은 얼마나 많은 공기를 움직였고, 그림 1.3에서 그것이 야기한 파형은 높이가 얼마나 될까? 소리를 야기하는 기압의 변동은 절대적인 크기로 보자면 아주 작다. 하지만 우리가 듣는 가장 작은 소리에서 최고로 큰 소리에 이르는 기압의 범위는 실로 어마어마하다. 물리적 기압의 차이가 무려 10조 배나 된다. 그래서 우리가 지각하는 음량을 감당할 만한 수치로 다루고자 움직이는 공기의 양을 로그로 변환하여 친숙한 소리 세기의 단위 데시벨(dB)로 표기한다. 그렇게 하면 10조 배의 차이는 가장 예민한 마이크로 포착할 수 있는 한계치인 0데시벨에서 우리가 참을 수 있는 가장 시끄러운 소리인 140데시벨 사이에 들어온다.

진폭변조AM, Amplitude Modulation와 주파수변조FM, Frequency Modulation 는 여러분이 라디오를 들을 때나 떠올릴 법한 용어겠지만, 우리의 청각적 지형과 특히 말에 대단히 중요하다. AM은 소리의 세기(진폭)가 크게-작게-크게-작게 출렁이는 것이다. 많은 자동차 경적 소리가 이런 식으로 요동친다. 성대주름이 열렸다 닫히면서 내는 진동은 우리가 말하는 것을 우리의 목소리 음높이(기본주파수)로 진폭변조한다. 그림 1.4는 AM의 기본 형태를 보여준다. 동일한 신호가 두 가지 다른 속도로 진폭변조되는 모습이다.

FM은 시간에 따른 주파수 변동을 가리킨다. 말소리가 자음에서 모음으로 넘어갔다가 다시 돌아올 때 음향 에너지가 집중된 대역이 오르고 내린다. 이것이 그림 1.9에 나오는 주파수변조, FM 스위프다.

언급해야 하는 또 다른 소리의 구성요소로 위상phase이 있다. 이 장을 시작하면서 나는 혼란을 피하고자 기타 현의 오른쪽에 있는 공기 분자들의 압력을 보여주었다. 그림 1.1에는 나오지 않는 현 왼쪽의 공기 분자들은 오른쪽 분자들이 압축될 때 퍼지고 퍼질 때 모인다. 어느 순간이든 항상 기타 현의 움직임은 인근의 공기 분자들을 압축하고 팽창시키는 일을 동시에 한다. 기타를 사이에 두고 서로 맞은편에 앉은 두 사람은 위상이 180도 돌아간 음악을 들을 것이다. 두 사람이 듣는 파형의 도표는 위아래가 뒤집힌 형 태가 된다. 앉은 위치에 따라 기타에서 나오는 소리가 다른 시점 에, 즉 다른 위상으로 여러분 귀에 도달할 것이다. 이렇게 다른 소 리의 위상들은 그 소리가 어디서 나오는지 방향을 잡는 데 중요 하며, 위상을 추가하거나 지움으로써 잔향과 노이즈가 있는 공간 에서 소리를 두드러지게 만들 수 있다.

마지막으로, 필터링filtering이 있다. 필터링이란 소리 신호에서 특정 주파수를 선택적으로 줄이거나 강화하는 것을 말한다. 우리 는 의도적이든 그렇지 않든 하루에 셀 수 없을 만큼 많이 필터링 을 접한다. 여러분이 좋아하는 노래는 가정용 오디오로 들을 때, 자동차에서 들을 때, 컴퓨터 스피커로 들을 때, 헤드폰으로 들을 때 전부 다르게 들린다. 사운드 재생 기기마다 고유한 필터가 있 기 때문이다. 이런 필터는 음향엔지니어가 세심하게 만들었을 수 도 있고, 크기나 생산비나 다른 편의적 고려 때문에 어쩔 수 없이 내몰리게 된 결과일 수도 있다. 여러분이 친구와 나누는 목소리 는 길에서 커피숍으로 들어가는 순간 다르게 들린다. 벽면, 바닥, 욕조의 딱딱한 표면이 일으키는 필터링은 우리가 샤워하며 노래 부르기를 즐기는 이유다. 고딕 성당은 높은 주파수를 이리저리 반사하는 석조 재질로 되어 있어 이곳에서 음악을 연주하거나 말을 하면 독특한 음향적 성격이 부각된다. 이 방 저 방 돌아다니면서 휴대전화 스피커로 소리를 들어보라. 외부 공간만 필터링을 하는 것은 아니다. 의미를 전달하기에 적합한 단어를 만들기 위해 입과 혀와 입술을 이용하여 소리를 만들고 내보내는 과정에서 우리는 의도적으로 필터링을 한다.

(((머리 바깥의 신호와 안의 신호: 구성요소)))

우리 뇌는 안의 신호인 신경 임펄스 전기를 가지고 바깥의 신호인 소리를 이해한다.

모든 과학자는 자신의 연구를 위해 전략을 세운다. 조사를 하는 사람, 유전자 발현을 이용하는 사람, 혈액 생체지표를 이용하는 사람도 있다. 내가 선택한 방법은 신호다. 바깥의 신호든 안의 신호든 신호는 시간이 지나면 사라지는 소리와 달리 실체가 있어서 든든하다. 신호는 자신 있게 측정할 수 있으며, 이를 시각화하고 분석하는 믿을 만한 방법들이 존재한다. 내가 파악한바 머리 바깥의 신호와 안의 신호는 대단히 만족스럽게 호응한다. 아름다운 현상이며 경이로운 일이다. 이렇게 실체가 있는 신호는 음악 훈련이 소리 마음에 미치는 영향, 박자 두드리기가 문해력에서 행하는 역할, 뇌진탕과 소리 처리의 관계 같은 커다란 주제들을 연구할 때 흔들리지 않게 나를 잡아주는 토대가 되었다. 나는 신호가 나의 사고를 이끌고 진실을 탐구하게 한다고 믿는다.

소리의 구성요소는 사람들이 세상의 소리를 저마다 다르게 듣는 이유를 이해하는 데 핵심이다. 그리고 소리 마음은 우리가 어떻게 감각하고 생각하고 느끼고 움직이는지와 밀접하게 연결되어 있으므로 어떻게 하면 저마다 소리의 경험을 더 좋거나 나쁘게 바꿀 수 있는지 이해하기 위해서도 알아야 한다.

신경과학자인 나는 이렇게 확실한 신호를 가지고 소리를, 뇌에서 소리가 처리되는 과정을 연구한다. 능숙한 청자와 듣기에 어려움이 있는 청자에서 무엇이 제대로 돌아가고 무엇이 문제인지 알아내기 위해 음높이, 타이밍, 음색이 따로 처리되고 청각적 전체로서 처리되는 것을 연구한다. 소리의 구성요소는 우리가 그것을 처리하여 자신의 지각으로 받아들이는 방식에 있어서 서로 분리된다. 예컨대 음높이 구별에 어려움을 겪지만 음색을 알아보는 데는 전혀 문제가 없는 사람이 있고, 반대의 사람도 있다. 오로지 타이밍에만 어려워하는 사람도 있다. 음악가와 이중언어 화자는 둘 다 노련한 듣기 전문가이지만, 그들이 능숙한 기량을 발휘하는 소리의 구성요소는 다르다.

이제 머리 바깥의 음파가 머리 안의 뇌파를 만들 때, 그러니까 기타 현이 만들어낸 움직임이 우리의 바깥귀길(외이도)로 들어올 때 무슨 일이 벌어지는지 알아보자.

2

머리 안의 신호

(((바깥과 안의 구성요소)))

진화의 역사에서 어느 시점에 우리가 공기 분자의 사소한 움직임이 야기하는 압력의 변화를 귀로 감지하도록 자연선택이 작용했다. 그래서 우리는 일련의 신체 부위들을 발달시켰고, 몇 가지 매혹적인 단계를 거치면서 진동하는 기타 현이나 말소리로 인해 생겨난 공기 움직임을 음높이, 타이밍, 음색이라는 구성요소의 혼합물로 받아들이게 되었다.

변환transduction은 상태를 바꾼다는 뜻이다. 신경계에서 거래되는 통화는 전기다. 우리가 소리를 알아듣고 힘을 행사하려면 공기의 움직임을 뇌의 전기로 변환하는 방법을 찾아야 한다. 우리는 어떻게 이렇게 할까? 소리가 귀로 들어가면 뼈의 물리적 움직임, 체액의 교란, 화학물질 분비라는 사건들이 우아하게 연이어 벌어진다. 그런 다음 신호가 뇌로 넘어가는데, 뇌는 귀가 만든 전기 임펄스를 취해서 우리의 소리 마음이 바깥의 소리들을 최대한 활용할 수 있도록 처리한다.

나는 뇌가 소리를 처리하는 과정이 믹싱 보드와 비슷하다고 생각한다. 녹음 스튜디오에서 조절기 스위치를 올리고 내리며 기타와 보컬의 균형을 맞추려고 하는 엔지니어처럼 뇌도 소리의 어떤 구성요소는 강조하고 어떤 구성요소는 줄인다(그림 2.1).

변환이 이루어져서 우리가 편안한 환경에서 전기신호들로 작업하면, 소리에 관해 생각할 때 사용하는 것과 똑같은 시간 도표, 주파수(스펙트럼) 도표, 시간-주파수(스펙트로그램) 도표로 신호들을 시각화할 수 있다. 외부의 신호와 마찬가지로 내부의 신호도 주파수, 타이밍, 하모닉 등 동일한 구성요소들이 믹싱 보드의 다이

그림 2.1
소리 마음은 소리를 최대한 활용할 수 있도록 구성요소들을 처리한다.

얼이나 조절기와 마찬가지로 분명한 처리를 거치게 된다. 조절기
는 경험, 전문 지식, 결핍, 퇴화 등의 이유로 뇌마다 다르게 설정
된다. 소리 마음은 하나도 똑같은 것이 없다. 모두 유일무이하다.

(((올라가고 내려가는 신호)))

소리 마음은 방대하다. 우리가 들을 때는 전기신호가 뇌 곳곳
을 오간다. 위로 그리고 아래로 움직이며 다른 감각들과 교류하고
우리의 움직임, 생각, 느낌과 상호 작용한다. 이런 뇌 전체의 연결
망이 우리가 소리를 알아듣도록, 소리적 세계에서 의미를 취하도록
만든다(그림 2.2).

구심성afference과 원심성efference은 움직임의 방향을 기술하는 말이
다. 각각 '가까워지고' '멀어지는' 것을 가리킨다. 무엇으로부터
가까워지고 멀어진다는 말일까? 혈액순환이라면 심장이다. 심장
에서 바깥으로 피를 내보내는 혈관은 원심성 혈관, 심장으로 들
어가는 혈관은 구심성 혈관이다. 림프계에도 림프액을 림프절로
보내는 흐름과 밖으로 내보내는 흐름이 있다. 신경과학에서는 뇌
가 중심점이다. 구심성 체계는 귀에서 뇌로 정보를 보낸다. 원심성
체계는 정보를 뇌에서 귀로 돌려보내며, 이를 통해 우리가 학습하
는 토대, 그러니까 우리가 소리적 실재를 구성하여 자신만의 소
리적 자아를 확립하는 토대가 된다.

그림 2.2

청각경로는 청각 구조물 사이로 나 있으면서 감각, 생각, 느낌, 움직임을 담당하는 뇌 부위와도 연결되어 있다.

(((위로 올라가는 방향(구심적 처리))))

전기신호가 귀에서 뇌로 올라가는 여행이 이 장에서 주로 다루게 될 내용이다. '청각경로'를 구글에서 이미지 검색하면 청각이 계층적이라는 고전적 견해를 강화하는 그림들이 나온다. 그림 2.3처럼 귀에서 뇌로 올라가는 일방향 화살표들이 있는 도표가 대다수다. 이는 잘못된 것은 아니다. 실제로 청각뇌간은 청각신경과 중뇌 사이에 있다. 시상은 중뇌와 청각피질 사이에 위치한다. 그러나 이것은 전체 그림의 일부일 뿐이다. 정보 흐름은 절대적으로 양방향이며 대체로 계층적이지 않다. 나는 청각계의 작동을 계층적이라고 보는 관점에 반대하지만, 일방향 모델이 개략적 설

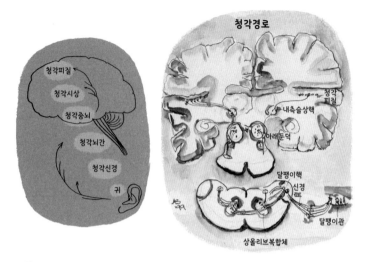

그림 2.3
왼쪽은 뇌로 올라가는 청각경로를 표시한 그림. 오른쪽은 소리에 대한 뇌의 반응으로 신경 건강을 평가한 선구적 신경학자 아널드 스타Arnold Starr가 수채화로 그린 그림(톰 램Tom Lamb의 사진을 허락받고 사용).

명에서는 그 나름대로 역할을 할 수 있다고 생각한다. 여기서 우리는 위로 향하는 화살표를 따라 구심적 처리 과정을 살펴볼 것이다. 마지막에 아래 방향의 영향에 대해 간략하게 소개하며 장을 마무리할 것이다. 본격적인 내용은 뒤에 가서 자세히 설명하겠다.

귀

바깥귀 외부에서 보이는 바깥쪽 귀 부분으로, 소리를 바깥귀길을 통해 가운데귀로 들여보낸다.

가운데귀 공기의 움직임으로 발생한 압력파가 바깥귀로 들어와 바깥귀길을 지나면 고막에 도달한다. '고막鼓膜'(북의 막)이라는 용어는 가운데귀의 입구에 있는 이 구조물의 생김새를 정확하게 기술하고 있다. 북 가죽처럼 팽팽하게 잡아당겨져 있고 압력파가 여기에 부딪힌다. 그러면 우리 몸속에 있는 가장 작은 세 개의 뼈, 즉 이소골ossicles* 가운데 첫 번째 뼈가 움직인다. 이것은 다음 뼈를 치고 이어 마지막 이소골인 등골stapes을 친다. 이제 등골은 또 다른 해부적 막에 부딪히는데, 이것은 속귀로 가는 관문에 있는 아주 자그마한 타원형 창이다. 어째서 우리는 세 개의 뼈로 격리된 두 개의 '막'이 필요할까? 타원형 창 너머 속귀에 체액이 들어 있기 때문이다. 공기의 움직임만으로는 타원형 창을 직접 밀기에 힘이 달린다. 창 너머에 있는 체액은 농도가 워낙 진해서 공기 자체만으로는 밀리지 않는다. 그래서 세 개의 뼈로 된 연결 부위가 일종의 지레 역할을 하는 것이다. 지레는 공기 움직임의 힘을 스무 배가량 증폭한다.** 고막을 살짝 툭 치는 것이 문을

---

* 우리 몸에서 가장 작은 뼈일 뿐만 아니라 태어나고 난 뒤로 자라지 않는 유일한 뼈다.

** 가운데귀는 고막과 타원형 창 사이에서 압력을 증폭하기 위해 두 가지 기계공학의 원리를 활용한다. 첫 번째는 지레 원리다. 세 개의 이소골은 받침점이 타원형 창 쪽으로 가깝게 놓이는 시소가 된다. 그래서 고막에 가해지는 작은 압력이 타원형 창에 이르러 더 큰 압력이 된다. 시소의 받침점 위치를 조정하면 아이와 어른이 함께 시소를 탈 수 있는 것과 같은 이치다. 두 번째는 고막과 타원형 창의 크기 차이에서 기인하는 것이다. 타원형 창이 훨씬 작다. 압력은 면적에 반비례하므로(압력=힘/면적) 힘이 동일하다면 작은 타원형 창이 받는 압력이 더 크다.

요란하게 쾅쾅 노크하는 것이 되어 비로소 타원형 창이 밀린다. 아직 우리는 기계적인 움직임의 단계에 머물러 있다. 공기의 움직임이 체액의 움직임으로 바뀌었을 뿐, 너무도 중요한 전기로의 변환은 아직 이루어지지 않았다.

속귀(달팽이관) 자그마한 등골은 이제 충분한 압력으로 타원형 창을 밀어 그 너머에 있는 체액을 출렁이게 한다. 체액은 코르티기관organ of Corti의 유모세포 옆을 지나면서 건드린다. 코르티기관은 달팽이처럼 나선형 구조로 된 달팽이관Cochlea을 따라 길게 늘어서 있는 구조물로, 인체의 가장 작은 기관이라는 영예를 아슬아슬하게 놓쳤다(송과선이 영예의 주인공이다). 그림 2.4를 보자. 달팽이관을 따라 유모세포가 있다. 바로 여기가 변환의 마술이 일어나는 곳이다.* 유모세포는 내유모세포가 한 줄, 외유모세포가 세 줄로 늘어서 있으며, 세포마다 훨씬 작은 부동섬모 가닥이 나 있어서 물속에서 수영하는 사람의 털처럼 체액 속에서 부드럽게 일렁인다. 유모세포의 아래와 위로는 기저막과 덮개막이 있다(기저막을 가리키는 'basilar'는 어원이 '지하층'과 연결되며, 덮개막을 가리키는 'tectorial'은 라틴어 '지붕tectum'에서 나온 말이다). 유모세포는 기저

---

* 내가 처음으로 접했던 청각 연구는 위상차현미경으로 달팽이관을 들여다보며 유모세포 수를 세는 일이었다. 나는 조용한 밤에 이 작업을 하면서 자그마하고 우아한 이 구조물에 매료되었다.

막에 뿌리내리고 있고, 부동섬모는 자유롭게 떠다니는 것이 아니라 섬모 끝이 덮개막에 붙어 있다. 타원형 창에 부딪힘이 일어 체액이 출렁이면 일부 유모세포가 위아래로 까딱거리면서 부동섬모가 덮개막을 잡아당기게 된다. 이런 잡아당김으로 내유모세포가 '열리면' 전하를 띤 화학물질, 특히 칼슘 이온과 포타슘 이온이 세포 안으로 들어올 수 있다. 이런 이온들은 연쇄반응을 일으켜 유모세포와 청각신경 사이의 연접인 시냅스에 신경전달물질

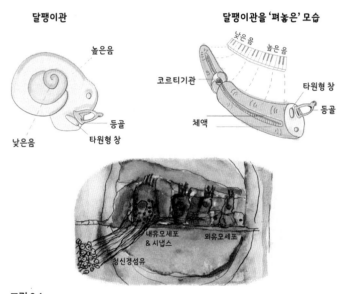

그림 2.4
위는 돌돌 말린 달팽이관과 펴놓은 달팽이관 모습. 달팽이관의 아래쪽, 그러니까 등골과 타원형 창이 만나는 부분은 높은 주파수 소리를 담당하고, 코일 중앙에 오는 꼭대기 부분은 낮은 주파수 소리를 맡는다. 달팽이관을 '펴놓은' 오른쪽 그림에 건반악기를 함께 그려 비교할 수 있도록 했으며, 달팽이관 안에 있는 코르티기관을 단면으로 나타냈다. 아래는 코르티기관. 덮개막과 기저막 사이에 있는 내유모세포 하나와 외유모세포 셋이 청각신경과 연결되어 있는 것을 볼 수 있다(아널드 스타의 허락을 받아 톰 램의 사진을 사용).

이 분비되도록 한다. 그 결과 청각신경의 전압에 급격한 변화가 일어난다. 마침내 변환이 이루어졌다. 머리 바깥에 있던 공기의 움직임이 머리 안의 전기로 바뀐 것이다.

달팽이관에는 유모세포가 총 3만 개 있는데 어떤 세포든 모든 소리에 무분별하게 까딱거리는 것은 아니다. 유모세포가 뿌리내리고 있는 기저막은 동일한 폭으로 쭉 이어지거나 동일한 경직성을 내내 보이지 않는다. 타원형 창과 만나는 쪽에 가까울수록 폭이 좁고 뻣뻣하며, 중앙의 꼭대기로 올수록 더 넓고 유연하다. 이러한 물리적 차이 때문에 좁고 뻣뻣한 기저막의 유모세포는 높은 주파수 소리에 더 잘 반응한다. 주파수가 낮아질수록 소리는 더 유연한 꼭대기에 가까운 유모세포를 가장 효과적으로 휘젓는다. 주파수 높이와 전담 세포의 위치가 이렇게 체계적으로 정렬된 것을 음위상tonotopy이라고 한다. 달팽이관에서 처음 나타나는, 작은 피아노 건반과도 닮은 음위상 지도는 달팽이관에서 피질에 이르는 청각계 곳곳에서 계속 모습을 드러낸다. 뇌의 지도는 모든 감각에 공통적으로 적용되는 기본 구성 원리다.

듣는 뇌

우리는 뇌로 듣는다. 이와 관련하여 내가 가장 좋아하는 구절이 로빈 월리스Robin Wallace가 쓴《소리 잃은 음악》이라는 책[1]에 나온다. 베토벤은 어떻게 청력을 잃고 나서도 걸작을 계속 작곡할 수 있었을까? 그는 늘 하던 대로 했다.

그는 즉흥연주를 했다. 스케치를 했다. 작곡한 것을 수정했다. 귀먹기 전이나 후나 근본적으로 확 바뀐 것이 없었다. 그저 피아노와의 관계를 계속 정교하게 다듬어갔을 뿐이다. 그러니 그를 날개 없는 새나 물을 떠난 물고기로 여기기보다는, 항법장치 없이 그냥 몸으로 체득한 조종술을 발휘하여 안전하게 비행기를 모는 파일럿이라고 생각하는 편이 나을 것이다.

바깥귀, 가운데귀, 속귀가 맡은 바 일을 하고 나서도 우리가 '듣기'라고 부르는 것, 그러니까 우리가 소리를 알아듣기까지는 아직 갈 길이 멀다. 이제 뇌로 들어간다. 청각경로를 지나는 여행에는 많은 중간 기착지들이 있다.

'뇌'라고 하면 흔히 대뇌피질을 떠올린다. 깊게 홈이 파이고 여러 뇌엽으로 이루어진 좌반구와 우반구의 바깥층 말이다. 나는 피질 아래에 있는 덜 알려진 부위에도 마찬가지로 주목하는 것이 옳다고 믿는다. 청각신경과 피질 사이에는 달팽이핵cochlear nucleus과 상올리브복합체superior olivary complex(뇌간), 아래둔덕inferior colliculus(중뇌), 내측슬상핵medial geniculate(시상)이 있다. 변환된 전기신호는 뇌에서 이런 구조물들을 지나게 된다. 이 여행에서는 다른 어떤 감각계에서보다 이런 구조물들을 많이 본다.

청각신경에서 청각피질로 여행을 시작하자. 소리의 처리는 청각적 뇌를 지나면서 변형된다. 브레인볼츠에서 연구원으로 있었던 제나 커닝엄Jenna Cunningham은 중뇌, 시상, 피질의 뉴런 활동을 동시에 기록하여 신경 반응이 청각경로에서 저마다 뚜렷이 구별된다는 것을 직접적으로 보여주었다. 그녀의 실험으로 동일한 소리에 대한 반응이 구조물마다 다르다는 것이 명명백백하게 드러났다.[2]

청각신경　청각신경은 섬유 다발이다. 귀 양쪽에 3만 개씩 있는데 달팽이관 기저막에서 신호를 받는 위치에 따라 신경이 처리하는 주파수가 결정된다. 달팽이관에서 처음으로 나타나는 음위상(작은 피아노)이 청각신경에서 다음으로 나타나는 것이다. 소리 주파수는 음위상 지도의 어디에 뉴런이 위치하느냐로 표시된다. 음위상 지도는 뇌로 올라가는 과정에서 더 많이 등장한다.

　귀에서 뇌로 넘어가면 또 다른 구성 원리를 볼 수 있다. 뇌로 향하는 사다리를 오를수록 뉴런 발화 속도의 최대치가 줄어든다.* 다시 말해, 해당 뉴런이 소리에 실시간으로 동조하는 속도가 귀를 지나 뇌로 갈수록 체계적으로 떨어진다. 청각신경섬유의 속도가 가장 빠르다.

　달팽이핵　달팽이관과 청각신경이 연접한 부위에서 전기신호

---

* 뉴런이 소리의 주기마다 발화하는 것을 위상고정phaselocking이라고 한다. 소리 마음이 소리를 구성하는 주파수들을 파악하는 또 다른 방법이다. 소리의 주파수가 높을수록 하나의 주기를 완료하는 속도가 빠르므로 뉴런은 주파수가 높을수록 더 빠른 속도로 발화한다는 것을 기억하자.

로의 변환이 이루어지면, 이제 이 신호가 청각피질로 가는 과정에서 맨 처음 만나게 되는 구조물이 달팽이핵이다. 여기에는 근사한 이름(덤불세포, 수레바퀴세포, 문어세포!)[3]과 각자 역할에 맞는 반응 특성[4]을 가진 여러 세포 유형이 있다. 그냥 보기에 아름다우므로 이런 세포들의 모습을 그림 2.5를 통해 여러분에게 소개하겠다.[5]

귀에서 뇌로 올라가면서 소리에 대한 뉴런의 반응은 억제inhibition의 원리를 통해 점차 분화된다. 뉴런은 소리가 없을 때 완전히 비활성 상태에 있는 것이 아니다. 자발적으로 발화한다. 소리는 흥분excitation(자발적 발화 속도 이상)의 반응과 억제(자발적 발화 속도 이하)의 반응을 모두 일으킬 수 있다. 특정 주파수의 소리가 들리면 그 주파수에 맞춰진 뉴런의 발화 속도는 자발적 속도 이상으

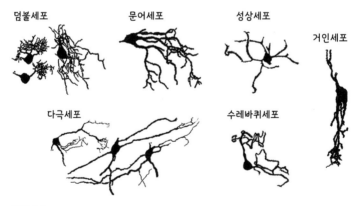

덤불세포　　　문어세포　　　성상세포　　　거인세포

다극세포　　　　　　　수레바퀴세포

그림 2.5
달팽이핵에서 발견되는 여러 세포 유형들. 슈프링어 네이처Springer Nature, 《포유류의 청각 경로: 신경해부학The Mammalian Auditory Pathway: Neuroanatomy》에서 허락을 받고 인용했다.

로 올라간다. 반면 인근의 주파수에 맞춰진 뉴런은 발화 속도가 자발적 속도 아래로 떨어진다. 억제는 소리의 특정한 구성요소를 '두드러지게' 하여 정확성과 동조를 높인다.

달팽이핵의 전문 분야는 진폭변조AM다.[6] 이곳의 세포들은 특정한 AM 주파수들을 전담한다. 우리의 목소리는 진폭변조로 음높이가 정해진다. 말할 때 성대가 진동하면서(열리고 닫히면서) 목소리가 진폭변조된다.

달팽이핵에서 이렇게 정교해진 신경 임펄스는 연쇄 과정의 다음 구조물로 넘어간다. 하지만 이번에는 여행이 길다. 처음으로 한쪽 귀로 들어온 전기신호가 뇌의 양쪽으로 들어가기 때문이다.

상올리브복합체 청각계는 타이밍의 정확성이라는 면에서 독보적이다. 시각계는 도저히 넘볼 수 없는 수준이다. 소리에 존재하는 마이크로초의 시간차 정보를 알아들으려면 뇌에서 마이크로초의 정확성으로 처리할 수 있어야 한다. 상올리브복합체는 이런 타이밍의 마술이 일어나는 곳이다. 양이binaural(두 개의 귀) 처리, 소리 위치를 파악하는 일, 청각적 풍경에서 관심 가는 소리를 선택적으로 포착하는 일을 주로 한다.

딱 정면이 아닌 곳에서 나는 소리는 양쪽 귀에 도달할 때 타이밍과 세기가 다르다. 왼쪽에서 오는 소리는 왼쪽 귀에 간발의 차이로 먼저 도달할 것이다. 소리가 중심에서 살짝 옆으로 치우칠 때 양쪽 귀에 도달하는 시간의 차이는 10만 분의 1초(10마이크로초)에 불과할 수도 있다. 그리고 왼쪽 귀에 살짝 더 크게 들릴 것이다. 왼쪽에 도달하는 소리가 살짝 짧은 거리를 이동했고 머리의 방해를 받지 않았기 때문이다. 이런 타이밍과 세기의 차이는 소리의 주파수에 따라 다르게 감지된다. 낮은 주파수 소리는 파장이 기므로 머리를 돌 때 세기의 손실이 적다. 그래도 귀에 도달하는 시간의 차이는 우리가 감지할 만큼 충분히 크다. 반면 높은 주파수 소리는 머리에 가로막히므로 양쪽 귀에 도달하는 소리의 세기가 확연히 다르다. 양쪽 귀는 정보를 왼쪽 상올리브복합체와 오른쪽 상올리브복합체 모두로 보내기 때문에 타이밍과 세기의

그림 2.6
양쪽 귀에서 올라온 신호가 상올리브복합체에 모이면 둘의 상대적인 타이밍과 세기가 분석된다(아널드 스타의 허락을 받아 톰 램의 사진을 사용).

차이를 비교하는 것이 가능하다.[7] 그 덕분에 우리는 소리가 공간의 어디에서 왔는지 판단할 수 있다. 나의 양쪽 귀가 방금 경험한 타이밍의 차이와 세기의 차이는 나의 뇌가 재빠르게 위치를 계산한 결과다. 공간에서 소리의 위치를 정하는 것 말고도 이런 능력은 우리가 소리를 하나로 묶어 '청각적 대상'으로 파악하는 데도 유용하게 쓰인다. 그리하여 우리는 동료의 목소리를 소리지형에 존재하는 다른 소리들과 구별하여 주목할 수 있다. 친구가 시끄러운 레스토랑에서 여러분 왼편에 앉아 있다면, 오른편 좌석에서 비슷하게 들리는 여자 목소리를 무시할 수 있다는 것이 친구의 말을 듣는 데 크나큰 도움이 된다. 이런 환경에서 말을 알아듣는 것이 가능한 것은 상올리브복합체의 양이 처리 덕분이다.

청각중뇌−아래둔덕 구심적 연쇄 과정에서 다음 기착지는 중뇌에 위치한 아래둔덕이다. 아래둔덕의 '아래inferior'는 위둔덕superior colliculus과 상대되는 위치를 가리킬 뿐이지 크기가 작다거나(피질 하부의 청각 구조물 가운데 가장 크다) 중요성이 떨어진다는(활동의 중심 기관이다) 의미가 아니다. 대사 활동이 활발한(에너지를 엄청 잡아먹는) 이 구조물은 구심적 청각 처리의 허브이면서 원심적·다감각적·비감각적 신경 활동이 만나는 주요 교차로이므로 청각을 연구하는 신경과학자에게는 중뇌(중앙에 있는 뇌)라는 이름에 어울리게 청각 기능의 전체 모습을 파악하게 해주는 대리자로서 대단히 중요하다.

지금까지 언급한 청각 구조물에서 오는 모든 신호는 뇌의 다른 부위에서 오는 입력신호와 함께 양쪽 귀에서 청각중뇌로 모인다. 그러므로 선택적 주목, 소리의 위치 파악, '청각적 대상'의 확립과 관련한 연산들은 중뇌에서 확인되어야 한다.[8] 청각중뇌는 청각 처리의 중개인이자 여러 출처에서 오는 뇌 신호의 집결지로서 중요하므로 소리를 알아듣는 과정에서 핵심적인 역할을 한다.

비록 중뇌는 뇌의 중앙 깊숙한 곳에 위치하지만 다행히도 두피에서 측정할 수 있을 만큼 강력한 전기신호를 낸다. 브레인볼츠에서는 중뇌의 이런 활동을 '주파수 추종 반응FFR, Frequency Following Response'이라는 형식으로 측정하는 연구를 많이 해왔으며, 이것을 활용하여 음악·읽기·자폐증·노화 등의 바탕이 되는 뇌 기제를 연구하고 있다.

청각시상 – 내측슬상핵 피질로 가는 길에 마지막으로 들르는 곳은 내측슬상핵이다[구부러져 있는 모습이 무릎(슬膝)과 닮아서 이런 이름이 붙었다]. 시상에 위치하며 그 바로 옆에 피질 하부에서 시각계를 처리하는 센터인 외측슬상핵lateral geniculate이 있다.

잠깐 말하자면 시각계는 청각계에 비해 피질 하부에서 처리하는 양이 확연히 적다. 시신경이 망막에서 시상까지 거의 곧바로 연결되어 있다. 달팽이핵, 상올리브복합체, 아래둔덕에 해당하는 시각적 기착지가 없으며 망막에서 곧장 시상을 거쳐 피질로 넘어간다.* 마찬가지로 후각도 콧속에 있는 후각수용체 세포에서 후각망울**을 거쳐 피질로 넘어간다.[9] 또 하나 언급하자면, 듣는 뇌의 다양한 기착지들(청각신경, 달팽이핵, 상올리브복합체, 아래둔덕, 내측슬상핵)은 각기 수많은 하위 기착지들로 이루어져 있다. 청각계의 피질 하부는 이례적으로 풍성하다.

시상은 청각중뇌에서 오는 입력신호를 피질로 전달하고, 소리의 지속 시간을 암호화하고, 복잡한 소리를 추가적으로 처리하고, 각각의 뇌 부위에서 오는 상당한 양의 정보를 하나로 통합한다. 그리고 의식(각성, 자극, 인식)을 조절한다. 시상은 뇌 전체에서 벌어지는 활동을 살피는 탐조등이다(심지어 모양도 백열전구를 닮았다).

청각피질 청각피질이 위치하는 곳은 대뇌반구 양쪽에 있는 측두엽으로 적절하게도 귀 위다. 수많은 음위상 지도를 담고 있는 청각피질은 구심적 처리의 종착지다. 신호가 한쪽 귀에 도달하는지 양쪽 귀에 도달하는지에 따라 최적으로 반응하는 전담 뉴런들이 있어서 양이 처리를 정교하게 한다.[10] 청각피질은 하모닉 해

---

* 시각의 여행은 들르는 곳은 적지만 시간은 더 걸린다. 청각은 소리의 압력파가 뇌에서 전기로 변환하는 것이 하나의 과정이지만, 시각은 망막이 빛을 먼저 화학물질로 변환하고 그것이 다시 전기로 변환하는 과정을 거쳐야 한다. 이렇게 병목 지점을 앞에서 거치고 나면 신경신호는 시각이든 청각이든 같은 속도로 움직인다.

** 후각은 시상을 거치지 않는 유일한 감각계다.

석,[11] 협화와 불협화 해석,[12] AM 신호와 FM 신호 해석[13]에 힘을 보탠다. 청각피질은 소리 패턴을 감지하는 일에 탁월하다.[14] 이곳의 뉴런들은 소리의 시작점onset에 반응하여[15] 소리가 언제 시작하고 끝나는지 우리에게 알려줄 수 있다. 구체적인 역할들을 다양하게 나눠서 맡고 있는데, 음위상 방식에 따라 특정 주파수에 동조하는 뉴런들도 있지만, 뉴런 대부분은 구성요소들의 특정한 결합(예를 들어 자음에서 모음으로 넘어갈 때 일어나는 FM 스위프)에만 반응하도록 되어 있다.[16] 전체적으로 볼 때 유연한 청각피질은 우리가 연속적으로 이어지는 소리지형에서 관련되는 요소들을 포착하여 별도의 청각적 풍경을 구성하도록 돕는다.[17]

이렇게 역할을 다양하게 나눠서 소리를 처리하는 것 말고도 청각피질은 소리를 실제로 인식하는 것에 관여한다. 예컨대 숲에서 나무가 쓰러지는 소리를 우리가 알아듣는 것은 청각피질 덕분이다. 온전한 귀와 제대로 작동하는 피질 하부 핵이 소리에 대한 반응으로 전기 임펄스를 충실히 발화해도 청각피질이 없다면 우리는 소리로 지각하지 못한다.[18]

좌우 차이를 보이는 소리 마음 왼쪽 뇌와 오른쪽 뇌는 대개 사람들에게 친숙한 개념이다. 뇌의 왼쪽과 오른쪽이 기능을 나눠서 맡는 것은 진화적으로 오래된 신경계의 특징이다.[19]

소리 마음의 관점에서 보자면 소리의 구성요소를 처리하는 과정은 왼쪽과 오른쪽 구역에 서서히 스며든다. 예를 들어 말소리에서 기본주파수(음높이)는 오른쪽 뇌가 맡고 타이밍과 하모닉(둘 다 음성적 신호)은 왼쪽 뇌에서 우선적으로 맡는다.[20] 소리가 전개되고 뇌의 반응이 전개되는 시간의 규모는 수 마이크로초에서 수 초에 이르기까지 다양하다. 이런 시간규모의 처리 역시도 뇌의 이쪽이나 저쪽에서 나눠 맡는다. 말과 음악은 양쪽 대뇌반구 모두에서 처리하지만 다른 방식으로 처리된다.[21] 소리 처리의 차이(음높이/음색, 긴/짧은 시간규모)는 피질 하부에도 존재한다.[22] 이렇듯 뇌의 편측성이라는 기본 원리는 청각경로 곳곳에서 나타난다. 분산적이고 통합적이며 공명하는 소리 마음의 성격을 보여주는 또 하나의 예다.

청각의 마술은 처리 과정 전체가 함께 맞물려야 비로소 일어난다. 페기, 데이비드, 수전을 만나 이에 대해 알아보자.

소리를 알아듣지 못하는 사람
– 머리 안의 신호가 장애물을 만날 때

브레인볼츠에서는 특정한 처리 단계에서 문제가 있을 때 실제로 어떤 일이 생기는지 곧바로 보기도 한다. 특이한 청력 문제로 고생하는 사람들이 자주 우리를 찾아온다.

젊은 여성 페기는 '피질난청cortical deafness'이라고 하는 증상을 겪고 있다. 그녀는 암을 공격적으로 치료하여 다행히도 목숨을 건졌지만 그 대신 양쪽 청각피질이 망가지고 말았다. 페기의 귀와 피질 하부 구조물은 잘 작동한다. 하지만 피질이 망가져서 소리

소리의 마음들

는 인식하나 무슨 소리인지 이해하지는 못한다.

데이비드는 피질 하부에서 소리를 처리하는 데 문제가 있는 아이다. 데이비드의 부모와 교사는 아이의 청력이 뭔가 잘못되었다는 것을 알았다. 데이비드는 교실처럼 소란스러운 장소에 가면 듣는 데 몹시 어려움을 겪었다. 그는 과제물을 제출하지 못했는데 교사가 숙제를 내주는 것을 듣지 못했기 때문이다. 집에서도 소리에 일관되게 반응하지 못해 부모는 그가 청력을 잃었다고 생각했다. 하지만 그의 귀는 멀쩡한 것으로 확인되었다. 그는 모두 다른 음높이로 나는, 그것도 아주 약하게 나는 경적 소리를 듣고 표시하는 테스트를 거뜬히 통과했다. 데이비드의 문제는 뇌의 피질 하부 구조물에서 뉴런 발화 시 동시성synchrony이 결여된 것이었다. 신경 활동이 귀에서 모든 기착지를 지나 청각피질로 올라갔지만 동시적으로 신호가 일어나지 않았다. 타이밍이 완전히 잘못되었다.

데이비드의 증상은 이제 '청각신경병증auditory neuropathy'이라는 병명으로 알려져 있다.[23] 전형적인 특징은 배경에 아주 작은 소음만 있어도 듣는 것이 고역이라는 것이다. 소음에서는 사실상 귀가 들리지 않는 셈이다. 그런 사람도 조용한 환경에서는 말을 알아듣는 데 어려움이 없는 경우가 많다. 피질난청과 달리 청각신경병증 환자는 애초에 소리를 인식하는 것조차 못하는 경우도 많다. 브레인볼츠에서 20년 넘게 경과를 지켜보고 있는 수전이라는 젊은 여성이 그런 경우다. 그녀는 일할 때 이어폰을 껴야 해서 동료들은 그녀가 음악을 듣고 있다고 생각했다. 이어폰 때문에 동료들은 그녀의 주목을 끌 일이 있으면 어깨를 두드렸다. 사람들이 자신의 이름을 부르는 것을 그녀가 인식하지 못했기 때문이다. 이제 그녀의 어린 딸은 누군가가 문 앞에 있거나 전화기가 울리면 엄마에게 가서 알린다.

수전, 데이비드, 페기 같은 사람들은 우리에게 가르침을 준다. 소리를 이해하려면 청각피질이 필요하다는 것이다. 그리고 소리를 인식하려면 청각계 피질 하부에서 정교하고 빠르고 동시적이고 일관된 뉴런 발화가 일어나야 한다. 아울러 소란한 곳에서 듣기에 필요한 명료한 신호를 이어나가 청각적 풍경에서 헤매지 않기 위해서도 필요하다.

데이비드와 수전은 청각이 왜 가장 빠른 감각인지, 그리고 어떻게 정교한 동시적 타이밍에 의존하여 돌아가는지 깨닫게 해준다. 움직임이 아주 살짝만 둔해져도 심각한 결과가 일어난다. 이런 사람들은 브레인볼츠에 찾아올 때 답을 구하려 한다. 몇몇 경우에 우리는 그들의 뇌가 소리에 반응하는 방식에서 뭔가를 보고는 힘든 것이 이해가 된다며 기운을 북돋워줄 수 있다. 그러나 사실은 그들이 우리에게 무엇이 가능한지 가르쳐주고 있다. 그들은 소리 마음에서 무엇이 잘못될 수 있는지 우리에게 보여줌으로써 청각이 성공적으로 작동하려면 무엇이 필요한지 우리에게 알려준다.

소리의 마음들

귀에서 뇌로 올라갈 때 소리의 변형 – 질문과 대답

우리를 흥분시키고 동시에 겸허하게 만드는 것은 우리가 알지 못하는 것이 너무도 많다는 사실이다. 예를 들어 특정 구조물이 여러 주파수(음위상) 지도를 함께 갖고 있는 것은 이례적이지 않다.[24] 그렇다면 지도는 왜 이렇게 많을까? 기능 면에서 어떻게 다를까? 또 하나 예를 들자면, 상올리브복합체와 청각피질 모두 양이 처리의 핵심 구조물이지만, 우리는 각각이 행하는 명확한 역할에 대해 거의 모른다. 청각중뇌도 난감하기는 마찬가지다. 달팽이핵과 상올리브복합체 같은 기착지에서 오는 입력물은 청각중뇌로 모인다. 그렇다면 여러분은 이런 구조물들이 맡은 과제를 수행하고 나면 출력물을 왔던 곳으로 다시 보내지 않을 거라고 생각할지도 모르겠다. 하지만 다시 보낸다. 청각의 피질 하부 연결망은 어째서 다른 감각들과 비교하여 그토록 거대하고 복잡한가? 언젠가는 이를 멋지게 설명할 수 있게 되리라 믿는다.

그렇다면 우리는 무엇을 알까? 소리가 귀에서 청각피질로 구심적 흐름을 이어가는 동안 어떻게 변형되는지 원리를 안다. 신경 정보는 청각경로를 지나는 동안 변함없는 모습으로 그냥 넘겨지는 것이 아니다. 뉴런은 갈수록 다양한 발화 패턴을 드러내고 자신이 반응하는 소리에 선택적이 된다. 뉴런은 소리가 시작하고 끝나는 시점에 점차 더 '관심'을 보인다. 특정 뉴런의 발화를 억눌러 소리 처리가 보다 집중적으로 이루어지도록 하는 억제가 일반화된다. 뉴런이 경험에 따라 달라지는 경향도 강화된다. 이런 원리들(다양한 뉴런 발화 패턴, 억제, 특정 소리에 대한 선택적 반응, 학습에 따른 변화)은 청각신경에서 피질로 넘어가면서 분화가 점차 가속화하는 데 기여한다. 동시에 청각중추들은 갈수록 서로 영향을 주고받고 다른 감각계, 운동계, 우리가 아는 것, 소리에 대한 느낌과 활발하게 접속한다.[25]

또 하나 알아두면 좋은 원리는 뉴런이 소리에 동조하는 속도가 귀 근처에서 가장 빠르고 피질로 올라갈수록 점차 느려진다는 사실이다. 어떤 소리가 매초 30회의 빠른 속도(라-타-타-타)로 반복된다면, 피질 하부의 뉴런은 아무 문제 없이 여기에 대처할 수 있지만 피질의 뉴런은 훨씬 느린 속도로 따라간다. 마찬가지로, 피질 하부의 뉴런은 가령 2000헤르츠의 주파수도 따라갈 수 있지만 피질의 뉴런은 겨우 100헤르츠만 감당할 수 있다. 정보는 사라지지 않지만 올라갈수록 암호화되는 방식이 바뀐다. 정보가 통합되는 시간의 규모가 더 커지는 것이다. 마이크로초의 정확성을 보이는 청각 처리는 피질 하부 영역에서 벌어지는 일이다. 양쪽 귀에 도달하는 시간의 차이를 빠르게 계산하여 공간에서 소리의 위치를 파악하고 확인하는 것도 피질 하부다. 이렇듯 피질 하부의 구조물은 타이밍의 명수다. 반면 피질에는 청각적 풍경을 더 긴 시간의 규모로 통합하는 능력이 있다. 우리가 문장을 알아듣고 음악 악절을 이해하는 데 필요한 능력이다.

요컨대 피질 하부와 피질의 연결망이 함께 작동하여 소리를 처리한다. 기능의 관점에서 보자면 피질 하부 청각계는 우리가 복잡한 소리지형에서 신호를 듣도록 한다. 그 덕분에 시끄러운 방에서 친구의 목소리를 듣는 것이 가능하다. 아울러 피질 하부는 애초에 소리를 인식하는 데도 핵심적이다. 피질은 소리에서 의미를 끌어내는 데 중요하다. 그 덕분에 우리는 친구가 우리에게 말한 단어의 뜻을 이해할 수 있다.

(((아래로 내려가는 방향(원심적 처리))))

우리가 세상을 지각하는 데 원심성 체계가 현저한 역할을 한다는 것은 비교적 최근에 알려진 사실이다. 청각의 원심성 체계(뇌에서 귀로 이어지는 연결망)는 귀에서 뇌로 이어지는 구심적 연결과 함께 돌아가는 소통 창구다. 원심적 연결은 구심적 연결보다 훨씬 복잡하여 기차가 경로를 지나면서 모든 역에 서는 것과는 조금 거리가 있다. 모든 것이 다른 모든 것과 소통한다. 하지만 이유가 뭘까? 원심적 연결의 정도는 진화가 진행되면서 계속 늘어난다.[26] 인간을 비롯하여 고도로 발달한 종에서 연결이 두드러지게 나타나서 정신적 유연함과 학습 경향을 높인다. 원심성 체계는 우리가 중요하다고 학습하는 소리를 선택적으로 강조한다.[27] 이 장에서 나는 '원심성'이라는 말을 포괄적으로 사용하며, 이는 비단 청각계 내에서 정보가 이동하는 것만이 아니라 비청각적 뇌 중추에서 청각계로 정보가 넘어오는 것도 가리킨다.

우리가 무엇을 듣는지는 아래로 내려가는 과정이 이끈다.[28] 소리의 지각은 대체적인 골자를 파악하는 것으로 시작한다. 그러고 나서 청각피질에서 피드백이 일어나고 인지·운동·보상 중추에서 입력신호들이 들어오면서 중요한 디테일을 세심하게 살피는 (아울러 중요하지 않은 정보는 쳐내는) 과정이 일어나 세밀한 소리의 지각이 얻어진다. 그러니까 구심성 체계가 수행한 메시지에 우리의 과거 소리 경험이 원심성 체계를 통해 더해진다. 우리의 소리 마음은 우리가 소리로 지각하는 머리 바깥의 신호들이 실제로 어떤 것인지 파악하는 토대가 된다. 청각적 기착지들은 서로 간에 소통할 뿐만 아니라 다른 감각들, 우리의 움직임, 우리의 지식, 우리의 느낌과도 소통한다. 우리가 학습하면서 저마다 소리 마음을 만들어갈 수 있는 것은 이렇게 위로 아래로 주고받는 흐름이 긴밀하게 얽혀 있기 때문이다.

듣기에는 다른 감각들이 관여한다

보는 것이 듣기에 영향을 미치며 반대도 마찬가지다. 타악기 연주자가 마림바(실로폰과 비슷하게 생긴 악기)를 내리치는 제스처는 음의 길이를 지각하는 것에 영향을 미친다. 연주자가 긴 음을 연주하는 모습을 보여주면서 오디오로 짧은 음을 내보내면 사람들은 긴 음을 듣는다.[29] 마찬가지로, 현악기에서 비브라토를 판단하는 것도 보는 것의 영향을 받는다. 비브라토란 활로 현을 켤 때 손가락 끝을 현에 대고 앞뒤로 빠르게 움직여 음높이를 살짝 떠는 것을 말한다. 바이올린 음에서 비브라토를 듣는 정도는 비브라토를 만드는 손가락의 움직임을 보느냐 보지 않고 그냥 음만 듣느냐에 따라 달라진다.[30] 심지어 첼로를 활로 연주하는 음과 손가락으로 현을 뜯어서 내는 음의 구별도, 뜯어서 연주하는 모습을 보여주면서 소리로는 활로 연주하는 음을 들려주거나 반대로 하면 모호해진다.[31]

말소리의 경우 소리와 모습의 상호작용을 보여주는 유명한 예로 '맥거크 효과McGurk effect'가 있다.[32] 오디오로 '바'를 들려주면서 '파fa'를 발음하는 입 모양을 보여주면 '파'로 듣는다. f를 발음할 때 가동되는, 앞니를 아랫입술에 살짝 대는 모습이 f(또는 가끔 v)가 발음되고 있음을 넌지시 암시하는 것이다. 그래서 시각적 점화가 일어나 우리의 뇌가 '파'를 들었다고 속게 된다. 촉각과 냄새도 우리의 듣기에 영향을 미친다.

듣기에는 우리의 움직임이 관여한다

"대체 피아노를 어떻게 한 거예요? 연주하기가 한결 쉬워졌어요." 내게 피아노를 가르친 살바토레 스피나Salvatore Spina는 피아노 조율사이기도 한데, 조율을 하고 나면 의뢰인에게서 자주 이런 말을 듣는다고 한다. 피아노 연주하기가 한결 쉽다는 말은 물리적 힘이 덜 들어간다는 뜻이다. 나는 이것이 편안하다는 느낌이 늘어난 것과 연관성이 있지 않을까 생각한다. 음이 맞지 않는 피아노에서 나는 불협화 소리를 들으면 신경이 곤두서고 근육이 긴장한다. 잘 조율된 피아노를 연주하면 차분해진다. 이것은 청각계와 운동계 사이에서 벌어지는 소통에 대해 우리가 아는 내용에 바탕을 두고 내가 추정한 것이다.

듣기와 움직임 사이에는 확연한 연관성이 있다. 둘은 진화적 기원이 같다. 귀는 중력을 감지하고 공간에서 생명체의 위치를 감지하여 움직임을 얻고자 생겨난 기관에서 나왔다. 움직이지 않고 말을 듣기만 해도 말하는 근육과 운동피질이 활성화된다. 리듬 패턴을 듣거나[33] 피아노 선율을 듣기만 해도[34] 뇌의 운동계가 활발하게 작동하며 특히 음악가가 그렇다. 반대도 마찬가지다. 피아니스트가 다른 사람이 피아노 치는 모습을 볼 때, 혹은 사람들이 소리 없이 입 모양을 읽을 때 청각중추가 활발해진다.[35] 게다가 음악가가 연주할 때 취하는 동작은 청자가 음악의 정서적 힘이나 긴장을 알아차리는 것뿐 아니라 자동적인 생리적 수준에서까지 영향을 준다.[36]

거울뉴런은 본인이 동작을 취하거나 다른 사람이 그 동작을 취하는 것을 보거나 들을 때 똑같이 반응한다(그림 2.7).[37] 이것은 다른 사람의 행동을 보고 그의 의도와 감정을 알아차리는 데 도움을 준다. 거울뉴런은 우리가 공감의 감정을 키우고 언어학습을 하도록 도울 수도 있다. 거울뉴런 체계에 장애가 생기면 자폐증과 연관된다. 논란의 여지가 있는 해석이지만, 자폐증을 가진 사람이 다른 사람의 관점에서 세상을 보기 어려워하는 이유를 여기서 찾을 수 있다.[38]

그림 2.7
거울뉴런은 여러분이 동작을 취하거나 다른 사람이 같은 동작을 취하는 것을 보거나 상관없이 똑같이 반응한다.

듣기에는 우리가 아는 것이 관여한다

'말과 음악의 생물학적 기초' 수업에서 내가 가장 좋아하는 것은 심한 처리 과정을 거쳐 무슨 말인지 알아들을 수 없는 문장을 소개하는 것이다. 치통을 앓는 다스 베이더가 천둥이 칠 때 쿠키 몬스터 흉내를 내는 것과 비슷한 소리다. 수업 시간에 학생들에게 두 번 들려주고는 무슨 말인지 알아들은 사람은 손을 들라고 말한다. 당연히 아무도 손을 들지 않는다. 문장이라는 것을 알아차린 사람조차 없다. 이제 나는 손대지 않은 원래 문장을 튼다. 그런 다음 처리된 문장을 다시 들려주면 다들 강의실 여기저기서 손을 번쩍 든다. 횡설수설하는 소리가 갑자기 모두가 명료하게 이해하는 문장이 된 것이다. 다들 처리된 문장이 (회고적으로 돌아볼 때) 얼마나 분명했었는지 깨닫고는 놀라며, 그것이 도전이었다는 것이 믿기지 않는다는 분위기다. 이렇듯 우리가 아는 것은 우리가 듣는 것에 어마어마한 영향을 미친다.

듣기에는 우리의 감정이 관여한다

좋아하는 사람의 목소리를 들으면 기분이 좋아진다. 그만큼 소리와 감정은 연관성이 깊다. 감정, 동기부여, 보상에 관여하는 변연계limbic system는 피질, 뇌간, 시상, 소뇌에 걸쳐 있는 구조물의 집합체다. 이 부분은 뇌에서 진화적으로 가장 오래된 것에 속한다. 소리가 기억의 문으로 통하는 강력한 입구인 이유다. 생존은 위험한 것과 먹을 것이 어떤 소리를 내는지 기억하느냐 마느냐에 달려 있다.

사람이든 원숭이든 새, 거북, 문어, 조개든 가장 깊은 감정에 동반되는 생리적 변화는 동일하다. 욕구, 공포, 사랑, 기쁨, 슬픔과 연관되는 호르몬, 신경전달물질, 화학물질은 종에 상관없이 비슷하다. 거의 모든 동물이 에스트로겐, 프로게스테론, 테스토스테론, 코르티코스테론(스트레스호르몬) 같은 호르몬을 갖고 있다.[39]

먹을 때나 짝짓기할 때 분비되는 도파민은 종과 상관없이 쾌락의 기분과 연결된다. 마약에 중독될 때도 분비되며 고통에 대한 민감성을 줄여준다. 한편 갑작스러운 소리가 한밤중에 산책하는 것을 방해할 때 공포의 감정이 드는 것과도 관련된다. 변연계는 빠르고 해상도가 낮은 경로를 통해 청각중추에 곧바로 연결

소리의 마음들

된다. 그래서 우리는 한밤중의 소리에 본능적으로 바로 반응하고 서야 분석적인 뇌가 뒤늦게 끼어들어 멀리 있는 쓰레기통 뚜껑이 낸 무해한 소리임을 알아차린다. 이런 처리 속도는 감정이 본질적으로 피질 하부와 무의식에 연결되어 있어서 일어나는 것일 수 있다.[40] 소리에 대한 중뇌의 반응은 인지와 보상에 관여하는 또 하나의 신경전달물질 세로토닌이 주도한다.[41]

어미 쥐가 새끼 쥐의 울음소리에 반응할 때 변연계가 가동된다. 새끼 쥐가 둥지에서 벗어나면 울음소리를 낸다. 새끼를 보금자리로 돌아가게 하는 사회적 행동으로 옥시토신이 분비된다. 옥시토신은 엄마와 자식 간의 유대감과 연관되는 호르몬으로, 이것이 분비되면 청각피질이 소리의 구성요소를 처리하는 방식에 영향을 미친다. 같은 새끼 쥐의 울음소리도 새끼를 낳아본 적이 없는 쥐의 청각적 뇌에서는 완전히 다른 반응을 끌어낸다.[42]

이렇듯 보고 움직이고 생각하고 느끼는 바가 청각뉴런에 영향을 주지만, 소리 처리에 가장 큰 영향을 미치는 변경 인자는… 아무래도 처리되는 소리다. 우리가 살면서 접하는 소리들, 즉 소리적 경험은 소리를 듣고 의미로 바꾸는 일을 수행하는 바로 그 뉴런들에 지울 수 없는 자국을 남긴다. 학습은 뉴런이 바뀌기 때문에 일어나고, 뉴런이 바뀌는 것은 학습을 하기 때문이다. 뭔가를 계속하다 보면 결국에는 그 일에 전문가가 되어 "자면서도 할 수 있겠어" 하고 말하는 수준에 이른다. 특정 소리에서 의미를 끌어내는 경험이 충분히 쌓이면 소리 마음이 이런 소리를 자동적으로 처리하는 방식이 바뀐다. 잠자고 있을 때도 말이다. 원심적 조정을 통해 구심적 변화가 일어나는 것이다. 청각경로에 존재하는 뉴런은 반응하는 속성이 유연하다. 달팽이관 자체부터가 그렇다. 뉴런이 경험을 통해 발화를 바꾸는 이런 변화로 인해 우리는 저마다 소리에 유일무이하게 반응한다. 다음 장에서 이 주제를 살펴보자.

3

학습:
머리 바깥의 신호와 안의 신호 조율하기

삶의 소리들이 우리 뇌의 모습을 만든다.

내 피아노 교사이자 조율사인 살바토레 스피나는 얼마 전에 할아버지가 되었다. 그의 딸은 세계적인 호른 연주자다. 지난주에 그는 랠프 본 윌리엄스Ralph Vaughan Williams의 〈전원 교향곡Pastoral Symphony〉이 흘러나오는 가운데 태어난 지 석 달 된 손녀를 안고 있었다. 곤히 잠들어 있던 아기는 2악장 서두에서 느리고 조용하고 매혹적인 호른 소리가 들리자 눈을 크게 뜨고 주위를 두리번거렸고, 30초 뒤에 현악이 호른의 선율을 넘겨받자 다시 잠에 빠졌다. 청각 학습은 이렇게 일찍 시작된다.

토끼가 소리에 의미를 부여하면, 즉 특정 소리가 자신의 건강과 행복에 관련된다는 것을 학습하고 난 후 그 소리를 접할 때 뉴런 발화 패턴이 달라진다(그림 3.1).* 청각피질의 개별 뉴런에서

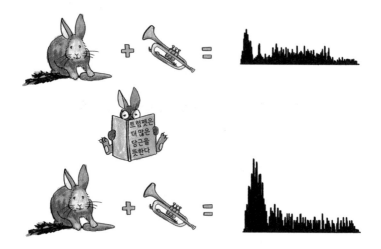

그림 3.1
관련되는 소리가 나면 개별 뉴런에서 소리의 처리가 달라진다.

이런 일이 일어나는 것을 목격한 것은 실로 놀라운 경험이었다. 나는 이전까지 닫혀 있던 문을 밀어서 연 기분이었다. 뇌의 기본 토대인 개별 뉴런에서 벌어지는 학습을 내 눈으로 직접 보자 깊은 인상을 받았다.

우리가 세상을 지각하는 것은 많은 부분이 무의식적으로 이루어진다. 토끼는 학습을 하고 나서 의식적으로 뉴런을 좀 더 활기차게 발화한 것이 아니었다. 이탈리아어 화자인 내가 이탈리아어로

---

* 뉴런에 마이크로 전극을 삽입하고 관찰하는 것은 최고 환경에서도 만만치 않은 도전이다. 이런 실험을 하려면 학습하는 토끼가 필요한데… 시간이 걸릴 수 있다. 실험실이 번화가에 있어서 나는 주로 한밤중에 이런 실험을 했다. 지나가는 트럭 소리가 전극의 진동에 가급적 영향을 미치지 않도록 하기 위해서다.

말하는 소리를 들으면 의식적으로 나의 뇌를 활기차게 반응하도록 만들지 않는 것과 같은 이치다. 이 장에서 나는 우리의 소리 마음이 우리가 일반적으로 알아차리지 못하는 방식으로 경험의 산물임을 생물학적 통찰을 통해 보여주고 싶다.

신경 가소성neural plasticity이라는 말은 경험으로 뇌가 달라지는 것을 가리키는 포괄적인 용어다. 내가 평생 해온 연구를 두 단어로 압축해야 한다면 '신경 가소성'보다 더 나은 표현이 없다. 어딘가에 '소리'라는 말을 집어넣으면 더 좋겠지만 말이다. 어떤 뉴런이 어떤 소리에 반응하여 발화하는가 하는 원리는 당연히 관심 가는 대목이지만, 나의 가장 큰 관심은 이런 발화 패턴이 어떻게 일어나는지, 나아가 이런 패턴이 우리가 소리적 세계에서 의미를 만들어갈 때 어떤 식으로 바뀌는지 알아내는 것이다. 내가 이제까지 연구를 통해 배운 교훈을 한 문장으로 요약하자면(아무래도 두 단어는 제한적이니) 이 장 서두에 내가 쓴 문장이 될 것이다. "삶의 소리들이 우리 뇌의 모습을 만든다."

뇌의 모습을 만들어가는 과정은 어떻게 일어날까? 피질과 피질 하부, 귀를 연결하는 원심성 체계가 청각 학습의 원동력이다. 뇌에서 귀로 이어지는 이런 연결망은 진화를 거치면서 점차 넓어지고 복잡해진다. 게다가 모든 강의실에서 가르치는 '뇌로 향하는' 구심성 체계보다 신경 투사가 한층 광범위하다. 뇌에서 가장 정교하고 유연한 부위는 원심적 청각경로 덕분에 역할이 더 고정되어 있는 구조물들과 대화를 계속 나눈다. 뇌에서 감각수용기

(달팽이관, 망막 등) 방향으로 전달되는 메시지는 학습의 비법이다.

우리가 소리라고 알아듣는 기압의 변화는 귀를 통해 전기로 변환되어 (뇌로 향하는) 구심적 처리 과정에 들어선다. 소리의 구성요소(음높이, 타이밍, 음색 등등)에 따라 달팽이핵, 상올리브복합체 등에 있는 뉴런의 특정 개체들이 발화한다. 얼마 뒤 같은 소리는 정밀하게 배열된 도미노 패를 쓰러뜨린다. 하지만 내가 오래전에 토끼 실험에서 보았듯이 만약 동일한 소리가 새로운 의미를 얻으면, 나중에는 다른 뉴런 집합이 가동되거나 발화 속도가 빨라지거나 음위상 지도에서 새로운 위치를 점할 수도 있다. 감각-인지-운동-보상 체계와 구심적 팀, 원심적 팀이 상호작용을 하여 우리에게 중요한 소리를 처리하는 신경의 기본값을 정한다. 소리의 의미가 달라지면 아래로 내려가는 신호가 구심적 활동의 새로운 기본값 패턴을 마련한다. 생물학적으로 말하자면 학습과 기억이 일어난 것이다. 이런 기본값 체계는 새로 들어오는 소리가 내려앉는 활주로가 되며, 우리는 이것을 토대로 중요한 소리를 알아본다. 결국 나의 소리 마음이 오늘 어떻게 반응하는지는 지금까지 내가 접했던 소리의 경험에 달려 있다.

(((지도)))

청각경로 내내 나타나는 '피아노'는 특정 음높이에 최적으로 반응하는 영역들을 나타내는 음위상 지도다. 다른 감각에도 비슷한 신경 매핑이 있다(그림 3.2). 시각계에는 망막위상retinotopic 지도가 있다. 대상이 시야 어디에 놓이는지에 따라 활성화되는 뇌 영역이 다르다. 체성감각계(촉각)와 운동계에도 이런 지도가 있다. 뇌 영역이 신체 부위 어디를 처리하는지 질서 정연하게 체계적으로 나타내는 지도다. 손가락 열 개는 체성감각피질에서 꽤 넓은 자리를 차지한다. 혀와 입술처럼 촉각이 중요한 부위도 뇌라는 땅에서 넓은 구획을 차지하며, 팔꿈치와 어깨, 다리는 더 좁은 구획을 차지한다. 일관되지 않은 이런 체성감각 지형 분포를 여러분도 직접 확인해볼 수 있다. 눈을 감고 누군가에게 이쑤시

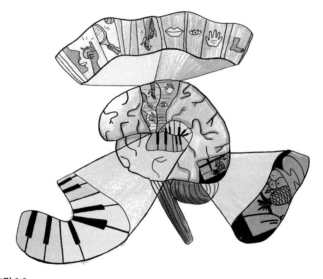

그림 3.2
감각 지도는 청각계에만 있는 것이 아니다. 시각계, 체성감각계, 운동계에서도 이렇게 정교하고 정확한 기본 구성 원리를 볼 수 있다.

개 같은 날카로운 물질로 여러분 몸을 가볍게 건드리도록 부탁하자. 손가락의 경우 3밀리미터 간격을 두고 손가락 두 곳을 이쑤시개로 찔러도 여러분은 별도의 두 곳을 찔렸다는 느낌을 받는다. 하지만 등이나 허벅지에서 이런 별도의 느낌을 받으려면 이쑤시개로 찌르는 두 곳이 30~50밀리미터는 떨어져 있어야 한다. 그보다 간격이 좁으면 같은 곳을 찔렸다고 느낀다. 인근의 운동피질도 비슷한 식으로 정렬되어 있다. 손이나 손가락, 입술, 혀처럼 섬세하고 정확한 동작을 취해야 하는 신체 부위에는 더 많은 지형이 할애되어 있다.

초기에는 감각 지도의 변화를 관찰하면서 감각 학습에 대해 알아갔다. 1930년대에 펜필드Wilder Penfield, 울지Clinton N. Woolsey 등이 체성감각 지도와 운동 지도를 발견하고 나자[1] 신체 부위와 뇌 영역이 이렇게 일대일로 매핑된다는 것은 뇌가 그렇게 배선hard-wired되었다는 증거로 여겨졌다. 이런 생각을 뒤집은 사람이 마이클 머제니치Michael Merzenich였다. 그는 원숭이에게 동일한 손가락 둘을 사용하여 과제를 반복 수행하도록 하자 해당 피질 영역이 확장되었음을 발견했다. 이와 비슷한 예로, 원숭이 손이 신경을 다치면 그 신경에 해당하는 피질 영역은 그냥 가만히 있지 않는다. 다른 손 부위에서 그 영역을 떠맡는다.[2] 새끼손가락에 해당하는 피질 지도는 새끼손가락이 다쳤을 때 그냥 소멸하는 것이 아니라 다른 손가락들이 그것을 차지한다. 1970년대에 청각피질의 음위상에 대해 최초로 알아낸 사람이기도 했던[3] 머제니치는 나중에 여러 지도가 조화롭게 겹친 상태로 있을 수 있다는 발견을 하여 피질 지도에 대한 우리의 이해를 더욱 넓혔다. 다양한 소리 구성요소들이 청각피질에 동시에 매핑되어 있다.[4] 음높이의 높고 낮음을 암호화하는 지도(피아노) 외에도 소리의 세기를 암호화하는 지도, 공간에서 소리가 차지하는 위치를 암호화하는 지도가 있다. 청각피질 가소성 연구를 통해 청각 지도가 실제로 얼마나 유연한지가 밝혀졌다.[5]

감각 양태를 넘나드는 가소성 역시도 발견된다. 앞을 보지 못하는 사람의 시각피질은 청각계[6]와 체성감각계[7]에서 떠맡을 수 있다. 피아노 조율은 오래전부터 '맹인의 일'로 여겨졌다. 보지 못하는 사람 중에 소리에 극도로 민감하게 반응하는 사람이 많기 때문이다. 반대로, 듣지 못하는 사람의 청각피질은 수화 소통을 시각적으로 처리하는 데 사용된다.[8] 신경의 재조직화 능력이 막강하다는 것을 여기서 알 수 있는데, 이것은 청각 학습에 꼭 필요한 능력이다.

(((올빼미 이야기)))

내가 좋아하는 청각 학습 설명에는 외양간올빼미와 환각 안경이 나온다. 외양간올빼미는 야행성 포식자다. 그러니 햇빛이 먹잇감을 비출 일은 없다. 그 대신에 올빼미는 소리 위치 신호를 통해 먹잇감을 사냥한다. 소리 위치를 파악하는 능력이 우리보다 두 배나 좋다. 수평 면에서든 수직 면에서든 소리가 나는 지점을 1도까지 세밀하게 판별할 수 있다.[9] 1도까지 판별할 수 있다는 것은 어떤 뜻일까? 내가 축구장의 한쪽 골라인에 서서 양팔을 양쪽으로 펴고 손가락 하나에서 딱 소리를 낸다면, 반대편 골라인에 있는 올빼미가 소리만으로 오른손인지 왼손인지 알아낼 수 있다. 외양간올빼미는 자신의 공간 영역에 있는 어떤 소리도 위치를 알아내며, 귀의 높이 차이와 방향 차이(한쪽 귀는 위로, 다른 귀는 아래로 향한다)로 수직 방향도 정확하게 판별해낸다. 인간에게는 대단히 어려운 일이다.

우리 인간처럼 올빼미도 소리의 위치를 알아내기 위해 양쪽 귀의 타이밍 차이와 세기 차이를 모두 이용한다. 인간이 둘 중 무엇을 선호하는지는 소리의 주파수가 결정한다. 우리는 주로 높은 주파수 소리는 세기를, 낮은 주파수 소리는 타이밍을 이용한다. 올빼미는 주파수와 상관없이 어떤 소리든 둘 다 이용한다. 양쪽 귀의 타이밍 차이는 오른쪽/왼쪽을 판단할 때 사용하고 세기 차이는 위/아래(수직 방향)를 판단할 때 사용한다.[10] 이런 식으로 올빼미는 어떤 소리든 자신의 공간 그래프에 은유적으로 위치시키기에 충분한 정보를 얻는다.

이제 환각 안경이 등장할 차례다. 올빼미가 구축한 공간상의 소리 지도는 공간상의 시각 지도와 정렬한다. 시각의 신경과 소리의 신경이 통합됨으로써 이런 지도의 정렬이 이루어진다. 하지만 이는 학습해야 하는 것이다. 오른쪽 귀에 도달한 생쥐 울음소리가 왼쪽 귀에 도달한 소리보다 살짝 크고 살짝 이르다는 것이 공간상의 의미를 가지려면, 어린 올빼미는 이런 특정한 타이밍/세기의 조합을 먹이가 왼쪽 아래 풀이 아니라 오른쪽 위 딸기나무에 있다는 것과 연관시키는 법을 배워야 한다. 이런 학습을 통해 청각중뇌에 마련된 청각적 공간 지도와 시각중뇌에 있는 시각적 공간지도가 상호작용을 한다. 원심적 조율과 기억의 도움을 받아 이두 가지 중뇌 지도는 발달과 경험을 쌓으면서 마침내 정렬된다. 이제 오른쪽 귀보다 왼쪽 귀에 50마이크로초 빠르게 생쥐 울음소리가 들리면, 올빼미는 번개 같은 속도로 머리를 돌려 지연된시간에 해당하는 왼쪽 시야의 특정 공간(중심에서 대략 20도 벗어난 지점)에서 불행한 생쥐를 본다.

여기서 신경과학자가 끼어든다.

올빼미 눈에 프리즘을 고글처럼 씌워(그림 3.3) 시야의 공간적위치를 바꿀 수 있다. 우리의 올빼미가 양쪽 귀에 특정한 타이밍차이로 들리는 소리가 나면 소리를 낸 대상이 자신의 왼쪽에 있다고 학습했다고 해보자. 이제 안경을 착용하면 동일한 청각적위치에서 나는 같은 소리가 안경의 왜곡으로 인해 오른쪽에 있는것으로 인식된다. 안경을 몇 주 착용하고 나자 올빼미는 새로운청시각 공간 지도를 마련하여 이제 앞서의 특정한 소리가 들리면고개를 오른쪽으로 돌려야 한다고 안다. 사냥은 성공해서 생쥐가올빼미 배 속으로 들어간다. 이것은 원심적 조율에 의한 학습을

그림 3.3
안경을 착용한 올빼미.

보여주는 아름다운 예다.[11] 사냥의 성패가 주도하고 원심성 체계가 지원하여 새로운 소리-시각 지도를 학습한 결과, 청각중뇌의 수용 성향이 달라진 것이다. (궁금한 사람을 위해 말하자면, 프리즘으로 인한 재조직화가 이루어지고 나서 프리즘을 제거하면, 올빼미의 공간 지도는 당장은 아니지만 결국에는 원래대로 돌아온다.)

청각 학습에 나이의 한계가 있을까?

우리는 어린 뇌가 학습에 최적이라고 알고 있다. 한때는 공간 지도가 재조직되는 것이 어린 새에 국한된다고 생각했다. 프리즘으로 인한 공간 지도의 변화가 처음에는 나이 든 올빼미에서 관찰되지 않아[12] 피질 하부의 재조직화는 민감기가 지나고 나면 불가능하다고 여겼다. 하지만 어린 동물과 나이 든 동물은 다른 학습 전략을 사용하는 것으로 밝혀졌다. 단계의 차이를 두자 다른

소리의 마음들

결과가 나왔다. 나이 든 올빼미에게 어린 올빼미처럼 시각적 지도를 23도 돌려놓는 프리즘을 곧바로 씌우지 않고 6도만 돌려놓는 프리즘을 씌웠다. 이런 변화는 성공적인 학습으로 이어졌다. 연이은 작은 변화로 나이 든 올빼미는 어린 올빼미에게서 가능했던 수준의 지도 재조직화를 마침내 이루어냈다.[13] 이런 발견은 낙관적인 생각을 갖게 한다. 학습은 적절한 접근과 최적의 환경이 마련되면 나이에 상관없이 언제라도 가능하다.

특히 중요한 것은 나이에 상관없이 올빼미가 좁은 새장에 갇혀서 혼자 지낼 때보다 풍요로운 환경(자극과 탐험의 기회가 많고 다른 올빼미들과 어울릴 수 있는 거대한 동물원 새장)에서 살 때 학습이 더 빨랐다는 사실이다.[14] 우리는 풍요로운(그리고 빈곤한) 환경이 소리 마음에 미치는 힘을 뒤에 가서 계속 만나게 될 것이다.

(((듣는 뇌에서 일어나는 학습)))

올빼미 이야기는 우리가 세상을 지각하는 법을 배우는 토대가 되는 생물학적 기제를 알려준다. 경험이 소리 마음의 근본적인 재배선을 일으킨다는 점에서 원심성 체계의 힘을 실감하게 해준다. 감각들 사이에서 상당히 많은 대화가 벌어진다는 것을 보여준다. 적절한 환경에서는 신경의 재조직화가 평생 가능하다는 증거가 된다. 그리고 개인적으로 가장 마음에 드는 점은 소리의 구성요소 중 타이밍을 특별하게 강조한다는 것이다.

우리가 소리-의미 연결을 만들어가는 동안 뇌 전체에서는 무슨 일이 벌어질까? 학습은 청각피질, 피질 하부, 청각신경, 귀 자체에 이르기까지 청각경로의 모든 부위에서 일어난다. 원심성 체계는 우리가 당연하게 여기는 듣기의 위업에 절대적으로 필요하다.

청각피질에서의 학습

청각피질의 뉴런은 음위상에 따른 분포로 인해 가장 잘 반응하는 음높이(소리 주파수)가 있다. 다른 주파수들은 뉴런 발화에 거의 혹은 전혀 영향을 주지 못할 수 있으며, 그 외에 다른 주파수들, 대체로 선호되는 주파수 바로 양옆에 있는 주파수들은 사실상 발화를 억제하는 것일 수도 있다.

피질 지도를 보면 우리가 소리-의미 연결을 만드는 법을 배울 때 뇌에서 무슨 일이 벌어지는지 분명하게 알 수 있다. 페럿을 예로 들어보자. 청각피질의 한 뉴런이 선호하는 주파수가 8000헤르츠이며 이렇게 선호하는 주파수 아래 6000헤르츠를 중심으로 억제된 대역이 있다고 해보자. 이제 페럿은 6000헤르츠의 음이 자신이 신경 써야 하는, 예컨대 보상이 따르는 뭔가를 나타낸다는 것을 알게 된다. 훈련을 하면 이전에 8000헤르츠이던 뉴런은 반응의 폭을 6000헤르츠를 포괄하도록 넓히고, 전에 선호하던 주파수에는 덜 활발하게 반응한다(그림 3.4). 여기서 우리가 보는 것은 하나의 뉴런일 뿐, 인접한 다른 뉴런들(가령 7000헤르츠) 역

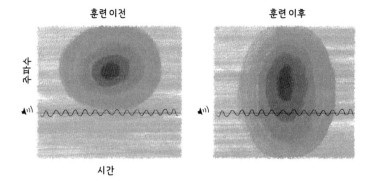

훈련 이전　　　　　　　　　훈련 이후

주파수

시간

그림 3.4
뉴런은 학습을 통해 바뀐다. 점점 짙어지는 회색은 뉴런 발화가 증가함을 나타낸다. 훈련 이전(왼쪽 그림)에는 최대 활동이 8000헤르츠에 몰려 있다. 페럿이 낮은 6000헤르츠(구불 구불한 선)가 중요하다는 것을 알게 되자 뉴런이 반응하는 주파수 폭이 새로 관련되는 주 파수를 포괄하도록 넓어졌다(오른쪽 그림).

시 가세하여 6000헤르츠에 반응한다. 동기부여가 주도하여 새롭 게 의미를 얻게 된 구성요소의 암호화를 증가시킨 것이다.[15]

청각피질 하부에서의 학습

페럿도 올빼미와 마찬가지로 소리의 위치를 알아내기 위해 양 쪽 귀에 도달하는 타이밍 차이와 세기 차이를 이용한다. 그리고 한쪽 귀를 막아서 입력 정보가 바뀌면 소리 위치를 파악하는 능 력이 처음에는 타격을 입겠지만 다시 익힐 수 있다.[16]

청각적 공간 지도가 설정되고 나면 (혹은 훈련으로 재설정되고 나 면) 청각피질에서 중뇌로 이어지는 원심적 연결이 화학적으로 비 활성화되어 소리 위치를 파악하는 능력에 즉각적인 영향을 거의 주지 않는다. 하지만 원심적 연결이 없으면 새로운 지도가 만들어질 수 없고 학습이 일어날 수 없다.[17] 반대도 마찬가지다. 소리가 무슨 이유로든 의미를 잃으면 지도는 원래 모습으로 돌아가지만, 이것도 원심성 체계가 온전해야 가능한 일이다.[18] 청각피질과 중뇌의 온전한 연결은 학습이 일어나거나 학습 이전으로 돌아가기 위해 꼭 필요하다.

원심성 체계가 뇌의 조율을 어떻게 바꾸는지 알아보는 또 다른 방법은 원심성 체계의 활동을 모방할 때 어떤 일이 벌어지는지 관찰하는 것이다. 청각피질의 뉴런을 전기로 직접 자극하면 그 피질 영역에서 오는 원심적 연결을 받는 중뇌[19]와 시상[20]의 뉴런들이 그에 따라 바뀌는 것을 볼 수 있다. 중뇌와 시상의 반응은 추가적인 뉴런을 가동하거나 억제를 일으킴으로써 날카로워진다.[21] 피질의 이런 영향은 중뇌를 넘어 피질에서 몇 단계 떨어져 있는 달팽이핵[22]에까지 이른다.

인간의 소리 마음이 훈련을 통해 달라지는 것은 하향식 영향으로 일어난다. 올빼미와 페럿이 새로운 소리-의미 연결을 학습할 때 중뇌의 처리가 달라지는 것과 같은 식이다. 가운데귀 감염을 앓는 아이에게서 학습이 일어난다고 해보자. 이런 아이의 듣는 뇌는 귀를 막은 페럿과 마찬가지로 더 조용한 신호를 (주로 한쪽 귀로) 받는다. 발달이 이루어지는 이런 민감한 시기에 청각 학습이 지체될 것임은 쉽게 상상할 수 있다.[23] 이어지는 장들에서 우리는 청각 학습에 대해 알아볼 것이다. 소리 마음이 우리가 소

리를 접하는 과정에서 어떻게 더 좋거나 나쁘게 바뀌는지 알아볼
것이다.

귀에서의 학습, 어느 단계까지 내려갈까?

귀 자체가 훈련이나 다른 형식의 원심적 입력물을 다루는 방
식을 바꾼다는 증거가 있을까? 대답하기 전에 여러분에게 놀라
운 사실을 하나 말해주려고 한다. 귀 자체도 소리를 만들 수 있다.
(여러분의 안구에서 자체적으로 빛이 난다고 상상해보라!)

속귀(달팽이관)에는 내유모세포와 외유모세포가 있다. 청각신
경에서 움직임을 전기로 변환하는 일은 내유모세포가 담당한다.
그렇다면 내유모세포보다 수가 세 배나 많은 외유모세포는 무슨
역할을 할까? 이런 초超수용체들은 뇌에서 오는 원심적 처리의 맨 끝
에 있다. 대단히 복잡한 이 구조물은 자체적으로 움직일 수 있으
며[24] 그들의 움직임은 내유모세포가 뇌와 소통하는 것을 수정하
는 데 사용한다. 예컨대 작은 소리를 더 많이 증폭하고 큰 소리를
적게 증폭하여 우리가 들을 수 있는 세기의 범위를 넓힌다. 귀는
뇌를 듣고 있다.

외유모세포의 움직임은 명확한 소리를 낸다. 바깥귀길에 자그
마한 마이크로폰을 대고 녹음해서 들을 수 있다. 이런 자체적인
소리는 '이음향방사OAE, otoacoustic emission'라는 살짝 따분한 이름으
로 불리는데 소리를 통해 유도될 수 있다.[25] OAE는 귀가 이런 소
리의 주파수를 '들을' 수 있을 때에만 발생한다. 이런 사실이 알

려지면서 청력 검사에 대변혁이 일어났다. 이제 귀가 소통에 중요한 주파수 범위에 반응하는지 여부를 단 몇 초 만에 판별할 수 있다.

귀가 소리를 만든다는 사실, 원심적 처리에 놓이는 귀 부위에서 이런 일을 한다는 사실은 뇌에서 귀로 이어지는 체계가 중요함을 강조한다. 아울러 뇌가 귀와 어떤 식으로 소통하는지 들여다보는 편리한 창문이 된다.

소통이 어떤 식으로 이루어지는지 알아보자. 먼저, 오른쪽 귀에 소리를 흘려 OAE가 유도되게 한다. 돌아오는 소리가 달팽이관 활동의 기준치가 된다. 이제 같은 과정을 반복하면서 동시에 왼쪽 귀에 요란한 소음을 들려준다. 쉿쉿 하는 백색소음이면 충분하다. 뇌는 왼쪽 귀에서 소음을 듣고 있다는 소식을 접하자마자 양쪽 귀에 영향력을 행사한다. 소음으로부터 귀를 보호하고자 달팽이관의 외유모세포에 방사를 줄여 증폭에 제동을 걸라고 한다.[26] 이것은 OAE의 크기로 확인할 수 있다. 이렇듯 뇌는 소리 처리의 맨 첫 단계부터 통제력을 행사한다.

뇌가 귀에 영향력을 행사하는 방법은 그 외에도 많다. 첫째, 청각피질이 손상되거나 전기적 자극을 받으면 OAE의 크기가 줄어든다.[27] 둘째, 느긋하게 있지 말고 소리에 주목하라는 지시도 OAE의 크기에 영향을 미쳐 달팽이관의 원심적 제어를 보여준다.[28] 셋째, 평생 음악을 전문으로 삼은 음악가들은 독특한 OAE를 나타내며 아마도 비음악가들보다 세심하게 잘 조율된 달팽이관을 갖고 있을 것이다.[29] 넷째, 말하는 사람의 모습을 보느냐 그냥 목소리만 듣느냐에 따라 OAE의 크기가 달라진다.[30] 이렇듯 뇌에서 일어나는 소리 처리와 심지어 맨 처음 소리를 감지하는 상피조직 자체(달팽이관)에도 소리를 확고하게 통제하는 원심적 하부구조가 있다.

(((우리는 주의를 기울이는 것을 배운다)))

나는 기타를 연주할 줄 안다. 남편은 전문적인 기타리스트다. 내가 다이어 스트레이츠Dire Straits의 〈스윙의 제왕Sultan of Swing〉이라는 곡을 연습하고 있었을 때다. 마크 노플러Mark Knopfler의 기타 솔로에 보면 '디디디, 디디디, 디디디' 하고 음을 연속해서 내는 시퀀스가 있다. 그처럼 빠르게 연속해서 현을 세 번 튕기는 것은 나에게는 영 무리였다. 남편이 오더니 이렇게 말했다. "니나, 잘 들어보면 그가 왼손으로 현을 풀오프하고 있는 것이 들릴 거야." (풀오프로 하면 프렛을 집는 손의 운지법이 달라져서 오른손으로 한 번만 튕겨도 여러 음을 낼 수 있다.) 풀오프로 내는 음은 소리가 독특하다. 더 빠르게 연주할 수 있을 뿐 아니라 소리의 음색(하모닉 구성)이 달라진다. 얼마 뒤에 나는 그것을 들을 수 있었다. 음색의 차이를 알아볼 수 있었다. 하모닉을 감지하는 나의 능력이 늘어난 것이다. 그러나 처음에는 무엇에 주의하여 들을지 배워야 했다. 내가 정말로 듣게 된 것은 풀오프 시퀀스가 내는 하모닉에 집중적으로 주의를 쏟고 나서였다. 그렇게 시간과 노력과 주의를 쏟고 나자 비로소 듣기가 무의식적이고 자동적으로 되었다. 나의 기본값 반응이 되었다.

주의attention는 감각하고 생각하고 움직이고 느끼는 소리 마음의 연결망에서 생각의 차원에 속한다. 주의를 기울이면 감각 지도가 재조직화되는데,[31] 재조직화가 어느 정도로 이루어지고 장기적으로 얼마나 안정적인지는 주의를 기울이는 데 쏟는 노력의 양과 직접적인 관련이 있다.[32] 주의가 주도하여 학습이 이루어지면, 중뇌에서 생성하는 신경전달물질로 주의를 매개하고 보상과 동기부여에 관여하는 도파민[33]이 분비되어 단단하게 강화한다.

뇌와 복잡한 감각계에는 어마어마하게 많은 뉴런이 있지만, 그럼에도 우리는 매 순간 들어오는 모든 이미지, 모든 소리, 모든 움직임, 모든 냄새, 모든 온기를 처리하지 못한다. 감각계에 들어오는 입력 정보가 워낙 많아서(초당 10메가비트 이상으로 추정) 처리에 우선순위를 둬야 한다. 불필요한 것을 걸러내야, 사냥이든 쫓기는 것이든 듣기든 읽기든 세상살이든 기타 연주든 간에 바로 지금 중요한 것에 집중할 수 있다. 우리는 주의를 통해 이것을 해낸다. 무엇이 중요한지 평생에 걸쳐 배우며, 이를 바탕으로 뇌에 어떤 소리, 어떤 모습, 어떤 냄새에 주의를 기울여야 할지, 무시해도 좋은 것은 무엇인지 가르친다. 유타대학교 심리학과 교수 데이비드 스트레이어David Strayer는 이렇게 말했다. "주의는 성배다.

소리의 마음들

여러분이 의식하는 모든 것, 받아들이는 모든 것, 기억하고 잊는 모든 것이 여기에 달려 있다."[34]

순간적인 주의력

사람들이 있는 시끄러운 방에서 친구의 목소리를 듣고 대화를 하는 것은 우리가 날마다 마주치는 상황이다. 이것을 '칵테일파티 문제'라고 한다. 우리는 청각적 주의력을 발휘하여 친구의 목소리에 채널을 맞추고 나머지 사람들의 목소리를 걸러낸다.

이렇게 우리가 원하는 것에 집중하고 원치 않는 것을 배제하게 해주는 뇌의 연결망을 가리켜 망상網狀활성계reticular activating system라고 한다. 피질과 피질 하부의 연합체로 청각경로 전체와 직접적으로 연결되어 있어서 집중적 주의를 통해 뉴런이 소리에 반응하는 방식을 바꿀 수 있다.

앞서 우리는 페럿이 새로운 주파수에 주목하는 법을 배우고 나자 청각피질의 개별 뉴런이 새롭게 중요해진 주파수를 포괄하도록 조율이 바뀌는 것을 보았다.[35] 만약 페럿이 다른 두 결과를 다른 두 소리(하나는 무시하는 음, 하나는 주의하는 음)와 연결하는 법을 배운다면 뉴런의 조율은 양쪽 주파수 모두에 동조하도록 바뀔 것이다.[36] 이런 변화는 주파수에 국한되지 않는다. 다른 구성요소, 예컨대 타이밍 신호가 의미를 갖도록 과제를 설계하여 내주면, 뉴런이 반응하는 타이밍 패턴이 이에 따라 달라진다.[37]

주의를 통해 뇌가 소리의 구성요소에 대처하는 방식이 달라지는 것은 중뇌[38]와 청각신경[39]을 포함하여 청각경로 전체에 걸쳐 일어난다. 이것이 작동하는 원리는 아마도 원심성 체계를 통해 귀의 외유모세포가 증폭을 줄이는 것으로 보인다. 내 남편이 책을 읽을 때 내 말을 듣지 못하는 이유가 이것이다.

두 문장을 동시에 들려주면서 하나에만 주의를 기울이도록 지시하고 뉴런이 어떻게 발화하는지 기록할 수 있다. 합쳐진 문장에 대한 뇌의 반응은 주의하지 않은 문장의 음향보다 주의를 기울인 문장의 음향에 더 부합한다. 첫 문장에 집중적으로 주의한 결과, 두드러짐은 똑같지만 맥락의 중요성은 떨어지는 두 번째 문장의 신경 처리가 억제된 것이다.[40] 요컨대 맥락이 중요하다.

소리 마음은 당면한 청취 목표를 극대화하기 위해 변연계, 인지 체계, 감각계, 운동계와 긴밀하게 협조한다. 오늘의 목표는 내일의 목표와 맞지 않을 수도 있는데 이런 유연함은 중요하다. 하지만 소리의 세부 사항에 반복해서 주의를 기울이는 사람도 있다. 이런 소리의 전문가들은 순간적인 청각적 주의력을 반복해서 실행하면 소리 마음이 새롭고 영구적으로 향상된 기본값 상태로 바뀔 수 있음을 보여준다.

전문가의 지속적인 주의력

나는 스포츠 경기 관람을 좋아하지 않는다. 농구를 예로 들자면 가장 기본적인 규칙만 이해하는 수준이다. 공이 바스켓에 들어갔는지 아닌지 알아보는 것 말고 코트에서 벌어지는 행동 대부

소리의 마음들

분은 나의 이해 범위 바깥에 있다. 하지만 대개 전직 선수인 해설가의 말을 들으면 그가 설명하는 모든 것에 감탄한다. 그는 완전히 다른 광경을 보고 있는 것 같다. 공격 전술, 수비 지역, 시간 관리, 파울 관리 등등 내가 알지 못하는 상세한 내용을 설명하고 분석한다. 내가 이런 것을 알지 못하는 것은 무엇에 주의하여 볼지 모르기 때문이다. 해설가는 무엇에 주의해야 할지 알기에 사실상 다른 광경을 보고 있는 셈이다. 한편으로 나는 음악을 연주하는데 그래서 내가 연주하는 악기 소리에 예민하게 반응한다. 연주자가 솜씨를 부리는 세세한 뉘앙스를 알아듣는다. 나는 농구 해설가처럼 무엇에 주의해야 할지 터득한 것이다.

청각 전문가는 음악가일 수도 있고, 이중언어 화자, 운동선수, 사운드 엔지니어/디자이너, 심지어 새를 관찰하는 탐조가나 명상가일 수도 있다. 우리는 모두 자신이 말하는 언어의 전문가들이다. 어떤 분야의 청각 전문가든 간에 바깥의 신호(소리)가 안의 신호(전기)의 토대를 이룬다. 전문 청자에게서 작동하는 원리는 모두에게 적용된다. 다만 전문가들에게서 원리를 더 쉽게 볼 수 있다. 그래서 전문가들은 뇌에 관해 많은 것을 우리에게 말해줄 수 있다. 이 책을 읽을 때, 한 시간 뒤에 개를 산책시킬 때, 일주일 뒤에 비좁은 버스를 타고 사촌 결혼식에 참석할 때 우리의 뇌가 소리를 어떻게 처리하는지는 과거에 우리가 주의를 기울인 소리들의 결과물이다. 어떤 종류의 청각 학습이든 평생 쌓이면 그것이 우리의 뇌의 모습을 만든다. 소리의 경험이 축적되면 우리의 뇌는 일회성 과제를 수행하는 데 도움이 되는 순간적인 주의력으로 인한 변화보다 훨씬 더 바뀐다. 우리가 무언가에 주의를 기울이고 그 일에 더 많은 시간을 보낼수록 소리 마음에서 소리를 암호화하는 체계는 그에 따라 더 많이 바뀐다.

(((우리는 관심 있는 것을 배운다)))

아마도 많은 이가 영문학 수업 시간에 배운 끝도 없이 이어지는 문장 구조 도해를 기억하지 못할 것이다. 지루하기 때문이다. 대개의 경우 우리는 관심 있는 것을 배운다. 뭔가를 배우려고 할 때 거기에 강하게 끌리는 것보다 더 강력한 동기부여는 결단코 없다. 먹잇감을 찾는 법을 배우는 올빼미든 난생처음으로 전기기타를 집어 든 10대든, 특정한 소리에 의미를 부여하는 순간 뇌의 보상 중추가 활성화된다. 올빼미는 자신의 생존이 달려 있는 사냥 솜씨에 신경을 쓰며, 신예 음악가는 본인의 음악을 만드는 데 관심이 쏠려 있다.

변연계는 학습을 극적으로 촉진하여 즉각적인 효과와 장기적으로 이어지는 효과를 일으킨다.[41] 사실 소리 마음의 재조직화는 변연계 없이는 일어나지 않을 수도 있다.[42] 훈련하지 않고 전류를 변연계에 직접 가해도 뇌의 음위상 지도가 재조직화되는 일이 일어난다. 그저 음과 변연계 자극을 연관시키기만 해도 청각피질의 주파수 지도가 그 음악에 크게 반응하는 지도로 바뀐다.[43] 이렇듯 변연계를 자극하여 청각경로의 변화를 끌어낼 수 있지만, 소리만으로도 변연계를 자극할 수 있다. 대상이 관심 갖는 사건을 나타내는 소리라면 가능하다.[44] 감정과 소리 마음 사이에는 명백히 양방향의 길이 놓여 있다.

(((주변에서 나는 소리의 의식적 처리와 무의식적 처리)))

언젠가 휴대전화 벨 소리를 바꾸었는데 처음에는 휴대전화가 울려도 곧바로 알아듣지 못했다. 하지만 며칠 지나자 휴대전화가 울리는 것을 다른 방에서도 알아챌 수 있었다.

무의식적 학습을 보여주는 사소한 예다. 이보다 훨씬 극적인 예로, 발작으로 고생했던 HM이라는 젊은이의 유명한 사례가 있다. 그는 발작을 줄이고자 뇌 수술을 받았고 그 결과 기억의 주 저장소인 해마를 잃었다. 결국 발작은 줄었지만 새로운 기억을 더 이상 만들지 못했다. 사람을 만나고 사건을 겪어도 곧바로 잊었다. 하지만 그에게 거울 이미지 그리기 같은 과제를 수행하도록 하자, 비록 다음 날 자신이 그것을 수행했음을 기억하지는 못했지만 그럼에도 나날이 그림 그리는 솜씨가 늘어났다.[45] 무의식적으로 학습한 것이다.

오래전 우리는 미끄러운 페달과 이리저리 흔들리는 손잡이를 통제하려고 고도의 집중력을 의도적으로 발휘했다. 지금 우리는 자동적으로 무의식적으로 힘들이지 않고 자전거를 탄다. 우리에게 중요한 소리들도 이와 같은 변형을 겪는다. 듣는 귀는 순간이든 긴 시간이 걸리든 소리 마음을 조율한다. 먼저, 가장 유연한 청각 구조물인 청각피질이 당면한 과제를 수행하려고 바뀐다. 하지만 주의와 반복이 이어지면 청각경로에 있는 모든 구조물이 마침내 바뀌어 새로운 기본값 상태에 이른다. 그러면 이제 중요해진 신호, 가령 자신이 연주하는 악기 소리, 모국어 소리, 사이드라인에서 플레이를 외치는 코치 소리, 코트에서 드리블하는 농구공 소리, 자신의 이름 소리, 새로 바꾼 휴대전화 벨 소리 등등이 우선적으로 암호화된다. 소리의 경험이 소리 마음에 흔적을 남긴 것이다. 우리는 어렵게 취득한 소리-의미 연결에 더 이상 주의력을 기울이지 않아도 된다. 뇌가 새롭고 효율적이고 보다 빠른 방식으로 소리를 자동적으로 무의식적으로 처리한다. 듣는 뇌는 자궁에 있을 때부터 평생에 걸쳐 소리 패턴을 묵묵히 수집한다.[46]

무언가를 하면 할수록 소리 마음의 학습은 강고해진다. 평생 음악을 만들거나 외국어를 익힌 것에 비하면 몇 시간의 학습으로 페럿에게 일어난 변화가 듣는 뇌에 일으킨 충격은 미미하다.

암묵적, 명시적 소리의 경험은 어떻게 기억으로 변형될까? 원심성 체계는 뇌에서 소리가 처리되는 방식을 바꿈으로써 학습을 가능하게 한다. 하지만 모든 구조물이 똑같은 방식으로 영향을 받지는 않는다. 대체로 주변에 있을수록(귀에 가까울수록) 구조물이 바뀌는 데 걸리는 시간이 길고, 더 많은 훈련과 연습과 주의가 필요하다. 학습이 완료되고 나면 피질 지도의 확장은 훈련 전의 상태로 돌아갈 수 있다. 이것은 학습이 더 이상 피질의 노력이 필요하지 않은 새로운 전략을 취하면서 일어나는 것이다.[47] 그러나 귀에 가까운 피질 하부 구조물일수록 훈련을 통해 새로운 기본값 상태로 바뀐 결과(기억)는 더 오래 지속되는 경향을 보인다.

그러므로 피질의 재조직화는 단기 기억에 기여하고, 장기 기억이 형성되려면 통합된 소리 마음 전체의 기본값 상태가 전면적으로 재설정되어야 한다. 이런 재설정의 대상에는 귀에서 뇌로 가는 경로에서 소리에 반응하는 것도 전부 포함된다. 그 말은 구심적 경로에서 학습으로 달라진 활동이 이제 기억의 일부를 이룬다는 뜻이다. 이렇게 보자면 청각적 뇌의 모든 부분이 소리적 경험의 기억을 담고 있다.

우리는 뇌 안에서 벌어지는 기적을 일반적으로 의식하지 않는다. 하지만 생물학적 원리를 통해 뇌가 소리에 대한 각자의 독특한 반응을 어떻게 만드는지 더 잘 이해할 수 있다. 농구 해설가와 내가 코트에서 다른 광경을 보듯 청각적 풍경을 똑같이 경험하는 두 사람은 세상에 없다. 저마다 언어, 음악, 자신의 삶에 중요한 소리들을 경험하고 주목하면서 독특하고 자동적인 소리 처리 하부구조를 만들어간다.[48]

소리는 우리를 바꾼다.

그림 3.5

저마다 살면서 접하는 소리가 각자의 소리 마음을 만든다.

소리의 마음들

4

듣는 뇌: 탐색

과학은 대단히 인간적인 노력이다.

"뇌에서 무슨 일이 벌어지는 거지?" 내가 연구하면서 계속 던지는 질문이다. 모든 연구의 핵심에 이 질문이 있다. 언어, 음악, 건강에서 소리의 생물학적 토대가 어떻게 되는지 알아내려면 뇌에서 무슨 일이 벌어지는지 측정할 수 있어야 한다. 오랫동안 나는 우리의 소리 마음이 행하는 소리 처리의 미묘한 지점들을 만족스럽게 들여다보는 방법을 찾아왔다.

과학자들은 좁은 널빤지 위에 서 있으며, 수십 년 혹은 수 세대에 걸쳐 우리의 무게를 믿고 맡길 만한 바닥을 바깥쪽으로 조금씩 넓혀간다. 주어진 널빤지가 한동안은 괜찮아 보이겠지만, 무너지기 시작하면 알려진 사실들에 더 부합하는 다른 경로를 찾아나서야 한다. 과학은 대단히 인간적인 노력이다. 우리의 무지라는 광대한 어둠으로 자그마한 빛을 비추는 겸허한 시도다. 내가 기여하고자 하는 널빤지, 곧 내 여행의 목표는 뇌에서 일어나는 소리 처리를 들여다보는 창문을 찾는 것이다.

과학의 진보는 사실들의 집합이 아니다. 맥락과 사람에게 달려 있다. 과학은 맥락 없는 한마디나 헤드라인의 형식으로 대중에게 소개될 때가 많다. "베이컨이 몸에 좋다는 것이 과학으로 밝혀졌습니다." 그러면 베이컨이 몸에 나쁘다는 작년의 헤드라인은 잊히거나 무효가 된다. 하지만 '진짜' 과학이 나아가는 방식은 이렇지 않다. 반복적인 테스트를 견뎌낸 개념들이 조금씩 축적되면서 나아간다. 두 건의 베이컨 연구는 앞서 있었던 비슷한 연구들과 뒤에 이어질 연구들과 함께 소금에 절인 돼지 옆구리살이 건강과 영양에 얼마나 좋은지 누적적으로 밝히는 증거에 추가될 뿐이다. 고립된 하나의 연구는 그것으로 '사건 종결'을 선언할 수 없다. 언론인과 가끔은 연구 기금이나 악명을 얻으려는 과학자도 최신 발견을 마치 그것으로 상황이 정리된 것처럼 제시하려는 유혹을 받을 때가 있다. 그러나 그렇게 '매듭짓는' 것이 만족스러울 수는 있겠지만, 경솔하게 보도된 과학적 발견 때문에 사람들이 부합하는 결론만 취하고 그렇지 않은 결론은 무시하게 된다면 위험한 일이다.

역사적으로 볼 때 청각 연구는 귀에서 뇌로 가는 방향에 초점을 맞추었다. 시작점(귀)에서 출발하여 널빤지를 조금씩 붙이는 식으로 이해를 점점 쌓아나가 소리가 어떻게 뇌로 전달되고 처리되는지 알아내는 것은 일리 있는 접근이었다. 분야가 발달하면서 (브레인볼츠가 이런 동력의 전환에 기여했다) 우리는 귀에서 뇌로 가는 체계가 뇌의 나머지 부분들이 많이 관여하는 훨씬 깊은 체계의 일부일 뿐이라는 것을 깨닫게 되었다.

나는 항상 뇌에서 무슨 일이 벌어지는지 절실하게 알고자 했다. 그래야 삶의 소리에 바탕을 둔 소리 마음에서 무슨 일이 벌어지는지 알아낼 수 있었다. 궁극적으로 내가 찾고자 하는 것은 소리 마음을 어떻게 만들면 우리가 더 좋은 음악가와 운동선수가 되고 새소리에서 연인의 속삭임에 이르는 온갖 종류의 소리들을 더 잘 들을 수 있을지 알아내는 것이다.

1. 내게 필요한 것은 우리가 의식하지 못할 정도로 미묘하게 일어나는 소리 처리를 밝혀줄 수 있는 생물학적 접근법이었다. 해마(새로운 기억 형성에 중요)를 실험한 연구가 내게 영감을 주었다. 프리드Fried와 동료들은 사람들에게 일련의 그림들을 보여주며 해마 활동을 직접 기록했다. 그들은 참여자들이 전에 본 적이 있으면서 보았다는 것을 기억하지 못하는 그림을 볼 때[1] 해마 뉴런이 반응하는 것을 발견했다. 뇌는 사람이 의식적으로 아는 것 이상으로 많이 '알았던' 것이다. 나는 여기에 대응되는 소리 마음을 찾고 있었다.

2. 나는 소리 마음이 음높이, 타이밍, 음색 등 소리의 구성요소들을 어떻게 처리하는지 포착해야 했다.

3. 나는 이런 정보를 청자의 적극적인 참여 없이도 얻을 수 있어야 했다. 소리 마음의 탐침 조사는 과제를 수행하기 곤란한 사람, 너무 어리거나 아파서 가만히 앉아 있지 못하는 사람, 언어장벽이 있는 사람을 연구할 때 필요하다. 편법을 쓰지 않아도 되기 때문이다. 내가 원하는 것은 모두에게 통하는 통합된 접근법이었다.

4. 나는 소리 마음이 외국어 배우기, 음악 만들기, 운동선수 되기, 읽으려고 애쓰기, 뇌 손상 입기 같은 경험에 의해 어떻게 형성되는지 보여주는 탐침 조사를 원했다.

5. 무엇보다 나는 개별적인 뇌에서 소리가 처리되는 과정을 보여주는, 즉 우리가 세상을 저마다 독특한 방식으로 듣는 것을 보여주는 탐침 조사를 원했다.

오늘날 우리는 주파수 추종 반응을 통해 소리에 대한 뇌의 반응을 포착하여 소리 마음과 관련한 이런 통찰들을 모두 얻을 수 있다. 이제부터 나는 이런 접근법을 발전시켜 우리의 질문들을 알아본 여정을, 그 과정에 있었던 부정출발과 막다른 골목과 함께 소개할 것이다. 우리가 알지 못했던 것이 어떻게 현재 우리가 아는 것이 되었는지, 그리고 지금 우리가 물을 수 있게 된 질문들이 무엇인지 드러날 것이다.

⟪ 바깥에서 머리 안의 신호 측정하기 ⟫

내가 말을 걸면 여러분의 청각적 뇌에 있는 뉴런들이 소리에 대한 반응으로 전기를 낼 것이다. 두피 표면까지 올라오는 전기의 양은 미미하지만 두피 전극을 통해 측정할 수는 있다. 하지만 만만치 않은 도전이다. 뇌는 소리뿐만 아니라 우리가 보고 있는 것, 똑바로 앉아 있는 자세, 심장박동 등에 대한 반응으로도 전기를 낸다. 게다가 방 안에 있는 컴퓨터, 벽에 붙은 콘센트, 스마트폰 등에서 나오는 전기장도 있다. 우리는 머리 바깥과 안에 존재하는 훨씬 거대한, 하지만 우리의 목적과는 무관한 전기적 혼란 속에서 소리에 대한 미미한 전기적 반응을 찾아내야 한다.

그렇다면 청각과 무관한 전기적 소음을 다 제거하면 되지 않을까? '신호 평균화signal averaging' 방법을 사용하면 대충 그렇게 할 수 있다. 평균화는 주어진 소리에 대한 반응이 반복적으로 수행해도 항상 똑같이 나온다는 전제에 바탕을 두고 있다. 전기적 소음은 사람에게서 나는 것이든 외부 출처의 것이든 일관된 양상을 보이지 않으므로 평균을 내면 점차 약해질 것이다. 컴퓨터는 계속 윙윙거리는 소리를 내고, 사람은 코가 가려울 때 긁고, 심장은 고동친다. 그러나 소리는 항상 그대로 난다. 컴퓨터로 소리를 내면 소리가 나는 시점을 정확하게 맞출 수 있으며, 소리의 시작점에 맞춰 반응들이 차곡차곡 쌓인다. 그러므로 이런 방법을 쓰면 문제의 소리에 동조하는 뇌 활동은 최종적인 평균에 건설적으로 기여한다. 이와 달리 동조하지 않는 소음(기침 소리, 손마디 꺾는 소리, 형광등 깜박이는 소리)은 파괴적으로 뒤섞여 충분히 반복하면 서로 상쇄되어 제로에 수렴한다. 이렇게 해서 소음 간섭을 충분히 작게 만들었다면 우리는 소리가 '일으킨' 뇌의 활동을 얻게 된다.

두피 표면에서 전극을 움직이지 않고도 소리를 바꿔 청각신경에서 청각피질에 이르는 청각경로의 서로 다른 지점에서 일어나는 활동을 포착하는 것이 가능하다. 하지만 잠깐. 청각 구조물에 전극을 직접 부착하지 않는다면 뇌간, 중뇌, 시상, 피질 등의 어디에서 오는 기록인지 어떻게 알까? 이런 영역에서 직접 기록하여 알아낸 청각경로의 원리를 통해 추정할 수 있다. 그 원리는 속도와 관련이 있다. 뉴런이 동조하는(소리의 구성요소에 맞춰 발화하는) 속도는 귀에서 뇌로 향하는 사다리에서 올라갈수록 줄어든다. 어떤 청각 구조물은 10분의 1초 내에 일어나는 타이밍을 전담 처리한다. 초 단위, 밀리초 단위, 마이크로초 단위의 타이밍을 맡는 구조물도 있다. 요약하자면 피질은 느리고 피질 하부는 빠르다.*

---

* 청각신경은 빠른 속도의 발화를 따라갈 수 있다. 수천 헤르츠의 음(초당 수천 회의 사인파 주기를 가진다)을 들려주면 청각신경은 각 주기에 맞춰 활발하게 발화한다. 상태가 좋을 때 시상은 수백 헤르츠로 반응하고, 청각피질은 100헤르츠, 중뇌는 그 사이 어딘가에 놓인다. 그러니 여러분이 말소리를 들려주고 두피 전극에서 힘찬 700헤르츠의 반응을 얻었다면(700헤르츠는 '아' 소리에서 중요한 하모닉 주파수다) 시상이나 피질에서 나오는 소리는 아니라고 제쳐두어도 된다. 시상과 피질도 이렇게 높은 주파수를 처리하긴 하지만, 예컨대 모든 주기에 위상고정이 되어 발화하는 중뇌처럼 고정된 속도의 암호화 특징을 보이며 그렇게 하지는 않는다.

소리의 마음들

(((소리가 바뀌는 지점 알기: 1단계)))

과학자들은 뇌가 청각이든 시각이든 체성감각이든 예측 가능하게 이어지는 패턴에서 바뀌는 지점에 반응한다는 사실에 주목했다. 소리에서 변화를 감지하는지 알아보려면 반복적인 소리를 들려주다가 가끔 10퍼센트 정도만 다른 소리로 바꿔보자. 삐-삐-삐-삐-삐-삐-뿌-삐-삐-삐. 두피에서 얻은 전기 파형이 '뿌'가 나오자 바뀐 것으로 뇌가 '삐'에서 '뿌'로 바뀌는 것을 감지했음을 알 수 있다. 이런 중요하고 실질적인 생활 기술은 머나먼 선조들이 소리지형에서 변화를 감지하여 잠재적 위험 요소(귀뚜라미가 우는 가운데 뱀이 갑작스럽게 움직이는 것)에 대처할 필요가 있었기에 진화했을 것이다. 소리에서 변화를 감지하는 능력은 이렇듯 오래전부터 확립된 것이므로 연구의 가치가 있다.

이런 유형으로 가장 널리 알려진 반응은 범죄 수사에서 정보를 얻는 방법으로 사용되고 있다. 살인이 있었다고 해보자. 용의자에게 전극을 부착한 다음 다양한 종류의 무기를 하나씩 보여준다. 권총, 라이플총, 타이어 렌치, 독약 병, 사냥용 칼, 중식도, 해머 등. 용의자가 무죄라면 범행에 대한 지식이 없으므로 그의 뇌는 그림과 상관없이 동일한 생리적 반응을 나타낼 것이다. 그러나 범행을 저지른 자의 뇌는 자신이 범행에 사용했던 무기에 확연히 다른 반응을 보일 것이다.[2]

1980년대 말에 헝가리에서 열린 학술 대회에 참가하여 핀란드의 신경과학자 리스토 내태넨Risto Näätänen을 알게 되었다. 그는 핀란드 북쪽 라플란드의 차디찬 호수에서 내가 옆에서 다운 파카와 모자를 쓰고 지켜보는 가운데 수영을 하기도 했는데 20분간 아무렇지 않게 수영을 했다. 결국엔 나도 어쩔 수 없이 호수에 몸을 담그게 되었지만 몇 초 버티지 못하고 빠져나오며 근처 사우나로 자리를 옮긴 기억이 있다.

리스토는 우리가 주의를 기울이지 않을 때에도 소리 패턴의 변화에 뇌가 반응함을 볼 수 있다는 것을 알게 되었다. 그는 이런 반응을 가리켜 '불일치 음전위mismatch negativity', 줄여서 MMN이라고 불렀다.[3] 연이은 소리에서 하나가 나머지 소리들과 일치하지 않을 때 뇌파가 음의 방향으로 하향한다고 해서 붙은 이름이다.[4] 주목할 점은 이런 반응이 자동적으로 일어났다는 사실이다. 지금까지 소리 감지 연구에서 필요하다고 여겼던, 소리를 듣는 사람의 명백한 협조가 없어도 되었던 것이다. 그 대신에 연구에 참여한 사람들은 책을 읽거나 자막이 달린 비디오를 보거나 잠을 자거나 몽상하는 식으로 소리를 무시했다. 내가 필요로 했던 한 가지 요구 조건을 만족시키는 반응, 즉 수동적으로 얻어지는 반응이었다. 청자의 적극적인 참여가 필요하지 않았다.

소리 변화는 우리가 주의를 기울이면 확연히 감지되었다. 그 대목에서 나는 생각했다. 한 걸음 더 나아가 감지할 수 없는 소리 변화에 뇌가 반응하는 것을 측정할 수 있다면 어떨까? 아무리 들으려고 노력해도 감지할 수 없는 미미한 변화 말이다. 우리는 언어 문제를 겪는 아이들이 소리 처리를 어려워한다는 점을 이미 알았다. 그들은 말소리의 미묘한 차이 같은 뉘앙스를 처리하는 데 어려움을 겪는 것일 수도 있었다. 걸음마 유아에게 구별할 수 있는 소리와 없는 소리가 어떤 건지 우리에게 말해달라고 어떻게 부탁하겠는가? 차이가 명백히 나는 말소리에서도 자신이 무엇을 들을 수 있는지 말하는 것은 어린아이에게 어려운 일일 수 있었다. 언어 소리처럼 미묘한 밀리초 타이밍의 차이가 나는 경우는 더더욱 그럴 것이다. 아이가 직접 말하지 않고도 그들이 어떤 구별을 듣거나 들을 수 없는지 우리가 생물학적으로 볼 수 있다면 어떨까?

역시 핀란드 출신인(무척이나 길고 어두운 겨울밤 때문에 핀란드인들이 소리에 예민하게 관심을 갖는지도 모른다) 신경과학자 미코 삼스Mikko Sams는 미묘한 소리 변화(1000헤르츠에서 1002헤르츠로 바뀌는 것)에 뇌가 반응하는 것을 살펴보았다.[5] MMN으로 뇌가 0.2퍼센트 차이를 알아본다는 것을 확인했다. 하지만 이런 미미한 차이도 여전히 들으려고 노력하고 집중하여 감지해내는 사람이 있다. 그래서 브레인볼츠에서 훨씬 도전적인 실험을 마련했다. 청각적 뇌는 사람이 의식적으로 감지하려고 아무리 노력해도 들을 수 없는 미미한 소리의 물리적 차이에 반응할까? 우리는 참여자들이 도저히 알아볼 수 없을 만큼 미미한 음향 차이가 나는 음절 두 개를 준비했다. 그 결과 의식적으로는 둘을 구별할 수 없었지만, 해마가 본 적있는 그림을 '기억했던' 것과 마찬가지로 소리 마음은 여전히 차이를 알아볼 수 있었다![6] 이로써 우리는 두 번째로 조건을 만족시키는 뇌 반응을 얻었다. 우리가 의식하지 못할 정도로 미묘하게 일어나는 지각을 보여주는 반응이었다.

MMN을 사용하여 우리는 언어장애가 있는 아이의 뇌가 일반적인 아이의 뇌는 구별해내는 최소한으로 다른 말소리 차이를 분간하지 못한다는 것을 알아냈다. 이로써 이런 아이들이 처한 생물학적 병목현상이 밝혀졌다. 언어 문제는 언어의 미묘한 소리를 의미와 연결하지 못해서 일어나는 것일 수 있다고 우리는 추정했다. 이것이 사실이라면 언어 발달은 소리 마음의 처리를 강화함으로써 유도할 수 있다.

우리 뇌가 구별할 수 있는 것의 한계는 정해져 있지 않다. 다른 체계가 다 그렇듯이 훈련을 통해 한계를 넓힐 수 있다. 만약 우리가 처음에는 주어진 소리 둘의 차이를 알아듣지 못했는데 훈련을 해서 구별하게 된 것이라면 어떨까? MMN이 학습을 통해 일어날까? 브레인볼츠의 대학원생 켈리 트렘블레이Kelly Tremblay가 사람들에게 그들의 모국어에 없는 소리를 듣도록 가르쳐 이 문제를 알아보았다. 다른 언어 화자들은 기꺼이 구별하지만 영어 화자는 처음에 구별하지 못하는 소리들이었다. 아니나 다를까, 훈련을 하자 영어 화자의 뇌가 소리를 구별한다는 징후를, 화자가 의식적으로 소리를 구별할 수 있기 한참 전부터 내보이기 시작했다.[7]

나는 여기서 착안하여 언어장애가 있는 아이들에게 이런 방식을 사용하면 어떨까 생각했다. 그리고 소리 마음의 탐침 조사로

소리의 마음들

적절한 재배선이 일어나고 있는지 측정하면 아이의 진전을 객관적으로 모니터링할 수 있겠다고 생각했다. 아직 아이의 행동으로 드러나기 전이라도 말이다. 나는 매일 아침 피아노를 치면서 나의 뇌가 학습하고 있다고 생각하기를 좋아한다. 비록 아직은 음이 어제보다 더 좋은 소리를 내지 않지만 언젠가 내 손가락이 뇌를 따라잡을 거라고 생각하면 마음이 흐뭇해진다.

MMN은 뇌에서 벌어지는 소리 처리에 대한 내 생각을 넓혀주었지만 이런 방향으로 연구하는 것은 궁극적으로 보자면 불만족스럽다. 첫째, 우리가 관심을 두는 전기 활동은 눈 깜빡임, 근육 긴장, 헛기침과 연관되는 전기 활동으로 인해 쉽게 혼선이 빚어진다. 하향하는 파형을 보고 있으면 가끔은 내가 소리에 대한 반응을 보는지 훌쩍임에 대한 반응을 보는지 확신하지 못할 때가 있다. MMN의 느린 파형이 다른 전기신호들과 너무도 잘 섞이기 때문이다. 브레인볼츠에서는 배경소음에서 이런 반응을 가려내는 전략들을 다룬 논문 《정말로 불일치 음전위인가?》를 발표하기도 했다.[8] 둘째, MMN으로 작업하는 것은 속도가 더디다. 시간의 작은 일부에서 벌어지는 사건에 바탕을 두는데, 열 개 소리 가운데 하나만 이런 반응을 끌어낸다면 기록하는 데 불가피하게 오랜 시간이 걸린다. 비실용적이며 아이들과 작업할 때, 그리고 내가 생각하는 임상적 환경에서 문제가 된다. 셋째, MMN은 대부분이 느린 활동을 보이는 피질의 반응이므로 소리에 있는 많은 빠른 구성요소들을 반영하지 못한다. 우리가 갖고 있는 것은 뇌가 변화하는 소리지형을 감지했음을 나타내는 신경 편위가 전부다. 대부분의 소리를 구성하는 느리고 빠른 여러 구성요소들에 뇌가 어떻게 반응하는지 우리에게 말해주지 않는다. 이제 다음 단계로 넘어가자.

(((소리의 구성요소 처리하기: 2단계)))

세기가 바뀔 무렵에 나는 브레인볼츠에서 우리 연구의 중심축이 되는 방향을 살짝 수정하기 시작했다. 우리는 인간의 두피에 전극을 부착하여 소리에 대한 반응을 측정하는 한편 기니피그 뇌의 청각 구조물에서 일어나는 활동도 측정하고 있었다. 우리는 내가 토끼를 대상으로 처음 학습 실험을 했을 때 사용했던 것과 비슷한 방법을 계속 쓰고 있었다. 이제 과거와 현재를 연결할 때가 되었다.

박사과정 학생들인 제나 커닝엄, 신디 킹Cindy King, 브래드 위블Brad Wible, 댄 에이브럼스Dan Abrams는 기니피그 뇌의 피질과 피질하부 구조물을 모두 기록했다. 그들은 말소리를 이용하여 중뇌, 시상, 청각피질에서 아름답고 명료한 반응을 포착했다. 각각의 구조물에서 빠르고 느린 활동 패턴이 확연히 관찰되었다. 그러나 다른 뭔가가 또 있었다. 우리는 이런 뇌 심부 활동을 기록할 때 항상 뇌 표면에도 전극을 부착해서 뇌 안의 활동으로 알아낸 것과 바깥에서 측정한 것을 연결하고자 했다. 바로 그 전극에서, 인간에게 사용하는 것과 그렇게 다르지 않은 전극에서 복잡한 음파에 들어 있는 음향 구성요소들이 상당히 명료하게 표시되는 것을 관찰할 수 있었다! 중뇌와 시상에서 끌어낸 반응과 마찬가지로 이렇게 표면에서 얻은 뇌파에도 소리가 '바'인지 '파'인지 분석하여 알아낼 수 있을 정도로 정보가 풍부했다. 우리는 뇌파를 보고 '아'인지 '우'인지 추론할 수 있었다. 신속하고도 실용적인 방법이었다. 두피 전극에서 얻은 하나의 음절에 대한 뇌 반응 하나에 생물학적 소리 처리를 보여주는 독립적인 정보들이 많았는데, 그건 우리에게 중요한 소리의 구성요소 모두(음높이, FM 스위프, 하모닉)가 말소리 음절에 들어 있었고 설명이 되었기 때문이다.

나는 오랜 동료 테레스 맥기Therese McGee를 포함하여 연구팀과 이 문제에 대해 논의했다. 우리는 이런 식의 뇌파 기록이 뇌의 풍부한 해부적·생리적 하부구조를 이용하여 소리 마음이 소리를 이루는 구성요소들을 어떻게 처리하는지 포착하므로 내가 요구했던 또 하나의 조건을 충족시킨다고 보았다. 내가 몰입할 만한 방법이었다. 자신감을 찾고 통찰력을 얻으려 할 때 내가 항상 기대는 신호로 돌아가게 하는 접근법이었다.

이런 뇌 활동을 가리켜 주파수 추종 반응, 줄여서 FFR이라고 부른다. 1960년대에 개발된 방식이니[9] 최근의 기술은 아니지만 FFR이 소리의 감지를 나타내는 것 말고 다른 일도 할 수 있다는 것은 나중에야 알려졌다. 하지만 하나의 음이 아니라 더 복잡한 소리들이 사용되기 시작한[10] 1990년대에도 FFR은 뇌가 소리의 기본주파수(소리적 세계를 구성하는 하나의 요소일 뿐이다)를 어떻게 처리하는지 확인하는 방법으로만 사용되었다. 브레인볼츠에서는 FFR을 통해 우리가 소리를 알아듣기 위해 필요한 풍성하고 많은 디테일들을 뇌가 어떻게 처리하는지도 볼 수 있다는 생각을 갖고 있다. 실제로 뇌 반응은 아주 정밀하여 그 반응을 끌어낸 음파와 물리적으로 닮았다. 뇌 반응에서 소리의 세세한 구성요소들을 직접 확인할 수 있다(그림 4.1).

대부분의 뇌 반응은 뇌가 소리의 구성요소들을 어떻게 처리하는지 많은 것을 말해주지 않는다. 콜레스테롤 검사와 비슷하다. 높은 콜레스테롤 수치는 통계적으로 동맥경화증의 전조다. 그러

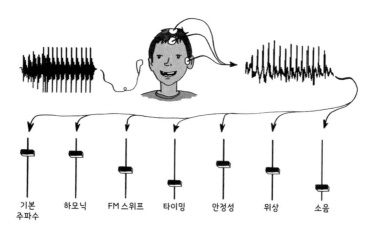

그림 4.1
소리를 초소형 헤드폰을 통해 귀로 흘려보내고, 뇌의 전기적 반응을 두피 전극으로 포착한다. 뇌파는 음파와 닮았다. 뇌파로 뇌가 소리의 여러 구성요소들을 얼마나 잘 처리하는지 확인할 수 있다. 믹싱 보드는 각각의 소리 구성요소가 별도로 처리되는 것을 보여준다.

소리의 마음들

나 동맥 혈관이 얼마나 좁은지 실제로 잰 것은 아니다. 기능성 자기공명영상fMRI과 콜레스테롤 측정 같은 신경생리적 반응들은 몸에서 무슨 일이 벌어지고 있는지 추론을 가능하게 하지만, 막힌 동맥을 직접 측정했을 때와 같은 정확함은 없다. 마찬가지로 소리에 대한 대부분의 생리적 반응은 음높이와 음색과 세기와 움직임이 실시간으로 어떻게 어우러지는지 우리에게 보여주지 않는다. 그저… 추상적으로 치솟은 돌기일 뿐이다. 소리 자체와 실제로 닮은 뇌 반응이 과연 있을까 상상해보자. 이제 우리가 이런 구성요소들을 저마다 독특한 방식으로 어떻게 처리하는지 직접 측정하는 것이 가능하다고 상상해보자. FFR이 바로 그런 일을 할 수 있다. 이것으로 생물학적 검사에 만연해 있는 추상의 껍질을 벗겨낼 수 있다. 나는 뇌에서 처리되는 것을 거의 일대일에 가깝게 나타내는 생물학적 반응이 이것 말고 또 있는지 모르겠다. 거의 들어보지 못했다.

소리 마음이 소리를 어떻게 알아듣는지 알아보는 과정에서 나는 말과 음악, 박수 소리, 개 짖는 소리, 아기 울음소리 같은 흥미로운 소리들을 사용하고 싶었다. 그리고 (FFR을 그저 기본주파수만 확인하는 용도로 이용하지 않는) 지금 이런 소리들 모두가 좋은 대상이다. 이런 소리들을 들려주고 얻은 FFR은 말소리나 짖는 소리나 울음소리 등 반응을 일으킨 소리를 명확하게 상기시키는 뚜렷한 신호이며, 이를 통해 뇌가 소리를 얼마나 정확하게 암호화하는지 보여준다.

우리는 뇌가 각각의 구성요소를 처리하는 일을 얼마나 잘하는지 볼 수 있다. 이런 구성요소들은 볼륨 조절기처럼 모두 동일하게 처리되지는 않는다. 그보다는 각각의 요소를 조절하여 전체 그림을 만들어가는 믹싱 보드와 비슷하다. 소리 구성요소를 처리하는 믹싱 보드의 조절기는 특정하게 강조하고 줄이는 부분이 있는데, 특정 집단과 개인이 어떤 환경에서 태어났고 어떤 소리를 듣고 자랐는지 구분하게 해준다.

(((듣는 뇌 듣기-예술과 과학)))

뇌파는 그것을 유도하기 위해 사용한 음파와 닮았으므로 소리에 대한 뇌의 반응을 음파처럼 틀면 뇌를 들을 수 있다(그림 4.2). 브레인볼츠에서 여러 옥타브에 걸친 음들을 포함하여 다양한 소리들을 들려주고 뇌의 반응을 기록했다. 각각의 음에 대한 뇌의 반응을 모아 '뇌 건반'으로 만드는 것이 가능하다. 이런 건반으로 '뇌 연주'를 하면 저마다 같은 음들을 자신만의 독특한 방식으로 어떻게 처리했는지 금방 알아볼 수 있다. 궁금하다면 브레인볼츠 웹사이트에 들러 뇌파를 소리로 바꾼 예들을 들어보라. 나는 가끔 음악가와 한 무대에 설 때가 있는데 피아노 거장이 해석한 '뇌 건반'을 들으면 환상적이다.

예술과 과학의 협업을 보여주는 또 다른 예는 오페라 가수 르

그림 4.2
마이크가 음파를 전기신호로 바꾸면 스피커를 통해 이것을 들을 수 있다. 마찬가지로 소리를 들으면 뉴런이 발화하여 뇌에 전기를 일으키는데, 이것 역시 스피커를 통해 들을 수 있다. 과연 음향으로 바꾼 FFR은 그 반응을 유도한 소리와 상당히 비슷하게 들린다. 살짝 소리가 줄어들 뿐이다.

네 플레밍Renée Fleming과 무대에 같이 섰을 때였다. 르네가 자신의 장기인 드보르자크의 오페라 〈루살카Rusalka〉에 나오는 〈달에게 바치는 노래Song to the Moon〉를 가슴 뭉클하게 노래하는 동안 나는 근처 피아노 의자에 앉아 들으며 황홀경에 빠졌다. 그녀가 노래를 마치자 나는 마음을 가라앉히고 자리에서 일어나 중앙 무대로 나아갔다. 한동안 말을 하지 못했다. 소리의 어마어마한 힘에 압도된 것이다. 마침 그날 밤 내가 맡은 일은 음악이 우리에게 감동을 줄 때 뇌에서 무슨 일이 벌어지는지 설명하는 것이었다.

나는 과학의 예술을 찬양하려고 노력한다. 과학적 아이디어를 효과적으로 전하고 과학에 담긴 아름다움을 강조하여 우리 자신보다 더 큰 대상의 이해에 다가가도록 하는 강의를 할 때 도표와 예를 들어 설명하기를 좋아한다.

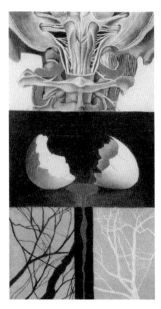

그림 4.3
과학과 예술, 1997년경. 중학교 시절 내 아들이 생각한 "엄마가 하는 일."

(((경험)))

언어장애가 있는 아이들의 소리 처리를 연구하려고 우리가 FFR에서 소리의 구성요소들을 끌어내는 방법을 찾고 있을 때 라비 크리슈난Ravi Krishnan의 연구가 나를 뒤흔들었다. 그는 표준 중국어 화자들의 뇌가 소리의 음높이를 파악하는 일을 영어 화자와는 비교할 수 없을 정도로 잘한다는 것을 FFR로 알아냈다.[11] 중국어 화자의 소리 마음은 영어에는 없는 자신들 언어의 성조를 알아듣도록 음높이 파악 조절기의 스위치를 올린 것이다. 특정

소리의 마음들

언어에 맞춰진 이런 정밀한 소리 처리는 워낙 뿌리 깊게 배어 있어서 중국어 화자들의 뇌는 자면서도 이것을 했다.

중국어 화자들은 평생 동안 모국어에서 소리-의미 연결을 만들면서 음높이를 파악하는 솜씨를 익힌 것이 분명했다. 중요한 것은 소리 처리가 경험으로 어떻게 바뀌는가 하는 활동의 기제가 이런 실험들로 밝혀졌다는 점이다. 라비는 이런저런 뇌 부위가 모호하게 '환해졌다'고 보고하지 않았다. 혈중 산소치를 들여다보거나 파형에서 음陰의 편위를 보거나 소리의 시작점에 둔하게 반응하는 것을 목격하지 않았다. 그 대신에 그는 뇌가 격리된 하나의 소리 요소를 암호화하는 것을 보여주었다. 두 청자 집단 사이에서 음높이 파악의 차이가 명확하게 나타났다. FFR이 소리 마음에서 무슨 일이 벌어지는지 분명하게 보여준 것이다. 소리의 구성요소가 신경 반응에 그대로 존재했다.

중국어 화자는 음절의 지속 시간(대략 200밀리초로 말소리에서 긴 시간이다) 동안 음높이를 파악하는 일에 능숙하지만, 언어장애가 있는 아이들은 자음에서 모음으로 넘어가는 빠른 신호(FM 스위프가 벌어지는 시간은 음절의 몇 분의 1에 불과하다)를 처리하는 데 어려움을 보인다. FFR이 그런 요소를 조사할 만큼 충분히 강력할까? 말소리의 다른 구성요소들도 이런 방법으로 조사할 수 있을까? FFR은 피질 하부에 뿌리를 두고 있으므로 가능하다. 대체로 피질의 반응인 MMN이나 과정이 느린 fMRI와 달리 속도의 한계가 사용에 걸림돌이 되지 않는다.

음높이 처리 말고 다른 것을 하기 위해 브레인볼츠는 분주하게 준비해야 했다. FFR을 음높이(기본주파수) 측정에 사용하는 것은 꽤 오래전부터 있었지만, 이것으로 FM 스위프나 하모닉 같은 다른 구성요소를 들여다보겠다는 생각은 아무도 하지 않았다. 다행히도 소리 자체의 분석과 소리에 대한 뇌의 생리적 반응의 분석은 거의 직접적으로 통한다. 특히 앞서 본 것처럼 둘 사이에 명확한 유사성이 있을 때는 말이다. 신호 처리와 관련하여 FM 스위프와 하모닉과 타이밍을 추출하고 소음 수치를 수량화하는 기술은 이미 잘 알려져 있었다. 우리는 그것을 생리학에 적용하기만 하면 되었다. 연구팀이 이런 기술을 배워 새로운 종류의 신호에 적용하자 FFR의 위력이 드러났다. 믹싱 보드에 조절기를 더한 효과였다. 우리는 여러 해에 걸쳐 이런 과정을 정교하게 다듬었고 사용 지침서를 발간해[12] 사람들에게 과정을 소개했다. 이제 머리 안의 신호(뇌파)와 바깥의 신호(음파)를 비교하는 것이 가능하다. 유사성이 보일 만큼 음파에 아주 가까운 뇌파를 측정할 수 있다고 생각하자 흥분되었다. 초창기에 마이크로 전극을 부착한 토끼에게서 얻은 정확성에, 혹은 신디, 제나, 브래드, 댄이 기니피그에게서 얻은 정확성에 맞먹는 것이었다. 소리와 신호에 바탕을 둔 청각 처리의 정확한 맥박에 정확하게 맞추는 것이 인간에게서도 가능해졌다.

FFR은 우리의 듣는 뇌가 소리의 경험으로 어떻게 형성되는지 보여준다. 브레인볼츠는 경험과 장애가 소리의 구성요소를 처리하는

소리의 마음들

데 미치는 영향에 선구적으로 주목했다. 그 덕분에 우리는 살면서 접하는 소리가 특정한 소리의 구성요소에 생리적으로 반응하는 기본값을 어떻게 바꾸는지 이해하게 되었다. 믹싱 보드 은유는 서로 다른 인구 집단이 갖고 있는 강점과 약점, 그리고 삶의 경험이 소리의 처리에 행사하는 영향을 이해하는 하나의 방법이 되어준다.

사람마다 소리에 대한 반응은 제각각이다. 개인 간의 미묘한 차이를 이제 측정하고 보고 심지어 들을 수도 있다. 한 개인의 소리적 역사는 그 사람이 소리에 어떻게 반응하는지로 알아볼 수 있다. 소리에 대한 반응은 생물학적 지문이다.

(((청각 처리의 스냅사진과 허브)))

청각계를 귀에서 뇌로 계층적으로 이어지는 체계라고 생각하면, 중뇌(FFR이 주로 일어나는 곳)를 풍성하고 분산적이고 양방향적인 체계의 허브라고 상상하기는 어렵다. 그런 관점에 따르면 중뇌는 귀에서 뇌로 올라가는 도중에 있는 청각 처리의 기착지일 뿐이다.

브레인볼츠가 주축이 되어 연구가 진척되면서 우리는 중뇌를 그저 귀에서 뇌로 이어지는 처리 과정의 연결 고리가 아니라 허브로 생각하게 되었다(그림 4.4). 청각경로는 고리를 이루며 돌아간다. 피질 하부의 청각중추들은 단순히 소리를 전달하는 통로에 머물지 않는다. 그중에서도 청각중뇌는 우리의 인지·감각·운동·보상 체계가 교차하는 허브다. 계속 소통하면서 소리를 분산하여 처리하는 이런 신경 하부구조의 핵심에 있다.

중뇌가 소리 처리의 복잡한 측면들을 밝힐 수 있다는 생각이 간과되어온 데는 fMRI 같은 뇌 영상 기술이 널리 보급된 것도 한몫을 했다. 영상은 피질의 활동을 시각적으로 만족스러운 방식으로 잘 보여주므로 뇌가 소리를 어떻게 파악하는지 이해하려면 피질을 집중적으로 파고들어야 한다는 생각을 부추긴다. 피질 하부에서 일어나는 소리 처리를 아주 정확하게 조사하는 FFR은 소

그림 4.4
학습이 영향력을 행사하면서 청각계가 유연해진다. 그때그때 요구되는 사항에 맞춰 소리 처리가 재빠르게 바뀌면 원심적 청각경로(어두운 선)가 가동되고, 이것이 결국에는 구심적 청각경로(밝은 선)에 영구적인 변화를 일으켜 새로운 기본값 상태가 된다. 이렇게 해서 소리의 기억이 저장된다.

소리의 마음들

리 처리 연결망 전체가 활동하는 모습을 담은 스냅사진을 우리에게 제공한다. 등을 다쳐도 통증은 무릎에서 느껴질 수 있다. 마찬가지로 FFR을 일으키는 주된 출처는 중뇌이지만, 그렇다고 이것을 '중뇌의 반응'이라고 해석해서는 안 된다. 중뇌는 활동의 중심에 있다.

신경과학과 철학에 예전부터 있었던 논쟁으로 '결합 문제binding problem'가 있다. 하나의 질문으로 정리하자면 이렇다. 뇌는 감각계로 들어오는 온갖 입력 정보들을 평생 축적된 경험을 바탕으로 어떻게 조율하여 하나의 구체적인 전체로 만들까?[13] 점점 쌓이는 감각 정보의 결합은 어떻게 "내 휴대전화가 울리는군" 혹은 "동생 차가 마당에 도착했군" 하는 지식이 될까? 필요한 통합은 어디에서 이루어질까? 아무튼 뇌는 정보를 모아 '결합'하여 통합된 지각으로 만들어낸다.

V. S. 라마찬드란V. S. Ramachandran은 "양동이를 옆 사람에게 넘겨 불을 끄는 식으로 수많은 모듈들이 자율적으로 돌아가는 것이 뇌라는 이론에 완전히 모순되는" 실험들을 소개한다. 이언 맥길크리스트Iain McGilchrist의 말처럼 "경험은 그저 최고 수준으로 봉합한 것이 아니다. (중략) 지각은 다양한 감각의 여러 층위에서 오는 신호들이 서로 공명한 결과로 일어나는 것이다."[14] 모듈로 나뉜 뇌 기능을 통합하는 작업은 대부분 피질 하부에서 이루어진다.[15] 청각중뇌는 분산되고 서로 연결된 뇌의 구석구석에서 들어오는 변연계 입력물과 인지적 입력물뿐 아니라 다른 감각에서 오는 정보

도 자유롭게 접할 수 있다. 이런 지식은 학습되어 자동적으로 된다. 그러므로 FFR은 뇌가 청각의 여러 차원을 어떻게 결합하는지 밝히는 실마리가 될 수 있다.

우리는 소리에 의미를 부여하는 학습이 소리 처리에 변화를 가져온다는 것을 안다. 소리에 의미가 있다는 것을 알아내면 그 소리를 더 효율적으로 처리하는 방향으로 청각계를 만든다. 청각이든 아니든 특정 뇌 중추들이 서로 맞물려 중뇌의 기본값 반응을 정한다. 그러니 FFR은 단일한 청각 구조물의 활동을 반영하는 것이 결단코 아니다.[16] 듣는 뇌는 방대하다는 것을 기억하자. 청각경로 안팎에 있는 특정 뇌 중추들은 저마다 기여하는 바가 있지만, 더 넓은 신경 연결망의 맥락에서 함께 작동한다. FFR은 뇌에서 벌어지는 소리 처리를 기능적으로 보게 해준다. 소리 마음 전체가 소리의 구성요소들을 얼마나 잘 암호화하고 있는지 보여주는 스냅사진이 된다.

소리 처리를 생물학적으로 연구하는 효과적인 방법을 찾으려고 하면서 듣는 뇌에 관한 나의 생각에 진전이 있었다. 그 덕분에 구획으로 나뉜 조립라인에 늘어서 있는 뇌 중추들 바깥에서 소리 처리가 이루어지는 것을 볼 수 있었다. 듣는 뇌를 감각·인지·운동·보상 체계를 갖춘 포괄적인 것으로 보게 되었고, 우리의 소리 삶을 보다 총체적으로 생각하는 기회가 되었다.[17] 한 과학 실험실이 무엇을 연구하는지 둘러본 이 여행으로 과학자들이 어떻게 단단한 널빤지를 만들어 바닥을 다지는지 엿보는 기회가 되었을 것이다. 우리는 경험을 바탕으로 지금 우리가 아는 것을 단단히 다지고, 우리가 아직 모르는 것을 확실히 표명하고, 소리 마음에 대해 이해하고자 하는 것을 향해 나아간다.

2부

소리적 자아

5

음악은 잭팟:
감각하기, 생각하기, 움직이기, 느끼기

기분이 좋으면 좋은 소리를 낸다.

— 살바토레 스피나

(((음악가의 뇌)))

베토벤의 부검 현장에 있었던 의사는 그의 "뇌에 난 주름이 일
반적인 뇌보다 두 배 더 많았고 홈은 두 배 더 깊어 보였다"라고
기록했다. 슈만도 사정이 좋지 못해서 그의 의사에 따르면 "뇌 전
체가 상당히 위축"되어 있었다고 한다.[1]

1900년대 초에 보다 체계적으로 음악가의 뇌 구조를 연구한
이가 독일의 외과의사 지크문트 아우어바흐Sigmund Auerbach였다.
포도를 많이 먹으면 암을 치료할 수 있다고 주장하는가 하면[2] 발
기부전 치료에 염소 고환 이식수술을 권장하던 20세기 초 의학

의 전환기에 아우어바흐는 과학적 방법에 입각하여 연구를 했다. 그는 유명한 음악가들의 뇌를 사후에 검사하여 청각피질의 일부를 포함해 측두엽 부위가 비음악가들보다 더 크다고 보고했다.[3] 나중에 간질과 뇌종양 치료에도 기여했던 아우어바흐는 이런 뇌 부위가 음악가들의 음악적 솜씨를 설명하는 것이라고 판단했다. 더 많은 연구가 이어지면서 음악가의 뇌가 비음악가의 뇌와 실제로 구조적으로 확연히 다르다는 증거가 나왔다. 청각피질,[4] 체성감각피질,[5] 운동피질,[6] 뇌량,[7] 소뇌,[8] 피질 안에 있는 백질 신경로,[9] 피질과 피질 하부를 연결하는 뇌 부위[10]에서 구조적 차이가 확인되었다.

우리는 베토벤의 두드러진 뇌 주름이나 혹은 뇌 구조에 관련된 어떤 사실이 음악가의 뇌가 작동하는 방식과 연관성이 있는지 알지 못한다. 가장 중요한 것은 구조적 차이라기보다 기능적 차이다. 음악가들은 악기 소리에 대한 피질의 반응이 비음악가들보다 더 활발하다.[11] 음악가의 뇌는 소리 패턴의 변화나 불협화 소리, 음이 맞지 않은 화음을 더 잘 파악한다.[12] 록 기타리스트들의 뇌는 파워코드에 강력하게 반응한다.[13] 소리의 특정 구성요소, 특히 하모닉, 타이밍, FM 스위프가 음악가들에게 중요한데 이것은 뒤에 가서 자세히 알아볼 것이다.[14]

(((음악은 감각하고 움직이고 느끼고
생각하는 뇌를 끌어들인다)))

소리 마음은 방대하여 우리의 인지·운동·보상·감각 체계를 활성화한다.[15] 음악은 이런 체계들을 가동하는 능력이 탁월하므로 소리를 통한 학습이 이루어지는 원심적 통로가 된다(그림 5.1).

감각하기: 청각

음악을 만들면 소리 마음이 소리에 자동적으로 반응하는 기본값이 달라진다. 우리의 청각적 자아가 달라지는 것이다. 음악을 연주하면 뇌를 우리의 소리적 세계에 특별하게 맞도록 만들 수 있다.

마리 테르바니에미Mari Tervaniemi는 뉴런에서 소리를 처리하는

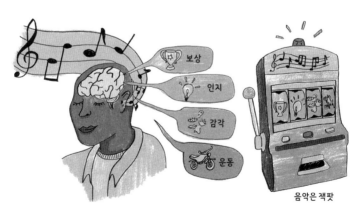

그림 5.1
음악은 소리를 통해 감각·인지·운동·보상 체계가 가동되도록 하는 잭팟이다.

활동이 음악가와 비음악가 사이에, 그리고 서로 다른 유형의 음악가들 사이에 차이가 난다는 것을 처음으로 보여주었다.[16] 다섯 음으로 된 선율을 청자에게 여러 차례 들려주다가(디들 디들 디, 디들 디들 디, 디들 디들 디) 갑자기 선율을 '디들 두들 디'로 바꾸면, 청자가 귀 기울여 듣지 않더라도 뇌는 이러한 변화를 알아채고 MMN(불일치 음전위)으로 표시한다. 마리는 새로운 선율에 대한 음악가의 반응이 비음악가에 비해 상대적으로 높게 나났음을 보았다.[17] 나아가 이 음악가의 뇌가 음높이, 음색, 지속 시간, 세기, 거칠기, 위치, 화성 규칙에도 남다르게 반응하는 것을 확인했다.[18]

하모닉, 타이밍, FM 스위프는 음악가의 '시그니처'가 되는 이런 독특한 소리 반응의 핵심에 있다(그림 5.2). 음악을 만들면 소리 마음이 강화되고 세월이 흐를수록 나아진다.[19] 아울러 뇌가 음

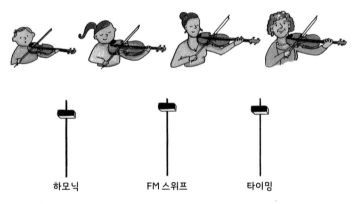

그림 5.2
음악을 만들면 뇌에서 일어나는 소리 처리가 강화된다. 음악가의 예리함은 평생 증가한다.

소리의 마음들

악뿐만 아니라 일반적인 소리, 특히 말소리에 반응하는 방식도 달라진다.

여기서 음악가의 뇌와 관련하여 내가 가장 자주 듣는 두 질문을 소개하자. 하나는 "음악가를 어떻게 정의해요?"라는 질문이다. 음악을 얼마나 많이 만들어야 소리 마음에 영향이 가는지를 기준으로 말하자면, 음악가는 음악을 정기적으로 연주하는 사람이다. 특별히 솜씨가 뛰어나지 않아도 된다. 여기서 '정기적'이라 함은 일주일에 몇 차례 30분씩 음악을 만드는 정도를 뜻한다.

다음 질문은 "연주하는 악기가 중요할까요?"이다. 이에 대한 답은 중요하기도 하고 아니기도 하다는 것이다. 자신의 목소리가 어떤지 무슨 악기를 연주하는지와 무관하게 뇌마다 타이밍, 하모닉, FM 스위프를 강화해서 처리하는 특징(시그니처)이 존재한다. 다만 자신이 연주하는 악기 소리는 소리 마음에서 **특별히 잘 처리**될 것이다. 바이올리니스트와 트럼펫 연주자를 비교한 뇌 영상은 저마다 청각피질에서 자신의 악기 소리를 우선적으로 암호화한다는 것을 보여준다.[20] 바이올리니스트와 플루티스트를 비교한 뇌 영상도 똑같으며,[21] 이런 차이는 그림 5.3에서 보듯 중뇌에서 소리의 구성요소를 처리하는 것에서도 나타난다.[22] 그러니까 피아노 소리는 피아니스트에게서 강화되고, 바순 소리는 바순 연주자에게서 강화된다. 한편 지휘자는 방의 모퉁이에서 나오는 소리의 위치를 기가 막히게 알아낸다.[23]

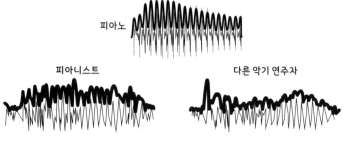

그림 5.3
음악가의 청각적 뇌는 자신이 연주하는 악기 소리에 훨씬 더 잘 반응한다.

감각하기: 청각-시각

동료를 보며 신호를 맞추든 지휘자의 지시를 따라가든 악보를 읽든, 음악을 할 때 보는 것은 듣기와 긴밀하게 연결되어 있다. 음악을 연주하면 시각 처리가 강화되며 특히 둘이 결합된 시청각 처리 능력을 키울 수 있다.

마칭밴드는 타악기 연주자, 금관악기 연주자, 기수로 이루어져 있다. 기수는 악기를 연주하지 않고 깃발과 총검으로 복잡한 동작을 취해 음악 연주를 보완하는 시각적 묘기를 선사한다. 그들은 오랜 훈련을 통해 정확한 시간이 경과한 후에 정확한 횟수만큼 깃발을 돌려 던지고 잡는다. 그리고 이런 동작을 연주자와 일치하도록 맞춘다. 기수가 시각 능력을 알아보는 테스트에서 특별히 잘할 거라고 생각할지도 모르겠지만 그렇지는 않다. 정상급 기수의 시각 능력은 다른 두 음악가, 특히 타악기 연주자에 미치지 못했다.[24] 그러니 시각적 타이밍을 필요로 하는 활동을 직접하는 것보다 음악 만들기로 시각적 타이밍을 연마하는 것이 더 효과적인 것 같다.

악기 소리, 예컨대 첼로 소리를 들으면 청각적 뇌에서 첼로 소리와 닮은 전기신호를 내는 것을 FFR로 확인할 수 있다. 소리만 듣든 다른 사람이 첼로를 연주하는 것을 보면서 듣든 음악가의 반응이 살짝 더 빠르고 풍성하고 크다. 음악가/비음악가의 차이는 시각적 입력 정보가 더해졌을 때 커지는데,[25] 음악을 만들어가면서 시각계와 청각계가 서로 긴밀하게 얽혀 세밀하게 조율된 시청각 능력을 갖게 되는 듯하다. 이것이 음악 경험이 소리 마음에 미치는 효과에 대해 브레인볼츠에서 처음으로 발표한 논문 주제였다. 음악가들이 음악에 대해 시청각 반응을 강화했다는 것은 놀랍지 않았지만, 이런 시청각 강화가 말소리에도 나타났다는 것은 예상치 못한 발견이었다. 첼로 현상과 비슷하게 사람이 말하는 것을 보며 목소리를 들을 때 이런 강화가 나타났다.

트럼펫 연주자 가브리엘라 무사치아Gabriella Musacchia가 이 연구를 위해 기타를 치는 우리의 핀란드 협업자 미코 삼스와 팀을 이루었다. 가브리엘라는 지금 뉴욕에 자신의 연구소를 설립하여 걸음마 유아를 위한 드럼 프로그램을 운영하고 있다.

움직이기: 청각-운동

"운지법에 신경을 써!" 이번에도 내 피아노 교사의 말이다. "손을 편하게 정확하게 움직여야 음악 소리가 더 좋아져."

로버트 자토르Robert Zatorre는 음악 경험이 신경계에 미치는 효과를 활발하게 연구하는 영향력 있는 과학자다. 그의 연구팀은 우리가 움직이지 않고 음악을 들을 때 운동피질이 활성화된다는 것을 발견했다.[26] 그리고 음악가들은 음악 연주를 생각만 해도 운동계가 작동했다.[27] 청각계와 운동계가 특히 음악을 연주하는 사람의 경우 아주 끈끈하게 이어져 있음을 보여주는 예다.

오른손잡이는 주로 오른손을 사용하여 글을 쓰고 양치질을 하고 일상의 여러 일을 수행하므로 비대칭적인 피질 운동 지도를 갖게 된다.[28] 쉽게 말하면 오른손을 제어하는 왼쪽 운동피질이 더 발달한다. 왼손잡이는 반대가 된다. 하지만 건반악기 연주자들은 양손을 잘 연마하여 정확하게 구사할 수 있으므로 비非우세 손을 제어하는 지도에도 확장이 일어나 운동 지도가 대칭적인 모양을 이룬다.[29]

건반악기 연주자들과 달리 현악기 연주자들은 명백히 비대칭적인 방식으로 운동계를 가동한다. 바이올리니스트는 오른손에 비해 대단히 능수능란한 왼손을 갖고 있다. 정확한 음을 내려면 정확한 현의 정확한 위치에서 빠르고 독립적인 손가락 움직임을 보여야 한다. 오른손 역시 활발하게 움직이지만 정확하고 독립적인 손가락 움직임을 요하지는 않는다. 그래서 우리 과학자들에게는 이상적인 연구 상황이다. 우리는 같은 바이올리니스트의 왼쪽/오른쪽 손가락에 해당하는 운동 지도와 체성감각 지도를 살펴볼 수 있다. 과연 왼손 손가락을 제어하는 피질 부위가 일반적으로

소리의 마음들

손바닥에 할애되는 영역을 가져가 확장되었다. 오른손 손가락을 제어하는 피질에서는 그와 같은 영역 확장이 발견되지 않았다.[30] 아울러 왼손 손가락의 확장은 연주 이력과 상관관계가 있었다. 아마도 바이올린 연주를 시작하기 전에 유전적으로 매우 큰 왼손 손가락 지도를 갖고 있는 경우는 배제한 모양이다.

음악을 연주할 때 우리는 자신이 원하는 소리를 내는 것에 목표를 두고 연습한다. 여기서 자신이 지금 내는 소리와 자신이 내고자 하는 소리를 계속해서 비교하게 된다. 연습은 자신의 움직임을 청각적 환경에 있는 타이밍 요소(메트로놈이든 다른 연주자든)와 맞추는 것이라 할 수 있다. 이렇게 하여 소리와 움직임은 생각하고 아는 것이라는 비언어적 형식으로 융합된다. 우리는 그것을 뇌에서 본다.

느끼기: 청각-보상

아침에 일어나서 기분이 그냥 시큰둥할 때가 있다. 그럴 때 피아노를 몇 분 연주하고 나면 힘이 조금 난다. 자전거를 타고 출근할 무렵이면 모든 것이 더 좋게 느껴진다.

음악은 '감정의 언어'라고 한다.[31] 부모와 아기는 노래를 통해 처음으로 접촉한다. 음악과 감정이 연결된다는 것을 뒷받침하는 설득력 있는 과학 연구가 많다. 감정적 반응에는 생리적 반응이 뒤따르는데 피부 전도도(땀), 얼굴 표정, 심박수, 혈압, 호흡률, 피부 온도의 변화가 그런 것이다. 음악은 이 모든 반응을 일으킬 수

있다.[32]

음악은 뇌의 보상회로를 활성화한다. 감정적 반응을 담당하는 뇌 구조물은 변연계에 있으며 편도체, 중격의지핵, 꼬리핵이 여기에 포함된다.[33] 흥겨운 음악을 들을 때 일어나는 감정은 음식, 섹스, 돈, 중독성 약물에 반응하는 바로 그 뇌 부위를 활성화한다.[34] 내가 특별히 매료된 연구에서 자토르의 연구팀은 음악이 절정에 다다를 때만이 아니라 음악의 절정을 기대할 때도 변연계의 하부조직에서 도파민이 분비된다는 것을 알아냈다.[35] 음악만이 아니라 그저 음악을 기대하는 것도 감정을 끌어내는 것이다. 이것은 우리가 밖에서 집을 생각할 때 느끼는 반응과 비슷하다. 음악은 화성적 긴장을 쌓아가며 때로는 멀리까지 뻗어가기도 하지만, 마침내 긴장이 해결되어 우리를 출발지(집)로 돌려놓는다. 감정과 음악을 알아본 또 다른 연구에서 사람들에게 새로운 음악을 들려주고는 자신이 여기에 얼마나 주의를 기울였는지를 판단하여 곡의 가치를 매기도록 했다. 그들이 얼마나 주의를 기울여 음악을 들었는지는 처음 들을 때 변연계가 얼마나 활성화되었는지 관찰한 것으로 미리 예측할 수 있었다.[36]

음악을 적극적으로 싫어하거나 그 정도는 아니어도 완강하게 중립적으로 구는 사람들이 있다. 이것을 쾌감이 없다는 의미에서 '음악 무쾌감증'이라고 부른다. 이런 사람들은 섹스, 음식, 약물, 돈에는 전형적으로 반응하므로 전체적으로 감정이 밋밋해서 일어나는 우울증이나 그 비슷한 증상을 겪지는 않는다. 그저 선택

소리의 마음들

적으로 음악에 무관심한 것이다. 이런 무관심은 음악을 들을 때 쾌의 감정에 수반되는 피부 전도도 변화와 심박수 변화 같은 생리적 반응이 나타나지 않는 것으로 확인된다.[37] 음악 무쾌감증의 경우 음악을 들을 때 변연계의 활동이 둔화되어 있다. 하지만 돈내기를 할 때는 전형적인 활성화 수준을 보인다.[38]

우리는 단어의 뜻을 알아듣기도 전에 자신이 감정적 애착을 느끼는 사람의 목소리에 반응한다. 그 소리에 (감정적) 의미를 부여하는 일을 오랜 시간 해왔기 때문이다. 브레인볼츠에서 우리는 음악가들의 소리 마음이 아기 울음소리 같은 감정적 소리에 더 예민하게 반응하는지 궁금했다. 알아본 결과 음악가들은 울음소리에서 감정이 실린 하모닉에 더 동조하고, 비음악가들은 목소리음높이(기본주파수)를 포착하는 것에 음악가들보다 에너지를 더

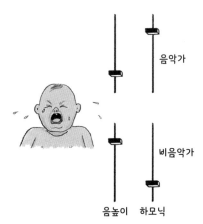

그림 5.4
감정적 소리의 처리. 비음악가의 뇌는 기본주파수에 집중하고, 음악가의 뇌는 하모닉 내용을 강조한다.

투여했다.[39] 음악가들은 신경 에너지를 '보존'하고 있다가 울음 소리에서 가장 의미가 있는 부분(그림 5.4), 그러니까 아기가 지금 엄마를 원하는지 당분간은 그냥 울도록 두는 게 좋을지 말해주는 부분에만 활발하게 반응했다.

생각하기: 기억과 주의

나는 아이들을 키우면서 많이 배운다. 지금 30대인 둘째는 훌륭한 피아니스트다. 아이가 일곱 살 때 악보도 보지 않고 곡을 연습하는 것을 보고 내가 말했다. "정말 대단한데, 곡을 마음으로 익혔구나!" 아이가 곧바로 대답했다. "아니에요, 엄마, 뇌로 익혔어요." 허를 찔렸다.

마음으로(그러니까 뇌로) 음악을 연주하려면 집중적 주의와 기억이 필요하다. 소리 패턴, 악보 표기, 운지 패턴, 음이름, 음악 용어, 음악적 기대(조성, 조바꿈, 주제, 화성 관계)를 기억하고 있어야 한다. 기억은 우리가 곡을 알아듣고 연주할 수 있게 한다. 심지어 곡 중간 어디서든 연주를 시작할 수 있고, 외워서 연주할 수도 있다. 주의도 필요하다. 지금 내는 소리를 듣고 필요에 따라 바로바로 조정하려면 주의를 기울여야 한다. 사람들과 함께 연주할 때 템포와 셈여림을 맞추고, 악보에 집중하고, 집중을 흐트러뜨리는 소리를 차단하고, 운지법·운궁법·입술 위치·호흡에 집중하고, 긴 연습 시간을 견뎌내는 것 모두 주의력이 필요한 일이다.

음악을 연주하면 주의와 기억이 가동된다. 그리고 모든 솜씨가 그렇듯이 연습을 하면 는다. 그러므로 음악 연주는 이런 인지 능력들을 키우는 연습이 된다고 당연히 기대할 수 있다.

이 책을 읽고 있는 여러분의 이해력은 작업기억에 달려 있다. 여러분이 바로 지금 읽고 있는 것을 이해하려면 방금 전에 읽은 것을 기억해야 한다. 여러분이 누군가와 말할 때 의미 있는 주고받음이 되려면 '대화를 따라갈 수' 있어야 한다. 작업기억이 이런 일을 가능하게 한다. 청각적 작업기억을 평가할 때는 일반적으로 단어 목록을 살짝 다른 조건으로 기억하도록 한다. 예컨대 동물 이름을 쭉 불러주고는 포유류만 말해보라고 하거나 목록을 특정한 순서로 다시 배치하여 말해보라고 하는 식이다.

악보로 보든 다른 사람의 연주를 듣든 녹음된 것을 듣든 새로운 악절을 익히려면, 음악가는 악절의 연주라는 물리적 복잡함을 해결하는 동안 자신이 비슷하게 내려는 소리의 모델을 마음속에

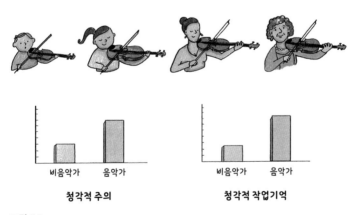

그림 5.5
음악가는 평생에 걸쳐 청각적 주의와 작업기억이 비음악가보다 좋다.

담아둘 수 있어야 한다. 전체적으로 음악가는 언어기억,[40] 작업기억,[41] 배열[42] 등 다양한 여러 과제들을 비음악가보다 능숙하게 해낸다(그림 5.5).

주의 면에서도 음악가는 일반적으로 비음악가보다 수행력이 뛰어나다.[43] 재빠르게 하나의 과제에서 다른 과제로 넘어가는 능력, 산만한 소리에 반응하지 않고 표적이 되는 소리에 집중 반응하는 능력이 이런 것에 해당한다. 혹은 다른 사람의 말소리는 끄고 한 명의 말소리에만 집중하는 능력이 될 수도 있다.

여러 연구를 통해 비음악가와 달리 음악가에게서 이런 능력을 담당하는 뇌 부위가 우선적으로 활성화된다는 것이 밝혀졌다.[44] 소리 마음과 밀접한 관련이 있는 청각적 주의와 작업기억의 솜씨는 핵심적인 소리 구성요소의 생물학적 처리와 체계적인 상관관계가 있다.[45]

생각하기: 창조성

즉흥연주는 창조성의 산물이다. 의사이자 음악가이기도 한 찰스 림Charles Limb은 음악가들을 MRI 스캐너 안에 두고 건반악기를 즉흥연주 하게 한 다음 그들의 뇌를 살펴보았다. 그는 전두피질의 여러 부위가 덜 활동적이 되는 것을 보았다.[46] 일반적으로 자신이 하는 일을 모니터링하는 임무를 맡는 부위였다. 적절하게 행동하는 것도 이 부위에서 담당한다. 즉흥연주를 하려면 우리의 의식적인 감시의 눈에서 해방될 필요가 있다. 하지만 미리 계획

소리의 마음들

적으로 의식적으로 오랜 시간을 들여 연습해야 비로소 가능한 것이기도 하다. 허비 행콕Herbie Hancock은 삶의 경험이 자신이 음악에서 내리는 선택의 밑바탕이 된다면서 "그것이 어떻게 표현되는지는 그야말로 불시에 일어나는 경우가 많다"[47]라고 말했다.

음악 활동은 주의, 작업기억, 창조성 같은 인지 능력을 키우는 최고의 방법임에 틀림없다. 게다가 이런 장점들은 음악으로 그치는 것이 아니라 다른 활동들, 특히 말로 이전된다.

(((음악치료)))

테드 지오이아Ted Gioia는 《치유의 노래Healing Songs》[48]라는 책에서 프랑스 베네딕토 수도원의 수도승들 이야기를 전한다. 제2차 바티칸공의회에서 음송을 금지하는 결정이 내려지자 수도승들의 건강이 나빠졌다. 무기력해지고 걸핏하면 짜증을 부리고 만성적으로 탈진에 빠졌다. 병에 걸리는 사람이 눈에 띄게 늘어났다. 음송이 다시 허락되고 나서야 수도승들은 건강을 되찾고 평온을 회복했다.

투렛 증후군에서 나타나는 비자발적인 운동 틱은 음악을 만드는 동안 억제될 수 있다.[49] 올리버 색스Oliver Sacks는 투렛 증후군에 걸린 사람들이 모여 드럼을 연주하는 것을 본 경험을 소개한다. 처음에는 다소 혼란스러웠지만 참여자들의 비자발적이고 비

동시적인 움직임이 마침내 하나로 모여 잘 조직된 리듬을 만들었다. 그들의 신경계가 서로 연결되어 있기라도 하듯 말이다.[50] 컨트리 가수 멜 틸리스Mel Tillis는 말할 때 더듬거렸지만 노래 부를 때는 아무 문제가 없었다.

이런 일화들은 음악과 건강(정신 건강과 신체 건강)이 연결되어 있음을 보여주는 사례로 오랜 과거부터 현재에 이르는 역사를 갖고 있다.[51] 음악치료는 이 책에서 다루기에는 방대한 주제다. 음악은 주류 의학으로 점차 들어오고 있다.[52] 외상성 뇌 손상 치료[53]에 활용된다. 전쟁과 재난을 겪은 사람들의 스트레스를 완화해주고[54] 불치병에 따르는 스트레스에 대처하게 해준다.[55] 음악은 치매 환자의 기억상실을 줄여줄 수 있다.[56] 자폐증이 있는 아이[57]와 언어 지체가 있거나 읽기에 어려움을 겪는 아이[58]에게 언어 능력을 키워줄 수 있다. 파킨슨병,[59] 뇌졸중,[60] 호흡·삼키기·말하기의

그림 5.6
노스웨스턴대학교에서 주최한 2018 음악치료 학술 대회 로고.

소리의 마음들

어려움[61] 같은 운동장애에 효과적인 처방이 된다. 청력이 손상된 아이를 음악으로 훈련시켜 말소리를 더 잘 이해하고 말의 운율을 활용하도록 할 수 있다.[62] 최근에 노스웨스턴대학교에서 열린 음악치료 학술 대회 로고(그림 5.6)에서 이런 다양한 쓰임새를 확인할 수 있다. 브레인볼츠 웹사이트에 가면 그 모든 것을 볼 수 있다.

음악치료는 소리 마음이 우리가 움직이고 생각하고 감각하고 느끼는 방식과 연결되어 있다는 것을 활용한다. 이런 핵심적인 뇌 기능들에 곧바로 가닿는 소리 마음을 통해 음악은 강력한 치료 방법이 된다. 음악은 의료서비스 성장을 이끌어나갈 엄청난 잠재력이 있다. 소리 마음이 그 중심에 있다.

6

리듬:
머리 안의 리듬과 바깥의 리듬

소리가 시간을 잃으면 의미를 잃는다.

매일 밤 잠들기 전에 남편이 침대에서 내게 글을 읽어준다. 우리의 특별한 곰 인형 오트밀이 둘 사이에 끼어들어 함께 듣는데 하루를 마무리하는 멋진 방법이자 일상의 즐거움이다. 우리는 친숙한 책을 세심하게 고르므로(E. B. 화이트White의 동화와 해리 포터 시리즈가 자주 등장한다) 내가 잠이 들어서 중요한 대목을 놓칠지도 모른다는 걱정은 하지 않는다. 얼마 뒤에(심하게 피곤하면 몇 분 지나지 않아) 단어의 의미가 소리에 점점 묻히기 시작한다. 나는 단어와 이야기를 듣는 것이 아니라 소리와 리듬을 듣는다. 강세 패턴이 오르락내리락하는 소리가 하루의 피곤을 달래고 평온하게 하는 소중한 경험이 된다.

우리는 어째서 리듬에 끌릴까? 우리를 세상에 연결해주기 때문이다. 들을 때, 언어로 소통할 때, 시끄러운 환경에서 말을 알아들을 때, 걸을 때, 심지어 누군가에게 마음이 향할 때도 리듬이 관여한다.

리듬은 음악을 이루는 하나의 요소 이상으로 훨씬 중요하다. 그럼에도 리듬이라는 단어를 들으면 가장 먼저 생각나는 것이 음악이다. 드럼 연주, 재즈, 로큰롤, 마칭밴드, 나무스푼과 양동이로 거리에서 연주하는 밴드, 박자표, 쿵쿵짝(위 윌 위 윌 록 유), 비트박스, 만트라 주문, 기도문. 음악 이외에 계절이 바뀌는 리듬도 있다. 생리주기의 리듬도 있다. 매일 몸과 마음의 고점과 저점을 일으키는 생체리듬도 있다. 개구리는 짝을 유인하려고 리듬에 맞춰 개굴개굴 울고 리듬을 바꿔 공격성을 나타낸다. 밀물과 썰물, 17년 주기의 매미, 달의 위상, 근지점과 원지점은 자연적으로 일어나는 리듬이다. 인간이 만든 리듬에는 격자 모양의 거리, 신호등, 경작지, 야구장 외야의 잔디, 부엌 조리대 뒤의 물 튀김 방지판, 기하학적 예술 형식에 담긴 공간적 패턴이 포함된다.

리듬을 유지하는 것은 어떤 사람에게는 생물학적 명령에 가깝다. 음악을 하는 남편은 우리가 함께 연주하다가 내가 노래 중간에서 멈추면 몹시 화를 낸다. 그는 맥박을 계속 이어가는 것이 중요하다고 느낀다. 나도 자전거를 탈 때면 이런 명령을 느낀다. 아무리 힘들어도 설령 속도가 느려지거나 에너지가 고갈되어도 한 발 한 발 앞으로 계속 나아가야 한다.

음악과 리듬은 알려진 모든 문화에서 발견된다.[1] 우는 아이를 리듬감 있게 흔들지 않으면 어떻게 달랜단 말인가? 리듬 패턴을 이루는 반복적인 소리와 침묵은 춤을 가능하게 하고, 기억과 음악 재생을 돕고, 함께 노래하고 연주하고 드럼 치는 것을 용이하게 한다. 리듬은 오래전부터 사회 구성원들의 유대감을 키우는 데 사용되었다. 수도회의 음송, 군에서 부르는 군가가 그런 예다. 수천 년 전에 호메로스의 시문은 기억술 역할을 하는 리듬에 맞춰 불렀다.[2]

반복적인 일이나 복잡한 일은 리듬 반주를 생겨나게 했다. 단조로움을 깨거나 일의 수행력을 높이기 위함이었다. 바위를 깨는 힘든 일을 하는 노동자들은 노래를 하며 리듬에 맞춰 해머를 휘두른다.[3] 가나의 우편집배원들은 독특한 리듬으로 소인을 찍는다.[4] 이란의 양탄자 직공들은 복잡한 구조로 된 노래를 활용하여 직조 패턴을 동료에게 알린다.[5] 모든 음악 체계와 양식에는 저마다 구조를 이루는 리듬 모티브가 있다. 이렇듯 리듬이 보편적으로 존재한다는 것은 리듬을 지각하고 만드는 것을 주관하는 생물학적 과정이 존재한다는 강력한 증거가 된다.[6] 뇌의 리듬은 의식의 기초로 거론되기도 한다.[7]

리듬이라고 할 때 언어가 곧바로 떠오르지는 않을 것이다. 여러분은 고등학교 영문학 수업 시간에 음보(약강, 강약, 약약강)에 대해 배웠을 것이다. 그러나 시의 맥락을 떠나 일상의 말에 특정한 리듬이 있다는 생각은 좀처럼 하지 않는다. 우리는 "헤이 빌, 출발할까?" 하고 말하지 "헤이 빌, 너 지금, 출발할, 시간이, 되었

소리의 마음들

어?" 하고 음보에 맞춰 말하지는 않기 때문이다. 리듬과 읽기는 어떨까? 여기서도 우리는 시를 읽을 때가 아니라면 리듬과 읽기를 연관시키지 않는다. 그런데 사실 리듬은 언어소통에 꼭 필요한 필수적 구성요소다.

(((빠르고 느린 리듬)))

리듬은 짧고 긴 시간규모의 렌즈들을 통해 들여다볼 수 있다. 말에는 음소·음절·단어·문장 길이의 리듬 단위가 있고 각각 저마다의 속도로 전개된다. 말은 이런 여러 다른 크기의 단위들로 우리에게 온다. 한 극단에는 개별 문자 하나가 만드는 소리(음소)가 있고, 다른 쪽에는 문장이나 문단이 진행되는 동안 서서히 올라가고 내려가는 세기와 음높이 윤곽이 있다. 내가 밤에 잠들면서 듣는 리듬은 뒤의 것이다. 말소리의 요소들이 이렇게 뒤얽혀 리듬을 이루고 우리의 소리 마음은 이것을 분류해서 처리한다. 우리는 말의 느린 리듬(오르락내리락하는 음높이)에 초점을 맞추고 빠른 리듬(단어의 의미를 전하는 모음과 자음 소리)을 무시할 수 있으며 반대로도 할 수 있다. 하지만 애써 집중해야 그렇게 할 뿐, 일반적으로는 그렇게 듣지 않으며 권장하지도 않는다.

이런 시간적 층위는 음악에서도 작동한다. 음악은 느리게 진행되는 악절, 일관된 박, 지속되는 음, 빠르게 바뀌는 음, 트릴, 드럼 소리가 한데 뒤섞여 있다. 시간적 구조들이 뒤얽힌 것은 환경 소리에서도 발견된다. 숲속을 걸을 때 우리는 느린 발소리, 발밑에서 바스락거리는 낙엽 소리, 잔가지들이 빠르게 딱딱거리는 소리를 동시에 듣는다. 소리의 단위들이 저마다 다른 시간 길이로 다가오므로 뇌의 리듬도 다른 속도로 일어난다. 피질 하부 구조물은 마이크로초 타이밍을 맡아서 처리하며, 피질은 더 긴 시간 규모로 소리들을 통합하는 일에 더 적합하다.

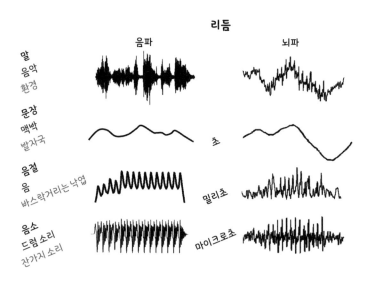

그림 6.1

음파와 뇌파는 빠르고 느리게 진행되는 여러 시간규모에 걸쳐 일어난다(맨 위 줄). 소리는 켜졌다 꺼졌다 하는 대략적인 형태가 있다. 초 단위로 측정되는 이런 느린 파형이 두 번째 줄 왼쪽에 있다. 이것을 좀 더 가까이서 들여다보면 음높이를 나타내는 반복적인 파형이 보인다(세 번째 줄 왼쪽). 성인의 말소리 음높이는 80~250헤르츠로 수십 밀리초에 해당한다. 더 확대하면 수천분의 1헤르츠, 즉 마이크로초 시간규모에 이르는 주파수를 갖는 모음과 자음이 보인다(네 번째 줄 왼쪽). 각각의 시간규모(초, 밀리초, 마이크로초)는 뇌에서도 동시에 진행된다(오른쪽 열).

　　　　　　　　　　　　　　　　　　　　　　소리의 마음들

휴식할 때와 활동을 수행할 때 뇌의 리듬이 어떻게 되는지 측정할 수 있다. 말소리가 나면 **빠른** 음소, 거의 즉각적인 자음 소리에 동조하는 **빠른** 뇌 리듬이 있다. 중간대의 뇌 리듬은 음절의 속도를 따라간다. 더 느린 뇌 리듬은 구와 문장의 느린 움직임에 대응한다.[8]* 비슷한 뇌 패턴은 음악을 들을 때에도 나타난다.

⟪ **리듬은 우리 안에 있다** ⟫

다들 초보 피아니스트의 연주를 들은 적이 있을 것이다. 초보자에게는 올바른 음을 내는 것이 가장 중요하다. 제대로 된 건반을 누르는 것이 제대로 된 시점에 누르는 것보다 훨씬 중요하다. 아이가 시점은 엉망이지만 (대체로) 올바른 음을 내는 것을 들으면 가슴이 뭉클해진다. 박자에 맞게 혹은 맞지 않게 연주되는 음악을 들을 때 뇌에서는 무슨 일이 벌어질까?

메트로놈이 분당 144회의 박(144bpm)에 맞춰 째깍거린다고 상상해보자. 이런 속도에 해당하는 팝송으로 블론디의 〈콜 미Call Me〉, 비틀스의 〈백 인 더 유에스에스알Back in the USSR〉, 롤링 스톤

---

* 이런 뇌 리듬들에는 그리스문자 이름이 붙어 있다. 정확한 주파수 경계는 유동적이지만 대충 말하자면, 가장 느린 리듬은 델타파(1~4헤르츠)와 세타파(4~8헤르츠), 가장 빠른 리듬은 감마파(30~70헤르츠)이며, 알파파와 베타파가 그 중간에 자리한다. 각각 느린 문장에서 **빠른** 음소까지 맡는다.

스의 〈(아이 캔트 겟 노) 새티스팩션(I Can't Get No) Satisfaction〉이 있다. 빠른 알레그로 속도다. 이런 노래들은 대략 2분의 1초마다 박이 이어진다고 말할 수 있다. 콩가드럼을 이런 속도로 연주하고 뇌파를 기록하면 2분의 1초 단위로 뉴런의 활동이 반복되는 것을 볼 수 있다('붐 붐 붐 붐' 혹은 '하나 둘 셋 넷'). 이제 여러분이 이 박에 맞는 노래와 함께 콩가드럼을 듣는다면 뇌는 어떻게 될까? 뇌는 새로운 리듬을 만들어낸다! 2분의 1초마다 일어나는 고점에 더해 그 사이에 그보다 작은 또 다른 고점이 일어나는 것을 보게 된다('플루 인 프롬 마이-애-미 비치FLEW in FROM mi-AM-i BEACH'). 뇌는 노래의 박을 구성하는 강박/약박의 쌍을 처리한 것이다. 이것은 뇌가 음악에 있는 명시적 리듬과 내재적 리듬 모두에 동조하고 강화한다는 뜻이다.[9] 이런 가외의 리듬은 노래를 일부러 콩가비트에 맞지 않게 틀면 뇌파에서 나타나지 않는다. 뇌가 박을 만드는 비슷한 예를 브레인볼츠에서 연구원으로 있었던 키미 리Kimi Lee의 연구에서 볼 수 있다. 그녀는 동일한 말소리의 기본주파수가 4박 시퀀스의 첫 박에서 강화된다는 것을 발견했다.[10] 소리 마음이 드럼비트에 반응하는 것은 청각적 맥락의 영향을 크게 받는다. 우리가 소리를 들을 때 리듬의 조직화는 자동적으로 돌아간다. 리듬의 기대가 어긋나면 우리의 뇌는 타고난 내적 리듬 감각 때문에 다른 방식으로 행동한다.

(((리듬지능)))

우리에게 익숙한 '면도와 이발, 두 푼' 리듬을 상상하며 손가락으로 탁자를 두드려보자. 일곱 번 두드렸는가? 다시 한번 상상하며 이번에는 발로 굴러보자. 일곱 번 굴렀는가? 내 경우를 말하자면 손가락으로 탁자를 두드릴 때는 모든 음을 두드린다(쉼표는 무시하고). 발로 구르거나 음악에 맞춰 손가락을 까딱거리면 대체로 모든 음이 아니라 노래의 박(맥박)을 두드린다. 내가 손가락으로 탁자를 두드릴 때 '소리'를 치고 '침묵'을 무시하는 것은 리듬 패턴에 반응하는 것이다. 그러니까 각각의 음이 얼마나 길고 짧은지, 어디에 휴식이 놓이는지 파악한다. 내가 발을 구를 때는 바탕이 되는 박/맥박에 맞춰 네 번 치는데(그림 6.2) 이 경우 소리 나지 않는 박 하나도 포함된다. 음악에는 맥박과 리듬 패턴이 모두 존재한다. 맥박은 박자표로, 리듬 패턴은 음표와 쉼표의 지속 시간으

그림 6.2
'면도와 이발, 두 푼'의 리듬 패턴은 선율을 구성하는 음표와 쉼표의 지속 시간으로 규정된다(위쪽 화살표). 악보에서 맥박은 박자표(이 경우 4분의 4박자)로 정해진다. 아래쪽 화살표는 네 박을 가리키는데 이것은 음표에 떨어질 수도 있고 쉼표에 떨어질 수도 있다. 여러분은 박에 맞춰 발을 구르면서 리듬 패턴에 맞춰 손가락을 두드리는 것을 동시에 할 수 있겠는가?

로 나타낸다.

내가 리듬을 연구하기 전에 여러분이 내게 리듬 패턴을 두드리는 솜씨와 박을 구르는 솜씨에 대해 물었다면, 아마 여러분이 둘 다 잘하거나 둘 다 못할 거라고 대답했을 것이다. 박을 구르는 것을 잘한다면 리듬 패턴을 두드리는 것도 분명 잘할 거라고 말이다.

그런데 전혀 그렇지 않다. 다수의 리듬지능이 존재한다. 하나의 리듬 과제를 해내는 것을 보고 다른 리듬 과제를 얼마나 잘할지 예측할 수 없다. 이런 사실은 뇌를 다쳐 하나의 리듬 능력이 손상되고 다른 능력은 멀쩡한 극단적인 사례에서 처음으로 목격되었다.[11] 그 이후로 우리는 이런 구별이 체계의 작동 방식에 근본적으로 깔린 것임을 알게 되었다. 즉 리듬 능력은 우리 안에서 서로 분리된 채로 존재한다.[12] 리듬은 리듬감이 다 좋거나 아예 없거나 둘 중 하나가 아니며, 흥미롭게도 어떤 유형의 리듬을 잘 수행하는지는 우리의 언어 능력과 관련이 있다. 박을 맞추는 솜씨와 리듬 패턴을 두드리는 솜씨 둘 다 언어 발달과 읽기 능력을 미리 보여준다.[13] 하지만 곧 알아보겠지만, 소음에서 말을 알아듣는 것과 관련이 있는 것은 리듬 패턴 솜씨뿐이다.[14]

(((뇌 리듬)))

리듬 패턴을 따라가는 솜씨는 느린 뇌 리듬(초 범위)과 관련이

소리의 마음들

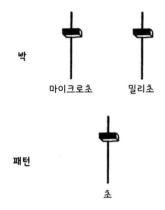

그림 6.3
박에 맞춰 두드리는 것은 마이크로초에서 밀리초 범위에서 벌어지는 소리와 뇌 리듬에
해당한다. 리듬 패턴을 두드리는 것은 더 느린 초 범위에서 벌어지는 소리와 뇌 리듬에
해당한다.

있고, 박을 맞추는 솜씨는 빠른 뇌 리듬(밀리초와 마이크로초 범위)
과 관련이 있다(그림 6.3).[15] 음소, 음절, 문장은 각각 마이크로초,
밀리초, 초 타이밍에 해당한다. 유아와 아이의 뇌 리듬을 보면 언
어 발달을 짐작할 수 있다.[16] 뇌 리듬은 또한 한 사람의 언어와 관
련한 강점과 어려움, 그리고 소음에서 들으며 청각적 풍경을 파
악하는 능력을 결정할 수도 있다.

⟪ 리듬, 언어, 그리고 듣기 ⟫

리듬은 언어와 연결되어 있다. 리듬 패턴의 차이를 알아보고

박에 맞춰 두드리는 아이는 읽기와 철자법을 더 수월하게 배운다.[17] 난독증을 겪는 청소년들은 박을 맞추는 여러 솜씨가 손상되어 있다.[18] 우리는 박자 맞추기와 언어 발달의 연관성을 사춘기 아이들[19]과 세 살밖에 안 된 아이들[20]에게서 확인했다. 리듬 능력과 전혀 상관없어 보이는 읽기와 쓰기 능력은 도대체 무슨 관계일까?

시의 운율 말고도 언어 자체에 리듬이 있다. 리듬은 발음의 일부를 이룬다. 하나의 단어에서도 리듬은 중요하다. 'record', 'contrast', 'project', 'produce'는 강세가 어느 음절에 놓이느냐에 따라 명사가 되기도 하고 동사가 되기도 한다. 말을 이어가는 것에도 리듬이 있다. 유튜브에 'drumming to speech'라고 치면 멋진 예들이 나온다. 개인적으로 나는 진 와일더Gene Wilder가 출연한 영화 〈윌리 웡카Willy Wonka〉의 장면이 나오는 예를 좋아한다. 윌리와 조 할아버지가 주고받는 대화의 리듬에 맞춰 드러머가 연주하므로 누구든 말에 담긴 리듬을 못 알아볼 수가 없다. 타블라 연주자 자키르 후사인Zakir Hussain은 어렸을 때 아버지가 드럼 리듬을 사용하여 말하는 법을 가르쳤다고 말한다. 타블라에서는 손가락마다 음절이 하나씩 부여되므로 타블라 연주는 구절로 말하는 것과 비슷하다. 모든 언어에는 음절의 강세, 지속 시간, 음높이가 바뀌면서 생기는 명백한 리듬의 요소가 있다. 내가 이것을 실감한 것은 리듬과 언어를 주제로 한 강의에서 자키르가 콩가로 반주를 해주었을 때였다. 단적으로 말의 리듬은 중요한 정보가 언제 시작하고 끝나는지 우리에게 말해준다. 강세가 놓인 음절이 거의 규칙적인 간격으로 등장하며 대부분의 정보를 전달한다. 리듬이 이어지는 가운데 청자는 리듬이 일으키는 기대감을 통해 문장의 중요한 지점으로 인도되며, 우리는 리듬이 알려주는 단서로 말의 내용을 더 잘 이해한다.[21] 말소리를 이해하면 읽기를 배울 때 언어의 소리와 그것이 적힌 형태를 연결하는 능력이 생긴다.

말소리를 성공적으로 알아듣는 데 가장 큰 걸림돌은 소음이다. 이때 말의 리듬이 우리를 도와준다. 소음으로 우리가 몇 마디 놓쳤을 때 말의 리듬 덕분에 간극을 메울 수 있다. 음악이 진행되는 동안 리듬 패턴이 바뀌는 것처럼 말도 시간이 흐르면서 바뀌어 더 느린 규모의 청각 처리에 맞춰진다. 강한 강세와 약한 강세, 구절, 언어의 경계는 말이 계속해서 이어지는 데 중요하다. 리듬 패턴을 따라가는 능력은, 소음으로 거의 들리지 않는 말소리를 듣고 청각적 풍경을 구성하기 위해 요구되는 것과 같은 솜씨에 기대는 것 같다.

소음에서 말소리 듣기는 리듬 패턴에 맞춰 두드리는 능력으로 어느 정도 예측할 수 있다.[22] 그리고 리듬을 다루는 능력이 뛰어날수록(드러머뿐 아니라 모든 부류의 음악가들이 이에 해당한다) 말의 리듬 패턴을 활용하여 소음에도 불구하고 무슨 말을 했는지 더 잘 짐작할 수 있다.[23]

(((리듬과 목소리 학습)))

스노볼에 대해 들어보았는가? 아니라면 책을 잠시 덮어두고 유튜브에서 'snowball the cockatoo'를 찾아보라. 노란 볏 앵무새 스노볼은 팝송에 맞춰 춤을 춘다. 잘못 본 것이 아니다. 스노볼은 마이클 잭슨, 레이디 가가, 백스트리트 보이스의 리듬에 맞춰 고개를 까딱거리고 스텝을 밟는다. 존 아이버슨John Iversen과 아니 파텔Ani Patel이 스노볼의 춤을 연구했다.²⁴ 체계적으로 템포를 바꾸면서 스노볼의 움직임에 어떤 변화가 있는지 관찰하여 스노볼이 박에 반응하는 것이 틀림없음을 확인했다. 그러니까 음악에 반응한 것이 아니라 기수의 신호에 리듬감 있게 움직였을 뿐인 '춤추는' 말과는 아예 다른 것이다. 스노볼의 춤은 몇 가지 질문을 제기한다. 누가 또 이렇게 할까? 다른 새들도 춤을 출까? 다른 동물들은? 우리 집 개는 똑똑한데 어째서 하지 못할까? 침팬지는 앵무새보다 인간과 더 가까우니 틀림없이 춤출 수 있겠지? 실상은 박에 맞춰 반응할 수 있는 동물이 스노볼을 포함하여 몇 안 된다. 지금까지 박자 맞추기는 앵무새를 포함한 여러 종의 조류와 바다사자, 코끼리, 인간에게서 확인되었을 뿐이다. 그게 전부다.

서로 무관해 보이는 이런 동물들에는 어떤 공통점이 있을까? 박쥐, 고래, 바다표범, 벌새, 명금류와 더불어 그들은 '목소리 학습자'다. 이 말은 자신이 듣는 새로운 소리를 모방하는 능력이 있다는 뜻이다. 대부분의 동물은 아무리 똑똑해도 소리를 듣고 그대로 따라 하지 못한다. 여러분의 개가 그렇다. 녀석은 여러 개의 단어를 알 것이다. 나는 '앉아'라는 말을 알아듣지 못하는 개를 한 번도 만나보지 못했다. 하지만 특정 단어와 그것이 나타내는 것 사이의 연관성이 마음속에 얼마나 깊게 뿌리내리고 있든 개는 '앉아'라고 말하지 못한다. 대다수 동물처럼 개의 발성은 몇 개에 한정되어 있다. 하지만 목소리 학습자는 타고난 소리를 넘어설 수 있다. 앵무새는 '말할' 수 있다. 뒤에 가서 살펴볼 명금류는 모방을 통해 노래를 배운다. 그렇기에 자신의 종에서 떨어져 자란 새는 동료들과 같은 노래를 발달시키지 못하고 빈약하고 체계적이지 못한 이형異形을 만든다. 인간의 말은 우리 종이 목소리 학습의 대가라는 증거다. 이런 모방 능력은 대다수 종과 달리 뇌에서 청각 영역과 운동 영역이 포괄적으로 연결되어 있기 때문이다. 이런 연결성의 부산물이 이어질 박의 타이밍을 예측하는 능력이다. 스노볼과 인간이 박자 맞추기를 할 수 있는 토대가 이것이다. 우리는 말이나 침팬지처럼 그저 현재나 과거의 신호에 반응하는 것이 아니라 미래의 박을 미리 내다보고 거기에 맞춰 몸을 움직일 수 있다.

(((리듬과 움직임)))

소리는 공기의 움직임이다. 지금까지 우리는 들리는 리듬에 대해 알아보았다. 하지만 그 이면에는 움직임이 있다. 누군가가 드럼을 치지 않으면 그 소리를 들을 수 없다. 노래에 맞춰 손가락을 까딱거리려면 일단 손가락을 움직여야 한다. 말소리를 내려면 입을 움직여야 한다. 음악과 말을 만들고 듣는 것에 관한 한, 움직임은 듣기와 긴밀히 얽혀 있다. 여러분이 그저 말을 듣거나 가수를 상상하기만 해도 입의 움직임을 담당하는 뇌 부위가 활성화된다.[25] 마찬가지로, 피아노 선율을 들으면 피아노로 그 곡을 연주하는 법을 아는 사람의 경우 손가락을 제어하는 운동계 부위가 활성화된다.[26] 여러분이 석상처럼 가만히 있어도 여러분의 소리마음은 음악에 맞춰 '움직이며' 여러분이 연주한 적 있는 음악이라면 더더욱 그러하다.

여러분이 길을 걸으며 친구와 이야기를 나누고 있다면 아마 두 사람은 무의식적으로 발걸음을 맞추고 있을 가능성이 높다.[27] 이런 동조화는 소통을 돕는다. 발소리 수가 줄어들면 말소리가 발소리에 묻힐 가능성도 그만큼 줄어들기 때문이다. 그 결과 여러분은 친구의 말을 더 잘 듣게 되며, 야생동물이라면 근처에 있는 먹잇감이나 포식자를 더 잘 살필 수 있다.

태어난 지 며칠밖에 안 된 유아도 리듬에 주목한다.[28] 그들이 어떤 리듬을 선별하여 들을지 무엇이 결정할까? 리듬의 운동 요소가 선호도에 관여하는 것으로 드러났다. 한 연구에서 17개월 된 아기들에게 모호한 리듬 패턴을 들려주었다.[29] 4분의 2박자(**하나**-둘-**하나**-둘-**하나**-둘)로 들을 수도 있고 4분의 3박자(**하나**-

둘-셋-**하나**-둘-셋)로 들을 수도 있는 패턴이었다. 실험자들은 둘 중 한 가지 박자에 맞춰 아기를 들어 올렸다. 메이는 두 번째 박마다, 준은 세 번째 박마다 들어 올렸다. 그러자 나중에는 들지 않았는데도 두 아기는 동일한 두 리듬을 저마다 강세가 있는 버전으로 들었다. 메이는 4분의 2박자 강세를, 준은 4분의 3박자 강세를 선호했다(그들이 얼마나 오래 듣고 나서 고개를 돌리는지로 측정했다). 리듬 선호도는 어릴 때 형성된다. 재밌게도 아기들은 다른 사람이 들어 올려지는 것을 보기만 했을 때는 이런 선호도를 형성하지 않았다. 자신의 몸을 직접 움직이는 것이 관건이었다.

(((리듬과 사회성)))

우리가 다른 사람에 대해 어떻게 느끼는지는 리듬으로 전달된다. 함께 걷는 사람들은 의사소통을 용이하게 하고자 걸음을 서로 맞춘다. 스노볼은 여러분과 함께 춤을 추다가 여러분이 박을 제대로 맞추지 못하면 외면할 것이다. 리듬과 관련한 사회적 상황이 우리의 태도에 영향을 준다. 동작이 얼마나 잘 일치하는지가 호감도를 평가할 때 영향을 미친다. 대학생들에게 메트로놈에 맞춰 손가락을 두드리라고 하고 실험자가 근처에서 함께 두드리는 실험이 있었다. 실험자가 메트로놈과 같은 속도로 두드렸을 때 실험자의 호감도를 묻는 평가에서 반응이 더 높게 나타났다.[30]

호감도뿐 아니라 수행력도 나아진다. 미취학 아이들에게 리듬 동조화 과제를 내주었는데, 스피커에서 나오는 비인간적인 박에 맞출 때보다 다른 사람과 함께 드럼을 칠 때 그들은 더 잘 해낸다.[31]

심지어 아주 어린 아이들의 경우 다른 사람과 동작을 함께 하면 그에 대한 긍정적인 감정이 생긴다. 한 실험자가 14개월 된 아기들을 음악의 박에 맞춰 혹은 일부러 박과 어긋나게 들어 올렸다. 실험이 끝나고 아기를 바닥에 내려놓은 다음 실험자가 일부러 물건을 떨어뜨리고 누가 도와주었으면 좋겠다는 동작을 취했다. 박에 맞춰 들어 올려졌던 아기들이 실험자가 물건을 줍는 것을 훨씬 기꺼이 도왔다. 리듬을 통해 사회적 유대감이 생겨서 협조를 끌어낸 것이다. 박과 어긋나게 들렸던 아기들은 도우려는 움직임을 덜 보였다.[32] 이렇듯 리듬의 동조화는 개인 간의 동조화로 이어졌다.

비슷한 사례로 음악회 환경에서 연주자와 청중의 뇌 리듬을 측정한 실험이 있었다. 뇌 리듬은 서로 일치하는 경향을 보였고, 연주자와 청중 사이에 동조화가 많이 일어날수록 청중이 연주를 즐겼다는 보고가 많았다.[33]

음악은, 특히 리듬은 공동체 감각을 키우는 능력이 실로 탁월하다. 실제로 협상 과정에서 음악을 틀면 대화가 원활해지고 돌파와 타협에 이를 가능성이 높아진다. '국경 없는 음악가들'은 전 세계 분쟁 지역에서 사람들과 유대를 만들어 희망과 위안과 치유를 전하고 있다.[34] 이스라엘과 팔레스타인 아이들의 유대감 형성에 기여하는 '공명 프로젝트'와 '예루살렘 청년합창단'은 음악의 리듬을 이용하여 차이를 극복하는 다른 예들이다. 2020년 코로나바이러스 대유행 초기에 유럽의 몇몇 나라에서는 고립의 시간에 사람들과 연결되고 의료계 종사자들과 이해와 연대를 나누고자 매일 발코니에서 노래를 부르는 콘서트가 이어졌다.

(((건강에 기여하는 리듬)))

세계 모든 지역의 민간요법 치료사들은 의식과 시술을 행할 때 리듬을 핵심적인 힘으로 삼는다.[35] 오늘날 리듬은 우리가 건강을 유지하려고 운동할 때 도움을 준다.[36] 치료사들은 오래전부터 소리 패턴을 지각하는 우리의 능력을 의사소통 기술 강화에 활용해오고 있다. 리듬에 의지하면서 박자 동조, 박자 위반, 패턴 인지 같은 개념을 자신들 치유 체계의 핵심으로 삼는다.[37] 콜린 퍼스가 출연한 영화 〈킹스 스피치The King's Speech〉에 보면 조지 6세가 말에 리듬을 붙여 노래함으로써 말더듬 문제를 극복하는 장면이 나오는데 그것을 생각나게 한다. 리듬은 소리 마음에서 청각과 운동이 연결되어 있음을 잘 보여준다.

음악치료는 1914년 미국의학협회American Medical Association에서 처음으로 언급했는데, 전쟁에서 부상(오늘날 외상성 뇌 손상이라고 부르는 것을 포함하여)을 입고 온 군인들의 회복을 돕고자 한 것이었다. 리듬에 바탕을 둔 치료는 뇌진탕을 비롯한 여러 뇌 손상에 효과를 보여 인지와 정신 건강에 모두 기여하면서 점차 명성이 높아졌다.[38] 리듬은 파킨슨병 같은 운동장애를 앓는 사람들의 걸음걸이를 안정화하는 데 효과적으로 사용된다.[39] 하긴 걷기도 리듬이다. 실어증, 말더듬, 호흡·삼키기·말하기 장애 등 움직임과 관련된 다른 장애들도 음악치료에 반응을 보인다.[40]

리듬을 활용한 치료는 자폐 스펙트럼을 가진 사람들의 의사소통과 사회적 행동을 증진하는 데에도 가능성을 보여주었다.[41] 명확한 리듬에 실어 말할 때만 단어와 문장을 만들 수 있는 아이들이 있다. 자폐 스펙트럼 아이들 중에는 말로 하는 대화에는 나서지 않으면서 다른 사람이 드럼을 칠 때는 리듬으로 기꺼이 대화를 이어가는 아이들이 있다. 동조화 동작이 서로에게 느끼는 감정에 긍정적으로 작용하는 것이다.[42]

내게 마법 지팡이가 있다면 음악과 리듬을 활용한 치료를 언어치료의 필수적인 부분으로 삼도록 할 것이다. 이것은 언어치료, 음악, 음악치료 영역이 긴밀하게 연결된다는 의미다. 명시적으로 리듬에 바탕을 둔 훈련 프로그램이 있는데, 리듬 동조화를 핵심적인 훈련 과정으로 두고 뇌의 타이밍을 향상시키고자 하는 것이다. 일부는 언어, 읽기, 의사소통 능력을 증진하려고 하는 것으로, 뇌에서 느리고 빠른 소리 처리 회로 모두를 가동시키는 과제를 수행하도록 하여, 그러니까 다수의 리듬지능을 활용하여 이런 능력을 키우는 것이다.[43]

소리의 마음들

규칙적이고 예측 가능한 리듬으로 된 음악은 즐거움을 주거나 감정적 초월의 상태로 이끌 수 있다.[44] 피타고라스는 음악을 죽은 자들의 세상으로 가는 문으로 여겼다. 그가 죽어가면서 한 마지막 요청이 일현금(하나의 현으로 된 고대 악기)을 연주해달라는 것이었다. 그레고리오성가는 "배음이 풍성하여 인간이 아니라 천사가 노래한다는 인상을 주었다."[45] 그레이트풀 데드Grateful Dead의 드러머 미키 하트Mickey Hart와 나는 드론 음악(일현금이나 다른 악기들이 지속음으로 연주한 소리들을 스튜디오에서 쌓아 올려 만든 음악)이 일으키는 차분하면서 정신이 들고 활기가 넘치는 마음 상태에 대해 이야기했다. 우리는 그가 만든 드론 음악에 대한 신경생리학적 반응을 살펴보는 연구를 함께 하고 있다.

얼마 전 아들이 발에 금이 가는 골절상을 입었다. 물리치료사가 기대한 만큼 회복 속도가 나지 않자 골진동기를 날마다 부착하기로 했다. 진동치료의 발상은 예컨대 부상이나 골다공증으로 인해 근골격계를 정상적으로 사용하지 못하면 자세를 유지하려고 근육이 미묘하게 긴장을 풀고 수축하는 과정에서 일어나는 자연스러운 자극을 받지 못한다는 것이다. 그러면 근조직 위축이 일어날 수 있다. 부상 부위에 30~50헤르츠의 진동을 가하면 자연스러운 자세 조정을 자극하여 근조직이 재흡수되는 것을 막고, 평소라면 정상적인 일상의 움직임으로 이룰 수 있는 뼈의 성장을 촉진하게 된다.[46] 낮은 주파수 진동이 연골과 근육, 뼈를 만드는 줄기세포의 활동을 자극하는 모양이다. 이런 방법은 부상이 없는 사람에게 근력 훈련의 목적으로 사용할 수도 있다.

고양이가 가르랑거리는 진동 주파수가 뼈를 성장시키는 진동 치료에 사용하는 주파수 범위와 일치한다고 한다. 고양이는 당연히 기분이 좋을 때 가르랑거리지만, 또 어떤 상황에서 가르랑거릴까? 다쳤을 때! 고양이의 가르랑거림은 뼈와 근육을 자극하여 건강을 유지하고 다쳤을 때 건강을 회복하기 위한 기제라는 가설이 있다.[47] 고양이가 개보다 뼈가 건강하고 골다공증 발생이 드문 것은 어쩌면 우연이 아닐 것이다. 그것이 그들의 목숨이 아홉 개인 비결인지도 모른다.

(((결론)))

우리는 어째서 리듬에 끌릴까? 소리는 움직임이고 소리는 우리를 움직이게 하기 때문이다. 청각계와 운동계가 결합되어 있기에 우리가 의사소통을 할 수 있다. 정확하게 떨어지는 박이든 길게 이어지는 리듬 시퀀스든, 리듬에 관여하게 되면 정확한 타이밍이 중요하다. 우리의 뇌는 이런 시간규모에서 리듬을 잘 처리한다. 신경계의 통화인 전기는 리듬이 없다면 아무것도 아니다. 내가 생각하기에 소리에 반응하는 활동전위의 탁탁거림은 다른 어떤 감각 양태에서보다 자극과 반응의 일대일 대응에 가깝다. 생리학자들은 여기에 착안하여 실험할 때 전극이 제대로 부착되었는지

소리의 마음들

알아보기 위해 뉴런이 작동하는 탁탁거림을 스피커를 통해 듣는 다. 말 그대로 '뇌를 듣는' 것이다. 나는 이렇게 딱딱 떨어지는 규 칙적인 (그리고 불규칙적인) 전기 임펄스라는 뇌의 언어를 듣는 것 이 좋다. 우리가 리듬의 생물학적 기초에 대해 더 많이 알아갈수 록 리듬을 더 잘 활용하여 의사소통을 증진하고 스스로를 더 잘 이해할 수 있다.

7

언어의 토대는 소리다

소리 + 학습 = 언어

— 카시아 비에슈차드Kasia Bieszczad

'공'이라는 단어가 말할 때마다 다르게 발음되고 쓸 때마다 다르게 적힌다면, 아무도 '공'이라는 말을 읽거나 알아듣는 법을 배우지 못할 것이다. 언어는 일관성에 달려 있다. 말하는 법을 배울 때 아이는 손에 쥐고 있는 고무로 만든 둥근 물체를 보며 '공'이라는 말 듣기를 여러 차례 해야 단어와 대상 간의 소리-의미 연결을 만들 수 있다. 읽기와 관련하여 요구되는 일관성에는 적어도 두 가지가 있다. 첫째는 언어 소리와 표기 사이에 존재하는 일관성이다.* 글자는 우리를 언어의 소리와 연결한다. 소리를 나타내는 과정은 글자와 그것이 나타내는 소리 사이에 상당히 일관적인 매핑이 없다면 무의미하다. 둘째, 청각적 뇌의 일관성이 우리

소리의 마음들

가 소리-글자 연결을 만드는 것을 돕는다.

대부분의 언어에는 철자법 대회**가 없다. 많은 언어는 글자와 소리가 거의 일대일로 대응된다. 스페인어나 이탈리아어, 러시아어, 핀란드어로 어떤 단어를 들으면 한 번 만에 옳게 적을 수 있다. 영어 철자법이 안겨주는 'c'인지 'k'인지 'ck', 'ch', 'qu'인지 고민해야 하는 문제가 거의 없다.

영어는 그리스어, 라틴어, 프랑스어, 독일어 등에서 가져온 단어가 많아서 가끔은 자의적인 소리-글자 연결을 그냥 외워야 한다. 이런 변덕스러운 영어 철자법에 기여한 또 하나의 사건이 바로 15세기와 16세기에 영국에서 일어난 대모음 추이Great Vowel Shift다. 그 전에는 소리와 글자 간에 훨씬 일관성이 있었다. 프랑스어에서처럼 영어에서도 'i'는 '이'라고 발음하면 되었다. 그래서 bite는 '비트'라고 했다. house의 'ou'는 moose의 'oo'와 같이 '우'라고 발음했다.*** 발음은 점점 바뀌어갔지만 철자법은 추이 이전의 형태를 고수해서 현재 마흔 개 남짓한 영어 소리(음소)를 자그마치 1120개의 다른 글자 조합으로 나타내는 상황에 이르렀다.[1]

---

* 표음문자는 글자를 통해 소리를 나타낸다. 기호와 소리를 연결하는 쓰기 체계로 가장 오래된 것은 기원전 11세기로 거슬러 가는 페니키아문자다.

** 솔직히 말하면 내가 이해하기로 철자법 대회는 오로지 미국만의 현상이다. 영국을 비롯하여 영어를 사용하는 다른 나라에는 이런 것이 없다.

*** 대모음 추이가 일어난 배경으로 중세 시대에 영국인들 사이에서 팽배했던 반프랑스 정서를 꼽는 이론이 있다. 이것이 영어 소리와 프랑스어 소리가 달라지는 것을 가속화하는 계기가 되었다는 것이다.

여러분은 fish를 'ghoti'로 표기해야 한다는 오래된 농담을 들어 보았을 것이다. laugh의 'gh', women의 'o', nation의 'ti'를 합치면 fish와 발음이 같기 때문이다. 이와 대조적으로 나의 또 다른 언어인 이탈리아어는 겨우 서른세 개의 글자나 글자 조합으로 훨씬 적은 스물다섯 가지 소리를 표기한다. 소리와 글자가 직접적으로 대응하는 정도를 '표음 심도orthographic depth'라고 하는데 영어는 심도가 가장 깊은 언어에 속한다. 실제로, 영어를 쓰는 아이들은 (프랑스어, 덴마크어 등 심도가 깊은 다른 언어 화자와 마찬가지로) 심도가 얕은 언어를 쓰는 아이들에 비해 읽기 습득이 뒤처진다.[2] 모든 언어에 공통적인 사항은 읽기를 하려면 소리를 알아들어야 한다는 것이다.[3*]

듣기에 필요한 일관성도 있다. 열 살 된 아이(대니라고 하자)가 몇 년 전에 브레인볼츠에 찾아왔다. 대니는 똑똑했지만(IQ 테스트로 확인했다) 학교 수업을 따라가지 못했다. 읽기가 느렸고 어색했다. 대니는 말소리를 구성요소로 나누는 것을 어려워했고 유창하게 말하지 못했다. 결과적으로 이해력도 떨어졌다. 그의 교육이 '읽는 법 배우기' 단계에서 '배우는 법 읽기' 단계로 넘어가자 곤란에 처했다. 부모, 교사, 또래까지도 대니가 총명하고 매력적이고 열

---

* 어떤 언어든 읽기가 느린 아이들은 영어로 느리게 읽는 아이들과 공통점이 많다. 읽는 속도와 단어를 발음하는 것에 비슷한 문제들이 있다. 언어를 막론하고 난독증에는 뇌 기능에도 공통적인 면이 있다.

심히 하는 아이임을 알아보았지만… 그는 읽기를 하지 못했다. 당시 브레인볼츠의 대학원생이던 제인 호니켈Jane Hornickel은 난독증의 소리 처리에 관심이 있었는데 그녀만은 다른 것을 볼 수 있었다. 소리를 처리하는 그의 신경에서 일관성이 떨어지는 것이었다.

어떤 소리를 들으면 뇌가 특정한 시그니처 패턴으로 발화한다. 우리는 이런 전기적 패턴을 두피에 부착한 전극으로 측정할 수 있다. 같은 소리를 두 번째로 들으면 뇌의 패턴은 똑같아야 한다. 제인은 대니의 경우 이런 일관성이 존재하지 않는다는 것을 알아냈다. 적어도 대니의 소리 마음과 관련해서는 소리가 들을 때마다 매번 조금씩 다른 것 같았다. 뇌가 소리를 듣는 방식에 이렇게 일관성이 없다면 대니는 유창한 읽기에 필요한 소리-글자 연결과 글자-소리 연결을 대체 어떻게 만들 수 있겠는가?

제인은 대니가 난독증으로 인한 난관을 극복하도록 어떻게 도움을 줄까 생각했다. 하지만 그 전에 먼저 우리는 소리-읽기 연결에 대해 알아야 한다. 소리는 읽기에 얼마나 중요할까?

(((소리와 읽는 뇌)))

뇌에는 읽기를 담당하는 중추가 없다. 매리언 울프Maryanne Wolf에 따르면 "인간은 읽으려고 태어난 존재가 결코 아니다."[4] 우리는 글을 읽은 지가 고작 수천 년 되었을 뿐이다. 진화는 그렇게 빠르게 진행되지 않는다. 어쩌면 우리의 먼 후손들은 뇌에 읽기 중추를 갖게 될 수도 있겠지만, 21세기의 인간들은 아니라는 것을 알 수 있다.* 그럼에도 우리는 읽는다. 뇌의 여러 부위, 특히 소리 마음을 끌어들여서 말이다. 시각적 뇌가 관여하는 것은 당연한 일이지만,[5] 음성언어를 말하고 알아듣는 것을 주관하는 영역을 포함하여 청각 영역의 역할이 지대하다.

나는 "소리가 읽기와 어떻게 연관된다는 거예요?" 하는 질문을 자주 받는다. 소리와 읽기의 관계는 즉각적으로 드러나지 않는다. 보통 우리는 조용한 가운데 읽기 때문이다. 하지만 언어는 소리에 토대를 두고 있고, 읽기의 뿌리는 언어에 있다. 큰 소리로 읽으면 소리와 문자언어의 연결이 확연히 드러난다. 읽는 법을 배울 때 우리는 말하는 언어의 소리와 소리 패턴을 그것이 나타내는 글자와 연결해야 한다. 읽기에 서툰 사람들은 소리에 어려움을 겪으며** 청각 처리가 읽기 학습에서 가장 큰 난점이다.[6]

---

* 기원전 4세기 사람들도 마찬가지였다. 플라톤이 활자를 회의적으로 바라보며 기억에 방해가 될까 우려했던 것을 보면 말이다. "사람들이 [글쓰기를] 배운다면 영혼에 망각을 심어 주게 되어 그들은 적힌 것에 의존하게 될 터이니 기억에 힘쓰는 것을 중단할 것이고, 그러면 기억은 더 이상 내부에서 떠올리는 것이 아니라 외적 표식에 기대는 것이 될 것이오"(플라톤, 《파이드로스Phaidros》).

** 읽기에 시각(점자의 경우 촉각)이 관여한다는 것은 부인할 수 없는 사실이다. 시각에서 운동과 타이밍 처리(색 지각과 공간 지각 말고)에 문제가 있을 때 난독증이 일어날 수 있다. 눈의 피로감과 시각적 왜곡은 일반 대중보다 난독증 환자에게서 더 높은 비율로 나타난다. 하지만 읽기가 시각과 명백히 연결됨에도 소리 처리가 읽기에 훨씬 더 많이 관여하는 것으로 보인다.

소리의 마음들

언어학습은 소리 패턴을 판별하는 데 달려 있다. 우리가 문장을 들으며 어디서 한 단어가 끝나고 다음 단어가 시작하는지 아는 것은 자연스럽다. 그러나 음향적으로 볼 때 단어와 단어 사이에는 명시적인 공백이 없다. 음소는 음절로 넘어가고 음절은 단어로 넘어간다. 쭉 이어지는 말에서 단어와 단어 사이의 침묵은 한 단어 내의 침묵보다 길지 않다(짧은 경우도 많다). 다만 우리가 이것을 판별하도록 도와주는 단서들이 있다. 예컨대 글자/소리 결합 'mt'는 영어 단어 내에서 일어나는 경우가 거의 없다. 그러니 우리가 'Sam took'이 포함된 말소리를 듣는다면 새로운 단어 'samtook'이 아니라는 것을 직관적으로 알 수 있다. 우리는 영어와 관련한 이런 노하우를 아주 어릴 때, 태어난 지 이틀 만에 배운다![7] 위스콘신대학교의 제니 사프란Jenny Saffran 교수는 8개월 된 아기들이 가짜로 지어낸 언어의 소리 규칙을 고작 2분만 접하고도 배울 수 있다는 것을 알아냈다.[8]

패턴 학습은 신경이 소리를 처리하는 것에서 확연히 드러난다. 브레인볼츠의 대학원생 에리카 스코Erika Skoe는 지어낸 언어의 패턴이 익숙해지자 신경이 하모닉을 강화하는 것을 발견했다.[9] 이런 하모닉 강화는, 다른 음절이 무작위로 이어지는 것이 아니라 말소리 음절이 규칙적인 간격을 두고 일어날 때도 나타난다.[10] 하지만 언어 문제를 겪는 아이들은 이런 내재적 규칙을 끌어내는 법을 배우지 못한다.[11] 청력상실이 일어난 아이들도 패턴을 이루는 언어 과제를 하는 데 애를 먹으며,[12] 자폐증 아이들은 이런 인공적인 언어를 접하면 독특한 뇌 활동 패턴을 보인다.[13] 반면에 이중언어를 하거나 음악 훈련을 받으면 소리 패턴 처리가 향상된다.[14]

소리가 언어의 본질이라는 증거는 더 있다. 음악가라면 아주 가깝게 붙어 있는 음높이 둘, 예컨대 1000헤르츠와 1003헤르츠를 구별하는 것을 잘 해내리라 생각할 것이다. 실제로 정확하게 구별해낸다.[15] 하지만 음높이를 구별하는 능력이 읽기 능력과 연관성이 있다는 사실은 의외일 수 있다. 하지만 아이든 성인이든 난독증을 가진 꽤 많은 사람이 음높이 둘[16]을 구별하고 음높이 패턴[17]을 구별하고 역동적으로 바뀌는 음높이(가령 FM 스위프)[18]를 구별하는 데 애를 먹는다. 소리 구성요소를 구별하는 능력이 이렇게 떨어진 것은 지능과는 무관하며, 뇌가 소리에 어떻게 반응하는지에 그대로 드러난다.[19]

소리 마음에 만만치 않은 도전을 안겨주는 구성요소가 또 하나 있으니 타이밍이다. 타이밍에 얼마나 민감한지는 '간극 감지'를 통해 측정할 수 있다. 음이나 짤막한 소음 둘을 차례로 들려준다. 둘 사이에 조용한 여백이 충분히 있으면 두 개의 소리를 듣는다(이이-이이). 하지만 간극을 조금씩 좁혀나가면 어느 순간 간극이 감지하기에 너무 짧아서 하나의 소리만 듣게 된다(이이이이). 읽기에 장애가 있는 사람들은 두 소리를 별개의 것으로 듣기 위해 더 긴 간극이 필요하다. 소리가 서로 뒤엉켜 하나로 합쳐지는 순간이 일반적인 청자보다 빠르게 온다.[20] 읽기는 소음 바로 뒤에

소리의 마음들

오는 음을 감지하는 능력,[21] 진폭변조를 감지하는 능력[22]과도 연관된다. 읽기와 듣기의 이런 상관관계는 놀랍게도 언어가 아닌 소리에도 나타날 수 있다. 다시 말해 말소리와 읽기만 연관되는 것이 아니라 소리 구성요소와 읽기도 연관된다.

태어난 지 몇 달 된 아이들도 자신이 들을 수 있는 것에 대해 많은 것을 알려줄 수 있다. 유아는 전 세계 모든 언어 소리, 음소, 박, 음높이를 지각한다. 그러다가 소리 마음이 자신의 모국어에서 중요한 소리들에 초점을 맞추면서 이런 능력을 잃는다.

아주 어린 아이들 연구는 아이들이 좋아하는 대상을 보여주며 진행할 때가 많다. 춤추는 인형을 보상으로 보여주면서 소리에서 변화를 파악하는 법을 가르칠 수 있다. 정확하지 않으면 춤추는 인형을 보여주지 않는다. 럿거스대학교의 에이프릴 베나시치April Benasich는 이런 방법으로 언어 발달에서 소리의 역할을 탐구했다. 먼저 그녀는 7개월 된 아기들의 과제 수행력을 보았다. 그리고 나중에 세 살이 되었을 때 그들을 다시 검사하여 7개월 때 보인 결과와 비교했다. 7개월의 언어 결과가 세 살의 언어 이해력, 표현력, 언어 추리력을 놀랍도록 잘 예측했다. 비슷한 연구들에서 읽기를 배우기 전에 비언어적 소리를 구별하는 능력은 나중에 음운을 파악하고 읽는 능력과 일치했다.[23] 게다가 언어장애 내력이 있는 집안의 아이들은 소리 처리 과제를 유독 잘하지 못해 이것이 유전적 요인임을 짐작케 한다.[24]

몇 년 전 나는 샌타페이 연구소에서 열린 언어와 뇌를 주제로 한 토론에 참석했다. 거기서 마이클 머제니치와 폴라 탈랄Paula Tal-lal이 공익을 위해 각자의 과학적 방법론을 결합했다. 뇌 가소성의 선구자 머제니치는 감각 뇌와 운동 뇌가 경험에 의해 좋고 나쁘게 바뀐다는 것을 보여준 바 있었다. 럿거스대학교의 탈랄은 언어장애가 있는 아이들이 말소리의 토대가 되는 소리들을 구별하지 못한다는 것을 알아냈다. 두 사람은 곧 획기적인 두 연구를 발표하여, 소리 훈련을 받고 나자 취학 연령의 아이들이 다양한 언어 과제들을 더 잘 수행했음을 보여주었다.[25]

이런 연구들이 계기가 되어 언어, 읽기, 학습에 어려움을 겪는 아이들을 돕고자 청각 훈련 자료들이 학교와 부모들 손에 건네지게 되었다. 나아가 머제니치와 탈랄은 소리에 바탕을 둔 훈련 게임을 만드는 회사를 설립했다. 이런 '뇌 훈련' 게임을 통해 뇌가 바뀌면 언어 능력이 증대될 수 있다.[26] 미국과 캐나다의 일부 공립학교에서는 이런 훈련을 시행하여 학업 성적이 좋아졌다고 한다. 한편 에이프릴은 아기들에게 자음과 모음의 기본 토대가 되는 FM 스위프처럼 주파수가 빠르게 바뀌는 소리를 접하게 하자 청각적 뇌 지도가 한층 날카로워진 것을 보았다.[27] 이것은 소리를 잘 경험하면 언어 발달에 좋은 영향을 줄 수 있음을 보여준다. 그녀는 언어 소리를 학습하는 데 너무도 중요한 빠른 타이밍 요소에 집중하도록 아기들을 돕는 장난감을 개발하고 있다.

이런 많은 연구들을 하나로 이어주는 가닥은 타이밍 구별이든 FM 스위프든 다른 음향적 차원이든 정확한 타이밍 처리의 중요성이다. 말에서 이런 식의 타이밍 처리가 문제 되는 부분은 대체로 자음이다. 자음은 언어 지각에서 골칫거리다. 언어 문제가 있는 사람들이 가장 어려워하는 것이 예컨대 'dare', 'bare', 'pare'에서 자음을 구별하여 듣는 것이다.[28]

바로 여기서 브레인볼츠가 팔을 걷고 나섰다. 우리는 이런 발견을 이어가고 싶었다. 하지만 우리가 하고자 한 것은 뇌에서 소리가 처리되는 것을 이용하여 소리의 구성요소들이 언어에 어떻게 기여하는지 이해하는 것이었다. 우리가 맨 처음 알아낸 것은 언어 문제가 있는 취학 연령의 아이들 뇌가 말의 음절을 일반적인 아이들만큼 잘 구별하지 못한다는 것이었다.[29] 우리는 언어장애가 있는 사람들이 자음 소리 처리를 어려워한다는 점은 이미 알았고,[30] 이제 생물학적 확증이 있었다.[31] 그래서 뇌가 소리 구성요소의 세세한 처리에 대해 무엇을 말해줄 수 있는지 파고들기 시작했다. 그리고 입도粒度를 높여 소리 구성요소들을 꼼꼼히 살펴보는 한편 개인에게 적용하는 방안도 고심했다. 그냥 '읽기에 서툰 사람'(혹은 '이중언어 화자', '음악가') 하는 식으로 뭉뚱그려 생각하기보다는 조니, 마지, 조지에 대해 생각하고 싶었다.

(((막강한 '다')))

이제 막강한 '다da'에 이르렀다. 수년에 걸쳐 소리를 다듬고 변

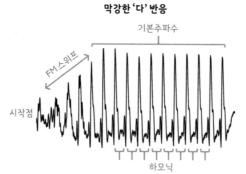

막강한 '다' 반응

기본주파수

FM 스위프

시작점

하모닉

자음   모음

그림 7.1

'다' 소리에 대한 뇌의 반응은 말소리의 구성요소들, 즉 자음의 FM 스위프에서 일어나는 시작점과 고점의 타이밍, 하모닉, 기본주파수가 어떻게 이루어지는지 확실하게 보여준다.

화를 주었으며, 이것과 짝을 이루는 음절, 단어, 음악적 음, 환경 소리도 부족함이 없다. 하지만 수수한 이 음절의 소리에는 청취와 학습, 언어와 연결되는 특별한 뭔가가 있다. 그리고 구성요소들에 따라 체계적인 방식으로 연결된다. 게다가 보편적이기까지 하다. 전 세계 거의 모든 언어에 '다'라는 소리가 있다. 이제 소리를 구성하는 요소인 기본주파수, 타이밍, 하모닉, FM 스위프, 일관성을 하나하나 살펴보고 그것이 언어와 어떻게 연결되는지 알아보자 (그림 7.1).

기본주파수

소리에서 음높이가 느껴진다면, 즉 '흥얼거릴' 수 있다면 우리가 흥얼거리는 주파수가 기본주파수다. 말에서 기본주파수는 호흡으로 성대주름이 열리고 닫히는 속도와 연관된다. 성대주름이 움직이는 속도는 남성이 가장 느려서 깊은 소리가 나고(낮은 기본 주파수), 아이들이 가장 빨라서 고음을 낸다. 영어에서 말의 음높이는 의도와 감정, 그러니까 무슨 말을 했는지가 아니라 무슨 뜻으로 말했는지를 나타낸다. 신경의 기본주파수 처리는 읽기나 언어 발달과 연관성이 있어 보이지 않으므로 여기서는 그냥 넘어가자.

타이밍

우리는 뇌의 타이밍을 면밀히 살펴보면서 막강한 '다'가 언어 문제가 있는 아이들의 변칙적인 소리 처리를 보여준다는 것을 알게 되었다. 브레인볼츠의 대학원생 제나 커닝엄과 신디 킹은 FFR을 통해 언어장애 진단을 받은 아이들이 '다'에 타이밍 지연을 보인다는 것을 독자적으로 알아냈다.[32] 더 중요한 사실은 타이밍 지연이 음절의 특정 부분에서 일어났다는 것이다. 그러니까 자음 'ㄷ'에서 모음 'ㅏ'로 넘어가는 지점을 이루는 소리의 시작점과 FM 스위프에 대한 반응에서 타이밍 지연이 일어났다. 전체적인 타이밍 결손이 아니라 자음의 타이밍 처리만 문제가 있었다. 이로써 우리는 소리 마음이 말의 구성요소를 처리할 때 어떻게 실패하는지 생물학적으로 바라보게 되었다.

이후에 같은 결과가 확인되었고 확장한 연구들도 있었다. 소리의 속도를 빠르게 하거나 배경소음을 더하는 식으로 체계에 무리를 주자 타이밍 지연이 더 심하게 나타났음을 보여준 연구가 있었다.[33] 읽기 솜씨를 장애 진단 여부에 맡기지 않고 연속선상에서 들여다보자 소리 마음과 언어의 관계가 이것 아니면 저것의 문제가 아니라는 것이 밝혀지기도 했다.[34]

하모닉

말에서 가장 중요한 알맹이는 하모닉에 있다. 하모닉은 자음과 모음 전체에 걸쳐 나타난다. 입과 입술, 혀의 모양을 조절하여 하모닉을 바꾸면 '우'가 '이'로 바뀐다. 학습에 어려움이 있어서 음절 '다'에 타이밍 지연을 보인 거의 모든 사례에서 하모닉에 대한 소리 마음의 반응도 일관되게 줄어든 것으로 나타났다.

FM 스위프

'다'에서 처리가 가장 까다로운 부분은 자음 'ㄷ'에서 모음 'ㅏ'로 넘어가는 지점인데, 하모닉 주파수가 바뀌는 FM 스위프로 확인할 수 있다. 말소리 자음은 저마다 시간에 따라 주파수 대역이 달라지는 독특한 패턴이 있다. 주파수 대역이 오르고 내리면 하나의 자음이 끝나고 다른 자음으로 넘어가는 것이다.

언어 문제를 겪는 아이들은 FM 스위프로 구별되는 두 음절을 생물학적으로 분간하지 못할 수 있다.[35] 그도 그럴 것이 '다'를 '다'('바'나 '가'가 아니라)로 만드는 작업에는 타이밍과 하모닉이 동등하게 관여하기 때문이다. 그리고 이런 주파수 스위프는 순식간에(25분의 1초 이내) 일어난다. 어째서 자음이 지각적으로 그토

182   소리의 마음들

록 취약한지 알게 해주는 대목이다. 타이밍과 하모닉 양쪽에서 많은 일들이 벌어지며, 빠르고 동시적으로 벌어진다. 자음은 언어와 학습에 문제가 있는 사람들에게 어려울 뿐만 아니라 배경소음이 있을 때 누구든지 가장 먼저 헷갈리는 소리다.[36] 소리 마음은 말소리가 자음에서 모음으로 넘어가고 다시 돌아올 때 이런 소리 구성요소를 놓치지 않으려고 훨씬 힘들게 애써야 한다. 하지만 여기에는 또 다른 것이, 이 모든 구성요소들을 하나로 엮는 뭔가가 관여하고 있다.

일관성

나는 일관성을 강조하며 이 장을 시작했다. 일관성 자체는 소리를 구성하는 요소가 아니지만 뇌가 구성요소를 암호화하는 데 중요한 역할을 한다. 음높이, 타이밍, 하모닉, FM 스위프가 구성요소라면 일관성은 이것들을 조합하는 그릇이다. 앞에서 만나본 대니처럼 학습 문제를 겪는 아이들은 소리 마음에서 소리 처리의 일관성이 전반적으로 다 떨어질 수 있다. 하나의 소리적 사건 (트라이얼trial)에 대한 반응이 온전하더라도 트라이얼이 이어질 때 반응이 조금씩 달라진다(일관성이 떨어진다). 어떤 반응은 더 늦고, 어떤 반응은 더 작고, 어떤 반응은 더 날카롭다. 뉴런이 발화하고 재발화할 때 동시성이 떨어지는 것이다. 각각의 트라이얼이 일반적인 학습자에게서 볼 수 있는 마이크로초의 정확성을 가진 조직적인 파형으로 모이지 않는다.[37] 트라이얼의 불일치가 타이밍 문

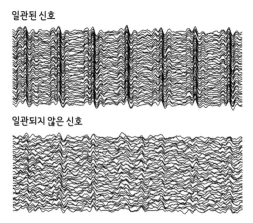

일관된 신호

일관되지 않은 신호

그림 7.2
일관되지 않은 신경 신호는 언어장애의 전형적인 특징이다. 트라이얼은 정렬되어야 한다.

제라면(이런 경우가 흔하다) 모든 트라이얼이 합쳐진 총합은 살짝 뭉개진 모습을 하게 된다. 그림 7.2에서 보듯이 느리고 큰 봉우리는 상당히 정확하지만, 작고 빠른 구불구불한 선에서 일관되지 못한 모습이 보인다. 이것은 가장 빠른 마이크로초 타이밍 처리에 문제가 있어서 생기는 것이다.

이런 식으로 소리의 여러 구성요소들, 다시 말해 타이밍, 음색(하모닉), 타이밍과 하모닉의 융합(FM 스위프)은 취학 연령의 아이들의 언어와 읽기에 연관된다. 그리고 구성요소의 처리에서 일관성이 중요한 역할을 한다. 하지만 이것은 소리를 이루는 세계의 부분집합일 뿐이다. 믹싱 보드의 조절기들을 전체적으로 움직이는 것이 아니다.

방금 살펴보았듯이 음높이는 언어에 관여하지 않는다. 언어

그림 7.3
타이밍, FM 스위프, 하모닉, 소리에 대한 반응의 일관성은 언어에서 핵심적인 요소들이다.

능력은 소리 마음에서 볼륨 조절기를 올리고 내리는 것으로 조정되지 않는다. 선별된 구성요소들만이 관여하는데, 대단히 중요한 선별이다. 어떤 소리 구성요소들(그림 7.3)이 언어 문제가 있는 아이들의 뇌에서 최적으로 처리되지 않는다는 것을 알게 되면서 언어에서 소리의 중요성에 생물학적 토대가 마련되었다. 개념적인 진전이다.

⟪ 소리 마음을 이용하여 읽기 예측하기 ⟫

여기서 한 걸음 더 나아가보자. 소리 구성요소에 뇌가 반응하는 것을 활용하여 아이가 읽기를 힘들어하기 전에 그것을 미리 예측할 수 있다면 어떨까? 뇌가 직접 말하게 할 수 있다면? 취학 연령의 아이들의 언어 특징을 알게 되었으니 우리는 아직 읽지 못하는 아이들의 음높이, 타이밍, 하모닉, FM 스위프, 일관성을 재보고 4~5년 기다렸다가 그들이 2~3학년이 되었을 때 다시 그들의 언어 능력과 읽기 능력을 알아보고 싶었다. 세 살 때 뇌에서 소리를 처리하는 것으로 여덟 살 때의 읽기 능력을 예측할 수 있을까? 같은 아이를 몇 년에 걸쳐 추적하는 것은 힘든 일이지만 과학연구에서 이보다 막강한 전략도 없다. 그래서 바이오토츠Biotots 프로젝트가 꾸려졌다. 우리는 수백 명의 아이들을 대상으로 읽기전 활동, 발음, 주의, 기억, 리듬 능력, 청각적 뇌의 여러 수치를 살펴보았다. 그리고 이것을 5년 동안 해마다 반복했다.

브레인볼츠 연구팀은 아이들이 흥미를 느끼는 활동을 만들었고 부모와도 관계를 쌓았다. 예정된 약속이 있기 몇 달 전에 전화를 걸어 "우리 로비가 엘리(브레인볼츠 연구팀 일원)와 과학 게임을 하고 싶어 해요" 하고 말하는 것은 흔한 일이었다. 우리는 호기심 많은 부모의 질문과 염려에 일일이 대답했다. 그래서 다년간 이어지는 프로젝트의 골칫거리인 감정적 마찰을 최대한 피할 수 있었다.

나는 조급한 성격에 맞지 않게 장기 프로젝트들을 벌여 스스로도 놀라곤 한다. 하지만 아이들은 사랑스러웠고… 우리는 많이 배웠다. 우리는 좀 더 나이가 있는 아이들에게서 발견했던 소리 마음의 읽기 지표들(음높이를 제외한 타이밍, 하모닉, FM 스위프, 일관성)이 세 살 아이들에게서 소급해서 나타나는 것을 확인했다. 지금 3학년으로 프루스트처럼 글을 쓰는 잭슨은 세 살 때 이미 소리 구성요소들을 척척 처리했다. 하지만 그의 이웃에 사는 애

소리의 마음들

슐린은 여덟 살로 읽기를 힘들어하는데 세 살 때 곤혹스러운 뇌 징후를 드러냈다.[38] 우리는 다양한 소리를 들려주고 FFR을 수집했으므로 예측 가치가 최고인 음파/뇌파의 결합에 초점을 맞출 수 있었다. 효과가 검증된 '막강한 다' 음절이 역시 효과적인 소리였고 여기에 배경소음을 더해 좀 더 도전적인 상황을 만들었다. 예측력이 가장 좋은 요소는 타이밍, 하모닉, 일관성이었다. 브레인볼츠의 통계 전문가 트래비스 화이트-슈와크Travis White-Schwoch가 이렇게 예측하는 일을 맡았다. 이런 세 가지 구성요소에 대한 뇌 반응을 결합한 모델을 만들어 우리는 놀라운 '적중률'을 얻었다.[39] 우리는 세 살 때 읽기에 얼마나 준비가 되었는지 측정하여 나중에 읽을 나이가 되었을 때 읽기 능력이 어떻게 될지 예측할 수 있었다.[40]

모든 언어 문제가 뇌에서 일어나는 소리 처리 때문은 아니다. 가끔은 소리 처리가 문제의 근원이 아님을 아는 것이 중요하다. 읽기를 배우는 데 시간이 걸렸던 아들을 둔 엄마로서 나는 소리 처리가 문제의 근원인지 아닌지 확인할 수 있는 30분짜리 테스트가 나온다면 환영이다. 세 살배기 아이가 위험을 알리는 분석표를 받는다면, 부모는 학업에 너무도 중요한 소리와 글자와 단어와 의미를 연결하는 데 걸림돌이 되는 소리 처리 문제를 극복하는 일에 일찌감치 나서서 도울 수 있다.

(((소리 향상시키기)))

브레인볼츠는 소리 자체를 향상시켜서 읽기와 소리에 대한 뇌 반응을 향상시킬 수 있을지 고민했다. 제인 호니켈의 고집과 인내와 수완으로, 그리고 브레인볼츠 협업자이자 읽기장애 전문가 스티브 제커Steve Zecker가 힘써준 덕분에 우리는 심각한 읽기장애 아동들을 돌보는 시카고의 사립학교 네트워크 '하이드파크 데이 스쿨Hyde Park Day School'과 협력하게 되었다. 하이드파크 데이 스쿨은 아이들을 2년 뒤에 고향의 학교로 돌려보내겠다는 목표로 집중적이고 개인에 초점을 맞춘 교정 수업을 진행한다. 그들과 일하면서 우리는 전문가로부터 학습·읽기·주의 장애 진단을 받은 총명한 아이들을 만날 수 있었을 뿐 아니라 열렬한 기관 파트너도 만났다. 저소득 동네에서 우리가 일했던 공립학교들과 다르게 이런 사립학교들은 아이들이 잘되도록 돕는 일에 자원을 아끼지 않았고, 학생들에게 도움을 주고자 과학에 바탕을 둔 전략들을 기꺼이 수용했다.

그나저나 소리 자체를 향상시킨다는 말은 무슨 뜻일까? 이 아이들이 들은 소리는 소리 구성요소를 더 크고 또렷하게 하고 소음의 영향과 울림으로 인한 왜곡을 줄여 말 그대로 향상된 소리였다. 우리는 보청기 회사와 손잡고 아이들과 교사들에게 개인용 소리 증폭 시스템(청각 보조장치)을 나눠 주었다. 아이들은 수업 시간 내내 자그마한 귀 삽입 장치를 착용했고, 교사들은 옷깃

소리의 마음들

에 꽂는 소형 마이크로 말했다. 교사의 목소리가 마이크를 통해 학생들의 초소형 헤드폰으로 전달되는 것이다. 이렇게 하여 모든 학생이 똑같은 혜택을 누렸다. 뒷줄의 수지도 앞줄의 케빈과 다름없이 교사의 말을 들을 수 있었다. 우리는 같은 교실에 있는 학생들에게 전달되는 증폭된 교사의 말을 무작위로 보류할 수도 있었다. 이런 학생들은 늘 들었던 것과 같은 방식으로 교사의 말을 들었다. 그들은 대조군이 되어 같은 교실에서 동시에 같은 교사의 같은 지시를 들었다.

우리는 세상에 존재하는 해법들의 과학적 근거를 알아보고 싶었다. 실험의 목적으로 과학자들이 만든 해결책에 스스로를 제한하지 않으려고 했다. 부모들과 교육자들은 아이들을 위해 자신이 선택할 수 있는 청각 보조장치를 얻었다. 우리와 손잡고 기기들을 제공한 회사는 모험 삼아 해볼 필요가 있었다. 그들의 제품에서 생물학적 혜택이나 언어적 혜택을 발견하지 못할 수도 있었다. 그들은 결과가 어떻게 나오든 간에 우리가 연구를 발표한다는 것을 알고 참여했다.

우리는 모든 아이를 대상으로 주의, 기억, 학습, 학업 성취, 뇌의 소리 처리를 알아보았다. 그런 다음 물러나서 학년이 진행되는 것을 지켜보았다. 보조장치를 착용한 아이들은 평균적으로 420시간을 착용하고 수업을 들은 셈이었다. 학년이 끝나고 나서 우리는 동일한 검사를 다시 했다.

학년이 끝나자 보조장치를 착용한 아이들이 장치를 착용하지 않은 아이들에 비해 읽기 능력과 음운 인식(영어 소리를 알아듣고 다루는 능력)에서 월등한 향상을 보여주었다. 그들의 뇌가 말소리에 반응하는 것 역시 더 일관적이 되었다. 이런 생물학적 변화는 평상시와 다름없이 학년을 보낸 아이들에게서는 발견되지 않았다.[41] 게다가 읽기에서 가장 큰 진전을 보인 학생들은 학년을 시작할 때 뇌 반응의 일관성이 가장 떨어졌던 아이들이었다. 이런 사례에서 읽기 문제의 근본 원인은 개입을 통해 해결할 수 있는 소리 처리 지체였던 것이다. 내가 강조하고 싶은 점은 아이들이 뇌 테스트 중에는 보조장치를 착용하지 않았다는 것이다. 그러므로 향상된 소리를 들려준 것이 소리-의미 연결을 더 좋게 만들어 그들의 소리 마음을 근본적으로 바꾼 것이다. 좋아진 소리 처리를 이어가기 위해 보조장치는 더 이상 필요하지 않았다.

우리는 어디에 주의를 기울여야 할지 배운다. 교사의 목소리를 명료하고 적절한 볼륨으로 귀에 직접 전달받은 아이들은 수업에 더 잘 주목할 수 있었다. 어디에 주의를 기울여야 할지, 어떤 단어가 들렸는지 알아내느라 신경 쓰는 대신에 수업의 내용에 대해 생각하며 더 많은 시간을 보낼 수 있었다. 성공적인 소리-의미 연결이 더 많이 만들어지자 새로 기본값이 설정된 소리 마음의 연결망이 소리를 더 잘 받아들이게 되었다. 신경 처리의 일관성이 향상된 것이 그 증거다. 그러니 우리의 친구 대니도 자신의 소리 마음을 조율하여 일관되게 반응하도록 만들어 유창한 읽기에 필요한 소리-의미 연결의 토대를 마련할 수 있다. 소리 마음은 얼마든지 달라질 수 있다.

(((언어 박탈)))

1990년대에 출간된 한 책[42]에 따르면, 사회경제적 지위가 낮은 동네 아이가 세 살이 될 때까지 접하는 어휘가 부유한 동네 아이들보다 3000만 개가량 적다고 한다. 저자들은 가난한 아이들이 어휘력과 언어 발달, 읽기 능력에서 평균보다 떨어지는 이유를 세 살 이전에 언어 기초가 제대로 다져지지 않은 것으로 설명할 수 있다고 주장한다. 그러니까 가난한 아이들은 수업 준비가 안 된 상태로 유치원에 들어간다는 것이다.

단어 격차가 존재하는가에 대해서는 논란이 있지만[43] 사회경제적 지위와 언어·문해력·주의·학업 성적이 연관성이 있다는 데는 의문의 여지가 없다.[44] 그리고 궁핍한 환경이 뇌에 안 좋은 쪽으로 직접 영향을 미칠 수 있다는 연구는 놀랄 만큼 많다. 어린 시절의 궁핍은 비전형적인 뇌 구조와 기능, 일그러진 리듬, 균형과 연결된다.[45] 예컨대 해마, 편도체, 전두피질을 비롯하여 기억과 감정, 자아 확립에 중요한 뇌 구조물들의 크기가 평균보다 작다.[46]

저소득 지역의 아이들은 언어와 문해력 측정에서 부유한 지역 아이들보다 평균적으로 점수가 낮게 나온다. 초기에 언어를 어떻게 접하느냐가 최종적인 언어 발달에 큰 영향을 미친다.[47] 이것은 단어 격차나 접하는 단어의 '질적' 차이 때문일 수도 있고[48] 시끄러운 생활환경이나 확실하지 않은 다른 환경의 장애 때문일 수도 있다. 실제로 정확한 수치인지와 무관하게 '3000만 단어 격차'는 대중과 정책 결정자들의 상상력을 사로잡았다. 오바마 대통령은 '조기 학습 이니셔티브'를 선언하는 자리에서 단어 격차를 직접 거론했다. 단어 격차를 메우는 것은 조기 뇌 학습과 언어 발달을 지지하는 클린턴 재단의 프로젝트 '투 스몰 투 페일Too Small to Fail'의 핵심 의제다.

지방정부들이 이런 격차를 메우는 일에 나섰다. 대표적으로 로드아일랜드주 프로비던스가 있다. '프로비던스 토크Providence Talks' 프로그램은 출생 후 세 살 전까지 아이들을 대상으로 학교에 들어가기 전에 언어를 풍부하게 접하도록 하는 것을 목표로 한다. 매달 언어 코치와 놀이 집단이 가정을 방문하고 '단어 맞추기' 같은, 몸에 착용할 수 있는 기술[49]을 활용하여 아이들이 많은 어휘와 풍부한 표현력을 접하도록 한다. 지금까지 이런 프로그램들은 아이들이 듣는 단어의 수를 늘리는 데 성공했다.[50] 디트로이트, 루이빌, 버밍엄 같은 다른 미국 도시들도 프로비던스의 선례를 따르려고 준비 중이다.

저소득 지역에 사는 아이들의 언어 박탈이 생물학적으로 미치는 영향에 대해 브레인볼츠에서 알아보았다. 언어 박탈은 소리 마음에 어떻게 드러날까? 우리는 고등학교 학생들의 85퍼센트 이상이 점심 보조금 지급 대상에 해당하는 시카고 지역 아이들을 대

　　　　　　　　　　　　　소리의 마음들

상으로 말소리에 대한 뇌 반응을 들여다보았다. 어머니의 교육 수준을 언어 접촉의 기준으로 삼아* 학생들을 두 집단으로 나누었다. 학생들의 인종, 민족, 동네, 나이, 성별, 청력, 출산력을 똑같이 맞추었고, 다들 같은 교실에서 수업을 받았다. 우리는 또한 읽기와 문해력을 알아보는 표준적인 테스트를 활용했다. 정식 교육을 다 채우지 못한 어머니를 둔 10대들의 뇌 반응은 대체로 '체계적이지 못한' 모습을 보였고 배경소음도 더 컸다. 아울러 말소리의 하모닉을 암호화하는 것이 떨어졌고 반응의 일관성도 더 낮았다.[51] 이런 소리 처리 패턴은 '서툰 읽기'의 특징적인 반응과 맞아떨어지며 그들의 읽기 능력을 통해 사실임이 확인되었다. 생의 초기에 언어 자극을 남들보다 덜 접했을 가능성이 큰 학생들은 사춘기에 실제로 읽기와 문해력 성적이 낮게 나왔다.

언어 박탈의 영향은 신경 신호에서 두 가지 장애로 나타난다. 소리의 디테일을 정확하게 처리하는 능력이 떨어지고, 신경 소음이 과도하게 많다. 음악을 만들거나 다른 언어를 말하여 소리적 경험을 풍요롭게 하면 소리 마음이 소리의 필수적인 구성요소들을 처리하는 것을 강화할 수 있다. 신체 건강과 연관되는 뇌 건강을 전반적으로 끌어올리면 신경의 배경소음을 줄이는 데 도움이

---

* 이런 식으로 구분하는 방식은 불편하다. 정식 교육을 덜 받은 어머니도 언어적으로 풍부한 환경에서 아이를 키우는 경우가 있기 때문이다. 하지만 여러 연구를 종합해보면 어머니의 교육 수준으로 아이의 언어 접촉을 충분히 예상해볼 수 있다.

될 수 있다. 이 문제는 뒤에 가서 좀 더 알아보겠다.

⫸ 자폐증 ⫷

부모가 가장 먼저 알아차리는 것이 소리에 독특하거나 부적절하게 반응하는 것이다. 자폐증이 있는 아이는 소리에 과민하게 반응할 때가 많다. 혹은 소리에, 특히 어머니의 목소리처럼 원래 강력한 반응을 일으켜야 하는 소리에 반응하지 않기도 한다. 말소리가 지연되거나 결여된 경우도 있고, 의도와 감정을 전하는 말소리 구성요소를 알아듣고 만드는 데 어려움이 있어서 소통에 지장을 받는 경우도 있다.

자폐 스펙트럼에 속한 사람 중에는 어떤 단어를 말하는지 이해하는 데는 어려움이 없지만, 단어에 실린 감정이나 비언어적 의도 같은 서브텍스트를 포착하지 못하는 경우가 있다. 가령 분노나 냉소를 알아차리지 못한다. 말소리를 내는 차원에서 보자면, 일반적인 음높이와 리듬의 변화가 뚜렷하게 느껴지지 않을 수 있다. 그래서 자폐 스펙트럼에 속한 사람의 말소리는 웅얼거림이나 로봇의 말투 같고 억양이 없고 이례적인 방식으로 강세를 두기도 한다. 이렇게 그들이 말소리를 듣고 만들 때 놓치는 운율의 신호는 사회적으로 연결되는 데 어려움을 겪는 이유일 수 있다.

자폐 스펙트럼에 속한 사람에게 흔하게 나타나는 언어 문제는

소리의 마음들

그들의 사회적 발달을 돕고자 할 때 어디에 초점을 두어야 할지 알려준다. 뇌에서 무슨 일이 벌어지는지 알기 위해 브레인볼츠의 니콜 루소Nicole Russo가 자폐 스펙트럼에 속한 아이의 소리 마음을 들여다보는 연구를 했다. 니콜이 관심을 갖고 살펴본 문제는 운율 지각, 특히 목소리 음높이였다. 영어는 억양으로 감정(행복한/슬픈/화난)과 의도(진술/질문/냉소)를 전한다. 말소리의 이런 구성 요소를 청각적으로 제대로 처리하지 못하는 것이 자폐 스펙트럼에 속한 사람이 말의 서브텍스트를 이해하는 데 어려움을 겪는 것과 관련 있을까?

우리는 자음-모음 음절에 진술이나 질문으로 들리게 하는 억양을 더했다. 그런 다음 자폐 스펙트럼에 속한 취학 연령의 아이들에게 들려주자 그들의 청각적 반응이 일반적인 발달을 보이는 또래들처럼 음절의 음높이를 면밀하게 따라가지 못하는 것을 자주 보았다(그림 7.4).[52] 그러므로 일부의 경우 스펙트럼에 속한 사

그림 7.4
질문할 때 우리의 목소리는 올라간다. 듣는 뇌(회색)는 일반적으로 말소리(검은색)의 음높이를 따라간다. 자폐증의 경우에는 뇌 반응이 음높이의 궤적을 따라가지 못한다.

람들이 운율(목소리 톤)에 어려움을 겪는 것은 뇌의 문제일 수 있었다.

브레인볼츠 전직 연구원으로 현재 스탠퍼드에 있는 댄 에이브럼스는 말소리를 들을 때 뇌 부위들의 연결이 어떻게 되는지 연구한다. 댄은 자폐 스펙트럼에 속한 아이들의 경우 청각적 뇌와 감정과 보상을 담당하는 변연계의 연결성이 떨어진다는 것을 알아냈다.[53] 이런 아이들에게 어머니의 목소리는 일반적으로 발달하는 아이에게서 보는 것과 같은 감정적 근질거림을 긁지 않을 수도 있다. 이것은 사회적 동기로 자폐증을 설명하는 이론과 맞아떨어진다. 자폐증 뇌에서 감정 중추가 제대로 발달하지 않아 사회적 경험과 관계를 유도하는 동기가 줄어든다는 것이다.[54] 어쩌면 자폐증은 사회적 상호작용에 보상을 주는 소리 마음의 생물학적 연결이 감소한 것일 수 있다.

자폐증이 있는 사람은 소리에 과민하게 반응할 수 있다. 스페인 연구자들이 소리에 과하게 반응하는 것을 FFR로 밝혀냈다. 이는 청각계(특히 중뇌)를 정상적으로 통제하는 억제 작용이 와해되었음을 나타내는 것으로, 자폐증에서 자주 발견되는 '감각의 과부하'의 생물학적 기초가 될 수 있다.[55] 소리와 자폐증 간의 이런 연관관계들은 소리 마음과 원심성 체계에 관여하는 나머지 뇌 부위들이 복잡하게 서로 연결되어 있는 것이 무너졌음을 가리킨다. 그러므로 사회적 고립을 일으킬 수 있는 의사소통 문제를 극복하도록 개개인을 도울 때는 맞춤식 접근방법을 마련해야 한다.

소리의 마음들

(((언어장애가 있는 뇌의 강점)))

난독증과 자폐증으로 언어장애를 겪는 사람들이 내보이는 강점과 독특한 관점은 간과하고 넘어갈 때가 많다.

창조성은 언어장애에도 굴하지 않고 일어날 수 있다. 언어에 힘들어하지만 다른 분야에서는 탁월한 사람을 다들 한두 명은 알 것이다. 내 둘째 아들이 그런 예다. 읽기는 그 아이에게 어려웠다. 1~2학년에 아이는 자신이 이해할 수 없는 이런 신기한 일, 읽기를 급우들이 해내는 것을 보았다. 단어의 뜻을 알아보는 것을 떠나 아이는 개념 자체를 이해하기가 버거웠다. 종이에 적힌 구불구불한 선이 단어라는 것이 대체 무슨 말이지? 공립학교의 '읽기 회복' 프로그램이 밥 북스Bob Books 시리즈만큼이나 도움이 되었다.[56] 로즈Rhodes 장학생, 뉴욕시 아티스트, 웨슬리언 교화교육센터Wesleyan Center for Prison Education 설립자인 아들은 지금도 'alwaze' 같은 실수가 일어나지 않도록 철자법 확인을 해야 한다.

언어장애가 있는 사람들에게 창조성이 있다는 증거는 일화에 그치지 않는다. 앞서 보았듯이 모음 앞에 침묵을 넣으면 '바'를 '파'로 바꿀 수 있다. 지각적으로 '바'에서 '파'로 넘어가는 것은 급작스럽게 일어난다. '바' 앞에 침묵을 살짝 더하면 여전히 '바'로 들린다. 침묵을 좀 더 더하면 그래도 '바'로 들린다. 이제 침묵을 더 늘리면 그래도 '바'이다. 살짝 더 늘리면 짜잔! 이제 '파'가 된다. 중간은 없다. 우리는 조명 스위치가 켜지듯 명확하게 '바'

아니면 '파'를 듣는다. 우리의 소리 마음은 이런 말소리가 놓이는 범주를 마련한다. 대개 사람들은 'ㅂ'과 'ㅏ' 사이의 타이밍이 다른 두 개의 '바'를 들려주면, 둘이 소리 마음에서 같은 '바' 범주에 속하는 한 구별하지 못한다. 하지만 난독증 환자는 종종 '바' 범주에 속하는 두 소리를 일반적인 청자보다 쉽게 구별할 수 있다.[57] 이런 점에서 그들의 소리 마음은 더 분별력 있고 유연하다. 듣는 뇌가 불변의 범주 내에서 작동하도록 학습한 사람에게는 닫혀 있는 창조적인 가능성을 그들은 유지하고 있는 것이다. 난독증이 창조성과 연관된다는 것을 보여주는 이들로 알베르트 아인슈타인, 스티븐 스필버그, 셰어, 토미 힐피거, 옥타비아 버틀러, 토머스 에디슨, 제이 레노, 우피 골드버그, 앤설 애덤스Ansel Adams, 앤디 워홀, 애거사 크리스티가 있다.

자폐증의 심각한 언어장애는 다른 분야, 주로 기억과 관련되는 분야에서 극적으로 과도하게 발달한 재능을 동반하기도 한다. 18세기에 처음으로 기술된 이런 재능은 보통 다섯 가지 분야로 정리할 수 있다. 음악, 미술, 달력의 연월일 알아맞히기, 수학, 기계적 능력이나 공간 능력.[58] 흥미롭게도 아주 드물지만 여러 개 언어를 구사하는 능력이나 조숙한 읽기 같은 언어 관련 재능이 나타나기도 한다.[59]

소리의 마음들

(((성차와 언어장애)))

학교에서 가르치는 사람이라면 언어 문제가 남자아이들에게 훨씬 많이 나타난다는 것을 알 것이다. 실제로 읽기장애의 경우 남자아이가 여자아이보다 두 배 이상 더 많은 것으로 보고된다.[60] 우리는 소리 처리 과정을 들여다보면 어째서 이런 차이가 나타나는지 실마리를 얻을 수 있지 않을까 생각했다. 아울러 남자의 뇌와 여자의 뇌가 세상을 다르게 듣는지도 궁금했다.

생물학에서 성별의 차이는 소리뿐만 아니라 여러 분야에서 발견된다. 소리를 통한 의사소통의 성차는 동물계 전반에 걸쳐 나타난다. 예컨대 명금류는 수컷이 암컷을 유인하려고 노래를 부르고 암컷은 자신이 좋아하는 노래로 수컷을 선택한다. 비슷하게 혹등고래도 수컷이 짝을 유인하려고 노래를 부른다. 암컷 새들은 발성의 타이밍을 요리조리 바꿔 소음을 피하는 일에 더 능하다.[61] 발성이 한쪽 성별에 치중되어 나타나는 현상은 소리 처리의 성차 문제로 이어진다.[62] 심지어 하나의 성별 내에서도 차이가 있다. 암컷 생쥐는 그 생쥐가 새끼가 있는지 아닌지에 따라 듣는 뇌가 다르다.[63]

브레인볼츠에서 우리는 500명 이상의 미취학 아동, 사춘기 청소년, 성인을 연구하여 소리 구성요소의 처리에서 성별의 차이가 나타나는지 알아보았다.[64] 남자와 여자가 소리의 시작점에 반응하는 타이밍이 다르다는 것은 한참 전부터 알려져 있었다.[65] 하지만 우리는 이전까지 탐구하지 않았던 다른 구성요소의 처리에서 남녀 간의 유사점과 차이점을 알아냈다. 여기에는 하모닉과 기본 주파수의 크기, 자음에서 모음으로 넘어가는 과정(FM 스위프)에 필요한 마이크로초 타이밍이 포함된다. 미취학 아동의 경우 남녀 모두 이런 구성요소들을 똑같이 처리한다. 성차는 나중에야, 즉 사춘기나 성인기에 나타났다(그림 7.5). 호르몬 변화나 삶의 경험 같은 요인들이 작용한 것으로 짐작된다. 자세한 원인은 모른다. 반응의 일관성이나 배경의 신경 소음을 측정한 결과에서는 어떤 나이에서도 성별의 차이가 나타나지 않았다.[66]

소리 처리에서 나타나는 성차는 어째서 남자가 여자보다 언어 장애에 더 취약한지 짐작하게 한다. 전반적으로 남녀의 반응이 달라질 때 남자의 반응이 더 취약해진다. 그러니까 더 작거나 더

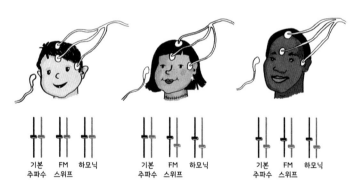

그림 7.5
성차는 나이가 들면서 나타난다. 세 가지 구성요소는 미취학 아동들의 경우 남자나 여자나 똑같다. 사춘기가 되면 FM 스위프와 하모닉이 달라진다. 성인이 되면 세 가지 구성요소 모두에서 남자와 여자가 다르다. 반응의 일관성과 배경의 신경 소음에서는 어떤 나이에서도 성차가 없다. 검은색 조절기는 여자, 회색 조절기는 남자를 가리킨다.

소리의 마음들

늦어진다. 언어 처리와 관련하여 남자가 생물학적으로 불리한 것이다. 주목할 점은 FM 스위프와 하모닉에서 나타나는 성차인데, 이 둘은 일관성과 더불어 언어 능력을 여실히 보여주는 소리의 구성요소다. 이런 성차는 어떤 목적으로 인간에게 존재하는 것일까? 이런 사소하지만 확실한 듣기 차이가 우리가 소통하는 방식에, 혹은 우리가 아직 모르는 어떤 이유에 중요한 것으로 언젠가 밝혀질지도 모른다.

(((소리로 언어 강화하기)))

우리는 언어학습 전략이 뇌에서 벌어지는 소리 처리를 어떻게 향상시키는지 더 잘 알아가고 있다. 걸음마 유아일 때 소리 마음의 작동을 보고 아이가 일곱 살에 갖게 될 읽기 능력을 예측할 수 있다면, 부정적인 예측이 실현되지 않도록 행동을 취할 수 있다. 하이드파크 데이 스쿨에서 사용하는 청각 보조장치가 그런 헤아리기 전략이다. 프로비던스에서 사용하는 착용할 수 있는 '단어 맞추기' 기술도 마찬가지다. 머제니치와 탈랄이 개발한 청각 훈련 게임, 베나시치가 아기들을 위해 개발하고 있는 장난감은 생산적인 방안에 보탬이 될 것이다. 우리가 소리-언어 연결에 대해 더 많이 알아갈수록 아이들이 언어 능력을 발달시키도록 돕는 더 좋은 방법들을 찾을 수 있다.

오디오 듣기 기술은 아름답게 발전하는 중이다. 나는 이 기술이 하이드파크 데이 스쿨 같은 일부 지역을 넘어 주류에서도 사용하게 되기를 기대한다. 내가 가르치는 학생 한 명은 언어장애가 있어서 수업 시간에 청각 보조장치를 착용하고 내가 마이크로 말하는 신호를 받아서 듣는다. 어느 날 수업이 끝나고 그녀에게 서로 바꿔서 하자고 제안했다. 강의실 반대쪽에서 오는 그녀의 목소리가 어찌나 선명하게 들렸는지 모른다. 이런 기술은 시끄러운 장소에서 모든 사람에게 도움을 줄 수 있다. 모두가 막강한 언어 기술의 혜택을 누릴 수 있다.

소리를 연구하는 입장에서 나는 소리를 새로운 방식으로 경험하면 듣는 뇌에 어떤 영향을 미칠까 하는 생각을 자주 한다. 하루가 끝나면 남편이 내게 글을 읽어준다는 이야기를 앞서 한 적이 있다. 그런데 나는 오디오북도 듣는다. 오디오북은 나의 소리 마음에, 내가 읽고 말하고 생각하는 방식에 어떤 영향을 미칠까? 이해와 기억이라는 점에서 텍스트를 듣는 것은 읽기와 비슷한 것 같다.[67] 어떤 경우에는 듣기가 더 나을 수도 있다. 고풍스러운 표현 방식을 가진 셰익스피어는 읽을 때보다 들을 때 이해가 더 잘된다. 배우의 목소리에 담긴 냉소와 유머, 그 밖의 신호들이 총체적인 이해를 도울 수 있다. 아울러 큰 소리로 읽으면 방금 들은 것을 더 오래 기억하게 된다.[68] 나는 우리가 글자보다는 소리를 통해 언어를 이해하고 기억하도록 맞춰져 있다는 생각을 한다. 듣기는 우리가 읽고 쓰기 수십만 년 전부터 진화했기 때문이다.

소리의 마음들

오디오북은 우리가 읽는 환경을 확장한다. 나는 소리를 전달하면서 배경소음은 차단하는 맞춤형 이어폰을 착용한 채로 (지글거리는 양파를) 요리하고 운동하고 기차 여행을 한다. 나는 같은 텍스트를 들을 때와 읽을 때 생물학적 토대가 어떻게 다른지, 이것이 개인에 따라 어떻게 다른지 이해하게 될 날이 오리라 생각한다. 나는 오디오북을 듣는 것이 소리 마음의 진화에 어떻게 작용하는지 알고 싶다.

8

음악과 언어: 협업 관계

음악 훈련은 그 어떤 것보다 강력한 도구다.

— 플라톤

음악은 언어다.

"누구 목소리야?" 남편이 복도로 들어오면서 물었다. 나는 오래된 소파를 치우려고 집에 온 두 사람과 이야기를 나누고 있었다. 둘이 차례로 이야기하자 남편이 한 명을 보고 물었다. "목소리 해설가로 일하거나 목소리를 전문 분야에 활용해볼 생각 없어요?" 나는 목소리에서 특별한 점을 알아차리지 못했지만, 알고 보니 그 사람은 실제로 성우였다. 음악가와 함께 살아가다 보면 많은 사람이 의식하지 못하고 넘어가는 소리적 재료가 얼마나 많은지 계속해서 깨닫게 된다. 우리가 거리를 함께 걸어가다가 오토바이 소리가 들리면, 나는 그저 '오토바이'라고 생각하지만 남편은 제조사와 모델을 듣는다. 요점은 음악을 하면 소리 마음이 비음악적 소리를 듣는 솜씨도 연마된다는 것이다.

(((음악과 언어)))

음악은 사람들을 연결해주는 막강한 힘이 있지만 정보를 전하는 수단으로는 좋지 않다. 기차역 방향을 피아노로 알려주거나 어젯밤 농구 경기 스코어를 흥얼거리기란 어렵다. 그럼에도 소리로 만드는 음악과 언어의 관계는 우발적이지 않다. 음악가들은 말소리를 처리하는 데 독특한 강점이 있어서 언어를 통한 의사소통에 유리하다.[1] 어째서 그럴까?

음악이 언어에 영향을 미칠 수 있다는 생각은 아니 파텔이 OPERA 가정으로 확립했다.[2] OPERA의 O는 음악과 말소리를 처리하는 뇌 연결망의 중첩overlap을 나타낸다. P는 음악이 요구하는 정확성precision을 나타낸다. 우리는 외국어 억양으로 하는 말도 알아듣고 전화 연결 상태가 좋지 못해도 알아듣지만, 음악의 경우 타이밍이나 음높이나 화성에 살짝만 왜곡이 있어도 망가질 수 있다. 결과적으로 음악이 요구하는 고도의 정확성 덕분에 음악가들은 다른 소리들을 알아듣기에 유리하다. E는 감정emotion을 가리킨다. 음악은 우리가 소리에 대해 어떻게 느끼는지 결정하는 보상 중추를 가동한다. R은 반복repetition이다. 우리가 음악을 연습하고 연주하는 가운데 소리-의미 연결이 계속 만들어지므로 신경회로가 연마된다. 마지막으로 A는 주의attention를 가리킨다. 우리는 우리가 가장 주의를 기울이는 것을 가장 잘 배운다. 이런 이유들로 음악 연습에 상당한 시간을 보내는 사람은 언어 솜씨 발달에 도움이 되도록 소리 마음을 연마하게 되는 것이다.

언어도 음악에 영향을 미친다. 영어와 프랑스어는 지배적인 리듬 패턴이 다르다. (영어는 강세를 강조하고, 프랑스어는 음의 길이를 강조한다.) 영국 작곡가 엘가와 프랑스 작곡가 드뷔시는 자신이 말하는 언어의 리듬 패턴을 집요하게 따랐다. 그래서 그들이 사용한 언어가 그들이 작곡한 음악에 흔적으로 남아 있다.

언어와 음악은 작은 단위(음소/음)로 긴 구절(단어와 문장/악절과 노래)을 만들어 전하고자 하는 바를 전한다. 언어든 음악이든 이런 결합의 방식을 정하는 것은 구문론과 의미론의 규칙이다. 공식 훈련 없이도 아이들이 말을 알아듣고 말하는 법을 배우는 것처럼 훈련 없이도 우리는 음악을 기억하고 따라 하고, 음악에 맞춰 춤추고 두드리고, 음악이 일으키는 감정을 느낄 줄 안다. 우리는 언어 관습에서 위반된 것을 알아차리는 것만큼이나 쉽게 잘못된 음들과 음악 구문론의 관습에서 위반된 것을 알아낸다. 우리는 음악을 배우며 이런 솜씨들을 키운다. 음악을 만들려면 의도하는 음들을 올바른 시점에 실행해야 하며, 소리 마음이 올바른 실행과 잘못된 실행을 분간할 수 있어야 한다.

동일한 소리 구성요소들이 말과 음악의 바탕에 있다. 말소리를 특징짓는 것은 주파수(예컨대 '이'와 '우'의 차이), 타이밍(예컨대 '빌'과 '필'의 차이), 혹은 타이밍과 주파수의 주고받음(예컨대 '볼'과 '골'의 차이)이다. 언어를 이루는 소리를 아는 것, 즉 음운 인식이 읽기를 배우기 위한 기초다. 음운 인식을 테스트하는 방법으로 이런 것이 있다. "please에서 'l' 소리를 빼고 발음하시오." 언어 소리를 다루는 이런 과제를 수행하는 능력은 음악을 하는 아이들이 음악을 하지 않는 또래 아이들보다 더 뛰어나며, 선율을 분간하는 능력과 강한 연관성이 있다.[3]

믹싱 보드와 소리 구성요소로 돌아가서 음악가의 뇌를 '막강한 다'로 탐침 조사하면 언어에 핵심적인 구성요소들이 두드러지게 나타난다(그림 8.1). 하모닉은 같은 음을 연주하는 두 악기 소리를 구별하게 도와주고, 아울러 말소리 음절을 구별하게 도와준다. 다른 구성요소인 타이밍과 자음에서 모음으로 넘어갈 때 혹은 반대일 때 일어나는 재빠른 주파수 변화(FM 스위프)는 음악

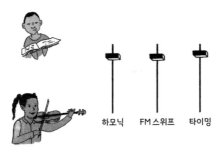

그림 8.1
언어와 음악은 특징적인 반응이 일치한다.

가가 언어의 소리를 알아듣는 능력을 강화한다.

(((읽기와 음악가의 뇌)))

음악이 소리 구성요소의 처리를 강화한다는 사실은 어째서 음악을 하는 아이가 또래보다 언어 능력이 뛰어난지 그 이유를 짐작하게 해준다. 게다가 음악 활동은 문해력 향상에도 결정적으로 기여할 수 있다. 음악을 연주하는 것과 읽는 것 모두 소리-의미 연결을 만드는 일이다. 우리는 유창하게 자동적으로 읽기 전까지 발음 연습에 많은 시간을 들인다. 'T'는 어떤 소리를 내는지, 'R'은 어떤 소리를 내는지 배운다. 'E' 두 개는 쉽다. 이것들을 다 합치면 'tree'가 된다. 이와 더불어 우리는 어떤 글자 조합이 의미가 있고 어떤 조합이 그렇지 않은지 배운다. 패턴을 배우고 '-ght'로 끝날 때 'gh'는 발음하지 않아도 된다는 요령을 배운다('fight'와 'caught'의 예처럼). 명시적인 규칙은 아니지만 'im-'을 붙일지 'in-'을 붙일지는 뒤에 나오는 자음으로 결정된다는 것을 배운다('impressive'와 'inscrutable'이지 'inpressive'와 'imscrutable'이 아니다). 음악에도 비슷한 규칙들이 있다. 음악가는 악보를 보고 음높이와 타이밍이 어떻게 되는지 익힌다. 악보에서 음이 걸리는 위치는 음의 음높이와 연결된다. 쉼표의 타이밍은 검은색 사각형이 악보 줄 위에 있는지 아래에 걸리는지에 따라 다르다. 반원이 수직선

소리의 마음들

왼쪽에 오느냐 오른쪽에 오느냐에 따라 'd'와 'b'로 갈리듯이 말이다. 마찬가지로 음악가는 경험을 통해 어떤 화음 진행과 화성 관계가 'inpressive'라는 단어처럼 '성립되지' 않는 진행과 관계인지 배운다.

말 읽기와 음악 읽기가 표음의 유사성만 있는 것은 아니다. 말소리에도 리듬이 있다. 해마다 마틴 루서 킹 데이Martin Luther King Jr. Day가 되면 남편과 나는 '나에게는 꿈이 있습니다' 연설을 듣는다. 내가 그 연설을 암송하면 여러분은 아마도 따분해하며 시계를 들여다볼 것이다…. 연설물이 호소력을 발휘하는 상당 부분이 킹의 리듬에 있기 때문이다. 음악을 만들 때 가동되는 리듬과 그로 인해 얻어지는 숙련된 리듬감[4]은 언어와 읽기에 핵심이다.[5] 음악 수업이나 리듬 훈련을 받기 전과 받고 난 후 아이들을 평가하면, 음운 인식[6]과 읽기[7]와 말소리의 신경 처리[8]가 향상된 것을 볼 수 있다. 언어에서 가장 까다로운 소리 구별은 시간과 관련된 것으로, '바/가' 혹은 '바/파' 같은 자음의 쌍을 구별하는 것이다. 그러므로 (음악에 맞춰진) 음악가의 뇌는 아이가 언어를 발달시키고 책을 읽는 것에 차이를 가져온다.

(((청각적 풍경 분석: 소음에서 말소리 듣기와 음악가의 뇌)))

우리는 시끄러운 세상에서 살아간다. 상대방의 말을 알아듣기 위해 애써야 하는 상황(기차, 비행기, 식당, 교실, 놀이터)이 조용하게 보내는 시간보다 훨씬 더 많을 것이다. 우리의 뇌는 무관한 소리를 제하고 관련되는 소리를 끌어내는 일에 아주 능하다. 이런 솜씨는 '청각적 풍경 분석'이라는 범주에 해당하며 소리 마음이 소리지형을 의미 있는 부분들로 조직하는 방식을 가리킨다. 대화 상대자의 소리를 통합된 대상으로 만들면 여러분 주위에 소용돌이치는 다른 대화 소리를 뒤로 물리고 그의 목소리에 집중할 수 있다. 이런 능력이 남들보다 뛰어난 사람이 있는데, 대체로 음악가들이 이런 일을 상당히 능숙하게 해낸다.[9]

이런 강점은 고도로 훈련받은 음악가에게만 한정되지 않는다. 초보자에게도 비슷한 혜택이 있다. 브레인볼츠는 이제 막 음악을 배우기 시작한 초등학교 학생들을 대상으로 소음에서 말소리 듣는 능력을 알아본 적이 있다. 우리는 그들이 음악 훈련을 시작하기 전에 소음에서 듣는 능력을 평가했고, 1년 뒤에, 그리고 나서 다시 1년 뒤에 평가했다. 매년 아주 미미한 향상의 징후만 있었다. 하지만 본격적인 음악 활동을 시작하고 2년이 지나자 아이들이 문장을 듣고 정확하게 반복할 수 있는 배경소음의 수준이 확연히 높아졌다.[10]

소리의 마음들

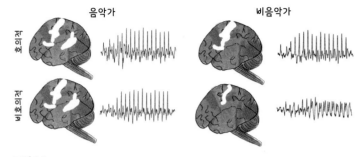

그림 8.2
음악가는 비호의적인 청취 환경에서(아래 줄) 소리에 더 강하게 반응한다(뇌 이미지에서 흰색). 이런 특징은 생리적 파형에서도 그대로 나타난다.

듣는 환경이 좋을 때는 음악가와 비음악가의 차이가 그렇게 뚜렷하지 않다. 음악가와 비음악가가 호의적인 환경에서 말소리를 들을 때 그들의 뇌는 동등하게 환해진다. 소음의 양을 늘릴 때에만 음악가의 강점이 드러난다(그림 8.2).[11] 비슷한 패턴은 소리에 대한 뇌의 생리적 반응에서도 나타난다.[12] 비호의적인 청취 환경에서 비음악가의 뇌는 뇌 이미지와 생리적 파형 모두에서 줄어든 반응을 보인다.

음악가의 소리 마음은 어째서 소음에서 말소리를 듣는 것을 그렇게 잘할까? OPERA 가정이 우리에게 실마리를 주는데, 나는 여기에 음악가에게 필수적인 솜씨인 리듬과 작업기억을 핵심적인 요소로 추가하고 싶다.

말소리의 리듬은 우리가 소음에서 간극을 메우도록 한다. 소음이 말소리를 방해할 때 우리는 바탕이 되는 리듬으로 우리가 알아듣지 못한 단어를 예측할 수 있다. 그런 점에서 드러머가 소

음에서 말소리를 듣는 것을 유독 잘하는 듯하다.[13]

대화를 따라가기 위해 필요한 능력인 작업기억이 좋다면, 음악가가 아니더라도 소음에서 더 잘 들을 수 있다.[14] 음악 연주는 기억력을 강화하는 좋은 방법이다.[15] 소리를 알아들으려면 생각하는 능력이 좋아야 한다. 작업기억이 좋아지면 어떤 과제든 맡아서 처리하는 능력이 좋아진다. 음악가들은 음높이 윤곽[16]과 소리 패턴[17]에서 변화를 파악하는 능력이 탁월하므로 소음에서 아주 길고 의미적으로 복잡한 문장을 알아듣는 데 유리하다.

완전히 합의된 정설은 없지만[18] 증거들을 취합해보면 음악가들은 소리 처리의 향상이든 리듬감이든 기억력이든 우리가 아직 모르는 어떤 이유로든 청각적 풍경을 효율적으로 분석하도록 자신의 소리 마음을 연마할 수 있다.

음악가 내에서도 연습의 정도와 연주를 시작한 나이에 따라 소음에서 듣는 능력이 차이가 난다. 혜택이 경험을 통해 계속해서 늘어난다는 것을 보여주는 것이다.

마음은 그렇지 않지만 나이가 들면서 음악 활동을 그만두는 사람들이 많다. 하지만 음악 연주를 계속하지 않아도 음악으로 인한 긍정적 결과는 어느 정도 지속된다. 음악 연주는 성인이 될 때,[19] 혹은 몇십 년 뒤라도[20] 해두면 좋은 인생의 투자다. 뇌가 소리와 의미를 강력하게 연결하는 법을 배우고 나면 뇌는 이 솜씨를 자동적으로 계속 강화한다.

소리의 마음들

(((신경교육)))

교사들은 음악을 하는 아이가 학업을 더 잘 따라간다고 힘주어 말한다. 매일 이 현상을 본다고 했고 자신에게 그토록 분명한 것을 다른 사람들이 이해하지 못하는 상황이 안타깝다고 했다. 그들은 내게 묻는다. "뇌에서 무슨 일이 벌어지는 겁니까?" 10년 전쯤 강인한 성격의 소유자 마거릿 마틴Margaret Martin이 나를 찾아온 적이 있었다. 그녀는 형편이 넉넉지 못한 아이들 손에 악기를 쥐여 주려는 비영리 프로그램 '하모니 프로젝트'를 로스앤젤레스에 설립했으며 자신들이 최고의 음악 수업을 한다고 확신했다. 공공보건 박사학위가 있는 마거릿은 학생들의 결과를 세세하게 기록했다. 그러므로 음악이 학업 성취에 효과가 있음을 누구보다 잘 알았다. "니나, 나는 음악이 위험한 환경에 처한 아이들이 학교를 그만두지 않게 할 수 있다는 것을 알아요. 가족 중에 처음으로 대학에 진학한 사람이 되기도 한답니다. 당신이 도와주면 우리는 어떻게 이렇게 되는지 근본적으로 이해하여 음악의 혜택을 널리 알릴 수 있어요." 그렇게 해서 우리의 협업 관계가 시작되었다.

한편 나는 좀 더 가까운 지역 사람과도 비슷한 취지의 대화를 나누었다. 시카고공립학교 시스템의 음악감독 케이트 존스턴Kate Johnston은 음악이 영어, 역사, 수학과 더불어 필수 교과과정으로 포함된 학교에서 아이들을 가르쳤다. 그리하여 거의 비슷한 시기에 브레인볼츠는 음악 경험이 소리 마음에 미치는 영향을 알아보는 대규모 장기 신경교육 프로젝트 둘을 진행하게 되었다.*

(((자연스러운 환경의 음악)))

우리가 이런 연구를 맡기로 한 것은 둘 다 자연스러운 환경에서 음악 경험이 신경계에 미치는 효과를 들여다보는 흔치 않은 기회를 제공했기 때문이다. 여기서 자연스럽다는 말은 과학자들이 설계한 인공적인 프로그램이 아니라 오랫동안 이어지고 있는 성공적인 음악 프로그램이라는 뜻이다. 소리 마음이라는 렌즈를 통해 음악과 학습, 교육 성취가 실제 세상에서 주고받는 상호작용의 생물학적 기초에 대해 배울 수 있는 기회였다.**

'하모니 프로젝트'에 참가한 아이들은 2학년으로 어렸고 이전에 음악 수업을 받아본 적이 없었다. 프로젝트는 당시 대학원생이던 다나 스트레이트Dana Strait가 맡았다. 네 명의 팀원이 농담이 아니라 진짜로 물건을 보관해두는 벽장에서 연구를 진행했다. 자루걸레와 진공청소기, 포장 상자와 고장 난 컴퓨터 모니터, 가게를 차려도 될 망가진 악기들을 치우는 일을 3년 동안 반복했다.

---

* 신경교육은 교습 방법과 학업 성취를 개선하고자 신경과학을 이용하여 학습이 뇌에서 어떻게 일어나는지 알아보는 것이다.

** 과학자들이 교육 현장에서 연구하기에는 여러 제약이 있어서 어렵다. 이는 흔치 않은 기회였는데 교육 프로그램 당사자들이 자신들에게 와서 연구해달라고 우리를 초대했기 때문이다.

소리의 마음들

음향적으로 전기적으로 차폐된 공간과는 아주 거리가 먼 이런 곳에서 그들은 세 시간에 걸쳐 학생들을 대상으로 소음에서 듣는 능력, 읽기 능력과 인지력, 소리에 대한 뇌의 반응을 테스트했다.

시카고 공립 고등학교 학생들을 대상으로 한 프로젝트는 연구소에서 그리 멀지 않았지만 연구 규모가 네 배나 더 컸다. 시카고 공립학교 학생들은 9학년이 될 때 연구에 참여하여 고등학교를 졸업할 때까지 계속했다. 대부분은 고등학교 1학년에 음악 수업을 처음 받아보는 것이었다. 우리는 브레인볼츠의 본거지에서 대부분의 테스트를 했다. 제니퍼 크리즈만Jennifer Krizman*이 주도하여 가끔은 모두가 동원되는 '테스트 축제'를 학교에서 펼치기도 했다. 브레인볼츠 학생들과 직원들 열댓 명이 컴퓨터와 테스트 자료, 신경생리 장비들을 챙겨 시카고로 갔고 온종일 이어지는 자료 수집에 다들 기운을 내도록 먹을 것을 챙기는 것도 잊지 않았다. 이런 식으로 매년 200명에 이르는 특별한 참여자들을 다양하게 테스트하는 일을 꼬박 5년 동안 했다.

동시에 진행된 두 프로젝트를 이끌면서 우리는 팀과 장비를 성공적으로 이쪽저쪽으로 옮겼고 중요한 사항이 이듬해에 바뀌는 일이 없도록 했다. 그러는 한편 제니퍼와 다나는 교사, 부모, 관리

---

* 제니퍼는 고등학교 학생들과 알고 지냈다. 자주 전화하고 문자를 주고받아 전화번호를 외울 정도였는데 10대들과 이러기는 쉬운 일이 아니다. 그녀는 학생들의 졸업식에 다 참석했고 많은 추천서를 써주었다.

자 등 관련되는 다른 모든 이들을 만족시켜 세션마다 해마다 동일한 환경이 이어지도록 해야 했다.

(((음악가는 만들어지는가 아니면 태어나는가?)))

'음악가의 강점'을 겨냥한 최고 비판은 인과성을 따지는 것이다. 상관관계가 인과관계를 의미하지는 않는다. 20년째 피아노를 연주하고 있는 조디는 악기를 평생 잡아본 적이 없는 피트보다 백질이 더 많다. 그렇다면 조디가 음악을 연주하기에 뇌가 백질을 더 많이 발달시켰다는 뜻일까? 아니면 애초에 그렇게 태어난 것일까? 백질이 뇌에서 작용하는 방식에서 뭔가가 조디로 하여금 음악에 관심을 갖게 해서 피아노 앞에 앉혔을 수도 있다. 오른쪽 운동피질이 남다르게 거대한 네 살배기 프레드는 생물학적 명령에 따라 자신도 어쩔 수 없이 부모를 현악기 제작자에게 데려간 것일까?

음악에 끌리는 사람에게 '본성'이 전혀 관여하지 않는다고 딱 잘라 말하기는 불가능하다. 뇌와 몸이 작용하여 그를 음악가가 되도록 이끌 수 있다. 그러나 내 남편이 오랫동안 음악을 가르치며 관찰한 바에 따르면 가장 많이 발전하는 사람은 음악을 하고 싶어 하는 사람이다. 우리가 좋아하는 것을 학습하면 소리 마음이 모습을 갖추게 된다. 그러므로 우리 연구의 초점은 '양육'에 놓인

소리의 마음들

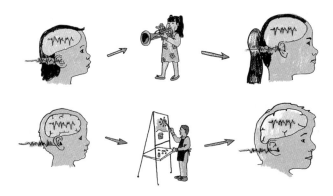

그림 8.3
신경교육 장기 추적 연구 계획.

다. 양육과 관련해서는 우리가 뭔가를 할 수 있다.

인과성이나 '본성 대 양육' 문제는 장기적 변화를 추적하는 연구를 들여다보면 대부분 해결할 수 있다. 참여자들을 본인들과 비교할 수 있기 때문이다. 장기 추적 연구는 음악교육이라고 하는 '양육'이 출발점과 상관없이 소리 마음을 다시 만들 수 있다는 강력한 증거를 제공한다. 대조군은 음악가와 똑같은 시간 동안 음악이 아니라 다른 건강한 활동을 하게 된다(그림 8.3).

(((우리가 배운 것)))

소리 마음에서 소리 처리가 강화되면 음악을 하는 아이에게서 발견되는 학업 성취와 듣기 능력의 향상으로 이어질 수 있다.[21]

로스앤젤레스 초등학생과 시카고 10대 청소년 모두에서 특정한 소리 구성요소들을 처리하는 능력의 강화는 오로지 음악을 하는 아이들에게서만 나타났다. 읽기 발달과 언어 발달에 필요한 바로 그 구성요소들이다(그림 8.1).[22] 뇌는 우리가 말소리를 알아듣기 위해 사용하는 하모닉에 더 잘 맞춰지게 되었고, 타이밍 신호와 자음에서 모음으로 넘어가는 FM 스위프를 더 잘 따라갔다. 게다가 이런 효과는 나중에 고등학교 때 음악 훈련을 시작했어도 나타났다. 뇌가 청각 학습에 유연하다는 것을 보여주는 사례다.

음악이 뇌와 언어 능력에 미치는 영향을 장기 추적 연구한 것은 브레인볼츠가 처음도, 유일한 사례도 아니다. 프랑스의 미리엘 베송Mirielle Besson 연구팀은 여덟 살에서 열 살 사이의 아이들이 음악 훈련을 1년 받고 나자 말의 타이밍과 지속 시간 신호(음높이 말고)를 처리하는 능력이 향상되었음을 발견했다.[23] 뇌에서 소리 처리의 향상은 말 지능, 읽기, 인지력의 향상과 부합했고, 이런 향상은 같은 시간 미술 훈련을 받은 대조군에서는 발견되지 않았다.[24] 다른 연구자들은 주의와 기억,[25] 청각 처리,[26] 외국어 학습,[27] 어휘력,[28] 책임감과 규율,[29] 무관한 소리를 차단하는 능력[30]이 좋아졌다고 보고했다. 장기 추적 조사들은 뇌가 빠르게 성숙한다는 것을 재차 확인해주고 있으며,[31] (앵무새 스노볼 연구로 유명한) 존 아이버슨은 어린 음악가의 뇌 발달을 알아보는 '심포니SIMPHONY 프로젝트'를 샌디에이고에서 이끌고 있다.

음악은 가난의 특징적인 신경 패턴을 상쇄할 수 있다

가난은 사람들을 여러 건강의 위험으로 내몰며 소리 마음의 장애도 그 가운데 하나다.[32] 우리가 시카고와 로스앤젤레스에서 진행한 음악 프로젝트에서 아이들은 저소득 동네에 살았고, 전체 학생의 85퍼센트 이상이 점심 보조금 지급 대상인 학교에 다녔다.

연구 참여자들은 말소리의 핵심적인 소리 구성요소에 대한 반응이 떨어지는 것으로 나타났다. 하모닉, 자음-모음 전환(FM 스위프), 신경신호의 안정성(일관성)이 떨어지거나 타이밍이 느렸다.[33] 말소리 처리만 둔화한 것이 아니라 신경 소음이 과도하게 많았는데 뇌 정전기로 생각된다. 가난의 특징적인 신경 패턴을

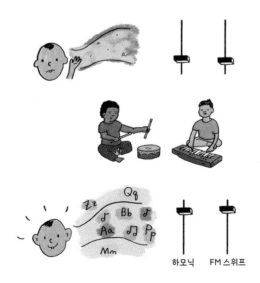

하모닉   FM 스위프

그림 8.4
언어 박탈(위)로 인한 특징적인 뇌 반응은 음악(아래)을 통해 만회할 수 있다.

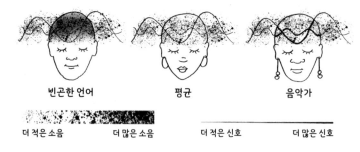

빈곤한 언어   평균   음악가

더 적은 소음   더 많은 소음   더 적은 신호   더 많은 신호

그림 8.5

전형적인 뇌(중앙)와 비교할 때 가난(왼쪽)은 뇌의 소음을 켜고 신호를 줄인다. 음악을 연주하면 신호가 켜진다(오른쪽).

그림 8.4에서 볼 수 있다. 소리 구성요소들을 맡는 믹싱 보드의 조절기들이 내려가 있고 신경 소음은 늘어나 있다. 줄어든 신호와 과도한 소음은 그림 8.5에서 보듯 소리 처리를 방해하는 골칫거리다.

음악가는 핵심적인 소리 구성요소들을 보다 효율적으로 처리하여 소리를 더 명료하게 만들며 결과적으로 소리를 키운다. 즉 음악 활동을 하면 하모닉과 중요한 타이밍 신호에 대한 뇌 반응을 강화하여 가난으로 인한 특징을 부분적으로 상쇄한다(일관성을 높이지는 못한다). 가난의 특징적인 신경 패턴을 상쇄하는 다른 전략도 있다. 이중언어로 말하면 뇌의 소리가 커질 수 있고, 운동을 하면 소음을 줄일 수 있다. 소리 마음이 소리 구성요소들을 처리하는 것을 살펴보면, 음악가, 이중언어 화자, 운동선수가 서로 다르면서 상호 보완적인 기제를 가동한다는 것을 이해하게 된다.

성취 간극 좁히기

저소득 동네의 아이들은 괜찮은 환경의 또래들에 비해 읽기와 다른 학업 능력이 떨어지는 경우가 많다.[34] 이런 성취 간극은 아이들이 나이가 들수록 오히려 넓어진다.[35] 로스앤젤레스에서 저소득 가정의 2학년 학생들은 읽기 성적이 떨어지는 것으로 나타나는데 안타깝게도 전형적인 현상이다. 이와 대조적으로 하모니 프로젝트에 참가한 아이들은 읽기 능력을 유지했다.[36]

스포츠를 관람한다고 신체가 건강해지는 않는다

음악 청취는 긴장 완화, 스트레스 해소, 기분 조절에 도움이 된다.[37] 주의, 기억력, 운동 동조화, 추리력을 일시적으로 끌어올릴 수도 있다.[38] 이것은 기분 좋은 음악을 들을 때 도파민 분비가 늘어나기 때문으로[39] 기분이 좋으면 생각하는 능력이 치솟는다.[40] 게다가 음악 청취는 치매와 파킨슨병 같은 신경성 질환을 치료하고 뇌졸중에서 회복하는 데도 도움이 될 수 있다.[41] 하지만 아기에게(심지어 태중에도) 클래식 음악을 들려주면 좋다는 대중적인 인식과 달리, 지금까지는 단순히 음악을 듣는 것이 소리 마음에 오래도록 영향을 미친다는 뚜렷한 증거가 없다.

하모니 프로젝트가 보여주듯 뇌에서 소리 구성요소를 처리하는 것이 달라지려면 음악에 적극적으로 관여해야 한다. 프로젝트는 음악 기초 훈련으로 시작했다. 음악을 신중하고 집중적으로 듣게 했고 연주는 많이 하지 않았다. 뇌의 변화는 아이들이 음악을 직접 만들어보는 단계에 이르렀을 때에야 확실하게 나타났다.[42] 소리에 대한 기본값 반응이 바뀌려면 음악을 실제로 만들어봐야 한다. 소리를 처리하는 뇌에 지속적인 변화가 일어나려면 훈련과 반복, 연습이 필요하다.

뇌를 바꾸려면 시간이 걸린다

이력서와 대학원 지원서를 검토하는 것은 내가 하는 업무의 일부다. 갈수록 사람들이 많은 경험을 하면서 노력에 들이는 시간이 줄고 있다. 예를 들자면 에콰도르에 잠깐 살고, 캠프 지도자 활동을 잠깐 하고, 도자기 공예를 잠깐 하는 식이다. 하지만 내 경험상 가장 유능한 학생은 오랜 시간 한두 가지 활동에 집중하는 학생이다.

시카고와 로스앤젤레스에서 진행한 장기 추적 연구에서 뇌의 소리 처리가 바뀐 것은 음악 수업을 1년 하고서는 확인되지 않았다. 소리 마음이 언어에 필수적인 소리 구성요소를 근본적으로 다르게 처리한 것은 음악을 만들기 시작하고 2년이 지나서야 관찰되었다.[43] 그 말은 음악교육이 뇌에 미치는 영향이 급작스럽게 얻어질 수 없다는 뜻이다. 아무리 혜택이 큰 활동도 이것을 했다가 저것을 하는 식으로는 효과가 없다. 이렇게 느리게 변화한다는 것이 부정적으로 보이겠지만, 반대로 만약 우리의 뇌가 매 순간 근본적으로 바뀐다면 얼마나 혼란스럽겠는가? 생물학적 관점에서 지금 우리의 존재는 오래도록 끈질기게 관여함으로써 얻어진 것이다.

(((음악 껴안기)))

교사와 부모, 의료계 종사자, 그 밖에 음악교육의 혜택을 뒷받침하는 생물학적 증거에 관심 있는 사람에게 말하도록 5분이 주어진다면, 나는 이렇게 말하겠다.

- 소리 마음은 방대하다. 우리가 생각하고 느끼고 움직이는 방식에 관여한다. 소리 마음 전체를 가동하는 일에 음악보다 더 능한 것은 없다. 그래서 음악을 만들면 뇌의 연결망이 소리를 처리하는 것을 강화하게 된다.
- 음악 활동으로 향상되는 솜씨와 뇌 활동은 언어와 읽기에 필요한 것과 겹치는 것이 많다.
  ○ 음악을 만들면 학업 성취가 올라갈 수 있다.
  ○ 음악을 만들면 부유한 자와 가난한 자의 학업 성취 간극을 좁힐 수 있다.
- 음악을 만드는 뇌의 특징적인 면은 아래의 것과 무관하게 나타난다.
  ○ 연주하는 악기(목소리도 상관없다)
  ○ 음악 장르
  ○ 연주 방식(함께 하든 혼자 하든)
  ○ 수업 방식(교실에서 수업하든 개인 레슨을 받든)
  ○ 교사(공립학교 교사든 정식 교습 자격증이 없는 음악가든)

- 적극적인 음악 만들기가 뇌의 소리 처리를 바꾼다. 수동적인 듣기로는 충분하지 않다.
- 음악 활동의 효과는 어린 시절 이후로도 지속된다.
  - 음악 활동을 하면 음악에서 손을 놓고 한참이 지나 노년에 이를 때까지 소리 처리가 강화된다.
- 음악 활동은 곧바로 뚝딱 효과가 나지 않는다. 뇌를 바꾸려면 시간과 인내가 필요하다.
- 음악은 공동체 의식을 키우는 데 아주 좋다.
  - 개인을 더 큰 전체로 끌어들이고 함께 일한다는 감정을 일으켜 사회적 응집력과 단합된 목적의식을 만든다.
  - 모든 문화에서 전통을 가진 보편적 언어다. 음악 소리는 우리의 감정 체계와 인지 체계를 끌어들이기 때문이다.
  - 일치된 동작으로 협력하게 만든다.
- 과학적 증거 말고 경제적으로 고려할 사항도 있다.* 음악교육은 치료하고 감금하는 데 드는 비용의 몇 분의 일로 아이들을 곤경에서 벗어나게 해줄 수 있다.[44]

명확하게 말하기 어려운 장점도 있다. 하긴 음악교육의 가장 큰 혜

---

* 미국에서 한 사람을 감옥에 두는 데 연간 3만 5000달러가 든다. 소송비, 치안 경비, 가석방, 보석을 포함하여 구금 체계를 유지하는 데 드는 전체 비용은 연간 1800억 달러가 넘는다. 사회적 비용까지 더하면 재정적 부담은 무려 1조 달러로 추정된다. 미국에서 주의력 문제 해결을 위해 처방되는 약은 연간 206억 달러에 이른다.

택 가운데 몇몇은 수량화하기 어렵다.[45] 음악은 그야말로 총체적인 의미로 아이들의 발달을 돕는다. 다년간 규칙적인 연습에서 굳건한 우정과 집중력, 규율을 얻고, 앙상블 연주로 사회성을 기르며, 무대에서 연주하며 자신감을 키운다. 음악은 다른 어떤 과목에서도 발견할 수 없는 새로운 차원의 교육을 아이에게 준다. 악기를 연주하는 움직임은 비언어적 형식의 사고와 앎이다. 더 높고 충만한 의식에 이르는 수단, 감정을 스스로 인식하는 방법, 미적 감수성을 기르는 방법이다.[46] 교육학자 베넷 리머Bennet Reimer는 이렇게 말했다. "사람이 인간다운 본질을 제대로 실현하려면 음악 경험이 필요하므로 음악은 기본 교육에 속한다."[47] 이런 손에 잡히지 않는 혜택들은 진짜지만, 인지력이나 언어 능력과 달리 쉽게 측정할 수 없다. 음악이 구체성이 떨어지는 이런 혜택에서 가시적 성과를 보이는지 판단하기 위해 임상실험을 할 수는 없다. 사실, 음악 훈련에 관한 실험에 더해지는 대조군은 음악을 음악으로 만드는 손에 잡히지 않는 성질을 모호하게 가릴 때가 많다.

나는 과학자이긴 하지만 과학적 탐구라는 도구가 모든 질문에 답을 주기에 적절하다고는 생각하지 않는다. 음악 활동이 주는 측정할 수 없는 혜택은 측정 가능한 혜택보다 덜 실질적이지도, 덜 중요하지도 않다. 그리고 이런 손에 잡히지 않는 혜택이 우리가 하는 측정에 영향을 미치기를 기대한다.

(((소리 마음의 관점에서 본 음악교육)))

우리가 음악교육을 교육의 필수 과정으로 삼을 역량이 된다면, 이상적인 음악교육은 어떤 모습일까? 음악교육은 처음에는 근사한 악기나 장비가 없어도 된다. 아이들이 맨 처음 갖는 악기는 자신의 목소리다. 실은 인간이 맨 처음 가졌던 악기도 자신의 노래하는 목소리였고 최초의 악기가 만들어진 것은 그로부터 수천 년 뒤의 일이다.[48] 리듬은 양손이나 냄비, 팬, 나무스푼만 있으면 충분하다. 음악을 시작하는 이른 나이란 없다. 빠를수록 좋다.

지난 30년간 음악 신동부터 음치에 이르기까지 음악의 신경인식에 대해 연구한 이자벨 페레츠Isabelle Peretz는 모두가 음악적이라고 주장한다. 정상분포에서 극단에 해당하는 2.5퍼센트는 음악적 재능이 뛰어나고 2.5퍼센트는 실음악증失音樂症이다. "절대다수는 충분한 연습 시간만 투자한다면 전문가 수준에 이를 수 있다."[49]

음악을 가르치는 것은 문화를 익히게 하는 수단이고 공동체 의식과 소속감을 키우는 방법이다. 훌륭한 커리큘럼은 훌륭한 교사다.[50] 그러므로 우리는 훌륭한 음악 교사를 소중하게 여기는 교육체계를 마련해야 한다.

우리는 연구 참여자들에게 얼마만큼 '귀로' 연주하고* 얼마만큼 악보를 보고 연주하는지 자주 묻는다. 나는 거의 모든 사람이 어느 한쪽에 쏠린다는 것을 알고는 놀랐다. 어째서 양쪽 방법을 함께 가르치지 않을까? 아이들은 모방하기를 좋아한다. 곡을 어떻게 연주하는지 보여주고 따라 하도록 해보자. 그런 다음에 곡이 어떻게 기보되었는지 보여주고 둘을 연결하도록 해보자. 이것이 내가 음악적 이중언어 화자라고 부르는 것이다. 모방하고 악보를 읽고 즉흥연주를 할 줄 알면 음악을 만드는 범위와 맥락이 넓어진다. 하나의 방법만으로도 소리 마음을 더 좋게 바꿀 수 있지만, 음악적 이중언어 화자는 특별히 잘 조율된 듣는 뇌를 갖고 있는 것 같다.[51] 악보를 읽는 것도 공통 언어를 학습하는 것이다. 사실 악보 읽기와 단어 읽기에 가동되는 뇌 자원은 비슷하지만 완전히 겹치지는 않으며 하나를 연습하면 다른 하나가 강화된다.[52] 내가 록과 재즈의 화음과 화성을 익히도록 도와주고, 즉흥연주로 안내하고, 베토벤을 가르쳐준 피아노 선생님에게 감사하게 생각한다.

뜻밖에도, 연구를 하거나 연주를 하다가 음악 교육이나 치료로 뛰어들도록 권장하는 분위기는 아닌 것 같다. 교육이나 치료에 꾸준히 매진하면 연주자가 활동을 이어가도록 하는 데 도움이 된다. 음악가와 학자, 음악치료사와 임상의를 갈라놓는 장벽이 존재한다. 이런 전문가들 모두가 언어장애를 겪는 아이나 가령

---

* 나는 '귀로' 연주한다는 표현이 썩 마음에 들지 않는다. 듣고 모방하는 식으로 배운다고 하면 어떨까? '모방'이라는 말로도 충분하다. 우리는 말을 포함하여 대부분의 것들을 모방하며 배운다.

뇌졸중에서 회복 중인 성인을 치료하는 데 뭔가를 보탠다. 음악 교육을 더 이른 시기에 더 강력하게 펴려면, 즉 모방과 악보 읽기와 즉흥연주를 통해 가르치고 여러 음악 양식을 통합하려면, 다양한 분야의 사람들을 한곳에 불러 모아야 한다. 나의 이런 음악 교육관은 분야와 분야가 만나는 지점에서 연구하는 것을 좋아하는 내 학문적 성향과 맞닿아 있는 듯하다.

음악을 만들면 소리 마음이 더 좋게 바뀐다. 과학자로서 말하는데 음악은 교육과 치료에서 진지하게 고려되어야 마땅하다.

소리의 마음들

9

이중언어 뇌

달걀 하나로 반숙 요리를 할 수 있지만, 언어 하나로 충분할까?

내가 초능력을 하나 고를 수 있다면, 어떤 언어로든 척척 말하는 능력을 갖고 싶다.

《태어난 게 범죄》라는 책에서 트레버 노아Trevor Noah는 자신이 고등학생일 때 언어로 피부색의 장벽을 넘어섰던 이야기를 들려준다. 남아프리카공화국에서 인종 갈등은 언어 환경을 극단적으로 갈라놓아 백인들은 아프리칸스어로 말하고 흑인들은 공식적인 자리가 아니라면 주로 자신들의 토착어로 말한다. 혼혈인 노아는 아프리칸스어와 코사어를 둘 다 말했고, 그 덕분에 학교에서 백인과 흑인 모두와 어울릴 수 있었다. 그의 언어 덕분에 급우들은 자신의 피부색이 어떻든 그를 자기들 일원으로 받아들였던 것이다. 노아는 백인과 흑인의 세계를 넘나들 수 있었던 드문 존재였다. 나는 누군가를 만나면 그 사람의 언어로 말하는 것을 좋아한다. 공통의 언어로만 다다를 수 있는 깊은 수준의 연결이 있기 때문이다. 이런 소속감은 적어도 일부는 소리 마음 회로가 똑같은 소리에 맞춰져 있다는 데서 기인한다.

전 세계에서 절반이 넘는 사람들이 하나 이상의 언어로 말한다.[1] 미국은 사정이 달라서 하나 이상의 언어로 말하는 사람이 다섯 명 중 하나에 불과하다.[2] 이중언어 뇌는 단일언어 뇌와 어떤 면에서 차이가 날까? 제2의 언어로 말함으로써 어휘를 늘리고 문법 전술을 늘리고 언어 소리와 관점의 레퍼토리를 늘린다면, 그 대가로 무엇을 잃을까? 이런 질문들은 한참 전부터 있었다.

부정적으로 인식된 이유가 경제적 충격이든 안전의 위협이든, '타자'를 악마화하는 것은 인류 역사가 기록된 초창기부터 있던 특징이다. '야만인barbarian'이라는 단어는 외부인이 말하는 소리를 그리스인들이 '바-바-바'로 알아들은 것에서 유래한다. 외부인은 제대로 된 언어를 말하기에는 지능이 모자란다는 뜻을 담고 있는 것이다. 20세기 중반까지도 외국어 화자는 영어를 잘 말하더라도 영어를 모국어로 하는 화자보다 정신적 능력이 떨어진다는 것이 미국에서 과학적 의견으로 널리 받아들여지고 있었다.[3] 1952년 한 아동심리학 교과서에 이런 말이 나온다. "이중언어 환경에서 자란 아이가 언어 발달에 장애가 있다는 데는 의심의 여지가 없다."[4] 이중언어와 관련하여 편견이 횡행한 데는 당시 남유럽과 동유럽에서 오는 이민자들이 늘어난 것에 대한 부정적 태

소리의 마음들

도가 상당한 영향을 미쳤다. 1907년 의회에서 소집한 딜링엄 위원회Dillingham Commission는 이런 지역에서 넘어오는 이민자들이 미국 사회에 심각한 위협이라고 보았다. 그래서 영어 어휘력과 영어 관련 지식을 알아보는 시험을 치렀고, 그 결과를 바탕으로 당시 입국심사 장소인 엘리스섬의 유럽 이민자들이 40년 전에 미국에 도착해서 잘 정착하고 동화된 앵글로색슨/노르딕 이민자들에 비해 '정신박약feeble-minded'이라고 결론 내렸다.[5] 위원회의 이런 판단을 바탕으로 문해력 시험이 생겨났고 전 세계 이민자 비율을 줄이는 쿼터제가 시행되어 아시아에서 오는 이민자들이 몇 년 동안 거의 끊어지다시피 했다.

그 이후로 이런 입장은 누그러져서 지금은 미국에서 생활하는 기간 같은, 100년 전 딜링엄 위원회에서는 고려하지 않았던 요소에 따라 이중언어 화자가 유리한 점도 있고 불리한 점도 있다는 데 대체로 동의하고 있다.

이제 소리 마음이라는 렌즈를 통해 이중언어를 들여다보고 이것이 이런 언어의 초능력에 대해 무엇을 말해주는지 알아보자.

(((언어에 맞춰지는 소리 마음)))

누구든지 어떤 언어도 말할 수 있다. 말에 동원되는 해부적 구조는 보편적이다. 하지만 성인이 새로운 언어 소리에 적응하는 것은 어려울 수 있다. 어떤 두 언어를 놓고 봐도 서로 양립할 수 없는 소리가 거의 틀림없이 발견된다. 타이밍 구성요소를 예로 들어보자. 입술이 열리고 성대가 진동하기까지 걸리는 시간('성대 진동 시작 시간voice onset time')에 따라 '빌'과 '필'이 나뉜다. 성대가 바로 진동하면 'ㅂ'이 되고, 살짝 시간을 두면 'ㅍ'이 된다. 어떤 언어에는 추가로 선행발음pre-voicing이 있다. 입술을 열기도 전에 진동을 시작하는 것이다. 선행발음을 영어 화자는 거의 알아차리지 못한다. 여전히 'ㅂ'과 비슷하게 들린다. 하지만 예를 들어 힌디어에서 선행발음 자음은 다른 자음과 쉽게 구별되는 독자적인 소리의 부류를 이룬다.[6] 영어 화자에게는 이런 구별이 무의미하므로 영어 화자의 소리 마음은 이런 것을 구별하는 데 에너지를 낭비하지 않는다.[7]

언어 소리를 지각적 범주들로 분류하는 원칙이 있는데 이를 '범주적 지각'이라고 부른다.[8] 영어에서는 50밀리초의 침묵을 더함으로써 '빌'을 '필'로 만들 수 있다. 그렇다면 25밀리초를 더하면 어떻게 될까? 두 소리가 겹쳐진 '빌/필'이 들릴까? 이런 연구는 수도 없이 많았고 결과는 단연코 아니었다. 0밀리초에서 50밀리초까지 5밀리초의 간격으로 침묵의 길이를 조정하여 실험하면, 30밀리초 근처에서 갑자기 'ㅂ'이 'ㅍ'으로 바뀌는 것을 보게 된다. 0밀리초에서 25밀리초까지는 항상 'ㅂ'이며, 30밀리초에서 50밀리초까지는 'ㅍ'이다(그림 9.1). 성대 진동 시작 시간이 어떻게 되더라도 모호한 '빌/필'이 들리지는 않는다. 전형적인 영

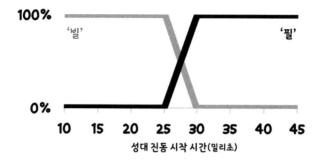

그림 9.1
범주적 지각. 성대 진동 시작 시간이 점점 늘어나면 가상의 청자는 타이밍 신호가 30밀리초에 이를 때까지는 열 번이면 열 번 모두 '빌'(회색 선)이라고 듣는다. 30밀리초를 넘어서면 '빌'이라고 지각하는 것은 제로로 떨어지고 항상 '필'(검은색 선)이라고 확실하게 듣는다.

어 화자는 ㅂ/ㅍ의 범주적 경계 맞은편에 있는 20밀리초와 30밀리초를 들려주고 둘이 같은지 다른지 맞혀보라고 하면 '다르다'고 하는 데 아무런 어려움이 없다. 하지만 동일하게 10밀리초 차이인데도 30밀리초와 40밀리초를 들려주면 '같다'고 듣는다. 두 소리 모두 '필'의 바구니에 담기는 데다가 언어의 경험 때문에 둘을 지각적으로 구별하는 데 애를 먹는다.

이것이 힌디어의 선행발음 자음이 영어를 모국어로 쓰는 화자들에게 어려운 이유다. 그것들을 담을 범주를 아직 개발하지 못한 것이다. 그래서 처음에는 영어 화자의 '일반발음' 범주에 떨어지게 되지만 연습을 하면 영어 화자도 선행발음과 일반발음을 구별하는 법을 배울 수 있다. 브레인볼츠 연구원 켈리 트렘블레이는 영어 화자들을 훈련시켜 힌디어 화자들이 자연스럽게 구별하는 선행발음을 듣도록 했다. 충분한 훈련을 받으면 청각적 뇌의 반응이 그에 맞게 바뀌어 구별을 들을 수 있었다.[9]

소리 지각은 소리 생산으로 연결될 수 있다. 일본어 화자에게 영어 'r'/'l'의 차이를 듣도록 훈련시키면 그들이 이런 소리를 구별해서 내기가 쉬워진다. 고도로 연결된 소리 마음 덕분이다.[10] 나는 미국과 이탈리아를 오갈 때마다 이런 청각-운동, 듣기-말하기의 상호작용을 몸소 경험한다. 이탈리아에 처음 도착하면 이탈리아어를 말할 때 입안에 구슬이 들어찬 기분이 든다. 하지만 며칠 적응하면 이탈리아어 발음이 유창해진다. 미국으로 다시 돌아오면 비슷한 지체를 경험한다.

뇌는 규칙적인 소리의 연속에서 변화가 일어날 때 그 반응으로 MMN(불일치 음전위)을 낸다. 두 소리가 음향적으로 차이가 클수록 MMN의 크기도 더 크다. 말소리 스펙트럼에서 치솟은 부분의 상대적 크기가 어떤 말소리인지 결정하는 음향의 구성요소임을 기억하자. 에스토니아어(그림 9.2의 위)에는 모음이 네 개 있다. /o/, /ő/, /ö/, /e/이며 스펙트럼에서 치솟은 부분이 각각 850, 1300, 1500, 2000헤르츠에 해당한다. 에스토니아 사람들의 소리 마음은 이런 모음들을 체계적인 방식으로 구별한다. 음향적으로 상이한 두 음(/e/와 /o/)이 가까운 두 음(/e/와 /ö/)보다 더 큰 MMN을 끌어낸다.

하지만 언어의 경험은 이런 원칙을 뒤집는다. 에스토니아어는 이웃 나라의 핀란드어와 공통점이 많다. 양쪽 모두 /e/, /ö/, /o/

소리의 마음들

가 있으며 다만 핀란드어(그림 9.2의 아래)에는 /ő/가 없다. 음향적 차이에 따르면 우리가 /e/와 /ö/, /e/와 /ő/, /e/와 /o/로 갈수록 MMN이 커져야 한다. 에스토니아 사람들은 정확히 그런 반응을 보인다. 그러나 핀란드 사람들은 그렇지 않다. /ő/에 대한 반응이 /ö/에 대한 반응보다 큰 것이 아니라 오히려 작다. 그러니 모음 의 소리가 음향적으로 얼마나 다른지만 중요한 게 아니다. 여러 분의 소리 마음에 소리의 자리가 있는지 없는지도 중요하다. 뇌 는 여러분의 언어에 없는 소리보다 여러분 언어의 소리에 더 잘 맞춰져 있다.[11] 마찬가지로, 중국어에서 의미의 요소인 목소리 음

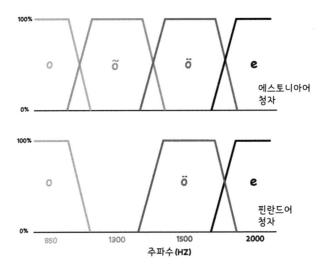

그림 9.2
네 개의 모음 /o/, /ő/, /ö/, /e/는 대략 850, 1300, 1500, 2000헤르츠에 주파수 대역이 분 포한다. 1300헤르츠에 고점이 있는 말소리를 들려주면 에스토니아 사람은 틀림없이 /ő/ 로 듣는다. 하지만 핀란드어에는 /ő/가 없다.

높이는 이것이 의미가 없는 미국인보다 중국인에게서 더 활발한 MMN을 끌어낸다.[12]

이렇게 언어가 청각 처리에 미치는 영향은 언제 발달할까? 이 문제를 알아보고자 리스토 내태넨의 연구팀이 핀란드와 에스토니아 유아들에게 이런 모음 소리들을 들려주고 MMN을 살펴보았다. 월령 6개월에 핀란드와 에스토니아 유아들의 뇌는 /ö/를 동일하게 처리했다. 그러나 한 살이 되자 성인에게서 발견되는 패턴이 나타났다.[13] 다른 언어들에서도 거의 동일한 결과가 발견되었다. 미국과 일본 아기는 6개월에서 8개월에 'r'과 'l'을 비슷하게 구별한다. 하지만 한 살이 되면 미국 아기가 훨씬 잘하며, 일본 아기의 구별 능력은 오히려 전보다 떨어진다.[14] 언어에 특유한 소리들이 생의 초기에 소리 마음에서 형성되기 시작한다.[15]

이를 통해 제2의 언어를 어린 나이에 배우는 것이 어째서 가장 좋은지 설명할 수 있다. 새로운 소리를 습득하고 이것을 담을 범주를 개발하는 것은 어린 뇌가 더 쉽게 해낸다. 어릴 때 제2의 언어를 배우는 사람은 성인이 되어 시작하는 사람보다 거의 항상 억양이 덜 들어가게 된다. 모국어 경험으로 범주가 굳어지기 전이어서 배우고 있는 언어의 소리의 미묘함을 파악할 수 있다.[16] 어릴 때 다른 언어를 말하면 소리-의미 연결을 만드는 데도 더 많은 시간을 들이게 되어 결과적으로 소리 마음이 달라진다. 음악가의 경우와 마찬가지로 제2의 언어도 시작한 나이와 연습한 시간이 중요한 고려 사항이다.

소리의 마음들

(((이중언어 뇌는 단일언어 뇌 둘의 합이 아니다)))

여러분이 이중언어 화자이고 둘 중 하나로 대화를 나누고 있다면 다른 언어를 완전히 *끄고* 있는가? 그렇다고 믿는 사람들이 있지만, 다른 언어가 결코 완전히 꺼진 상태가 아니라는 증거가 갈수록 많아지고 있다.[17] 비록 주어진 순간에 하나의 언어만을 사용하더라도 두 언어 모두 화자가 언제라도 사용하도록 '대기하고' 있다.

지금 여러분의 컴퓨터 화면에 쉰 가지 그림이 격자로 떠 있다고 해보자. 모두 일상에서 마주치는 대상과 동물의 그림이다. 단어를 듣고 얼마나 빨리 올바른 대상을 찾아내는지 알아보는 테스트다. 첫 번째 단어로 '카'라는 소리가 들리기 시작하면 단어가 채 마무리되기 전에 여러분의 눈은 화면을 훑어보며 '커핀coffin'(관), '커피coffee', '카브웹cobweb'(거미줄)으로 선택의 범위를 좁힐 것이다. 최초의 '카' 소리가 여러분의 뇌를 그 소리로 시작하는 대상들을 찾도록 점화한 것이다. 단어가 마무리되기도 전에 말이다. 하지만 여러분이 영어와 스페인어를 하는 이중언어 화자라면, '카' 소리는 여러분의 스페인어 어휘 창고도 활성화할 것이다. 그래서 영어만 하는 화자는 절대 헷갈릴 일이 없는 말(카바요caballo), 트럭(카미온camión), 강아지(카초로cachorro), 상자(카하caja)를 후보에서 곧바로 제쳐두지 못한다. 실수 없이 과제를 수행할 수는 있겠지만 노력이 좀 더 소요된다. 아마 더 느리게 반응할 것이다. 일차 관문을 통과한 후보가 셋이 아니라 일곱이기 때문이다. 이와 비슷하게 눈을 추적하는 방식을 사용하여 이중언어 화자가 테스트 대상이 아닌 언어에서 철자/소리의 유사성이 있는 단어를 실제로 더 오래 보는 것으로 확인되었다.[18]

우리는 언어 간 간섭을 생물학적으로 볼 수 있다. 뇌는 예측되는 연속에서 일어나는 변동을 감지하는 일에 능하다는 것을 기억하자. 음향적 불일치를 나타내는 MMN과 대조적으로 의미적 불일치를 나타내는 N400이라고 하는 뇌 반응이 있다. 소리가 시작하고 400밀리초 뒤에 뇌파가 음의 방향으로 하향한다고 해서 이런 이름이 붙었다. "비행기가 공항에 착륙했다"라는 문장을 들으면 N400이 나타나지 않는다. 의미적 위반이 없는 문장이기 때문이다. 하지만 "비행기가 딸기에 착륙했다"라는 문장은 의미적 기대를 위반하므로 N400을 일으킨다. 이런 신경 반응을 활용하여 언어 간 간섭을 살펴본 창의적 연구가 있다. 연구자들은 중국어-영어 이중언어 화자를 대상으로 영어 단어 짝이 의미적으로 연관되는지(아내-남편) 연관되지 않는지(기차-햄) 맞히도록 했다. 하지만 아무렇게나 단어 짝을 고른 것이 전혀 아니었다. 몇몇 경우영어를 중국어로 바꿀 때 한자 표기와 발음이 비슷한 단어로 짝을 맞췄다. 기차와 햄을 중국어로 번역한 단어인 火车와 火腿는 같은 한자와 같은 발음('훠')으로 시작한다. 이런 유사성은 그들의 N400 반응에 영향을 미쳤다. 자신도 모르게 단어의 중국어 번역을 이용한다는 의미였다. 영어에서는 맞지 않지만 중국어에서는

소리의 마음들

유사성이 있는 단어 짝이 양쪽 언어 모두에서 맞지 않는 단어 짝 (사과/苹果-탁자/桌子)보다 작은 N400 반응을 끌어냈다.[19] 중국 어를 아는 것이 영어 단어 짝을 처리하는 소리 마음에 끼어든 것 이다.

그러므로 이중언어 화자는 하나의 언어만 요구되는 상황에서 도 다른 언어를 완전히 '끄지' 않는다. 하지만 이것이 어떤 의미 인지 생각해보자. 다른 언어와 연결되는 가능성이 있는 단어에 더 느리게 반응한다고 해서 반드시 '나쁜' 것이라고 할 수는 없 다. 반응시간을 알아보는 실험에서 가장 빠르게 반응해야 하는 이유가 있지 않다면 말이다. 이런 다른 언어의 가능성은 생각하 고 기억을 끄집어내고 소리-의미 연결에 들어가는 연상을 만드 는 일에 더 풍성한 토대를 마련해줄 수 있다. 그러니 이중언어 뇌 는 단일언어 뇌 두 개를 더한 것이 아니다. 이중언어 뇌를 이루는 두 언어는 이로울 수도 있고 문제가 될 수도 있는 방식으로 상호 작용한다. 하나 이상의 언어로 말하는 것은 소리로 인해 우리가 느끼고 생각하고 움직이는 방식에 영향을 준다.

(((불리한 면: 이중언어 화자는 무엇을 놓치는가?)))

이중언어 화자는 말하기가 양쪽으로 분산되므로 일반적으로 하나의 언어에서는 단일언어 화자보다 어휘가 적다.[20] 어휘력이 떨어지면 언어장애로 오해받을 수도 있어서 문제가 된다. 단어를 불러오기도 어렵다. 원하는 단어를 빠르고 유창하게 구사하는 것이 이중언어 화자에게 더 힘겨운 도전인데[21] 다른 언어가 간섭하기 때문으로 추정된다.[22]

이중언어 화자는 배경소음이 있을 때 말소리를 알아듣는 것도 단일언어 화자보다 힘들어 보인다.[23] 배경소음이 다른 사람의 목소리인 경우를 생각해보자. 여러분이 영어와 스페인어를 할 줄 알고 시끄러운 레스토랑에서 영어 화자인 친구와 식사를 하고 있다고 해보자. 불완전한 신호와 불완전한 지식[24]이라는 이중의 어려움이 여러분에게 있다. 영어 어휘력은 떨어지는데 전반적인 어휘는 두 언어에 걸쳐 있으므로 더 넓다.[25] 공포영화에 대해 이야기하던 중에 친구가 〈미저리〉를 보았다고 말한다. 여러분은 왜 갑자기 친구가 아이폰 개인 비서 이야기를 꺼내는지 의아해한다('신 미저리seen Misery', '신 미 시리sin mi Siri'—'위다웃 마이 시리without my Siri'). 내가 든 예가 옹색하고 억지스럽다는 거 인정한다. 하지만 요점은 알아들었을 것이다. 언어, 그러니까 이 경우 영어를 덜 접해온 이중언어 화자는 소음에서 들을 때 간극을 메우는 데 도움이 되는 언어적 신호에 덜 익숙하다. 이렇게 언어 지식은 떨어지고 언어적 경쟁자는 오히려 더 많이 활성화되므로 소음에서 말소리를 듣는 것이 힘들어진다(그림 9.3).

흥미롭게도 언어가 관여하지 않는다면 이중언어 화자가 소음에서 듣는 것에 더 능숙하다. 영어와 스페인어를 할 줄 아는 10대

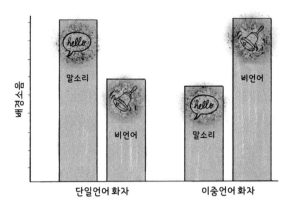

그림 9.3
이중언어 화자가 단일언어 화자보다 배경소음에서 비언어적 소리를 더 잘 들을 수 있다.
다만 소음에서 말소리를 듣는 능력은 더 떨어진다. y축은 참을 수 있는 배경소음 수준을
나타낸다.

들에게 소음에서 비언어적 소리를 듣는 과제를 해보도록 했다. 소음에 가려진 음색을 감지하도록 했는데 하나의 언어만 하는 또래들보다 잘했다(그림 9.3).[26] 언어의 영역에서는 언어 간 간섭이 소리 처리를 침해할 수 있지만, 그 외의 영역에서는 언어 소리를 더 풍부하게 접한 이중언어 화자의 경험이 소음에서 소리를 처리하는 능력을 강화하는 것으로 짐작된다.

(((유리한 면: 이중언어 화자는 무엇을 얻는가?)))

이중언어 화자가 되면 단일언어 화자일 때보다 더 많은 사람과 대화를 나눌 수 있다. 이것은 명백한 장점이며 많은 사람들에

게 제2의 언어를 배우도록 하는 충분한 동기가 된다. 그러나 다른 혜택도 많다고 믿어도 좋다. 왜 그럴까? 제2의 언어를 배우는 데는 음악을 만드는 것과 비슷한 요소들이 관여하기 때문이다. 즉 주의력과 기억력이 가동되고, 소리 처리가 단련되며, 신경회로가 발화한다. 그러니 제2의 언어로 말하면 음악 활동에 준하는 부수적 혜택이 있다.

소리 마음은 우리가 생각하고 감각하고 움직이고 느끼는 방식과 맞물려 돌아간다. 먼저 생각과 관련한 장점부터 알아보자. 인지에는 주의, 작업기억, 계획, 조직화 능력, 사고의 유연함, 자기감시, 무관한 정보 무시하기 능력이 포함된다. 다른 언어로 말하면 이런 능력들을 강화할 수 있어서 더 잘 생각하게 된다. 다양한 관점으로 여러 인지 측면에 초점을 맞추어 이중언어 화자들을 연구했지만[27] 가장 자주 부각되는 것은 주의다.

이중언어 화자는 충동을 억누르는 일에 능하다. 산만한 것을 피하고 중요한 사안에 주의를 기울이기 위해 필요한 능력이다. 이런 능력을 '억제 조절inhibitory control'이라고 한다. 이것을 측정하기 위해 흔하게 하는 평가가 '차원 전환 카드 분류 과제'라는 것이다. 이름은 거창하지만 간단하다. 다양한 색깔의 여러 모양으로 된 카드들이 있다. 여러분이 해야 할 일은 카드를 모양별로 분류하는 것이다. 다이아몬드는 이쪽으로, 사각형은 저쪽으로… 색깔은 상관없이 말이다. 그러고 나서 이번에는 색깔별로 분류한다. 파란색을 모으고, 초록색을 모으고… 모양은 무시한다. 억제 조절을 발휘해야 하는 이런 과제에서 이중언어 화자가 단일언어 화자보다 더 나은 능력을 보인다. 그리고 이중언어를 쓰는 아이는 단일언어를 쓰는 또래보다 더 어린 나이에 과제를 수행할 수 있다.[28] 이중언어 화자는 하나의 언어로 말하거나 글을 쓸 때 다른 언어의 어휘와 구문을 억눌러야 한다는 것을 생각하면 이런 장점이 이해된다.[29]

이중언어 화자의 소리 마음은 소리 패턴을 다루는 일에도 능하다. 인공적인 언어에서 패턴을 발견하기 위해 필요한 능력은 이중언어 환경에서 자란 걸음마 유아[30]와 성인[31]에게서 높게 나타난다. 제2의 언어를 배우고 나면 다른 언어를 또 배우는 것이 훨씬 쉬워지는 것 같다.[32]

청각 발판auditory scaffolding 가설[33]은 소리의 경험, 특히 언어 경험이 인지의 토대라는 것이다. 귀가 들리지 않는 아이들은 주의력에 문제가 있다. 명백히 시각적인 주의력도 떨어져서 이런 가설에 힘을 실어준다.[34] 그리고 사람은 나이가 들면 하나 이상의 언어로 말하는 것이 인지력을 굳건하게 받쳐줘서 인지력이 쇠퇴하는 것을 피할 수 있다.[35]

브레인볼츠는 아이들과 사춘기 청소년들의 소리 마음에서 이중언어 화자임을 나타내는 생물학적 표식을 찾아보았다. 제니퍼 크리즈만(당시 학생이었고 현재 노스웨스턴대학교 교수)이 이중언어 연구를 이끌어 5년 동안 여기에 매달렸다. 그녀는 소리 마음을 풍요롭게 하는 수단인 음악 수업이 많은 가족에게 재정적으로 크나큰 부담일 수 있다고 보았으며 이민자 가족에게 특히 그러했다. 하지만 이민자들은 두 가지 언어로 말하는 경우가 아주 흔하다. 제니퍼는 제2의 언어를 말하는 것이 이중언어와 관련하여 미국의 곱지 않은 시선을 누그러뜨릴 만한 혜택을 안겨줄 수 있는지 알아보고 싶었다. 여러 언어로 말한다는 것은 보다 값비싼 방법이 여의치 않을 때 소리 마음을 강화하는 기회가 될 수 있었다. 그녀는 이중언어 뇌가 어떤 소리 구성요소를 명료하게 처리하는지 알고 싶었다.

이중언어 뇌임을 보여주는 확실한 특징은 기본주파수[36] 처리 향상과 소리에 대한 일관성 있는[37] 반응이다(그림 9.4). 말소리에서 기본주파수(목소리 음높이)는 강력한 언어 지표다. 언어마다 말하는 음높이가 평균적으로 달라서[38] 두 언어를 말하는 사람을 보면 거의 항상 하나의 언어를 다른 언어보다 평균적으로 더 높은 음높이로 말한다.[39] 기본주파수가 그만큼 이중언어 화자에게 중요한 것이다. 기본주파수는 또한 우리가 '청각적 대상'(데이비드의

그림 9.4
이중언어를 구사하면 소리 처리의 일관성과 기본주파수(음높이 신호)에 대한 반응이 강화된다.

소리의 마음들

목소리, 자동차 소리, 사라의 목소리)을 서로 구별하도록 해준다. 청각적 대상을 구별하는 것은 시각적 대상을 구별하는 것과 달리 만만치 않다. 자동차 하나가 어디서 끝나고 다른 자동차가 시작하는지 눈으로 알아보는 것은 무시무시한 충돌사고가 있지 않았다면 모호할 것이 전혀 없다. 두 자동차 소리를 구별하는 것은 엔진과 배기장치가 내는 음높이, 노면에 닿는 타이어 소리를 따로따로 듣는 것이다. 앞서 소음에 가려진 음색을 감지하는 경우에서 보았듯이 이런 종류의 청각-대상 구별은 이중언어 화자가 더 수월하게 해낸다. 일관성에 대해 말하자면 잘 조율된 청각적 뇌는 주어진 소리에 매번 동일하게 반응한다. 이런 충실도에서 벗어나면 일관성이 없다는 뜻이다. 피질 하부(중뇌)와 피질의 청각 영역에서 나오는 뇌 활동에서 이중언어 화자는 반복되는 소리에 더 일관된 반응을 보인다. 기본주파수에 대한 더 강력한 반응, 그리고 더 일관된 소리 처리는 주의, 억제 조절, 언어 능력 측정에서 수행력과 직접적으로 연결된다.

이중언어 구사는 가난과 관련된 소리 마음의 특징에 어떤 영향을 미칠까? 가난한 가정에서 자란 아이들은 하모닉, FM 스위프, 일관성을 포함하여 몇 가지 소리 구성요소를 처리하는 것이 둔화될 수 있다. 우리는 시카고와 로스앤젤레스 공립학교 아이들에게서 모은 자료를 제2의 언어와 관련하여 찬찬히 살펴보았는데, 가난의 특징적인 뇌 지표가 이중언어를 하는 아이들에게서 덜 두드러지게 나타났다. 단일언어 화자의 경우 사회경제적 지위가 높은 가정의 아이가 저소득 가정의 아이보다 소리에 더 일관적인 신경 반응을 보였다. 하지만 이중언어 화자에게서는 이런 차이가 거의 없었다. 저소득 가정 이중언어 화자의 일관성은 고소득 가정의 일반언어 화자와 사실상 대등한 수준이었다(그림 9.5).[40] 이렇듯 이중언어 화자의 소리 마음이 더 능숙한 처리를 보이는 것은 단일언어 화자보다 음소, 즉 언어 소리의 집합을 더 많이 접하기 때문으로 보인다. 더 풍부한 언어 소리의 집합을 처리하는 과정에서 더 많은 뇌 자원이 가동되며 이것이 소리 마음을 강화하는 것이다. 저소득 가정의 이중언어 화자는 아울러 인지력 테스트(주의와 억제 조절)에서 고소득 가정의 일반언어 화자보다 더 나은 수행력을 보였다.[41] 그러므로 제2의 언어로 말하면 가난이 신경 패턴과 인지력에 미치는 영향을 상쇄할 수 있다. 이것이

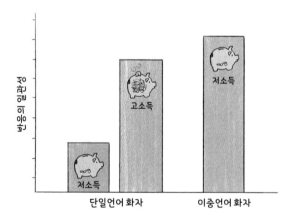

그림 9.5
이중언어 구사는 사회경제적 지위와 무관하게 반응의 일관성에 보호 효과를 미치는 것 같다.

소리의 마음들

초능력이 아니면 뭐겠는가? 소리에 대한 더 일관된 반응이 이런 장점을 끌어내는 것이다.

이중언어를 하면 소리 마음에 인지와 감각의 혜택이 있다. 그렇다면 움직임과 느낌은 어떨까?

우리는 말할 때 움직인다. 나는 강연을 하면서 연단에 가만히 머물지 못한다. 독일에서 열린 한 학술 대회에서 강의를 했을 때는 무대 위를 가장 많이 돌아다닌 사람으로 상(태엽 감는 토끼 인형)을 받기도 했다. 팟캐스트를 녹음할 때 나는 마이크와 일정한 거리를 두고 말하는 것이 어렵다. 몸을 자유롭게 움직이지 못하면 말이 잘 안 나온다. 아무래도 몸동작을 풍부하게 구사하며 말하는 이탈리아어를 배웠기 때문인 것 같다. 이탈리아를 여행하는 사람을 위한 몸동작 어휘사전이 있을 만큼 이탈리아어는 화려한 몸동작으로 유명하다.

몸동작은 언어마다 다르다. 미국에서 집게손가락을 위로 들어 '하나'를 가리키는 간단한 손동작도 유럽 일부 지역의 술집에서는 맥주 '두' 잔을 가리킬 수 있다. 전혀 악의와 무관해 보이지만 곤란을 겪을 수도 있는 몸동작들이 많아서 여행자들을 위해 이런 팁들을 모아 전하기도 한다.

언어마다 몸동작을 사용하는 비율이 다르다. 예를 들어 중국어 화자는 영어 화자보다 평균적으로 몸동작을 덜 취한다. 하지만 중국어와 영어를 하는 이중언어 화자는 중국어를 말할 때 몸동작을 더 많이 활용한다. 하나의 언어의 몸동작 비율이 다른 언어에도 영향을 미치는 것이다.[42] 어떤 단어에 몸동작을 넣어 강조하는지도 언어마다 차이가 난다. 영어 화자인 나는 '밖으로 나간다'는 말을 할 때 전치사 '밖으로'에서 몸동작을 취하는 편이다. 하지만 스페인어 화자라면 동사 '나간다'에 몸동작을 넣어 말할 가능성이 크다. 스페인어-영어 이중언어 화자는 영어를 말할 때에도 동사를 강조하는 몸동작을 유지하는 편이다.[43] 대체로 몸동작이 음성언어보다 더 '끈덕지게' 남아 있는 경향이 있다.[44]

우리는 이중언어 화자의 말에서 감정이 어떻게 표현되고 느껴지는지 어떻게 알까? 우리가 감정을 표현하는 방식은 언어마다 다르게 나타난다. 예를 들어 목소리와 얼굴 표정이 맞지 않을 때 일본어 청자는 목소리에 더 초점을 맞춰 감정을 평가한다. 네덜란드어 청자는 표정에 더 무게를 둔다.[45] 대체로 보면 감정은 이중언어 화자의 두 언어에서 다르게 느껴진다.[46] 제2의 언어로 말할 때 감정이 약하게 느껴진다는 것이 대체적인 평가다. 이런 이유로 이중언어 화자는 이성적인 판단을 내릴 필요가 있을 때는 일부러 감정이 덜 실리는 제2의 언어로 말하기도 한다.[47]

생물학적 입장에서 볼 때 이중언어는 우리의 감각과 생각에 영향을 미친다. 우리가 감정을 표현하고 알아차리는 방식에 관여하고, 말할 때 우리가 취하는 동작에 영향을 준다. 여러 언어로 말하면 우리가 듣고 내는 소리가 풍부해지고 인지력이 늘고 몸동작이 다채로워진다. 이중언어 화자의 소리 마음은 단일언어 화자의 소리 마음과 다르다. 우리가 살면서 접하는 소리가 우리의 존재

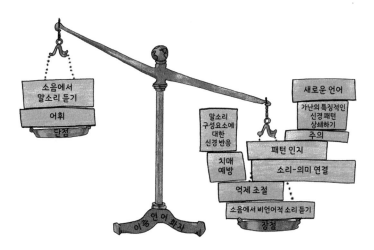

그림 9.6
두 언어를 말하는 혜택이 단점보다 크다.

를 만든다는 나의 논지와 통하는 대목이다.

종합해보면 두 언어를 말하면 불리한 면도 있지만 포괄적이고 때로는 심오한 이득이 이를 만회하고도 남는다(그림 9.6). 과연 초능력이다.

10

새소리

그들이 일제히 소리를 내며 하는 일은 인간들이 함께 모여 음악을 연주할 때 하는 일일 것이다. 단합하고 집단의 동질감을 만드는 일 말이다. 순전한 목소리 표현이 언어보다 오래되었다면 아마도 예술은 말보다 먼저였을 것이다. 예술이 말보다 먼저라면, 세상이 아름답게 뽐내는 과시로 가득한 이유가 바로 그것이다. 이런 새들은 모두가 예술가로, 앵무새 되기 기술의 대가, 앵무새 즉흥연주의 대가들이다.

— 칼 사피나Carl Safina

새소리는 우리 자신에 대해, 우리가 지구에서 함께 살아가는 생명체들에 대해 많은 것을 가르쳐줄 수 있다.[1] 여러분은 내가 어째서 다른 환경 소리, 예컨대 딱따구리가 나무를 쪼아대는 소리, 귀뚜라미가 우는 소리, 고양이가 야옹 하는 소리보다, 혹은 졸졸

소리의 마음들

흐르는 시냇물 소리와 혼잡한 도로의 자동차 소리보다 새의 노랫소리에 더 관심을 보이는지 궁금할지도 모르겠다.

새소리는 여러 이유에서 마땅히 관심을 받을 만하다. 역사가 시작된 이래, 혹은 그 전부터 인간들은 실제적인 이유로 새소리에 귀를 기울였다. 공교롭게도 인간의 가청 범위에 딱 떨어지는 새소리는 우리 조상들에게 그곳이 비옥한 땅임을 말해주었다. 우리는 건강한 새들을 떠받치는 환경이라면 터를 잡고 살아가기 좋은 곳임을 알았다. 새소리에 귀를 기울이면 정착 생활에 도움이 되었다.

둘째, 생물학의 관점에서 명금류의 발성기관은 우리의 것과 비슷하다. 노래를 만들고 처리하는 데 관여하는 뇌 구조물도 피질에서 시상, 중뇌로 다시 넘어가는 원심적 경로를 포함하여 인간의 구조물과 대략적으로 비슷하다.

셋째, 명금류도 목소리를 학습하는 능력이 있다. 언어와 의사소통의 핵심에 자리하고 있는 보기 드문 모방 능력이다.

넷째, 새소리는 시간의 요소, 소리 구성요소, 심지어 의아하게도 인간의 언어와 유사한 문법도 있다.

다섯째, 인간의 노래와 비슷하게 새소리의 절대다수는 섹스에 관한 것이다.

마지막으로, 새소리는 아름답다.

이런 이유들로 명금류와 그들의 노래는 우리가 소리 마음을 이해하는 데 도움을 줄 수 있다.

(((어떤 새들이 노래할까?)))

대부분의 새들은 어떤 식으로든 소리를 낸다. 하지만 모든 새가 노래하는 명금류는 아니다. 닭과 오리, 딱따구리와 후투티, 올빼미와 비둘기, 메추라기와 두루미는 다양한 울음소리를 낸다. 하지만 이것은 노래가 아니며 이들은 명금류가 아니다. 명금류에는 굴뚝새, 울새, 홍관조, 참새, 종달새, 제비, 찌르레기, 되새 등 약 4000종이 있다.

노래는 명금류 수컷이 짝을 유인하거나 자신의 영역을 알리고자 할 때 주로 사용한다(멋지게 치장한 자신의 구역으로 짝을 유인하려는 것이다). 노래는 울음소리보다 길다. 잠재적 짝에게는 긴 노래가 짧은 노래보다 매력 있게 여겨진다. 아무래도 길고 잘 발달된 노래는 수컷이 삶의 초기에 노래를 만들기 시작할 무렵 영양과 스트레스 문제에 잘 대처하여 건강하게 발달했을 때에만 나올 수 있으므로 그럴 것이다.[2]

이와 대조적으로 울음소리는 노래에 비해 거의 항상 더 짧고 덜 복잡하다. '짹짹', '까악까악' 하는 수준에 불과할 때가 많으며 일반적으로 짝을 유인하는 기능과 무관하다. 무리의 일원에게 경고하거나 위치 정보를 알리려는 용도일 수 있다. 혹은 어린 새의 경우 '먹이를 줘!' 하고 말하는 것일 수 있다. 또 하나의 핵심적인 차이가 있다. 노래는 학습되어야 한다.

소리의 마음들

(((새소리의 기제)))

명금류의 발성기관(울대syrinx)은 인간의 발성기관인 후두larynx
와 이름은 다르지만 많은 특징을 공유한다. 하지만 비행이 박쥐,
조류, 곤충[3]에게서 독자적으로 등장했듯이 후두와 울대도 독자
적으로 진화했다.[4] 울대는 명금류의 조상에게 있던 특성이나 구
조물이 진화적으로 적응한 것이 아니라 새로이 등장한 것으로 보
인다. 양쪽 폐로 들어가는 기관지가 만나는 기관 아래쪽에 위치
하여, 기관 위쪽 높은 곳에 위치하는 후두와 다르다. 하지만 후두
와 아주 비슷하게 울대에도 폐에서 나오는 공기가 지나갈 때 진
동하는 주름이 있어서 이것으로 소리를 낸다. 주름의 장력이 진
동하는 주파수, 즉 음의 음높이를 정한다.

하지만 조류는 인간에 비해 유리한 점이 있다. 울대가 두 기관
지가 갈라지는 위치에 있어서 양쪽의 성대주름이 양쪽 폐에서 나
오는 공기로 활성화된다. 새들은 이 둘을 함께 쓰기도 하지만 별
도로 차례대로 작동할 수도 있다. 높은음은 한쪽 울대의 성대로,
낮은음은 다른 쪽 울대의 성대로 내는 식으로 말이다. 명금류는
이렇게 전환하는 것을 아주 매끄럽게 해낸다. 예를 들어 홍관조
는 오른쪽에서 발성을 시작했다가 전혀 알아차리지 못하게 왼쪽
으로 넘겨 주파수가 뚝 떨어지는 스위프를 만들어낸다. 새들은
양쪽에서 다른 음을 만들어 동시에 내면 혼자서도 이중창을 할
수 있다.[5]

하나 이상의 음높이를 동시에 내며 매혹적인 선율을 만드는 투바족의 목구멍 창법throat singing이 생각난다. 하지만 근본적인 기제가 다르다. 투바족의 가수는 하나의 기본주파수를 내며 입과 혀, 입술을 정교하게 제어하여 어떤 하모닉을 선별적으로 강조하고 근처의 다른 하모닉을 완전히 억제한다. 말소리에는 하모닉이 완전히 갖추어져 있는데, 우리는 조음기관을 사용함으로써 그중 몇 가지 하모닉을 강조하여, 즉 주파수 대역을 만들어 원하는 모음을 낸다. 투바족의 가수들은 이런 원리를 최대로 활용하여 전체 범위에 걸친 하모닉을 세밀하게 제어하는 법을 발달시켰다. 훨씬 더 많은 하모닉을 강조하고 무시하면 낮은음(기본주파수)을 그대로 두고 높은음들을 낼 수 있다.

새소리는 대단히 클 수 있다. 나이팅게일은 95데시벨에 이르는 소리까지 내는데 이 정도면 작업장에서 청력 보호장치를 착용해야 하는 수준이다.

음에서 음으로 대단히 빠르게 넘어갈 수 있다는 것도 새소리의 특징이다. 이는 트릴로 나타난다. 빠르게 떠는 트릴은 울대 근육이 4~10밀리초[6]마다 움직일 수 있기 때문이다. 다른 어떤 근육보다도 훨씬 빠른 것이며 동물 전체를 통틀어도 방울뱀의 방울 정도나 여기에 필적한다. 빠르기와 관련해 한 가지 더 말하자면, 명금류는 '짧은 호흡'을 구사하여 중단 없이 몇 분 동안 노래를 쭉 이어갈 수 있다.[7] 명금류의 폐활량과 정상적인 호흡률로는 그렇게 노래를 지속하는 것이 불가능하다. 보통은 초당 1에서 2와 2분의 1회인데 이런 짧은 호흡은 초당 400회로 이루어진다.[8] 각각의 음에 맞춰 호흡률이 달라지며 어느 기록에 따르면 나이팅게일은 무려 스물세 시간 쉬지 않고 노래했다고 한다. 오페라에서 가장 야심 찬 아리아라고 해봐야 〈신들의 황혼Götterdämmerung〉의 '제물 장면'에서 브륀힐데Brünnhilde가 20분에 걸쳐 노래하는 것이 고작이다.

(((새소리와 말소리)))

소리를 내는 기제 말고도 새소리와 말소리는 음향의 유사성이 있다. 둘 다 정렬된 소리 사이에 짧은 침묵이 들어가는 식으로 구성된다. 새소리의 음 하나는 말의 최소 단위인 음소와 대략 일치한다. 이것을 재료 삼아 서로 엮어서(숲종다리는 100개,[9] 나이팅게일은 180개[10]) 모티브를 만들고 단어를 만든다. 모티브와 단어는 한데 엮어서 노래와 문장이 되며 하나의 노래 내에서 모티브의 연속이 계속 달라진다. 그러므로 새소리에도 수십 밀리초의 음에서 수백 밀리초의 모티브, 몇 초에서 몇 분짜리 노래에 이르기까지 다양한 시간규모의 정보들이 구문론의 규칙에 따라 담긴다.

말소리와 마찬가지로 새소리에도 방언이 있다. 명금류는 같은 '언어'를 쓰더라도 저마다 방언이나 억양으로 말한다.[11] 한 지역에 사는 종들은 다른 지역의 같은 종들과 살짝 다른 소리가 나는 노래를 갖는다. 같은 종에 속하는 노래로 여겨지기는 하지만 말이다. 이런 차이는 암컷에게 대단히 중요한 의미가 있다. 다른 지역에서 온 방문객의 '억양이 들어가는' 노래에는 자신과 같은 지역 방언을 쓰는 수컷의 노래보다 관심을 덜 보인다.[12]

새소리의 기본주파수, 하모닉 강화와 억제, 믿기지 않게 빠르게 바뀌는 양상은 스펙트로그램으로 보면 확연히 드러난다. 스펙트로그램은 소리 전문가들만 사용하는 도구가 아니라 취미로 즐기는 사람들이 찾아보는 조류 도감에 오래전부터 새 그림과 함께 실렸다. 악보와 비슷하게 스펙트로그램도 소리의 길이, 주파수, 움직임을 한눈에 보게 해준다. 그래서 못 보던 '작은 갈색 녀석'을 새 관찰 기록에 추가할지 말지 판단하려는 탐조객이 곧바로 맞춰 볼 수 있다. 인간이 부르는 선율의 단순한 스펙트로그램 예를 그림 10.1에서 악보 아래에 실었다.

새소리는 하나나 그 이상의 명확한 휘파람, 윙윙거림, 혹은 트릴로 구성될 수 있다. 너무 빠르게 반복해서(초당 10회 이상) 셀 수 없는 음들이다. 이런 요소들은 올라가거나 내려가는 FM 스위프

그림 10.1
악보(위)와 비슷하게 생긴 스펙트로그램(아래)에서 y축은 음높이, x축은 시간을 가리킨다. 이 예에서는 나오지 않지만, 셈여림은 스펙트로그램에서 선의 짙음으로 표시된다.

소리의 마음들

나 음높이의 연속과 결합할 수 있고, 이것이 이어지면서 하나의 노래를 구성할 수 있다. 어떤 노래는 빠르고 활기찬 소리를 내고, 어떤 노래는 느긋한 속도로 진행한다.

그림 10.2에 나오는 노래는 집굴뚝새의 레퍼토리 중 하나다. 하나의 종의 레퍼토리는 금화조나 흰정수리북미멧새처럼 노래 하나에 불과할 수도 있고, 갈색개똥지빠귀처럼 1000개가 넘을 수도 있다. 이 지점에서 인간의 말소리와의 유사성이 무너지기 시작한다. 어떤 종의 레퍼토리가 아무리 많다고 해도 새소리에는 유연함이 명백히 결여되어 있다. 인간의 언어는 의미를 전달하기 위해 조정하고 재배열하고 전개하는 방법이 무궁무진하다. 새소리는 짝을 유인하거나 영역의 소유권을 주장하거나 짝과의 유대감을 강화하거나 하는 맥락에 따라 달라질 수는 있지만, 기본적으로 기계적인 반복이며 경직되어 있다. 인간의 말소리와 같은 풍부한 의미, 한없는 유연함이 없다.

새소리는 인간의 말소리와 음향적으로 해부적으로 많은 유사

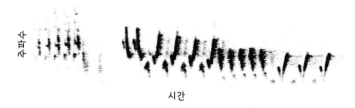

그림 10.2

2.5초 분량의 집굴뚝새 노래. https://www.floridamuseum.ufl.edu/birds/florida-bird-sounds/에서 다운로드한 오디오 샘플을 바탕으로 스펙트로그램을 만들었다.

점이 있다는 점에서 의사소통임에는 분명하지만, 말소리와 같은 열린 특징과 무한한 유연함이 없으므로 일반적으로 언어로 간주되지 않는다.

(((새소리와 음악)))

새소리가 언어가 아니라면 음악일까? 하긴 흔히들 새소리를 노래라고 부른다. 그렇다면 무엇이 음악을 규정하는 특징이며, 새소리에는 이런 특징이 얼마나 있을까? 음악을 규정하는 결정적인 요소가 무엇인지를 두고 다양한 의견이 있다. 음악을 구성하는 요소가 몇 개인지, 어떤 용어를 쓰는지는 저마다 다르지만, 결국에는 익숙한 소리 구성요소들인 선율(음높이), 리듬(타이밍), 화성(음색)으로 모인다. 여기에 셈여림(세기)을 추가할 수 있고, 이 모든 요소를 조합하는 방식을 가리키는 말(구조, 짜임새, 형식)이 따라붙는데, 나는 여기서 작곡이라고 부를 것이다. 우리는 이런 것들을 새소리에서 찾을 수 있을까?

음높이
새의 노래나 모티브에서 어떤 음높이가 정확하게 들리고 반복되는 경우가 많다. 이것은 완전4도나 옥타브 같은 협화음 음정으로 일어난다. 갈색지빠귀가 내는 노래의 음들은 실제로 소리 나

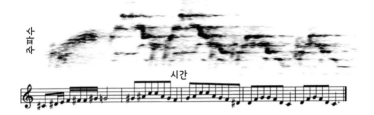

그림 10.3
토니 필립스Tony Phillips가 채보한 숲지빠귀의 노래. http://www.math.stonybrook.edu/~tony/birds/.

지 않는 기음의 하모닉 배음들에 속한다.[13] 다양한 종의 노래에 담긴 음높이들의 음악적 특징을 두고 여러 주장이 있었다. 흰목참새와 루비상모솔새는 협화음 음정을 낸다고 한다.[14] 갈색지빠귀와 캐년굴뚝새의 노래는 각각 5음음계와 반음계*에 들어맞는다고 하는데,[15] 이런 주장을 뒷받침하는 음향 분석이 실제로 이루어지지는 않았다.[16] 이와 반대로 북부나이팅게일굴뚝새의 노래를 수집한 여러 자료를 살펴보면 온음계든 5음음계든 반음계든 인간이 만든 음계에 속하는 음들을 내는 경우가 우발적인 수준에 그치는 것으로 드러났다.[17] 그럼에도 그림 10.3에 나오는 것처럼 새소리를 채보한 것을 보고 있으면 흥미롭고 많은 것을 생각하게

---

* 온음계는 반음정과 온음정이 섞인 '도-레-미-파-솔-라-시' 일곱 음으로 이루어진 익숙한 음계다. 5음음계는 '도-레-미-솔-라' 다섯 음으로 이루어지며, 반음계는 온음계에서 모든 온음정 사이에 반음을 채워 넣어 열두 개 음으로 만든 것이다.

한다. 새소리의 선율은 영감과 도발을 안겨주었고, 비발디, 하이든, 본 윌리엄스, 버르토크, 베토벤, 모차르트, 프레스코발디Fresco-baldi, 슈베르트, 메시앙Messiaen의 작품[18]에서 확실하게 들을 수 있다. 레스피기Respighi는 교향시 〈로마의 소나무Pini di Rome〉 3악장에 나이팅게일 소리를 실제로 녹음한 것을 집어넣었다.

음색, 타이밍, 세기

엄격하게 통제하여 연구한 것은 아니지만 새들의 노래에서 다양한 음색의 특징을 들을 수 있다. 밥티스타Baptista와 케이스터Keister는 여러 조류와 악기 간의 음색을 비교하여 유사성을 분석했다. 오스트레일리아에 사는 다이아몬드핀치의 노래는 오보에, 포투는 바순, 홍작새는 플루트와 비슷하다.[19] 그들은 여러 종의 노래에서 점점 빠르게와 점점 느리게(타이밍), 점점 세게와 점점 여리게(세기/셈여림)의 예들도 찾아냈다. 새소리는 리듬 패턴에서도 인간의 음악과 비슷한 면이 있다.

작곡

마지막의 화려한 장식 악구, 종지, 연결 악구, 피아노 글리산도와 유사하게 폭포수처럼 떨어지는 음들(FM 스위프)을 새소리에서 들었다는 사람들이 있다.[20] 레퍼토리가 많은 새들은 레퍼토리를 악장처럼, 때로는 주제와 변주의 방식으로 엮기도 한다. 가끔 짝(혹은 그 이상의 무리)을 지어 주고받기 돌림노래를 부르는 새들

소리의 마음들

도 있다. 이런 식의 행동을 보이는 새에는 소코로섬의 흉내지빠귀와 흰등굴뚝새가 있다.

브레인볼츠의 전직 연구원 애덤 티어니Adam Tierney가 새소리를 이용하여 인간의 노래에 관한 가설을 시험했다. 인간의 노래는 세 가지 특징을 선호하는 것으로 알려져 있다. (1) 음들 사이의 음높이 간격이 가까운 것을 선호한다. (2) 상승하는 선율이나 V 자 모양을 이루는 선율보다 하강하거나 A 자 모양인 선율을 선호한다. (3) 악절 마지막에 음들을 길게 끄는 것을 선호한다. 애덤은 이런 세 가지 특징이 선천적이거나 문화적인 선호라기보다는 운동의 제약에 따른 것이라고 추정했다. 그래서 새소리에서 이런 특징이 얼마나 넓게 퍼져 있는지 살펴보았다. 새들이 노래 부를 때 관여하는 해부적 특징이 인간과 유사하므로 비슷한 운동 제약을 갖고 있을 것이라는 판단이었다. 새소리 녹음 자료를 대량으로 분석하여 그는 새소리에도 똑같은 세 가지 특징이 나타남을 확인했다. 인간의 노래가 취하는 형식에 생리적 기초가 있음을 암시하는 결과다.[21]

그럼에도 새소리가 '음악'인가 하는 질문은 여전히 개인의 판단에 맡겨져 있는 편이다. 작곡가이자 동물음악 연구자인 에밀리 둘리틀Emily Doolittle은 새소리가 인간의 음악과 닮지 않은 특징들의 목록을 작성한 적이 있었다고 한다.[22] 목록에는 '모든 것을 포괄하는 구조 없음', '모티브들 간의 화성 관계 없음', '자의적으로 바뀌는 소리와 침묵'이 들어 있었다. 그녀가 이 목록을 동료 작곡가

루이 안드리선Louis Andriessen에게 보여주자 그는 이렇게 말했다고 한다. "스트라빈스키와 비슷하군!"

(((목소리 학습)))

목소리 학습은 청각 학습과 구별해야 한다. 개는 청각 학습을 한다. '앉아', '일어서'를 어렵지 않게 이해한다. 하지만 그런 말을 하는 법은 결코 배우지 못한다. 그보다 더 중요한 차이가 있다. 개와 다른 많은 동물들은 청각 학습을 이용하여 적절하게 발성하는 법을 배운다. 예를 들어 어떤 울음소리를 경고의 목적으로만 사용해야 한다는 것을 배워야 한다. 잘못 사용하면 집단의 다른 일원들이 부적절하게 놀랄 터이니 말이다. 그러나 이런 경고음(짖기, 으르렁대기, 끙끙거리기)을 다른 동물의 울음소리를 듣고 명백히 모방하는 식으로 배우지는 않았다. 짖고 으르렁대고 끙끙거리는 법을 본능적으로 이미 알았다. 이와 달리 명금류는 발성하는 능력이야 본능적으로 타고나지만, 다른 새들의 노랫소리를 듣고 행동을 따라 하고 연습을 통해 자신의 발성을 노래로 만들어가지 않고서는 노래하는 법을 배울 수 없다. 이런 과정이 목소리 학습에 관여한다.

목소리 학습은 듣기, 기억, 모방에 달려 있으며 아울러 발성기관을 가동하는 근육의 세심한 제어도 필요하다. 목소리 학습자

소리의 마음들

가 아닌 많은 존재에 결여되어 있는 것이다. 우리 인간의 많은 학습은 모방을 통해 이루어지며 말하기와 관련해서는 모방이 학습이나 다름없다. 인간을 비롯한 다른 목소리 학습자와 마찬가지로 명금류에게도 노래 학습의 과정에는 다음과 같은 네 가지 특징이 있다. 모방, 청각-운동 피드백, 민감기, 뇌의 편측성이 그것이다.

모방

명금류는 종마다 특징적인 노래가 있다. '치어리 치어럽 치어리' 하고 우는 울새, '포테이토칩'을 외치는 황금방울새, '밥화이트'를 노래하는 메추라기.[23] 어린 수컷(새소리 연구는 전통적으로 수컷에 집중했는데 조금씩 바뀌는 추세다)은 처음으로 발성을 내고, 교사의 소리와 어떻게 다른지 확인하고, 필요한 조정을 하는 식으로 맞춰간다. 이 과정에서 교사는 필요하다면 반복을 더하고 모티브 사이의 간격을 넓혀 자신의 노래를 조정하기도 한다. 부모가 유아에게 맞춰 말투를 조정하는 것과 흡사하다.[24] 어린 새를 아비나 노래를 가르쳐줄 다른 수컷에게서 떨어뜨려 놓으면 자신의 종 고유의 특징이 담긴 노래를 배우지 못한다.[25] 푸른머리되새는 어린 나이에 고립된 채로 자라면 종 고유의 모티브 몇 개는 남아 있지만 이상한 노래를 하게 된다.[26]

명금류는 자기 종의 노래를 학습하는 성향을 타고나지만, 그것보다 훨씬 중요한 것이 옆에서 도와주는 교사의 존재다. 미숙한 어린 새는 다른 종의 노래 말고 자기 종의 노래를 들을 때 심박수가 빨라지고[27] 청각계가 더 활성화되며[28] 그에 따라 선별적으로 발성을 한다.[29] 자기 종의 노래를 녹음한 것을 보상으로 들려줄 때 과제를 수행하는 법을 흔쾌히 배우는 명금류에게서 이런 성향을 확인할 수 있다. 다른 종의 노래를 보상으로 들려주면 동기부여가 되지 않는다.[30] 하지만 어린 새는 테이프 녹음으로 자기 종의 노래를 배우는 것은 썩 잘하지 못한다. 오히려 다른 종의 새를 옆에서 보고 모방하는 것을 더 성공적으로 해낸다.[31] 아기가 어릴 때 부모가 말하는 언어를 들으며 그 소리에 대한 선호도를 키우고[32] 텔레비전이나 오디오 녹음으로는 말을 잘 배우지 못하는 것[33]과 마찬가지로 사회적 상호작용의 요소가 강력하게 작용한다.

조옮김이 된(기본주파수가 똑같은 비율로 조정된) 선율을 같은 선율로 알아보는 것은 인간이라면 아무렇지 않게 해내는 일이다. 그 덕분에 우리는 여럿이 어울려 노래를 부를 수 있다. 늑대도 이런 능력이 있어서 다른 늑대가 합세하면 자신의 하울링 음높이를 조정한다.[34] 하지만 새들은 조옮김이 되면 선율을 알아보지 못한다.[35] 그 대신에 하모닉, 그러니까 스펙트럼의 모양에 의지하여 선율을 분간한다. 우리가 말소리의 음높이가 아니라 하모닉의 에너지 대역으로(그림 1.6을 기억하자) 어떤 단어를 말하는지 알아보는 것과 비슷하다.[36] 인간, 늑대, 생쥐[37]와 달리 새들은 대체로 다른 새와 함께 노래하지 않는다. 다른 새를 향해 노래한다.

모방을 통해 새소리를 학습하는 과정에 청각계가 전면에 나선

소리의 마음들

다. 새들이 노래를 만드는 솜씨에 새의 청각계는 어떤 역할을 하는 걸까?

청각-운동 피드백

명금류에서 교사의 노래를 듣고 배우는 데 관여하는 구조물들을 통칭하여 '노래계song system'라고 부른다. 노래계에는 뇌의 청각 영역과 운동 영역을 가동하는 경로, 그리고 궁극적으로 울대를 제어하는 근육이 포함된다. 청각계 내에서 이런 피질과 피질 하부를 연결하는 부위와, 청각계와 울대를 연결하는 부위의 일부가 목소리를 학습하지 못하는 새, 그러니까 명금류가 아닌 새에게는 없다. 순수하게 '청각 지각'을 맡는 부위들을 포함하여 노래계가 손상되면 새가 노래를 배우고 만드는 능력이 떨어진다. 예컨대 뇌졸중으로 인간의 청각피질이 손상되면 말을 유창하게 하는 능력을 잃는 실어증 같은 질환이 일어나는 것과 비슷하다.[38]

인간과 마찬가지로 명금류의 청각피질에 있는 뉴런들도 처음에는 어떤 소리에도 반응하지만, 경험이 쌓이면서 교사의 노랫소리에 맞춰진다.[39] 청각계와 운동계가 교차하는 지점에 있는 '비교기' 회로가 학습하는 뇌의 노래를 계속해서 다듬어 나간다. 그렇게 해서 마침내 출력물과 교사의 입력물 간의 차이가 사라지면[40] 노래가 학습된 것이다. 새가 이런 발성 연습 단계 이전에 청력을 잃는다면, 이런 비교가 일어나지 못해서 대단히 비정상적인 노래가 만들어진다.[41]

대부분의 새들은 자기 종의 노래를 고수하지만, 흉내지빠귀는 다른 종의 노래를 모방하는 솜씨가 탁월한 새로 유명하다. 또 다른 모방의 명수는 금조다.* 코로나바이러스 봉쇄령으로 인간이 내는 소음이 대거 줄어들었을 때 움직임과 소리의 긴밀한 연결이 확실히 드러났다. 이 기간에 새들은 기교적으로 운동적으로 한층 도전적인 노래들을 만들어냈다.[42]

민감기

명금류는 결정적 시기에 노래를 발달시킨다. 먼저 교사의 노래를 듣고 외운다.[43] 그러고 나서 자신의 노래를 교사의 노래에 맞춘다. 인간 아기와 마찬가지로 명금류도 옹알이 시기를 거친다. 이 시기의 노래를 서브노래subsong라고 한다. 청각의 피드백을 이용하여 명금류는 서브노래를 점차 플라스틱 노래plastic song로 바꿔간다. 이 단계에는 연습뿐만 아니라 필요 없는 것을 걸러내는 키질 과정도 관여한다. 여러 교사로부터 수많은 노래를 배워 시도하다가 마침내 수많은 연습이 소요되는 오랜 과정을 거친 끝에 성체와 같은 결정화된 노래crystallized song에 이른다(그림 10.4).[44] 그러고 나면 끝이다. 노래가 결정화되면 이후에 얼마나 다양한 노

---

* 데이비드 애튼버러David Attenborough가 해설가를 맡은 멋진 BBC 다큐멘터리에서 금조가 자동차 경적 소리, 전기톱 소리, 카메라 셔터 돌아가는 소리를 흉내 내는 것을 들을 수 있다.

소리의 마음들

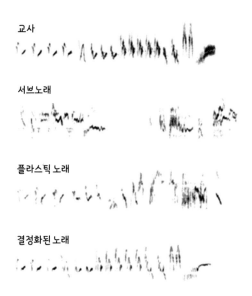

교사

서브노래

플라스틱 노래

결정화된 노래

그림 10.4
어린 푸른머리되새는 마침내 교사의 노래(위)와 일치하는 노래를 만든다. M. Naguib and
K. Riebel, "Singing in Space and Time: The Biology of Birdsong," in *Biocommunication
of Animals*, ed. G. Witzany, 233-247 (Dordrecht: Springer Science+Business, 2014)에서 자
료를 가져왔다.

래를 많이 접하든 간에 그대로 간다.* 듣기와 암기 단계는 일반적
으로 태어나고 첫 두 달에 벌어진다. 발성, 다듬기, 결정화 단계는
성적 성숙이 시작될 때 일어난다. 교사로부터 고립되거나 청력을
잃거나 이런 결정적 학습 단계에 방해를 받으면 교사와 다른 노
래가 만들어진다. 노래가 대단히 제한되거나 소리 요소가 전혀

---

* 이런 규칙에도 당연히 예외가 있다. 카나리아는 성체가 되고 나서 매년 봄이 되면 이런 과
정을 되풀이하여 새로운 노래를 계속해서 배운다.

체계적이지 못하게 이어질 수 있다.[45] 고립된 채로 자라는 새도 어쨌든 노래를 만든다는 사실은 새소리에 본능적인 요소와 학습의 요소가 있음을 말해준다.

뇌의 편측성

어떤 뇌 기능이 좌우 차이를 보이는 이유는 똑같은 일을 다른 관점으로 대하는 사람들이 필요한 이유에 빗댈 수 있다.[46] 여러분의 왼쪽 시각적 뇌가 먹을 것을 찾는 일에 집중한다면 오른쪽 시각적 뇌로 포식자를 감시할 수 있다. 인간의 좌반구와 우반구는 언어에서 독자적인 역할을 맡아서 한다. 명금류가 새들의 노랫소리를 들을 때 대뇌반구의 차이가 나타난다. 예컨대 금화조는 오른쪽 전뇌가 자기 종의 노래에 더 민감하게 반응한다.[47] 명금류에서도 양쪽 대뇌반구가 소리를 다르게 처리한다.

(((성별과 노래)))

대부분의 경우 수컷이 노래를 부르고 암컷은 자신이 좋아하는 노래로 짝을 고른다. 세밀하게 들어야 하는 필요로 인해 암컷의 청각적 뇌가 수컷의 뇌와 다르게 조율될까? 수컷의 노래는 암컷이 보내는 시각적 신호의 영향을 받는다. 수컷은 암컷이 특정한 이형異形을 마음에 들어 할 때까지 자신의 노래에 변화를 준다.

암컷은 날개를 몸에서 멀리 빠르게 움직이는 식으로 하여 이런 신호를 나타낸다. 그러면 수컷은 마음에 든다는 신호로 알아듣고 노래를 다시 반복하며, 이렇게 해서 짝짓기로 이어지곤 한다.[48] 나는 암컷이 섹시하다고 여기는 소리 구성요소에 대해 더 알고 싶다. 그들이 선호하는 구성요소는 태어나게 되는 자손의 모습에 어떤 영향을 주고 나아가 자신이 속한 종의 번성을 어떻게 이끌까? 수컷과 암컷의 소리 처리 차이는 인간에게서 나타나는 소리 처리의 성별 차이와 어떻게 비교할 수 있을까?[49]

노래할 때 활성화되는 뇌 영역은 맥락이 좌우한다. 수컷 금화조는 청중 없이 노래할 때 노래 학습과 자기 감시에 관여하는 영역이 활성화된다. 하지만 암컷이 듣고 있으면 이런 뇌 영역이 활동하지 않는다. 인간처럼 새도 연습과 실전을 구별할 줄 아는 것 같다. 인간이 즉흥연주를 할 때와 악보를 보고 연주할 때 다른 뇌 영역을 사용하듯[50] 새도 맥락을 활용한다.

하루와 계절에 따른 노래 만들기의 변화는 대체로 호르몬이 통제한다. 수컷을 거세하면 노래 부르는 것을 그만두며, 암컷에 테스토스테론을 투여하면 노래를 부르게 할 수 있다.[51]

어떤 종은 암컷이 수컷과 이중창을 한다.[52] 줄무늬참새는 암컷이 수컷보다 노래를 잘한다.[53] 1000종 이상의 명금류를 조사한 연구를 보면 암컷이 노래하는 종이 64퍼센트였고[54] 오로지 암컷만 노래하는 종은 하나도 없었다. 암컷이 노래하는 종은 대체로 깃털이 밝은 색깔을 띤다. 암컷은 가장 선율이 좋고 아름다운 짝을 찾는다. 밝은 깃털과 노래의 상관관계는 이런 두 형질이 함께 진화한 것일 수도 있음을 말해준다. 칼 사피나의 말처럼 "아름다움은 그 자체만으로도 강력하고 근본적인 진화의 힘이다."[55]

11

소음:
시끄러운 소리는 뇌를 망가뜨린다

우리 잠깐만 조용히 있을까?

내 이탈리아 집이 있는 트리에스테는 돌로미티산맥에서 가깝다. 어려서부터 그곳을 즐겨 갔는데 마지막으로 봄에 사촌 루치오와 함께 갔을 때 세상의 꼭대기에 앉아 주위에 있는 봉우리와 계곡을 바라보고 들었다. 잔디에 등을 대고 누워 있었다. 10분 정도 그렇게 멍하니 있다가 루치오에게 무슨 말을 했다. 침묵을 깨는 순간 내 목소리가 어찌나 시끄러웠는지 모른다. 소음이 부재하자 듣기의 수준이 재조정되었던 것이다.

소리 마음은 공기의 움직임을 감각으로, 소리를 의미로 바꾸는 엄청난 일을 수시로 해낸다. 그런데 의도한 소리에서 우리가 의미를 끌어내는 데 방해가 되는 소리가 있다. 잘 조율된 청각계를 방해하는, 그것도 크게 방해하는 장애물은 바로 소음이다. 일상적인 의미에서의 소음, 그러니까 머리 바깥에 있는 원치 않는 소리를 말하는 것이다. 하지만 머리 안의 소음에 대해서도 말하고 싶다. 소리 마음이 효율적으로 일을 수행하지 못하게 방해하는 조건을 알아보고, 가능하다면 그것을 물리칠 수 있는 방안도 알아보고자 한다.

((('소음'이란 무엇인가?)))

소음noise이라는 영어 단어는 어원이 흥미롭다. 말다툼이나 논쟁을 뜻하는 옛 프랑스어에서 넘어왔다. '뱃멀미'를 뜻하는 라틴어 'nausea'와도 뿌리가 같다. 부정적인 무언가에 대한 내장內臟의 반응을 가리키는 것이다. 소음은 원치 않는 소리, 부정적이고 망가뜨리는 소리다.

고대부터 소리는 파괴적인 힘으로 여겨졌다. 전하는 바에 따르면 여리고Jericho 성벽은 시끄러운 소리에 무너졌다고 한다. 세이렌의 노래는 아름답지만 뱃사람을 유혹하여 죽음에 빠뜨렸다. 오늘날에도 우리는 소리를 힘으로 사용한다. 지향성 초음파를 군중 통제에 활용하고, 시끄러운 고음을 공공장소나 사적 장소로 흘려보내 동물이나 10대들이 얼씬거리지 못하게 한다. 일반적인 성인은 이렇게 주파수가 높은 소리를 듣지 못하지만, 그렇다고 청력도 무사할까? 우리는 예기치 못한 소리에 반응하도록 진화

소리의 마음들

했다. 우리 조상들은 소리 덕분에 포식자를 알아채고 몸을 피할 수 있었다. 예기치 못한 소리는 생사를 가르는 문제는 아니더라도 지금도 우리에게 경각심을 준다. 전화기 소리, 빗장 풀리는 소리, 변기 물 내려가는 소리, 개가 짖는 소리, 시계 알람 소리, 창문 너머로 들리는 비명 소리. 이런 소리들은 우리가 딱히 바라지 않는다는 의미에서 소음일 수 있다. 하지만 여기서 내가 말하는 소음은 이런 것이 아니다.

　나는 3만 개에 달하는 귓속의 유모세포를 망가뜨리는 요란한 소음을 말하는 것도 아니다. 이런 유모세포들이 높은 데시벨 수치의 소리에 노출되면 망가질 수 있다는 것은 여러 자료로 입증되었다. 미국 국립산업안전보건연구원NIOSH, National Institute for Occupational Safety and Health은 사람이 접해도 되는 최대 소음 수준과 관련하여 지침을 내린 바 있다(그림 11.1). 예를 들어 환경소음 수준이 100데시벨*이라면 안전한 노출 시간은 15분에 불과하다. 그보다 오래 접하면 청력이 손상될 가능성이 높아진다. 이런 지침에도 불구하고 소음으로 인한 청력 손상은 미국에서 가장 흔하게 일어나는 산업재해다.[1]

---

* 우리가 일상에서 100데시벨을 접하는 것은 핸드드릴을 사용할 때, 오토바이를 탈 때, 지하철을 탈 때, 낙엽 청소기를 사용할 때다. 쓰레기 수거 차량이 압축기를 가동할 때, 제트기가 머리 위 300미터 상공을 날아갈 때 들리는 소리도 100데시벨이다. (증폭장치에 연결하지 않은) 악기를 연주하거나 음악회에 가거나 개인 오디오로 음악을 요란하게 들을 때에도 이런 수준에 노출될 수 있다. 여러분은 이런 활동을 다 합쳐서 하루에 15분 이상 하고 있는가?

NIOSH의 허용 가능한 소음 수준	
소리 세기(dB)	노출 시간
82	16시간
85	8시간
88	4시간
91	2시간
94	1시간
97	30분
100	15분
103	7.5분
106	3.75분
109	<2분
112	~1분
115	30초

그림 11.1
소리 세기에 따른 노출 시간 지침.

NIOSH가 우려하는 소리인 시끄러운 소리는 귀의 청력 손상을 일으킬 수 있다. 나의 관심은 무난한 수준의 소음이다. 귀 자체를 망가뜨리지는 않는다고 해서 일반적으로 '안전한' 소음으로 생각하는 것이다. 요컨대 나는 우리의 귀를 손상시키는 것과 뇌를 손상시키는 것의 차이에 대해 말하려고 한다.

((('위험한' 소음의 생물학적 영향(귀 손상))))

'귀'와 관련한 청력 손상이라는 것은 무슨 뜻일까? 청력 손상(난청)은 일반적으로 역치로 판단한다. 역치는 '삐' 소리가 들리면

소리의 마음들

손을 들도록 하는 익숙한 테스트로 알아본다. 청력 전문가가 말소리를 듣는 데 꼭 필요하다고 보는 음높이들에서 다양한 세기의 음들을 들려주고 여러분이 감지할 수 있는지 알아본다. 여러분이 감지해내는 가장 작은 소리 세기가 역치다. 관례적으로 20데시벨 이하로 나오면 '정상'이다. 역치가 점점 높아지면(나빠지면) 중도, 고도, 심도 난청이 된다. 난청은 주파수와 관계없이 역치가 동일하게 나타나는 '수평형'일 수도 있고, 낮은 음높이보다 높은 음높이에서 역치가 더 나빠지는 '경사형'일 수도 있으며, 이례적인 패턴을 보이는 경우도 종종 있다. 이런 식으로 측정된 난청으로 귀가 맡은 일을 하는지 여부를 판단한다.

소음에 노출되어 청력 역치가 높아지면 개인의 삶과 직업적인 삶이 타격을 받을 수 있다. 내 아들이 최근에 자동차를 정비소로 보낸 적이 있다. 변속기로 짐작되는 곳에서 미묘하지만 신경 쓰이는 소음이 들렸던 것이다. 정비공이 차를 타고 시험 운전을 했는데 아무 소리도 들리지 않아서 걱정할 것 없다며 아들을 다시 돌려보냈다. 그리고 일주일 뒤에 차는 변속기 고장을 일으켰다. 오랫동안 시끄러운 차고에서 일하여 정비공의 청력이 손상되었던 모양이다.

청력 보호장치는 공장과 건설 현장에서 일하는 노동자들에게 중요하다. 음악가에게도 마찬가지로 중요한데 자주 간과되는 실정이다. 교향악단은 종종 100데시벨에 육박하는 소리를 내며 금관악기와 타악기는 힘찬 악구에서 이보다 훨씬 시끄러운 소리를 낼 수 있다. 바이올린은 특별히 요란한 소리를 내는 악기는 아니지만, F홀이 연주자의 왼쪽 귀에서 불과 몇 센티미터 떨어져 있다. 그래서 바이올리니스트들은 오른쪽 귀보다 왼쪽 귀에서 청력 역치가 높게 나타나는 경우가 흔하다. 대부분의 청력 보호장치는 높은 주파수를 더 집중적으로 약하게 한다. 주파수 스펙트럼 전체에 걸쳐 고르게 소리 세기를 줄이는 보호장치가 최근 새로 개발되어 나왔다. 음악가의 청력 보호와 관련되는 주제는《음악을 들어라: 음악가의 청력 손상 예방Hear the Music: Hearing Loss Prevention for Musicians》이라는 책[2]에서 상세하게 다루고 있다.

우리는 시끄러운 소리에 노출되면 청력 역치가 높아질 수 있다는 것을 안다. 중요한 문제지만 여기서 중점적으로 다루는 사안은 아니다. 미국 질병통제예방센터와 국립난청의사소통장애연구소의 웹사이트에 들어가면 귀를 손상시키는 소음이라는 주제를 어렵지 않게 찾아볼 수 있다.

((('안전한' 소음의 생물학적 영향(뇌 손상))))

우리는 시끌벅적한 세상에서 일상의 소란에 다소 무신경할 필요가 있다. 이런 소음은 일반적으로 '안전하지 않다'고 여기는 역치를 넘어서지 않는다. 새롭거나 경각심을 주는 소리가 아니다. 그보다는 대체로 일관되게 진행하는 음향적 속성이 있어서 정보를 많이 담고 있지 않다. 대다수 사람들이 '배경소음'이라고 부르는 것이다. 이런 이유로 우리는 이것을 무시하는 경향이 있다. 소리를 꺼두는 것이다. 하지만 우리가 정말로 꺼두고 있을까, 아니면 경보음이 계속 울리는 가운데 그냥 사는 것일까? 소리가 사라지고 나서야 뒤늦게 소리를 알아차리는 경험을 다들 한 적이 있을 것이다. 에어컨 돌아가는 소리, 공회전하는 엔진 소리가 그런 예다. 동작을 멈추면 갑자기 침묵을 '듣는다.' 그러면 우리는 안도한다. 다시 가동되기 전까지 잠깐의 평화를 즐긴다. 만약 우리의 귀가 손상되지 않으며 우리가 대체로 꺼둘 수 있다면 그래도 이런 소음을 신경써야 할까? 과학은 우리가 뇌를 위해서라도 이런 소음을 알아차리고 신경을 써야 한다고 말한다.

무난한 수준의 소음에 노출되고 난 뒤에 소음에서 말소리를 이해하는 것에 어려움을 겪는 일이 청력 역치가 정상인 사람에게 일어날 수 있다. 게다가 시끄러운 환경은 청력 자체와 거의 상관없는 여러 간과된 부정적 영향을 미친다. 예컨대 공항 근처에 사는 사람이 겪을 수 있는 만성적 소음 노출은 삶의 질을 전반적으로 떨어뜨릴 수 있다. 이런 사람은 스트레스호르몬인 코르티솔이 증가하여 스트레스 수치가 올라가고, 기억과 학습에 문제를 겪고, 까다로운 과제를 수행하는 것이 힘들며, 심지어 혈관이 경직되고 다른 심혈관질환을 겪을 수도 있다.[3] 세계보건기구에 따르면 좋지 못한 건강이나 장애, 조기사망으로 손실된 햇수의 상당부분이 소음 노출과 그에 따른 부차적 결과인 고혈압, 인지력 저

하 때문으로 추정된다고 한다.[4]

소음은 학습과 집중력을 저해한다. 뉴욕시의 공립학교에 다니는 학생들은 교실이 북적이는 고가철도 쪽에 면해 있는지 기차 소음에서 차단된 반대쪽에 있는지에 따라 읽기 학습에 확연한 차이를 보였다.[5] 시끄러운 교실에서 공부한 학생들이 읽기에서 또래들보다 3개월에서 11개월 뒤처졌다. 이런 연구 결과에 자극을 받아 뉴욕교통국은 학교 근처를 지나는 선로에 고무패드를 설치했고, 교육위원회는 가장 시끄러운 교실들에 소음방지 재료를 부착했다. 그 결과 소음 수준이 6~8데시벨 떨어졌고 읽기 수준의 차이는 곧 사라졌다.[6]

소음의 효과는 청력이나 언어 능력에 국한되지 않는다. 한 실험에서 피험자들에게 컴퓨터 화면에 보이는 움직이는 공을 마우스로 따라가도록 했다. 다른 공들도 화면에 동시에 떠다녔다. 직업 때문에 장기간 소음에 노출되었던 사람들은 과제 수행을 더 어려워했고, 과제에 임의적인 소음이 수반될 때 특히 어려워했다. 목표가 되는 공에 느리게 반응했고 제대로 따라가지 못했다.

UC 버클리의 수면 과학자 매슈 워커Matthew Walker는《우리는 왜 잠을 자야 할까》라는 책[7]에서 제대로 자지 못하는 것을 "21세기에 우리가 해결해야 할 최대의 공공보건 도전"이라고 말한다. 심혈관계, 면역계, 우리의 사고 능력에 영향을 미치는 수면은 건강에 핵심적인 요소로 점차 인정받고 있다. 소음은 우리가 밤에 제대로 자지 못하게 방해하는 최고의 적이다. 소음은 설령 낮은 수준이어도 수면의 양과 질에 유해한 영향을 미친다. 소음은 우리를 더 오래 깨어 있게 하고 더 일찍 일어나도록 한다. 잠을 자는 동안 환경의 소음은 수면의 질에 영향을 미친다. 몸의 움직임과 각성을 유발하고 심박수를 끌어올린다. 교통소음은 렘REM(꿈) 수면과 서파(깊은) 수면을 단축시켜 잘 자고 일어났다는 느낌이 줄어들게 한다.[8]

깨어 있는 동안 '안전한' 소음이 소리 마음에 가하는 충격은 아이들에게 특히 치명적일 수 있다. 아이들은 언어학습의 대가다. 부모들은 아이가 첫 단어를 말한 지 얼마 되지도 않았는데 어느 순간 문장 전체를 말하는 것을 보고 깜짝 놀란다. 소리-의미 연결은 무척 빠르게 이루어진다. 아이들은 자신이 접하는 언어를, 심지어 여러 개의 언어도 척척 배운다. 그런데 이런 결정적 시기에 아이들이 접하는 소리가 무의미하다면 어떨까?

인간의 경우 실제 환경에서 소음 수준을 적절히 통제하는 것이 불가능하여 이런 질문에 답하기가 어렵다. 하지만 동물실험으로 소리 노출 시간, 소리의 세기와 질을 통제하여 뇌의 전기신호(신경계의 통화)가 어떻게 영향을 받는지 직접 살펴보는 것이 가능하다. 우리가 '안전한' 소음에 노출되면 우리의 소리 마음에 무슨 일이 벌어질까? 그리고 이런 효과는 일시적일까, 영구적일까?

일반적으로 성체가 되면 설치류의 청각피질은 음위상적으로 조직화된다. 하지만 어릴 때는 높은음과 낮은음이 피질에서 아직 자리를 잡지 못한 상태다. 발달기의 설치류를 70데시벨의 소음

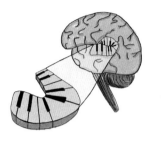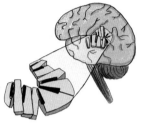

그림 11.2
'안전한' 소음은 감각 지도를 교란한다.

이 계속적으로 들리는 환경에 두고 키웠다. 참고로 NIOSH 표는 그렇게 낮은 소리 세기는 다루지 않는다. 70데시벨은 '안전하다'고 여겨지는 소음 수준이다. 성체가 되자 그들의 청각피질은 음위상과 관련해 여전히 분화가 이루어지지 않았다. 즉 낮은음부터 높은음까지 처리되는 자리가 만들어지지 않았다(그림 11.2).[9]

우리가 시끄럽긴 하지만 '손상시킬' 정도로 시끄럽지는 않다고 여기는 환경, 예를 들어 신생아 집중치료실NICU, neonatal intensive care unit[10]에 아기들을 두는 것이 우려되는 실험 결과다. 달을 다 채운다면 자궁에서 여전히 들었을 엄마의 리듬감 있는 심장박동 소리, 음식물이 소화되는 소리, 여과된 엄마 목소리 대신에 모니터링 장비와 인공호흡기, 호출기가 삑삑거리고 달가닥거리는 소리를 듣는다면, 조산아의 청각피질이 조직화되는 과정에 어떤 일이 벌어질까? 안 그래도 미숙아는 언어와 인지를 포함하여 여러 발달 문제를 겪을 수 있는데, 이렇게 어릴 때 소음에 노출되면 문제가 악화될 수 있다.[11]

　　　　　　　　　　　　　　　소리의 마음들

과학자들은 시끄러운 NICU 환경을 개선하는 방안들을 소개해왔다.[12] 엄마의 심장박동과 목소리를 녹음하여 인큐베이터 안으로 흘려보낸 연구가 있었다. 이런 '좋은' 소리를 나쁜 소리와 함께 접한 아기들은 오로지 나쁜 소리만 들은 아기들보다 청각피질이 더 온전하게 발달했다.[13] NICU에서 라이브로 음악을 연주해도 아기들의 심장박동이 안정화되고 스트레스가 줄어들고 잠을 잘 잤다.[14]

피질 지도의 비조직화는 영구적이지 않다. 소음으로 인해 음위상 지도가 제대로 만들어지지 않은 설치류의 경우 소음을 걷어내자 피질의 음위상 조직화가 새롭게 재개되었다.[15] 마찬가지로, 소음으로 손상된 설치류라도 풍부한 청각적 환경에 두면 피질 지도의 비조직화를 최소한으로 줄일 수 있다.[16] NICU의 아기들에게 풍부한 소리들이 긍정적 효과를 미치는 것처럼 말이다. 소리 마음은 계속해서 스스로의 모습을 다시 만들어간다.

청각적 뇌가 '안전한' 소음에도 반응하는 것은 나이가 들면 감소할까? 성체 동물들을 '안전한' 수준의 소음(60~70데시벨)에 몇 주 동안 노출시켰더니 청력 역치에는 변화가 없었지만 청각피질이 소리에 반응하는 방식이 바뀌었다. 음높이를 처리하는 음위상 기제가 흐트러진 것이다.[17] 소음에 들어 있는 주파수들이 원래라면 다른 주파수들에 배정되어야 하는 뇌의 구획을 차지했다. 그러므로 '안전한' 소음의 폐해는 발달 과정에 있는 민감기에 국한되지 않으며 성체에도 영향을 줄 수 있다.

'안전한' 소음의 생물학적 폐해에 대해 우리가 알고 있는 것으로 보자면, 소음발생기를 널리, 특히 발달하는 뇌에 사용하는 것은 다시 생각해야 한다. 이런 기기는 주로 집 안에서 나는 소리로 인해 잠에서 깨는 것을 막고자 사용하며 한 번에 여덟 시간 이상 돌아가는데, 자칫 소리 마음을 둔하게 할 수 있고 소리에서 의미를 효과적으로 끌어내는 우리의 능력에 장기적인 영향을 줄 수도 있다.

(((머리 안의 소음)))

우리는 머리 바깥의 소음뿐만 아니라 안의 소음에도 신경을 써야 한다. 소리는 백지에 도달하는 것이 아니다. 라디오 다이얼을 이리저리 돌려 야구 중계 채널이나 음악 채널을 찾을 때 나는 잡음처럼 뇌도 결코 조용하지 않다. 입력이 없는 대기 상태에서도 기본적인 수준의 뉴런 발화가 항상 일어난다. 소리 마음이 이런 배경 활동에 맞춰 조정하는 것이다. 소리가 감지되려면 소리에 대한 신경 반응이 이런 배경의 전기 활동보다 커야 한다. 그러니 대기 상태의 활동이 지나치게 두드러져서는 곤란하다. 우리는 뇌의 배경 활동의 크기와 언어 발달 간에 예기치 않은 연관성이 있음을 알아냈다. 어머니의 교육으로 아이가 언어 자극을 얼마나 많이 경험하게 될지 미리 내다볼 수 있다. 아울러 이것은 사회

소리의 마음들

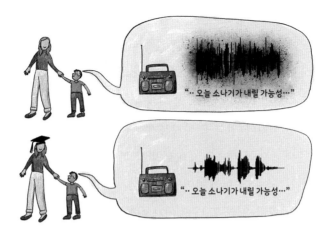

그림 11.3
자발적인 뉴런 발화가 내는 배경소음은 어머니의 교육 수준이 낮은 아이에게서 더 크게
나타난다.

경제적 지위를 나타내는 기준으로 널리 사용된다.[18] 어머니의 교육을 기준으로 나눌 때 교육을 더 받은 어머니를 둔 아이들은 배경 활동의 수준이 낮았다. 그러니까 뇌가 덜 요란했다. 이런 아이들은 또한 소리 구성요소들을 더 정확하게 처리했다(그림 11.3).[19] 소리와 의미를 효율적으로 연결하는 법을 배우면 더 명료한 신호로 이어지고 배경 신경 활동이 감소하여 결과적으로 효율적이고 정확한 소리 처리가 일어나는 것이다.

사회경제적 지위가 낮으면 덜 풍요로운 언어 환경을 접할 뿐만 아니라[20] 더 시끄러운 이웃을 만날 가능성도 크다. 어쩌면 뇌의 배경소음 수준은 저소득에 딸려 오는 여러 조건, 예컨대 교통소음, 가까운 공단, 비좁은 주택단지로 인해 증폭될 수도 있다.[21]

이런 해석을 뒷받침하는 동물실험이 있다. 소음에 노출시키자 청각중뇌와 피질에서 자발적인 뇌 소음이 늘어나는 일종의 뇌 과잉 활동이 나타났다.[22] 그렇다면 뇌 안의 소음은 뇌 바깥의 소음으로 일어날 수도 있다. 내부 소음의 기저 수준이 높아지면 말소리 같은 중요한 소리와 '의식'을 차지하기 위한 경쟁이 벌어진다. 소음에 노출되고 언어 자극을 제대로 받지 못하는 것이 서로 맞물려 소리를 알아듣는 능력이 떨어질 수 있다.

'머리 안의 소음'의 또 다른 예가 이명이다. 흔히들 '귀에서 울린다'고 표현하지만 쉬익 하는 소리, 웡 하는 소리, 버저 소리가 나기도 한다. 이런 소리는 외부에서 오는 것이 아니라 안에서 만들어지는 것이다. 이명은 일시적일 수도 있고(예컨대 소란스러운 콘서트에 다녀오고 나서), 만성적이면 스트레스, 우울, 피로, 집중력 저하로 이어지기도 한다. 만성적 이명은 여러 이유로 발생하는데 솔직히 말하면 제대로 알려진 것이 없다.[23] 청력 손상으로 이명이 일어날 때가 많고, 특히 소음으로 인한 청력 손상이 주요 요인이다. 그러므로 우리는 이명에서 머리 바깥의 소음과 머리 안의 소음이 직접 연결되는 것을 본다.

청력 손상이 있더라도 이명의 출처는 어디까지나 뇌다. 소리가 울리는 식의 이명은 보통 청력 손상이 일어난 주파수에 맞춰진다. 2000헤르츠에서 청력 손상이 있다면(역치가 높아지면) 이명은 2000헤르츠 부근에서 일어난다. 팔이나 다리를 잃은 사람이 그 부위에서 통증을 느끼는 환상사지 증후군과 유사한 청각적 사레다. 어쩌면 귀에서 입력을 제대로 받지 못해 청각뉴런이 임의적으로 발화하는 것일 수 있다. 청각적 뇌는 항상 자극을 구하는데, 소리가 없으면 뇌에서 만들어낼 수 있다. 언어를 충분히 접하지 못한 아이들에게서 신경 소음이 크게 나타나는 이유도 아마 이것일지 모른다.

원치 않는 울림으로 고생하는 이명 환자들을 위해 백색소음 발생기를 사용하는 경우가 종종 있다. 하지만 백색소음은 문제의 근본 원인인 뇌 중추의 비정상적인 기능을 부추겨서 이명을 악화시킬 수 있다.[24] 소리로 이명을 덮어 치료할 목적이라면 오히려 음악이나 파도 소리, 바람 소리 같은 의미 있는 소리가 한결같은 백색소음보다 더 효과적일 수 있다.

청각과민증hyperacusis과 소리기피증misophonia은 무난한 세기의 소리에 과하게 반응하는 것이다. 이런 증상들은 이명과 함께 발생하는 경우가 많지만 독자적으로도 일어난다. 이명, 청각과민증, 소리기피증은 청각계가 감정과 소통한다는 확실한 예가 된다. 원치 않는 소리가 일으키는 부정적 감정과 스트레스 때문에 신경이 곤두서면 이것이 되먹임 고리를 만들어 이런 증상을 악화시킬 수 있다.[25] 감정에 관여하는 변연계를 치료적으로 자극하면 뇌로 하여금 소리 마음에 이런 폐해가 덜 가도록 가르칠 수 있다는 희망이 보인다.[26] 이명, 청각과민증, 소리기피증은 원심성 피드백 체계가 제대로 억제하지 못해서 청각중뇌와 피질이 과잉활동을 하여 나타나는 증상으로 짐작된다.[27]

(((환경 속 소음의 생물학적 영향)))

소리의 속성 중 하나는 먼 곳까지 전달된다는 것이다. 어업으로 생계를 꾸려가는 이누이트족과 틀링깃족은 전통적으로 청력을 이용하여 배 아래에 있는 고래의 소리를 탐지한다. 투치족과 후투족은 코끼리들이 낮은 주파수로 소통하는 소리를 들을 수 있다.[28] 하지만 이런 능력은 소리의 디테일을 그토록 예민하게 듣는 법을 배우지 못한 대다수 사람들은 도무지 짐작도 할 수 없다.

우리가 유심히 듣지 못하게 된 (그리고 시각 편향적인 사회로 들어서게 된) 이유가 많겠지만 그중 하나는 사방을 에워싼 소음이다. 《1제곱인치의 침묵One Square Inch of Silence》이라는 책에서 고든 헴튼 Gordon Hempton은 워싱턴 D.C.까지 240킬로미터를 걸어가는 동안 자신이 주의를 기울인 감각이 어떻게 듣기에서 보기로 서서히 바뀌었는지 말한다.[29] 수도가 가까워지면서 항공 교통소음이 거의 쉼 없이 이어졌다. 헴튼의 추산으로 침묵을 15분 동안 연이어 들을 수 있는 곳은 전 세계에 열두 곳밖에 없다고 한다. 여기서 분명하게 하자면 '침묵'은 소리의 결여가 아니다. 바스락거리는 낙엽 소리, 졸졸 흐르는 시냇물 소리, 새들의 노랫소리도 헴튼의 판단으로는 침묵에 들어간다. 오히려 자동차 소리, 비행기 소리, 농기구 소리, 낙엽 청소기 소리, 기타 인간이 만든 소리가 끼어들지 않는다는 뜻이다. 인간이 만든 소음의 누적적인 효과는 지각변동과 지진을 감지하려고 만든 지진계에 감지될 정도로 엄청나다.[30]

소리의 마음들

소음이 동물에게 미치는 영향은 어떨까? 새와 개구리, 심지어 고래도 자신의 서식 환경이 소음에 점차 오염되자 울음소리의 세기를 높이거나 주파수를 바꾸거나 소리의 질을 바꾼다.[31] 도시에 사는 멧종다리는 2000헤르츠 아래에서 최고조에 달하는 도시소음을 피하고자 울음소리를 1000헤르츠에서 2000헤르츠로 높인다.[32] 2020년 코로나바이러스 대유행으로 인간이 만든 소음이 대거 줄어들자 많은 사람들은 새 울음소리와 노랫소리가 커졌다고 느꼈다. 하지만 이 기간에 새들은 사실 인간이 내는 소리가 줄어들자 노래의 세기를 줄이고도 들리는 거리를 두 배 늘렸다. 아울러 노래의 복잡성도 늘렸다.[33] 고래는 소음 오염이 몹시 심각해지면 그냥 침묵해버린다.* 게다가 그들이 돌아다닐 때 초음파로 위치를 확인하는 반향정위는 배들이 내는 음파탐지기가 무력화할 수 있는데, 고래들이 해변에 떠밀려 와 죽는 이유를 여기서 찾기도 한다.[34]

미국은 자연환경 보호와 관련하여 선견지명이 있는 대통령을 100년도 훨씬 전에 두었다. 시어도어 루스벨트는 다섯 곳의 국립공원과 열여덟 개의 국가기념물, 200곳이 넘는 국유림과 야생동

---

* 물은 공기와 마찬가지로 소리를 전달하는 매개체다. 물의 움직임을 통해 전달되는 소리 역시 인간이 만든 소음의 영향을 받기 마련이다. 이 책의 범위를 넘어서는 주제지만 다양한 매질에서 소리의 전파를 알아보는 것은 흥미롭다. 헬륨풍선의 효과는 확실하다. 헬륨은 밀도가 낮아서 소리가 더 빠르게 통과하므로 우리의 목소리가 헬륨을 지나면 더 높게 들린다. 팟캐스트 〈2만 헤르츠Twenty Thousand Hertz〉(https://www.20k.org)는 2017년 한 에피소드에서 다양한 대기를 가진 우리 태양계 행성들에서 소리가 어떻게 들리는지 알아보았다.

물 보호지구와 금렵구를 지정했다. 다큐멘터리 제작자 켄 번스Ken Burns는 국립공원을 가리켜 "미국 최고의 발상"이라고 했다. 루스벨트는 자연이 준 자원을 보존하고 미래 세대를 위해 그 공간을 지키는 것의 중요성을 간파했다. "전쟁에 나가서 이 나라를 지키려고 싸우는 것을 제외하면 우리가 물려받은 이 땅을 후손들에게 더 좋은 땅으로 넘겨주는 것보다 중요한 일은 없다."[35]

소리는 보는 것만큼 가치를 인정받지 못할 때가 너무도 많다. 우리는 시각적 오염물질을 줄이고 숲이 사라지는 것을 막기 위해 사회운동을 벌이지만, 소음이 동물의 소통과 짝짓기, 생존에 미치는 폐해에 대한 인식은 애석하게도 찾아보기 어렵다. 우리는 침묵이 사라지는 것을 통탄해하고 그것이 우리 자신과 다른 종들에게 어떤 영향을 미치는지 심각하게 생각해야 한다.

(((우리는 소음과 관련하여 무엇을 할 수 있을까?)))

비앵카 보스커Bianca Bosker는 〈애틀랜틱〉에 기고한 글에서 애리조나에 사는 남자 이야기를 했다.[36] 그는 언젠가부터 집에서 단조롭게 계속 윙윙거리는 소음이 들렸다고 한다. 처음에는 이웃집 수영장 펌프나 카펫 청소기에서 나는 소리라고 생각했지만 피할 수 없는 소리임을 곧 알았다. 창문을 닫거나 귀마개를 해도 소용이 없었다. 소리를 추적해간 그는 800미터 떨어진 데이터센터가 범인임을 알아냈다. 21세기를 사는 우리의 전자적 활동, 예컨 대 인스타그램 포스팅, 온라인 금융거래, 온라인 구매, 이 책을 쓰 기 위한 자료조사는 결국에는 어딘가에 저장된 데이터에 접근하 는 것이다. 그래서 방대한 서버와 필수적인 냉각 시스템을 갖춘 데이터센터는 보스커가 "우리 활동의 배기가스"라고 부르는 소 음을 뿜어낸다. 우리는 소음공해에 어떻게 대처하고 그것이 소리 마음에 미치는 영향을 줄이기 위해 무엇을 할 수 있을까?

가장 중요한 일은 설령 본능적으로 귀를 틀어막게 하는 소리 가 아니더라도 소음이 강력하고 유해한 힘임을 인식하는 것이다. 소음은 소리 마음을 근본적으로 바꾸고 건강에 영향을 미친다. 생물학적 증거가 엄연히 있지만 인식과 홍보가 부족한 설정이다. 소음은 사실상 피할 수 없어서 해결책이 쉽지 않다. 그러나 소음 을 줄이는 것은 노력할 수 있는 일이다. 행동을 통해, 기술을 통 해, 풍요로운 환경을 통해 단계적으로 이것을 시행할 수 있다. 첫 단계는 소리를 더 많이 인식하는 것이다. 여러분은 '안전한' 수준 의 소음에 노출될 때 잠재적 폐해가 어떤지 알았는가?

소리 수준을 측정하는 앱을 스마트폰으로 다운로드해 집에서 직장에서 통근길에서 체육관에서 소리지형이 어떻게 되는지 알 아보자. 체육관이 얼마나 시끄러울 수 있는지 알았는가? 머리 위 로 들리는 음악 소리, 운동기구들이 철걱대는 소리, 강사가 부르 는 소리, 잔혹하게 반사되는 소리는 적대적인 청각 환경을 만든 다. 아이러니하게도 우리는 근골격계와 심장의 건강을 위해 체육관에 가면서 건강의 다른 측면들은 망가뜨리고 있는 것이다. 사실 사물함 문을 그렇게 세게 닫을 필요는 없다.

우리가 주위의 소리들을 더 많이 알아차리면 "이게 꼭 필요할까?" 하고 물을 수 있다. 세상이 바뀌어가는 모습에 저항할 수 있고 최근에 개발된 편의를 덜컥 받아들이기에 앞서 생각할 수 있다. 건조기에 꼭 말하기 기능을 추가해야 할까? 자동차의 자물쇠를 잠그고 열 때마다 경적 소리를 내야 할까? 기능을 해제하는 방법은 설명서에 다 나와 있다. 몇 분이면 된다. 스피커폰으로 휴대전화 통화를 해야 할까? 비디오게임 소리를 남들이 다 듣게 해야 할까? 나는 콘서트를 좋아한다. 록 콘서트는 시끄러운 것이 당연하지만, 무대가 바뀔 때는 음악 볼륨을 줄이면 어떨까? 소리를 지르지 않고 친구와 앞선 무대에 대해 이야기하거나 그냥 에너지를 충전할 수 있도록 말이다.

100년 전에 우리는 음악이 듣고 싶으면 음악회에 찾아가거나 더 흔한 경우로 직접 연주해야 했다. 적극적인 참여의 요소가 있었다. 우리는 시간을 내야 했고, 우리의 시간은 만족감으로 돌아왔다. 그리고 변연계의 보상회로에서 활동이 증가한다. 도파민이 분비되어 긍정적으로 강화하면 우리는 그 활동으로 다시 돌아간다.[37] 지금은 음악이 전경에서 배경으로 밀려났고 신호이던 것이 소음이 되었다. 음악은 공항, 엘리베이터, 쇼핑몰에서, 그리고 전화 통화 연결음으로 우리에게 강요된다. 우리는 음악에 적극적으로 참여하는 것이 아니라 질색하며 무시하는 소음 중 하나로 취급한다. 원치 않는, 귀에 거슬리는 소리의 대열에 합류하면 더 이상 적극적인 참여를 통해 우리의 뇌를 조율하지 않는다. 소리에 있는 중요한 디테일을 포착하도록 우리를 가르치지 않으며, 우리의 감정을 유익하게 끌어들이지 않는다. 그래서 우리는 무시하게 되었다. 그것이 소리 마음의 발달에 어떻게 좋을 수 있겠는가?

소음 제거 기술

소음을 줄이는 직접적인 방법은 방음 귀마개를 착용하는 것이다. 대부분 발포 고무로 만들며 사이즈 구분은 없지만 효과가 좋다. 나는 바깥귀길이 휘어져서 자꾸 흘러내리는 문제로 밀랍 귀마개를 선호한다. 나의 바깥귀길 형태에 맞춰지므로 잘 붙어 있어서 체육관에서 운동하거나 시끄러운 곳에서 잠잘 때 유용하다. 맞춤형 귀마개들도 있다. '음악가 귀마개'라고 불리기도 하는데 전체 주파수 영역에서 고르게 소리의 세기를 줄여준다. 상황에 따라 줄여야 하는 소리 세기에 맞춰 필터를 갈아 끼울 수 있는 귀마개도 있다. 예컨대 지하철을 탈 때는 8데시벨 필터를 쓰고 드럼을 연주할 때는 25데시벨 필터를 쓰는 식이다. 사무실 밖에서 몇 년씩 이어진 건설 공사가 있었을 때 나는 맞춤형 귀마개를 매일 착용했다. 그 덕분에 소음이 나를 방해하는 것을 크게 줄일 수 있었다.

적극적으로 소음을 지우는noise-canceling 헤드폰은 비행기나 열차 소음처럼 연속적으로 이어지는 소음을 완화하는 데 효과적이다.

원치 않는 소리와 위상이 반대인 소리를 발생시켜 반대되는 두 소리가 서로를 지우도록 하는 원리다. 하지만 이 과정에서 음압이 높아질 수 있다. 나를 포함하여 이런 헤드폰을 한참 착용하고 나면 피로감을 느끼는 사람들이 있다. 적극적인 소리 차단 귀마개와 소극적인 귀마개에는 다양한 오디오 재생 기능이 있어서 조용해진 배경소음 덕에 낮은 볼륨으로 음악이나 오디오북이나 팟캐스트를 들을 수 있다.

음악가들은 무대에서 연주할 때 무대 모니터를 자주 사용한다. 그들이 연주하는 악기 소리를 그들 쪽으로 내보내는 스피커인데 귀에 꽂는in-ear 이어폰으로 모니터링을 하면 여러 장점이 있다. 잘 혼합된 소리가 사운드보드에서 귀로 곧바로(무선으로) 전달된다. 그리고 귀에 쏙 들어가는 맞춤형이므로 무대에서 나는 다른 소리, 예컨대 드럼 소리의 방해를 덜 받는다. 기동성도 좋아진다. 가수는 무대 모니터에서 멀어지면 소리가 들리지 않는다는 걱정을 할 필요가 없다. 소음이 줄어든 덕분에 악기 소리나 청중 소리에 묻히지 않도록 소리를 높여야 한다는 유혹을 덜 받아서 근육의 피로도 훨씬 덜하다. 마지막으로, 인이어 모니터는 공연장 간의 음향 차이를 최소한으로 줄여준다.

우리가 지금까지 여기서 사용해온 의미의 소음은 아니지만, 잔향(메아리)도 말소리를 알아듣는 것을 간섭하고 음악을 왜곡한다. 고무타일이나 양탄자, 태피스트리를 이용하면 우리가 듣고자 하는 소리를 듣는 것을 방해하는 잔향을 줄일 수 있다. 레스토랑,

공연장, 기타 공공장소를 설계할 때 소음에 대한 우려를 점차 반영하는 추세다. 오케스트라 피트와 식당 천장에 흡음재를 설치하는 경우가 많다. 마이크가 환경 소리를 포착하고 스피커로 다시 보내 잔향을 최소로 하는 것이다. 소음을 지우는 헤드폰과 비슷한 원리다. (반대로 어떤 공간에서는 음향 환경을 풍성하게 하고자 잔향을 늘리기도 한다.) 소리 수준을 측정하는 앱 말고 대중이 참여하여 공공장소의 소음 정도를 평가하는 앱도 있다. 공부하려고 조용한 장소를 찾거나 조용한 대화 장소를 찾고 있는가? 사람들 의견을 참고하여 음향설계가 잘된 장소를 이용하는 것이 점차 가능해지고 있다.

보청기는 디지털 소음 제거 기술을 내장하여 말소리와 소음을 바로바로 구별한다.* 보청기는 특정한 소리 구성요소(파트너의 목소리)를 강화하고 적절한 주파수에 증폭이나 감쇠를 영리하게 적용하여 말소리는 강화하고 부엌에서 들리는 설거지 소리는 효과적으로 억누르도록 프로그래밍을 할 수 있다. 이렇게 하여 보청기는 단순히 듣는 것을 넘어 집중적인 청취를 돕는 도구가 된다.

최고 기술은 비용 또한 높은 것이 사실이다. 소음을 차단하는 맞춤형 이어몰드는 규격품으로 나온 헤드폰보다 훨씬 비싸다. 인

---

* 소음은 전체적인 '형태'(주파수 스펙트럼)가 일정한 편이다. 이와 달리 말소리의 음향적 속성은 변화가 더 심하지만, 같은 화자의 경우 음절 비율, 셈여림 범위, 주파수 내용이 상당히 유사한 편이다.

이어 오디오 모니터도 비싸다. 소음 제거 기술이 내장된 보청기는 안 그래도 높은 의료비 지출에 부담을 가중한다. 더 조용한 헤어드라이어가 시판되어 있지만 평범한 모델의 두 배가 넘는 가격이다. 하지만 소음에 더 신경 쓰는 사회로 나아가는 과정에서 이런 물품들은 계속 틈새시장에서 비싸게 팔릴 것이다. 한편 우리가 비용을 거의 혹은 전혀 들이지 않고 우리 자신과 이웃을 위해할 수 있는 일들이 있다.

태도

콘서트에 가면 음악가들이 여러분 귀에서 피가 나도록 시끄럽게 연주할 거라고 으스대고 청중들이 환호하는 장면을 볼 수 있다. 파괴적일 만큼 시끄러운 소리를 듣는 데는 이런 거친 태도가 따른다. 우리가 운동선수에 대해 생각했던 방식도 그렇게 다르지 않다. 머리를 맞고 나서 곧바로 경기에 다시 투입되는 선수에게 "털어버려!" 하고 말한다. 자동차의 안전벨트와 에어백, 스포츠의 보호 장비에 대해 생각해보자. 1970년대까지도 프로 하키 선수 중 헬멧을 쓰는 사람은 소수였고, 메이저리그 선수들은 진루하면 곧바로 헬멧을 벗어 던졌다. 요즘은 헬멧을 쓰지 않는 하키선수를 상상하기 어렵다. 야구선수는 누상에 있으면서 헬멧을 계속 쓰며 턱 보호대가 달린 헬멧이 일반적이다. 이제 우리는 뇌진탕을 미리 방지하는 것이 중요하다는 점을 인식한다. 요즘은 마초들도 안전벨트를 맨다. 스포츠의 안전에 관심이 쏠리다 보니 좋든 싫든 서로의 몸이 닿는 스포츠는 인기가 떨어지는 추세다. 소음에 대해서도 우리가 비슷하게 무신경한 태도를 버리기를 나는 희망한다.

태도가 바뀔 조짐이 보인다. 고든 헴튼 같은 사람들은 '조용한 공원Quiet Parks'이라는 비영리단체를 만들어 침묵의 장소들을 보존하고자 노력하고 있다.[38] 코로나바이러스 봉쇄령으로 소음의 수준이 줄어든 것을 세계 각지의 사람들이 알아보고 좋아했다. 시끄러운 삶이 파리에서 재개되자 소음 불만이, 특히 소란스러운 오토바이와 관련한 불만이 급증했다. 경찰들은 소음 단속을 위해 순찰을 강화했고, 거리 모퉁이에 소음 센서를 설치하여 소음 허용치를 넘는 오토바이에 자동적으로 벌금을 부과했다.[39]

소리 마음은 우리가 소리적 세계에서 내리는 선택에 영향을 미친다. 우리가 침묵을 가벼이 여기고 우리의 뇌가 소음에 익숙해지면 세상은 그만큼 더 시끄러워질 것이다. 악순환이다. 그래도 힘이 나는 것은 소리 마음을 풍요롭게 하는 많은 기회가 있기 때문이다. 집중치료실의 아기들, 이중언어 화자, 음악가에게서 보았듯이 적절한 소리에 몰입하면 소음의 폐해를 줄일 수 있다.

12

노화와 소리 마음

소리치지 않아도 네 말 들려. 그런데 무슨 말인지 모르겠어.

나의 세 아들은 터울이 크지 않으며 가끔 경쟁심을 보인다. 나는 아이들 점심 도시락에 자주 쪽지를 남겼는데, 주기적으로 쓰는 쪽지가 있으니 "내가 제일 사랑하는 아이는 너야" 하는 것이다. 내가 특별히 누구를 더 사랑하지 않는다는 것을 다들 눈치 있게 알아차렸으리라고 생각한다. 어쩌면 혼자서만 신이 나 있다가 다들 똑같은 쪽지를 받았다는 것을 알았을 수도 있다.

내 아들과 마찬가지로 지금까지 브레인볼츠에서 공부한 서른 명 남짓한 박사과정 학생 중에서 내가 특별히 더 사랑하는 학생은 없다. 하지만 점심 도시락 쪽지를 확실히 받았을 학생은 한 명 있는데 사미라 앤더슨Samira Anderson이다. 브레인볼츠에 공부하러 오는 학생 대다수가 20대인 데 반해, 사미라는 대학원에 들어왔을 때 이미 스스로 '노부인'이라고 자칭할 정도였다. 그녀는 미네소타에서 30년 동안 개인 자격으로 그리고 의료시설에서 청능사로 일했다.

그녀의 환자들이 대부분 노인인 점에서 그녀의 관심사를 알 수 있다. 요컨대 노화 과정에서 듣기가, 그리고 듣기에서 노화가 어떤 역할을 하는가 하는 것이다. 그녀의 주도로 브레인볼츠에서 노년의 소리 마음을 알아보는 연구를 시작했다. 사미라는 이런 연구를 앞장서서 이끌기에 최고 적임자였다. 그녀는 수십 년간 자신이 환자들을 상대하면서 다룬 증상들을 생물학적으로 이해하고 싶었다. 그리고 그녀의 연구에 참여한 사람들이 그녀를 좋아했다! 나이가 들면 의사소통에 무슨 일이 벌어지는지, 자신이 아는 바를 사람들에게 너그럽게 나눠 주었으니 말이다. '노화하는 뇌' 프로젝트가 마무리되고 한참이 지나서도 연구에 참여했던 몇몇 사람이 브레인볼츠로 연락해서 다른 연구에 사람을 모집하는지 물었다.

우리는 귀(달팽이관)와 관련한 노화 과정에 대해서는 많이 알고 있다. 나이가 들면서 평생 소음에 노출되어온 결과가 쌓이고 가운데귀와 속귀를 이루는 부분이 퇴화한 것이 겹쳐서 청력 역치가 나빠진다. 역치, 즉 우리가 들을 수 있는 가장 작은 소리 수준은 중년 후반에 이르면 특유의 방식으로 달라진다. 한 연구에 따르면 48세 이상의 46퍼센트가 청력 손상을 입었다고 한다.[1] 70세 이상은 63퍼센트가 청력 손상이었다는 연구도 있다.[2] 이렇게 귀에 초점을 맞춘 청력 손상을 '노인성난청presbycusis'이라고 부른다. 사미라 같은 노련한 청능사들은 어떤 사람의 청력도를 보면 다른 정보 없이도 그 사람의 나이를 다섯 살 이내 오차로 알아맞힐 수 있다.

하지만 그런 사미라도 그 사람이 실제로 들을 수 있는 소리를 얼마나 잘 알아듣는가 하는 것은 알아맞히지 못한다. 실제로, 청력 역치가 정상인 노인들 중에 자신이 듣는 소리를 이해하지 못하는 사람들이 있다. 이렇게 소리를 알아듣지 못하는 것은 보통 시끄러운 장소에서 말소리를 알아듣는 데 어려움을 겪는 것으로 나타난다. 왜 이런 일이 발생하는지, 그리고 우리가 이와 관련하여 무엇을 할 수 있는지 알아내는 것이 청력 연구에서 눈독을 들이는 부분이다.

나이와 관련한 달팽이관의 퇴화(대체로 높은 주파수를 듣는 것이 어려워진다) 외에 뇌의 듣기 중추도 퇴화할 수 있다. 귀에서 오는 입력 정보가 줄어들어 이런 일이 발생하는 경우가 있다.[3] 뇌는 정상적으로 기능하려면 소리가 있어야 한다. 보청기를 착용하면 기억이 향상되고 소음에서도 잘 들린다. 핵심은 소리 구성요소에 대한 뇌의 반응이 좋아진다는 것이다.[4] 보청기를 착용하고 나서 '더 잘 생각하는' 데 도움이 되었다고 하는 사람이 많다. 같은 이유로 나는 전화 통화를 하기 전에 콘택트렌즈를 착용한다. 잘 볼 수 있으면 생각하는 데 도움이 되기 때문이다.

뇌의 변화는 청력 손상과 무관한 경우도 많다.[5] 실제로 노화 과

소리의 마음들

정에는 소리 마음의 수많은 생리적 변화가 동반된다. 노화는 주파수들을 나누어 처리하는 음위상 지도를 틀어지게 하고, 주파수에 선택적으로 반응하게 하는 억제 과정을 방해할 수 있다.[6] 아울러 나이가 들면 신경의 타이밍이 느려지고,[7] 연관되는 뇌 영역들의 연결이 줄어들고,[8] 신경 소음이 증가한다.[9]

　노화에 따른 생리적 변화는 비단 청각계에 국한되지 않고 뇌 전체에 걸쳐 일어난다. 나이가 들면 대뇌반구의 활성화가 보다 대칭적이 될 수 있고, 혈류가 감소하고, 뇌가 쪼그라들 수 있다. 마흔 살이 넘으면 10년마다 뇌가 5퍼센트씩 줄어들어 회백질과 백질 모두 영향을 받는다.[10] 속도 및 기억 처리와 관련하여 경미한 인지력 저하가 일어날 수 있다.[11] 그리고 신경 처리의 전반적인 변화로 인해 소리를 알아듣는 능력이 방해를 받기도 한다.[12] 갑자기 레스토랑에서 팁을 계산하기 힘들다거나 지금 읽고 있는 소설에서 방금 무슨 일이 벌어졌는지 기억하기 어렵다거나 하는 일들이 자주 벌어지는 것을 말하는 것이다. 노화에 따른 인지 문제는 이처럼 순간적인 문제해결과 관련되는 경우가 많다. 이런 해결 능력은 20대에 절정에 도달하는데, 이와 달리 결정지능 crystallized intelligence(평생에 걸쳐 쌓은 솜씨, 지식, 학습하고 재학습하는 능력)은 70대에 이를 때까지 계속해서 향상된다.[13]

　그리고 치매가 있다. 치매는 특정한 질병이 아니라 기억력 저하를 비롯한 여러 증상의 집합이다. 정신착란, 집중력 감퇴, 물건 엉뚱한 곳에 두기, 시간과 장소 헷갈리기, 그리고 인격 변화도 자주 일어난다. 알츠하이머병이 가장 흔한 형태의 치매이며, 오늘날 전 세계에 5000만 명이 알츠하이머병을 앓고 있는 것으로 추정된다.

치매가 위에서 언급한 뇌의 생리적 변화와 어느 정도로 직접 연관되는지는 확실하지 않다. 알츠하이머병을 앓았던 사람과 앓지 않았던 사람을 사후 부검해도 결론을 내리기가 어렵다. 위축이나 퇴화의 정도만 보고는 인지력 저하가 있었는지 얼마나 심각했는지 판단하기 곤란하기 때문이다.[14]

확실한 것은 세상과의 모든 연결이 치매로 지워지면 기억을 여는 것은 소리밖에 없다는 사실이다. 세계적인 오페라 가수 낸시 구스타프슨Nancy Gustafson은 치매를 앓은 자신의 어머니 이야기를 들려준다. 치매가 심각한 수준에 이르자 그녀의 어머니는 낸시를 더 이상 알아보지 못했고 짤막하게 네, 아니오로만 대답하는 정도였다. 어느 날 요양원에 있는 어머니를 방문한 낸시는 피아노 앞에 앉아 크리스마스캐럴을 연주하기 시작했다. 그러자 거의 곧바로 어머니가 캐럴을 따라 부르기 시작했고 한동안은 대화도 이어갈 수 있었다. 낸시는 요양원에서 살아가는 치매 환자들에게 노래를 권장하려고 '마음의 노래Songs by Hearts'라는 단체를 만들어 활동했다. 이렇듯 음악은 치매 환자들의 정서적·인지적 건강을 도울 수 있다.[15]

⟪ 듣는 뇌가 노화할 때 나타나는 특징 ⟫

　이렇게 보자면 사미라 같은 청능사는 70대 환자를 최대한 잘 듣게 하려고 할 때 환자가 말소리를 알아듣기 어려워하는 것에서 귀의 문제(청력 역치)가 차지하는 비중이 미미할 수도 있음을 인식해야 한다. 환자의 어려움은 노화로 인해 뇌의 청각 영역과 비청각 영역 모두가 달라져서 일어났을 수도 있다.

　브레인볼츠는 사미라의 주도하에 노년의 청각적 뇌를 알아보는 대규모 프로젝트를 시작했다. 우리는 주파수 추종 반응을 사용하여 노년의 청각적 뇌가 어떤 특징을 보이는지, 그러니까 소리 구성요소가 어떤 영향을 받는지 파악했다. 그런 다음 노화가 소리 마음에 미치는 영향을 어떻게 하면 늦추거나 되돌릴 수 있는지 알아보았다.

　만약에 노인성난청을 겪고 있는 사람이라면, 소리에 대한 생리적 반응을 보고 '노년의' 뇌가 '젊은' 뇌보다 작게 반응한다고 주장하는 것이 그리 설득력 있지 않다. 소리가 귀에서 청각적 뇌의 여러 기착지로 전달되지 않으면 소리에 대한 뇌의 반응이 정상적으로 나타나리라 기대하기 어렵다. 그래서 우리는 청력 역치라는 변수를 최소한으로 줄이고자 두 가지 조치를 취했다. 먼저, 청력도를 맞추려고 최선의 노력을 다했다. 앞서 내가 인용한 청력 손상 통계가 암울하기는 하지만 그래도 청력 역치가 정상인 예순에서 일흔다섯 살 사이 사람들이 있다. 그리고 균형을 맞추고자 '젊은' 사람 가운데 청력이 손상된 자들을 모집했다. 둘째, 소리를 맞춤식으로 증폭했다. 모든 참여자를 대상으로 전체 주파수 대역에서 청력 역치를 세심하게 기록하여 그에 따라 개인별 맞춤 소리를 마련했다. 예컨대 진은 1000헤르츠에서 4000헤르츠에 이르기까지 소리를 점진적으로 높여 그의 '경사형' 난청을 보강했고, 마저리는 '수평형' 난청에 맞게 소리를 조정했다. 이렇게 하여 우리는 각각의 참여자가 동등하게 귀를 자극하는 소리를 듣도록 했다.

동일한 세기로 듣도록 맞췄음에도 나이 든 청자들의 소리에 대한 뇌 반응이 거의 주파수 전체에 걸쳐 떨어지게 측정되었다.[16] 미묘한 차이는 있었지만 전반적으로 보면 노년 청자들의 반응이 더 작았다. 더 늦었다. 덜 안정적이었다(일관성이 떨어졌다). 동조화가 덜 일어났다. 하모닉 내용이 줄어들었다. (그림 12.1을 보라.) 가장 두드러지는 것은 반응 타이밍인데, 노화로 인한 반응속도 저하가 백질의 밀도 변화로 일어날 수 있다는 것을 생각하면 이해가 된다.[17] 뇌가 말소리 음절을 처리하는 것이, 특히 복잡한 타이밍을 가진 음절을 처리하는 것이 늦었다. 예컨대 '도그dog' 같은 단어에 포함된 FM 스위프에 반응하는 것이 1밀리초 이상 느렸다. 이 정도면 듣는 뇌에서는 아주 오랜 시간이다. 소리 마음이 예전만큼 빠르게 반응하지 못했던 것이다. 또 하나, 반응이 떨어진 정도와 참여자들이 자신의 경험을 보고한 것이 일치했다. 소음에서 듣는 데 기본적으로 문제가 없다고 주장한 참여자들은 반

소리의 마음들

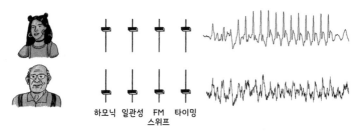

하모닉 일관성 FM 타이밍
스위프

그림 12.1
나이 든 사람의 뇌 반응은 여러 면에서 쇠퇴의 특징들을 보인다.

응이 덜 둔화되었다. 듣는 것이 어렵다고 보고한 사람들은 실제로 뇌 신호가 더 안 좋게 나타났다.[18] 맞춤식으로 증폭하여 모두가 동일한 귀 신호로 '들었다'는 점을 기억하자. 그러므로 우리가 기록한 뇌 신호는 그들이 소리를 얼마나 잘 알아듣고 있는지 보여주는 지표로 삼아도 크게 무리가 없을 것이다.

소리 자체를 향상시키면 인지적 노화를 줄일 수 있을까? 청력이 손상된 노년의 사람들에게 6개월간 보청기를 착용하도록 했다. 그러자 그들이 보청기를 쓰지 않았을 때에도 소음에서 듣는 능력과 인지력이 좋아졌을 뿐만 아니라 그들의 소리 마음이 재조직화의 징후들을 보였다.[19]

우리는 청각적 뇌 영역들 자체가 제대로 반응하지 못하는 것인지, 아니면 노화로 인해 독자적으로 위축된 인지 중추에서 오는 입력 정보가 없어서 청각적 뇌가 느려진 것인지 알지 못한다. 어느 쪽이든 귀의 탓으로만 돌릴 수는 없고 노화하는 소리 마음의 문제임을 명백히 확인했다. 최고의 청능사가 처방하고 맞춘 최고의 보청기로도 노화하는 뇌는 배경소음에서 말소리를 끌어내는 일에 힘겨워할 수 있다.

그렇다면 해결책은 무엇일까? 사미라는 어떻게 하면 노인 환자들이 나이로 무뎌지기 시작한 소리 마음을 되돌리도록 도울 수 있을지 알아내고 싶었다.

⟪ 청각의 노화 늦추기 ⟫

훈련

개인용컴퓨터와 스마트폰이 보편화되면서 '뇌 훈련' 앱이 전성기를 맞았다. 나이 든 사람이나 학령기 아이를 주요 대상으로 하는 이런 앱들은 '뇌를 재배선하여' 기억력, 인지력, 주의력을 향상시킬 수 있다고 홍보한다. 그럴듯한 과학적 근거에 바탕을 둔 앱도 있고, 어쩌면 그저 유행에 편승하여 돈벌이를 노리고 만든 앱도 있다. 신경과학자를 포함하여 과학자들 사이에서는 지지와 회의가 엇갈린다.[20] 사미라는 이제 이런 기기들이 소리 마음에 미치는 효과를 객관적으로 측정하는 방법을 확보했으므로 노년의 뇌가 소리에 반응하는 것이 이런 상용화된 훈련으로 강화될 수 있는지 알아보기로 했다. 만약 효과가 있다고 판명된다면, 우리 같은 사람들과 청력 의료서비스 종사자들에게 중요한 소식이 될 터였다.

사미라는 청력 훈련에 중점을 둔 제품을 골랐다. 특정한 소리 구성요소에 주의를 기울이도록 하는 훈련이 포함되어 있었는데, 예를 들어 타이밍이 다른 소리(FM 스위프), 음절, 단어를 구별해서 듣도록 하는 훈련이었다. 이런 것들이 제시되는 청취 맥락이 갈수록 복잡해졌다. 처음에는 구별해서 듣기가 쉽지만, 참여자가 미묘한 소리의 뉘앙스를 듣는 법을 배워가면서 그에 따라 난도가 점차 높아진다. 그녀의 환자들이 대처했던 문제들, 그녀가 밝혀낸 뇌의 특징에 맞춰서 나온 제품 같았다. 사미라는 쉰다섯에서 일흔 살 사이인 일흔아홉 명을 모집하여 무작위로 절반은 8주 동안 뇌 훈련 학습을 하도록 했고, 절반은 교육 다큐멘터리를 보고 시험을 치르도록 했다. 활동은 양쪽 똑같이 하루 한 시간, 매주 다섯 번으로 정했다. 8주간 훈련을 받기 전과 후에 모든 사람의 기억력, 소음에서 듣는 능력, 처리 속도, FFR을 측정했다.

8주가 지나자 뇌 훈련 학습을 받은 사람들은 기억력, 소음에서 듣는 능력, 처리 속도에서 향상을 보였다. 신경의 타이밍 역시 빨라졌는데 특히 시끄러운 배경에서 들려준 말소리 음절의 FM 스위프에 확연히 빠르게 반응했다.[21] 교육 프로그램을 본 사람들에게서는 이런 변화가 나타나지 않았다. 상대적으로 짧은 기간에 집중적인 청력 훈련을 받는 것으로도 소리 마음이 조율되어 나이 든 사람들이 가장 불평하는, 소음에서 청각적 풍경을 파악하기 어려운 고충이 완화되는 듯하다. 사미라는 뇌 훈련에 참여했던 프레드가 영화를 들을 수 있게 되었다며 믿기지 않아 했다고 한다. "갑자기 내가 농담을 듣고 웃는 거예요. '저 사람은 또 누구지?' 하고 궁금해하던 것이 사라졌습니다. 청력이 예리해지면서 뇌 전체가 예리해진 것 같아요!" 또 다른 참여자 샌디는 손자들과 떠들썩하게 어울리는 자리를 더 즐기게 되었다고 했다. 아쉽게도 이런 소득이 지속되지 않을 수도 있다는 징후들이 있다.[22] 어쩌면 효과를 끌어올릴 추가 세션이 필요할 수도 있다. 어쨌든 현명하게 잘 선택하기만 하면, 뇌 훈련 학습 요법은 노화로 타이밍의 정확성이 늦어지는 것을 되돌리는 방법이 될 수 있을 듯하다.

하지만 애초에 이렇게 타이밍이 늦어지지 않도록 예방하는 방법이 있다면 어떨까?

건강한 노화

오래 사는 노년 인구가 증가하면서 건강한 노화가 갈수록 주목받고 있다. 미국국립노화연구소는 생산적이고 의미 있는 노년에 기여하는 네 가지 요소로 적절한 체중 유지, 건강한 식단, 신체 활동, 취미와 사회 활동 참여를 꼽았다. 이런 것들을 하면 치매 위험이 줄어들고 수명이 늘어난다.[23]

연구소 목록에서 빠져 있는 것이 있으니 소리 마음이 건강한 노화에서 행하는 역할이다. 노년의 삶의 질은 소리와 듣기와 긴밀하게 연결된다. 나이, 성별, 교육 등 다른 요인들을 모두 세심하게 통제한다 해도 청력 손상은 인지장애와 강하고 독립적인 연관성을 보인다.[24] 그리고 치매 진단을 받은 사람 중 인지력 저하는 청력이 손상된 사람에게서 가파르게 나타난다.[25] 미국국립보건원과 영국의 보건당국 모두 청력 손상을 치매에 가장 영향을 주는 위험 요소의 하나로 꼽았다.[26] 치매와 듣기의 연결고리는 귀에 있는 만큼이나 듣는 뇌에도 존재한다. 소음에서 듣는 능력(단순히 신호를 듣는 것만이 아니라 신호에 대해 생각할 수도 있어야 한다)은 알츠하이머병을 비롯하여 기억장애가 있는 노인에게서 떨어지는 것으로 나타난다.[27]

듣기와 치매의 연결고리에는 사악한 측면이 또 하나 있다. 전반적인 청력 저하든 소음에서 듣는 어려움이든 듣기에 문제가 생기면 고립된다. 말소리를 제대로 듣지 못하면 친구들과 어울리거나 교회에 가거나 마트에서 점원과 수다를 떠는 활동을 덜 하게 된다. 안으로 더 움츠러들고 사회적으로 고립되고 외롭다는 느낌이 들어 결국에는 덜 풍요로운 삶을 살게 된다. 연구소 목록에도 올라 있는 이런 사회적 요인들은 치매와 연결된다.

젊을 때부터 건강한 노화를 위해 운동과 식생활에 신경 쓰는 것처럼 소리 마음을 위해서도 해두면 나중에 혜택으로 돌아오는 일들이 있다. 건강한 노화는 어린 시절부터 시작된다.

음악으로 소리 마음을 젊게 유지하기

음악 훈련은 건강한 노년의 삶에 보탬이 될 수 있다. 소음에서 말소리 듣기는 나이 든 음악가들이 음악을 하지 않은 또래들보다 더 낫다. 이는 소리에 대한 뇌의 반응으로 확인된다.[28] 아울러

음악 경험이 있으면 그렇지 않은 사람보다 기억력과 인지력을 더 좋게 유지한다.[29]

　브레인볼츠에서 나이 든 음악가들의 청각적 뇌 기능을 들여다 보았다. 우리는 마흔다섯에서 예순다섯 살 사이 음악가와 비음악가를 모집했다. 음악가들은 어릴 때부터 수십 년간 음악 연습을 해왔다. 우리는 신중하게 정상 청력과 IQ 검사를 하고 인지 능력, 신체 활동, 사회 활동에 따라 분류한 다음, 소음에서 듣는 능력을 테스트했다. 음악가들이 소음에서 더 잘 들었다.[30] 그리고 나서 우리는 음악 만들기가 앞에서 알아본 노화하는 뇌의 특징에 어떤 효과를 미쳤는지 알아보았다. 놀랍게도 모든 소리 구성요소의 처리가 둔화된 정도가 나이 든 음악가들의 경우에는 작게 나타나거나 전혀 나타나지 않았다. 그들의 뇌 반응은 건강한 젊은이의 반응과 흡사했다(그림 12.2).[31] 귀에 바탕을 둔 청력 손상이 있는 사

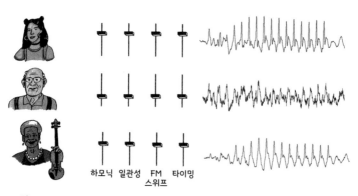

그림 12.2
나이 든 음악가의 청각적 뇌는 젊은이의 뇌와 비슷한 양상을 보인다.

소리의 마음들

람들조차 음악 만들기에서 혜택을 받았다. 청력이 손상된 나이든 음악가들이 소음에서 듣는 능력이 청력 역치가 정상인 비음악가들보다, 심지어는 나이가 절반밖에 되지 않는 사람들보다 뛰어난 경우도 있었다.[32] 청력 손상이 있든 없든 음악가의 뇌는 젊은이와 비슷하게 활발한 신경 활동을 노년까지 이어간다.

작은 걸음으로도 멀리 간다 말년에 어머니는 관절염으로 손가락 관절이 붓고 아파서 손에 힘을 쓰지 못했다. 항아리 뚜껑을 열지 못했고 신발 끈 매는 것도 어려워했다. 그러나 평생 음악을 하면서 길러진 청각-운동 기억 덕분에 피아노를 연주하는 능력은 여전히 잃지 않았다.

음악 만들기의 긍정적인 효과는 여러분이 음악을 계속 연주하지 않더라도 지속될 수 있다. 나는 청중에게 자주 이렇게 묻는다. "평생 한 번이라도 음악을 연주해본 분이 얼마나 계시죠?" 많은 사람이 손을 든다. "지금도 계속해서 연주하는 분은요?" 대다수가 손을 내린다. 과거에 음악 훈련을 해본 사람은 많다. 어릴 때 얼마 안 되는 돈을 투자하면 은퇴할 나이에 상당한 보답으로 돌아올 수 있는 것처럼 어린 나이에 음악을 연주하면 수십 년 뒤에라도 보상을 안겨줄까? 소리 마음이 음악 만들기를 통해 소리와 의미를 효과적으로 연결하는 법을 배우고 나면 나중에도 이런 솜씨가 자동적으로 계속해서 강화될까?

수십 년 전에 악기를 연주해본 경험이 3년에 불과한 노인들이 나이에 비해 '젊은' 뇌의 징후를 나타냈다.[33] 구체적으로 말하면 말소리의 FM 스위프 같은 음향적으로 까다로운 구성요소에 활발한 타이밍을 보였다. 이런 결과는 발달기에 풍요로운 청각적 환경을 접하면 나중에 청각 처리가 더 좋아진다는 동물 연구로도 입증된 바 있다.[34] 하지만 이는 음악을 계속해서 만드는 노인들이 누리는 혜택에 비하면 대단치 않다. 그림 12.2에서 보는 소리 구성요소 모두에서 향상을 보인 사람은 평생 음악을 해온 사람들이었다. 초기 음악 훈련에 대한 다른 연구들을 보면 적어도 10년은 음악 훈련을 받은 노인들이 그보다 적게 하거나 하지 않은 사람들보다 기억, 실행 기능, 인지적 유연함이 더 뛰어났다.[35]

너무 늦은 때란 없다 나이가 많은데 한 번도 음악을 해본 적이 없는 사람이라면 어떨까? 지금이라도 음악 활동을 시작하는 편이 도움이 될까?

물론이다! 프리즘 안경을 씌운 외양간올빼미와 다른 동물들[36] 예에서 보았듯이 인간의 소리 마음은 노년에 이르러서도 계속 형성되어간다. 오늘 음악 활동을 시작하는 노인은 신경 처리와 실생활에서 듣는 능력에서 혜택을 볼 수 있다. 50대 중반에서 70대 후반에 이르는 노인들을 매주 두 시간 10주 동안 합창단 활동과 보컬트레이닝 활동을 하도록 하자 소음에서 듣는 능력이 향상되었고 말소리의 기본주파수(목소리 음높이)에 반응하는 것이 좋아졌다.[37] 노년에 피아노를 배우자 소음에서 더 잘 듣게 되었고 뇌의

소리의 마음들

말소리-운동계가 강화되었다.[38] 음악 듣기와 음악 연주하기를 비교한 또 다른 연구에 따르면 실제로 음악 활동을 한 예순에서 여든 살 사이 사람들이 작업기억과 손의 협응력에서 향상을 보였다고 한다.[39]

핀란드 노인들이 합창단에서 활발하게 활동하는 것을 보고 영감을 받아 캘리포니아대학교 교수 줄렌 존슨Julene Johnson이 대규모 연구를 시작했다. 그녀는 지역사회 합창단에 참여한 노인들에게서 외로움이 감소하고 삶의 질이 높아진 것을 보았다.[40] 병원 방문 횟수, 처방전, 낙상 사고 같은 수량화할 수 있는 건강지표들이 합창단에서 활동하는 노인들에게서 가장 낮았다.[41] 그러므로 음악 활동은 나아진 삶의 질, 더 예리해진 기억력, 전반적인 행복감 상승 같은 혜택들[42] 말고도 노년의 소리 마음에 직접적인 영향을 미친다.

외국어 학습으로 소리 마음을 젊게 유지하기

인지적 건강을 높이는 요인으로 인지 훈련, 교육 수준, 식단, 신체 활동, 활발한 사회 활동이 있다. 여기에 또 하나 추가할 수 있는 것이 외국어 학습이다. 이중언어 화자는 주의와 억제 조절 같은 인지 능력이 요구되는 과제들을 대체로 단일언어 화자보다 잘 수행한다. 이런 장점은 노년까지도 유지된다.[43] 알츠하이머병을 앓는 사람의 이중언어 뇌는 수행력이 떨어지기 전까지 뇌의 퇴화를 더 많이 견딜 수 있다.[44] 어떤 연구들은 이런 발견을 수치로 환

산하여 제2의 언어를 말하면 치매의 발병을 4~5년 늦출 수 있다고 주장한다.[45]

(((노화 껴안기)))

솔직히 말해 나는 나이 드는 것이 즐겁다. 내 나이가 되면 10대들보다 시간이 많고 활용할 수 있는 자료가 많다. 내가 평생 경험했던 것들이 지금의 나를 만들었다. 내가 오랫동안 사랑했으며 껴안고 살았던 소리들 말이다. 어머니의 피아노 밑에서 들었던 소리, 이탈리아 산 정상에서 들었던 소리, 뉴욕시의 소리, 20대때 나의 일렉트릭기타 소리, 사랑하는 내 아들들의 목소리, 60대때 나의 일렉트릭기타 소리, 내가 아흔 살이 되면 쓰게 될 록 오페라…. 나의 소리 마음은 앞으로도 발달할 것이다.

노화에 관한 학술 대회에 참석해보면 '늙음은 나쁜 것'이라는 메시지가 지배적이다. 이런 결론이 나오는 것은 측정 가능한 요인들인 청력 역치, 반응시간, 뇌의 위축을 살펴보기 때문이다. 이런 대회에서 놓치고 있는 것은 측정할 수 없는 요인들, 예컨대 지혜, 인내, 공감, 기쁨이다. 나이가 들면서 우리는 어떻게 들을지, 무엇이 귀담아들을 가치가 있는지 배운다. 생애 경험의 산물은 측정하기 불가능하다. 하지만 만약 측정을 할 수만 있다면 '늙음은 굉장한 것'이라는 주제의 학술 대회가 더 많이 열릴 것이다.

소리의 마음들

(어쩌면 이런 판단은 인지적으로 허약해진 내 마음의 왜곡된 시각에 불과할지도 모른다.)

나는 듣고 생각하고 느끼는 것이 서로 연결되어 있음을 사람들이 점점 더 인식하게 되리라 희망한다. 시간 여행은 아직 요원하여 몇 년 전으로 다시 돌아가 소리 마음을 형성하는 것이 불가능하다. 그러나 음악 연주를 익히고(혹은 다시 익히고), 다른 언어를 배우고, 소리-의미 연결을 강화하는 훈련을 활용하는 방법이 있다. 소리 마음은 우리가 풍요롭게 연결된 삶을 살도록 해준다.

13

소리와 뇌 건강:
운동선수와 뇌진탕

소리 마음을 조율하는… 혹은 손상시키는… 하나 이상의 방법이 있다.

내 삼촌 한스는 정형외과 의사로 스키를 즐겼고, 뉴욕주 샤완 겅크산맥과 이탈리아 돌로미티산맥의 여러 봉우리를 최초로 오른 암벽 등반가였다. 한스는 아이들의 체력이 중요하다고 옹호했으며, 그의 연구는 학교 교과과정에 영속적인 영향을 미쳤다.

1950년대에 한스는 모든 아이가 학교에서 의무적으로 체육교육을 받아야 한다는 의견을 냈다. 체육은 운동으로 대학에 진학하려는 학생들만을 위한 것이 아니라는 주장이었다. 그가 이런 입장을 취한 것은 미국 아이들이 유럽 아이들에 비해 체력이 떨어진다는 연구 때문이었다.[1] 미국, 오스트리아, 이탈리아, 스위스의 아이들 수천 명을 대상으로 유연성과 근력을 알아보는 여섯

소리의 마음들

종목의 테스트, 일명 '크라우스-웨버 체력 테스트Kraus-Weber Fitness Test'를 했는데, 정신이 번쩍 들게 하는 결과가 나왔다. 미국 아이들의 58퍼센트가 여섯 종목 가운데 적어도 하나에 실패한 반면, 유럽 아이들은 9퍼센트만이 하나 이상에 실패했다.[2]

한스는 자신의 연구 결과를 아이젠하워 대통령에게 보고했고, 그리하여 스포츠·체력·영양에 관한 대통령 자문위원회가 만들어졌다. 1950년대 후반과 1960년대에 공공학교에서 체육 프로그램이 급속도로 늘었다. 아이들의 체력에 관한 한스의 견해는 음악교육에 관한 나의 견해와 상통한다. 체력과 음악 훈련은 이런 활동에 뛰어난 재능을 보이는 학생들에게만 할당되어서는 안 된다. 모든 아이가 체력을 키우고 그 혜택을 누려야 한다. 음악과 마찬가지로 체육도 모든 아이의 교육에서 필수적인 부분이 되어야 한다.

놀랍게도 한스의 이런 입장은 당시에는 소수 의견이었다. 오늘날 우리는 운동이 신체를 위한 최고의 투자임을 안다. 운동은 체력을 키우고, 심혈관 기능을 증진하고, 인지 능력을 높이고, 신경 건강을 튼튼하게 한다.[3]

암벽 등반과 체육교육은 소리 마음과 어떤 관계가 있을까?

《 스포츠의 유리한 면: 운동선수의 소리 마음 》

운동을 하면 뇌에 영향이 간다. 성인이 되어 새로운 신체 활동을 배우면 뇌의 회백질 부피가 늘어나고 인지 능력이 좋아질 수 있다.[4] 신경섬유를 둘러싸고 있는 절연 물질로 뉴런의 소통을 빠르게 하는 미엘린myelin과 새로운 솜씨를 익히는 것 사이에 직접적인 관계가 있다.[5]

운동으로 강화되는 신체 체계에서 우리가 모르고 넘어가기 쉬운 것이 듣는 뇌다. 운동선수에게 물어보면 소리가 자신의 경기력에서 명백한 역할(동료들의 신호와 코치의 지시를 듣고 재빠르게 반응하는 것)과 미묘한 역할(운동장에서 벌어지는 활동의 소리를 파악하여 자신의 움직임을 조정하는 것)을 두루 한다고 말할 것이다.[6] 운동선수에게는 민감하고 정확하게 반응하는 소리 마음이 필요하다. 그래서 브레인볼츠에서 이것이 소리에 대한 뇌의 반응에서 생리적으로 확인되는지 알아보았다.

노스웨스턴대학교에서 전미대학체육협회 1부리그에 소속된 거의 500명에 달하는 운동선수와 일반 학부생 500명을 대상으로 소리에 대한 뇌의 반응을 측정했다.

우리는 소리에 대한 반응이 신경계에 늘 존재하는 배경의 신경 소음에 비해 상대적으로 얼마나 큰지 살펴보았다. 라디오 신호의 배경에서 나는 잡음과 마찬가지로, 잡음 자체를 줄이거나 아나운서의 목소리를 키워서 상황을 개선할 수 있다. 운동선수와 비운동선수의 말소리에 대한 반응이 배경소음보다 얼마나 큰지 계산했는데, 소리 대 소음의 비율이 운동선수에게서 더 크게 나왔다. 신호를 키운 것이 아니라 소음을 줄여서 얻은 결과였다(그

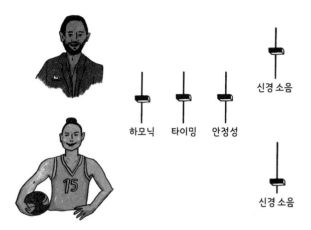

그림 13.1
운동선수의 뇌를 대표하는 특징은 더 조용한 뇌다. 신경 소음이 줄어 소리가 향상된다.

림 13.1).[7] 이것으로 볼 때 신체 활동은 뇌에서 '더 명료한' 소리 처리를 끌어내서 잠재적으로 소통을 향상시키는 듯하다.

운동선수와 마찬가지로 음악가와 이중언어 화자도 소리 마음을 향상시키지만, 그들은 아나운서의 목소리를 키워 소리를 더 잘 듣는다. 음악가는 어떤 단어를 말하는지 전달하는 데 핵심이 되는 소리의 구성요소들(타이밍, 하모닉, FM 스위프)을 정확하게 처리한다. 이중언어 화자는 말하는 사람의 목소리를 따라가는 데 도움이 되는 기본주파수에 강하게 반응한다. 이와 달리 운동선수에게 소리가 잘 들리는 것은 배경의 신경 소음이 덜 방해하기 때문이다. 이렇듯 모두가 아나운서의 소리를 더 잘 듣지만, 운동선수, 음악가, 이중언어 화자는 소리 마음이 이를 행하는 방법에서 차이가 난다(그림 13.2).

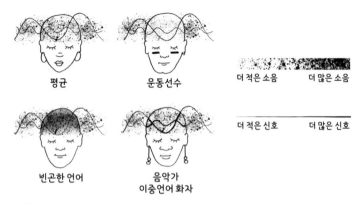

그림 13.2

평균 청자(위 왼쪽)와 비교하여 언어가 빈곤한 청자의 뇌(아래 왼쪽)는 소음은 키우고 신호는 줄여 신호를 알아듣기가 더 어렵다. 음악가와 이중언어 화자의 뇌(아래 오른쪽)는 신호를 키우는 전략을 쓰고, 운동선수의 뇌(위 오른쪽)는 소음을 줄이는 전략으로 신호를 알아듣기 쉽게 만든다.

　배경의 신경 활동은 뇌 건강을 반영한다. 앞서 보았듯이 사회경제적 지위에 따라 배경소음의 차이가 나타나고, 나이가 들거나 청신경성 외상을 입으면 신경 소음이 증가한다.[8] 신경 소음은 '언어가 빈곤한' 뇌에서 더 크게 나타난다. 언어적으로 풍부한 소리-의미의 연결을 접한 시간의 총합이 작으면 과도하게 시끄러운 뇌가 중요한 소리에 집중하는 능력을 제대로 갖추지 못하게 된다.

　운동선수의 뇌는 정반대 양상을 보인다. 항상 돌아가는 신경활동의 양이 줄어들어 비운동선수에 비해 덜 시끄러운 신경 기반이 구축된 덕분에 소리의 처리가 더 명료해진다. 소리 마음이 인지·감각·운동·감정 체계와 연결을 공유하므로 더 조용한 뇌는 소리를 알아듣는 일에 더 효율적으로 매달릴 수 있다.[9] 이것이 운동선수의 전반적인 체력 수준과 연관되는지, 운동선수가 소리에 관여하고 반응해야 하는 필요가 늘어나서 일어난 일인지, 아니면 두 요인 모두인지는 아직 밝혀지지 않았다.

(((스포츠의 불리한 면: 뇌진탕)))

소리를 알아듣는 것은 뇌가 해야 하는 일들 가운데 가장 까다로운 편에 속한다. 그러니 머리를 가격당하면 이런 세심하고 정확한 과정이 혼란에 빠지는 것이 당연하다. 뇌에서 벌어지는 소리 처리로 뇌진탕을 생물학적으로 이해할 수 있다.

경도 외상성 뇌 손상mTBI, mild traumatic brain injury이라고도 하는 뇌진탕이 스포츠에서 만연하는 현상이 주목받고 있다. 몸이 닿는 접촉 스포츠는 인기가 대단하다. 미국인들은 풋볼에 열광하여 보통 슈퍼볼 시청률이 가장 가까운 경쟁 방송인 대통령 연설이나 토론회 시청률의 두 배에 달한다.

2012년부터 2019년까지 내셔널풋볼리그에서 해마다 평균 242명의 선수가 뇌진탕 진단을 받았다. 7퍼센트에 해당하는 발생률이다. 뇌진탕을 겪고 은퇴한 풋볼선수는 한둘이 아니다. 축구, 럭비, 하키, 기타 스포츠에서도 조기 은퇴가 늘어나는 추세다. 토니 도셋Tony Dorsett과 짐 맥마흔Jim McMahon을 포함하여 유명한 전직 풋볼선수들이 뇌진탕과 장기적 건강 문제가 연관성이 있음을 선수들에게 제대로 알리지 않았다며 리그를 고소했다.

또 다른 추정 자료를 보면 미국에서 해마다 스포츠와 관련한 머리 부상으로 응급실을 찾는 20만 명 가운데 65퍼센트 이상이 열여덟 살 이하라는 통계가 있다.[10] 몇몇 유명한 전직 풋볼선수들은 열네 살 이하는 태클을 금지시킬 것을 요구했다.[11] 접촉 스포츠에서 규칙을 완화하도록 학교에 요구하는 것은 더 이상 소수 의견이 아니다.[12]

접촉 스포츠를 하면 뇌진탕과 머리에 반복적으로 가해지는 타격으로 인해 단기적 뇌 손상과 장기적 뇌 손상이 일어날 수 있다. 특히 만성 외상성 뇌병증CTE, chronic traumatic encephalopathy이라고 하는 질환이 수십 명의 은퇴한 풋볼선수 사후 부검에서 확인되었다. CTE는 기억력, 처리 속도, 판단력을 포함하여 인지장애로 정의된다. 1940년경에 만들어진 용어인데 이전에 펀치 드렁크와 권투선수 치매로 불리던 질환을 가리킨다. 1928년 〈미국의학협회저널Journal of the American Medical Association〉에 실린 논문의 저자는 펀치를 얻어맞고 쓰러진 권투선수들의 경우 "정신병원 입원이 필요할 정도로 현저한 정신적 퇴화가 나타나기도 한다"[13]라고 했다. 실제로 분노, 우울, 충동성, 기분 변화는 반복적인 머리 부상의 흔한 장기적 결과로, 전직 풋볼선수들에게서 종종 발견된다.[14] 사후 부검을 통해 CTE로 진단된 선수들이 있는데 대부분이 자살이었다.* 풋볼이나 권투 같은 접촉 스포츠를 하면 '뇌진탕

소리의 마음들

에 못 미치는subconcussive' 부상을 겪을 수도 있다. 급성 뇌진탕 증후군을 일으킬 정도로 심하지는 않지만, 뇌진탕에 못 미치는 이런 부상이 계속 쌓이다 보면 진행성 뇌 위축과 CTE로 이어질 수도 있다.

CTE가 널리 퍼져 있다고 확인하기는 어렵다. CTE 검사를 받는 사람들은 대개 반복적인 뇌 외상과 골칫거리 행동의 전력으로 볼 때 CTE 진단을 받을 가능성이 높은 사람이다.[15] 이런 편향을 인정하듯, 2017년 〈미국의학협회저널〉에 실린 보고서에 따르면 사후에 뇌 검사를 받은 전직 풋볼선수 111명 가운데 110명이 CTE 증거를 보였고 86퍼센트가 '심각한' 수준으로 나왔다.[16]

모든 스포츠 조직이 머리 부상을 막거나 최소로 하려고 실태 재점검에 들어갔다.** 규칙을 변경하는 것과 더불어 머리 부상을 적시에 정확하게 간편한 도구로 평가하는 방안도 마련해야 한다. 운동선수에게 테스트에 적극적으로 임하도록 요구할 필요가 없는 객관적인 생체지표가 있으면 더할 나위 없이 좋다. 이미 머리 부상을 입은 뒤에 선수에게 테스트에 적극적으로 임해달라고 부탁하는 것은 시기가 적절치 않다. 게다가 선수들 사이에는 참고 뛰는 문화, 팀을 우선시하는 문화가 있어서 증상을 제대로 보고

---

* 현재로서는 뇌 조직을 부검하는 것이 CTE를 확실하게 진단하는 유일한 방법이다. 뇌에서 인산화된 타우 단백질이 비정상적인 덩어리를 이루고 있는 것으로 판단하는데, 이것은 알츠하이머병의 특징이기도 하다.

하지 않거나 은폐할 수 있다. 그래서 머리 부상을 입고도 괜찮으니 계속할 수 있다고 우기는 경우가 있다. 더욱이 선수들은 기준선 테스트에서 의도적으로 서투르게 행하는 꾀를 부리기도 한다. 테스트 중에 한쪽 다리로 일정 시간 서 있는 것이 있는데, 풋볼 경기에서 크게 부딪힐 가능성이 높은 와이드 리시버라면 시즌 전 기준선 테스트에서 고의로 살짝 불안하게 흔들리는 척할 수 있다. 부딪히기 전에도 이렇게 균형을 잘 잡지 못했으니 경기에 임해도 괜찮다는 뜻을 코치에게 알리려는 것이다. 이상적으로는 뇌의 반응을 보고 측정하는 방법이 바람직하다.

청각계가 뇌진탕 진단에 내재하는 모호함을 줄이는 생산적인 방안이 될 수도 있다고 생각하는 데는 이유가 있다. 뇌진탕이 일어나면 감각·인지·운동·감정에도 여파가 미친다는 것을 우리는 알고 있다.[17] 이런 각각의 뇌 체계는 소리 마음과 얽혀 있다.

** 예를 들어 풋볼 뇌진탕의 20퍼센트 이상이 킥오프 플레이에서 발생한다는 연구가 나오자 아이비리그는 킥오프 지점을 35야드에서 40야드 선으로 조정했고, 그 결과 터치백 비율이 두 배로 늘고 전력으로 돌진하는 리턴 시도는 그만큼 줄었다. 뇌진탕 발생 비율이 새로운 규칙 시행 첫해에 줄었다. 내셔널풋볼리그는 2016년부터 터치백을 25야드 선에서 하게 하여 공이 엔드존에서 잡혔을 때 리시버가 리턴을 노리지 않도록 유도하고 있다. 심지어 내셔널풋볼리그에서 킥오프 폐지를 고려하고 있다는 보도도 나오고 있다. 더 엄격한 판정과 가혹한 페널티로 불법 블로킹과 패서나 키커에게 반칙하는 행위가 줄었다. 리그에 속해 있지 않은 의사들이 경기를 지켜보다가 선수를 경기에서 빼내 뇌진탕 판단 절차를 밟도록 하는 권한이 있다. 다른 스포츠들을 보자면 유럽축구연맹은 머리 부상을 평가하는 데 할애하는 시간을 늘리고 있고, 세계럭비연맹은 머리 부상을 줄이기 위해 불법적인 '하이 태클'의 높이를 낮추고 있다.

소리의 마음들

(((소리를 통한 뇌 평가: 간략한 역사)))

뇌 손상과 신경성 질환들을 진단하고 관리하는 데 소리를 사용한 선례가 있다. 신경학자 아널드 스타(2장의 몇몇 그림에 삽입된 수채화 〈신경지형〉[18]을 그린 사람)는 두피 전극으로 측정한 청각 반응들을 신경 건강의 지표로 사용한 선구자다. 피질 하부 청각계는 뇌에서 타이밍의 명수다. 뇌종양, 뇌졸중, 다발성경화증, 기타 신경성 질환들은 소리에 대한 신경 반응의 타이밍에 해로운 영향을 미칠 수 있다.

모든 것이 제대로 돌아갈 때 듣는 뇌는 타이밍을 그야말로 정확하게 맞춘다. 이런 정확성 덕분에 뇌 심부 구조물들의 동조화 반응이 두피 표면까지 올라와서 전기신호의 출렁임을 우리가 잴 수 있는 것이다. 타이밍의 조직화가 살짝만 무너져도 이런 미미한 신호가 억눌리거나 지연되거나 혹은 아예 감지되지 않을 수도 있다. 신호의 고점과 저점이 예상보다 몇 분의 1밀리초만 늦게 일어나도 뇌에서 우려스러운 일이 벌어지고 있다는 강력한 징후가 된다.

역사적으로, 피질 하부의 타이밍을 알아보는 테스트는 소리의 시작점 반응 정도가 고작이었다. 하지만 이제 FFR을 사용하여 뇌가 다른 소리 구성요소들(음높이, 타이밍, 음색…)을 어떻게 처리하는지 볼 수 있게 되었다. 활용의 예가 계속 늘어나서 조현병, ADHD, 자폐증, 언어장애, 고빌리루빈혈증, HIV와 같은 MRI로

볼 수 없는 여러 질환을 진단하고 있다.[19]

(((뇌진탕과 듣는 뇌)))

하나의 테스트로 뇌진탕을 진단할 수는 없다. MRI가 설령 빠르고 비용 대비 효과가 좋고 휴대가 간편하다 해도 뇌 영상으로 뇌진탕의 증거가 확인되는 경우는 거의 없다. 의사는 여러 테스트 결과들을 따져보고 완전히 믿을 수는 없는 환자의 증상 보고도 참작해서 판단해야 한다. 게다가 증상들과 인지력 저하로 나타나는 행동은 일시적일 수 있으며 충격 이후에 바로 나타나지 않을 수도 있다. 진단의 지침이 있어서 기존의 상태나 처방전, 약물 복용으로 설명할 수 없는 신체·인지·감정·행동·수면의 증상이 있는지 살펴본다.[20] 하지만 같은 환자를 평가하는 두 의사가 타당하게 다른 결론을 내릴 수도 있다. 그리고 거기에는 많은 것이 걸려 있다. 평가를 내리는 사람이 풋볼 경기 사이드라인에 있는 선수 트레이너이며 오펜시브 태클이 다음 스냅을 위해 라인으로 돌아가야 할지 결정하는 것이라면, 행여 그의 잘못된 결정이 선수를 위험에 빠뜨리거나 중요한 경기의 결과에 부정적 영향을 미칠 수도 있다.

뇌진탕이 소리의 처리에 미치는 영향과 관련하여 우리가 아는 많은 것은 급조폭발물이나 비슷한 폭발 상황으로 외상성 뇌 손상이나 뇌진탕을 입은 군인들을 관찰한 덕분이다. 당연한 말이지만, 폭발로 뇌진탕을 입을 정도로 급조폭발물과 가까운 거리라면 폭발 소리가 귀를 손상시킬 가능성이 크다. 폭발의 물리적 영향으로, 그러니까 뇌 손상 자체로 인해 소리 처리가 어려워진 것이라고는 오랫동안 생각하지 않았다. 청각의 문제는 그저 요란한 소리에 노출되었기 때문이라고 여겼다. 그러나 '조용한' 머리 부상 역시도 소리를 알아듣는 데 유해한 영향을 미칠 수 있다는 증거가 쌓여가고 있다.

뇌진탕을 겪으면 청각적 과제를 수행하는 것을 어려워할 수 있다. 톤 패턴 인식('삐-삐-뿌', '높은음-높은음-낮은음')에서 말소리 지각에 이르는 여러 과제들이 그 예다. 가장 흔한 불만은 배경소음에서 말소리를 알아듣기 어렵다는 것이다. 에릭 갤런Erick Gallun이 외상성 뇌 손상을 입었지만 청력 역치는 정상인 군인들을 살펴보았다. 소음에서 말소리를 듣는 능력이 대조군보다 세 배 떨어지는 것으로 나왔다.[21] 스포츠와 관련된 뇌진탕 조사에서도 비슷한 결과가 나왔다. 한 차례 이상 뇌진탕을 겪었던 운동선수들이 소리 처리를 힘들어했다.[22] 소리가 뇌진탕에 연루된다는 간접적 증거는 리듬에 바탕을 둔 청각 치료가 뇌진탕을 겪고 나서 인지력을 회복시키는 재활치료에서 유망한 분야라는 점이다.[23]

뇌진탕이 일어나면 붓기가 뇌 조직을 자주 압박한다.[24] 뇌진탕으로 인해 신경섬유가 잘리거나 찢길 수 있다.[25] 신경계에서 가장 긴 섬유에 속하는 것이 뇌의 피질 하부와 피질 영역을 연결하는

섬유다. 대학 풋볼 경기에 참여하고 나면 중뇌에 있는 신경섬유의 촘촘함이 줄어든다.[26] 뇌진탕은 청각피질의 기능을 교란시킬 수 있다.[27] 피질 하부가 소리의 시작점에 반응하는 타이밍이 달라지는데,[28] 머리 부상의 정도와 타이밍 지연의 정도 사이에 상관관계가 있다.[29]

어린 선수들의 뇌진탕

뇌진탕 환자의 대부분은 일주일 이내에 회복하지만, 대략 3분의 1은 증상이 한 달 혹은 그 이상 지속되기도 한다. 브레인볼츠는 소아과 의사이자 뇌진탕 전문가 신시아 라벨라Cynthia LaBella와 손잡고 이렇게 길게 지속되는 사례에서 청각 처리를 살펴보았다. 라벨라는 매년 300건의 뇌진탕 환자(대부분이 운동으로 인한 부상)를 진료하는 아동 병원에서 스포츠의학을 맡고 있다. 우리는 뇌진탕을 겪고 나서 지속되는 증상을 활발하게 보인 아이들을 병원에서 검사했다. 아니나 다를까, 이런 아이들은 소음에서 말소리 문장을 알아듣는 것을 몹시 어려워했다.[30]

이 연구로 뇌진탕은 귀가 정상일지라도 청각 처리를 어렵게 만든다는 증거를 얻었다. 뇌진탕 평가를 향상시킬 필요를 느낀 우리는 뇌진탕으로 청각 처리에 문제를 일으킨 손상을 생리적으로 측정할 수 있는지 알아보기 시작했다.

라벨라 박사의 스포츠의학 클리닉은 뇌진탕뿐만 아니라 근골격계 부상(가령 발목이 접질리거나 팔이 부러진 것)도 치료한다. 브레인볼츠에서 연구원으로 있었던 엘리 톰프슨Ellie Thompson이 이렇게 다친 아이들을 대상으로 소음에서 듣는 능력을 테스트했고 그들의 FFR을 얻었다. 우리는 타이밍과 기본주파수 크기로 뇌진탕을 입은 아이들을 꽤 높은 비율로 알아냈고, 대조군(근골격계 부상을 입은 아이들)*은 훨씬 더 높은 비율로 걸러냈다.[31] 아울러 회복 과정 단계가 다른 이런 아이들의 기본주파수 반응은 증상의 심각성과 상관관계를 보였다. 듣는 뇌가 회복을 살피고 있었던 것이다. 실제로 증상이 개선되는 동안 두 번째로 테스트한 아이들의 경우 청각적 뇌의 활동이 정상으로 돌아가고 있었다. 이후의 연구들로 소리 마음과 뇌진탕의 관계가 계속 확인되고 있다.[32] 기본주파수 문제는 뇌진탕을 입은 아이들이 소음에서 말소리를 듣는 어려움과 일치한다. 우리는 목소리 음높이에 의지하여 소음에서 말소리를 듣는다. 말하는 사람의 음높이를 따라갈 수 있어야 그 사람의 목소리를 배경에서 나는 소음과 구별하여 통합된 청각적 대상으로 처리할 수 있다.[33]

대학 선수들의 뇌진탕

토리 린들리Tory Lindley는 대학 선수단 부단장이자 수석 선수 트

---

* 진단을 할 때 민감도sensitivity와 특이도specificity는 세밀하게 구별해야 한다. 민감도는 진양성률을 말한다. 그러니까 FFR을 보고 뇌진탕 환자를 알아맞히는 확률이다. 특이도는 진음성률을 말한다. FFR을 보고 뇌진탕 환자가 아닌 사람을 올바르게 걸러내는 확률이다.

레이너로 당연히 노스웨스턴대학교의 승리를 원한다. 여기에는 선수들의 건강과 안전에서 최고가 되는 것도 포함된다.

나는 스스로를 운동선수라고 생각한다. 미용체조, 권투, 힙합 댄스, 자전거 타기를 규칙적으로 즐긴다. 한참 전에는 33일 동안 4800킬로미터 크로스컨트리를 자전거로 달렸다. 그러나 단체 스포츠에는 흥미가 없다. 제니퍼 크리즈만은 모든 스포츠를 좋아한다. (토리보다 경쟁심이 훨씬 강한) 젠은 스포츠에서 벌어지는 머리 부상에 지속적으로 관심을 보였고, 청각 처리와 뇌진탕의 관계를 파헤치는 일에 기여했다. 그녀는 나와 달리 스포츠의 언어를 말했다. 젠의 도움으로 브레인볼츠와 노스웨스턴대학교 선수단이 협력하여 소리 마음과 관련한 스포츠 참여를 총체적으로 알아보았다.

우리는 먼저 풋볼 팀을 테스트했다. 과거에 한두 차례 뇌진탕을 겪었지만 테스트 당시에는 회복되어 증상이 전혀 없는 선수 스물다섯 명으로 시작했다. 그들의 청각적 뇌는 과거에 부상을 당했던 기억을 드러낼까? 우리는 이런 선수들의 소리에 대한 뇌의 반응을 알아보았고, 같은 포지션이면서 뇌진탕을 겪은 경험이 전혀 없는 풋볼선수 스물다섯 명과 비교했다. 우리가 살펴보았던 아이들과 마찬가지로 뇌진탕 전력이 있는 풋볼선수들은 기본주파수에 대한 반응이 떨어지는 것으로 나타났다.[34] 소리 마음은 활발한 뇌진탕 증상 평가에 효과적일 뿐만 아니라 과거에 있었던 머리 부상에도 민감하게 반응하는 것 같다. 어쩌면 이 연구가 지금은 부검으로만 진단되는 CTE의 조기 확인에 기여할 수도 있을 듯하다.

우리는 소리 마음과 뇌진탕의 관계를 알아보는 연구를 노스웨스턴대학교 1부리그 운동선수 모두에게로 확장했다. 매 시즌 시작과 말미에 500명 모두를 테스트했다. 선수가 뇌진탕을 겪으면 곧바로 평가하고 일주일마다 추이를 계속 살폈다. 그리고 소리에 대한 선수의 반응을 기준선 반응과 비교했다.

음높이, 타이밍, 하모닉이 머리 부상의 단계에 따라 체계적으로 정렬되는 양상을 보였다. 급성 단계에서는 세 구성요소 모두 교란의 징후를 보인다. 증상들이 개선되면서 가장 먼저 해결되는 것은 하모닉 처리다. 회복하면 타이밍도 복구되지만, 음높이 처리의 어려움은 뇌에 영속적인 유산으로 남을 수 있다(그림 13.3).

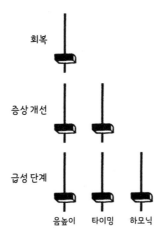

그림 13.3
뇌진탕을 겪고 나서 소리의 신경 처리가 교란되는 단계별 변화.

우리의 장기적 연구가 계속되면, 몸을 부딪치는 스포츠를 할 때 뇌진탕을 면한 선수에게 따를 수 있는 위험에 대해 알게 될 것이다. FFR은 민감하고 입상粒狀의 특징을 가지며 취약하여 뇌진탕에 이르지 않는 머리 부상이 누적되어 일어날 수 있는 청각적 처리의 실태를 세밀하게 포착할 수 있다. 임상적으로 판단되는 뇌진탕 없이 접촉 스포츠 활동을 4년간 하면 뇌에 손상이 갈까? 아니면 운동선수의 '조용한 뇌'의 혜택만 보게 될까?

경기에 복귀하기

"베스를 게임에서 꼭 빼야 해?" "언제쯤이면 스투가 경기에 다시 설 수 있을까?" 뇌진탕을 한 차례 겪고 나면 다시 겪을 가능성이 높아진다.[35] 아마도 뇌가 완전히 회복하지 않아서 부상을 당할 위험이 높아졌기 때문일 것이다. 다행히도 소리에 대한 뇌의 반응을 측정하면 선수가 언제 경기에 복귀할 준비가 되었는지 판단하는 데 도움이 된다.

학업으로 돌아가기

소리 마음은 뇌 손상을 감지하는 일을 한다. 뇌가 손상되면 청각적 처리가 훼손되기 때문이다. 얼마 전에 머리 부상을 당한 젊은이는 시끄러운 교실에서 학습을 제대로 못할 수 있다. 그러므로 스포츠와 관련되는 뇌진탕을 입은 아이가 언제 학업으로 돌아갈지 판단해야 하는 문제가 있다. 임상의들과 교사들은 소리를 알아듣는 능력이 손상되면 운동장 외에 교실이나 작업장의 삶에도 영향을 미칠 수 있다는 것을 점점 더 인식하고 있다.

시각, 균형감, 청각

뇌진탕을 겪고 나면 시각과 균형감이 괜찮은지 확인하는 것이 일반적이다. 청각은 어떨까? 우리는 시카고의 노스사이드 청소년 풋볼리그 담당 의사인 라벨라 박사와 함께 젊은 풋볼 태클 선수들의 신경 감각 수행력을 두 시즌에 걸쳐 알아보았다. 각각의 영역(시각, 균형감, 청각)을 측정한 것이 뇌 건강과 독자적으로 연결되었다는 점이 눈에 띈다.[36] 하나의 수행력으로 다른 둘의 수행력을 예측할 수 없었다. 뇌진탕을 평가할 때 여러 결과들을 모두 고려해야 함을 여기서도 알 수 있다.

(((요약하기)))

소리는 뉴스에 오르는 일이 드물다. 특히 국제정치와 관련하여 보도되는 일이 거의 없는데 2016년에 예외적인 일이 있었다. 쿠바에 거주하는 미국과 캐나다의 외교단이 집중적인 소리가 계속 이어지는 것을 들었다고 보고한 것이다. 조사해보니 많은 외교관이 두통과 현기증을 포함하여 뇌진탕의 전형적인 증상들을 보였다. 공격을 보도한 기사에서 〈뉴욕타임스〉는 외교관들의 증상을 가리켜 "영락없는 뇌진탕"이라고 했다. 소리의 출처는 밝혀지지 않았다. 정밀하게 조준된 음파 공격이라는 의견에서 짝을 찾지 못한 귀뚜라미 울음소리라는 추측까지 난무했다. 하지만 소리의 출처가 무엇이든 간에 소리 마음을 철저하게 파헤치면 이런 식의 부상이 뇌진탕과 유사한지 판단하는 데 도움이 될 수 있다.

소리를 사용하여 뇌 손상과 신경성 질환들을 평가하는 역사가 쌓이면서 소리 마음의 건강을 평가하는 것이 한층 정확해지고 새로운 잠재력을 보이고 있다. 청각 테스트를 뇌진탕 관리의 표준 절차에 통합하면 운동선수들의 건강을 좋게 개선할 수 있다. 뇌진탕이 듣는 뇌에 어떻게 영향을 미치는지에 대해 우리가 아는 것이 늘어나면서 복잡하기 이를 데 없는 소리 마음을 이해하는 폭이 더 넓어지고 있다.

신체 훈련을 하면 소리 처리에 긍정적인 영향을 미치며 전반적인 뇌 건강에 도움이 된다. 암벽에 매달렸을 때 가장 행복하다고 했던 한스 삼촌도 동의할 것이다. 어떤 신체 활동이든 상관없다. 운동선수도 음악가와 마찬가지로 훈련을 해야 한다. 나는 신체 건강이 교육적으로 사회적으로 지금보다 더 시급한 우선순위 과제가 되기를 바란다.

14

소리의 과거, 현재, 그리고 미래

소리의 미래를 위해 내리는 소리의 선택

(((소리는 모든 곳에,
우리가 미처 생각하지 못하는 곳에도 있다)))

소리는 우리의 소리 마음과 우리가 살아가는 세상에 강력한 힘을 행사한다. 하지만 지금까지 나는 소리가 닿는 범위의 일부만을 다루었을 뿐이다.

식물도 들을 수 있다! 식물이 잘 자라게 하려고 말을 하거나 노래를 불러주는 사람 이야기를 다들 들어보았을 것이다. 실제로 소리가 식물의 성장에 기여한다는 주장이 타당한지 과학자들이 알아보았다. (인간의 귀에는 너무 높아서 들리지 않는) 초음파 소리를 들려주자 방크스소나무의 발아와 묘목 성장 속도가 빨라졌다는 연구가 있다.[1] 또 다른 연구를 보면 인간의 가청주파수에 있는 진동(50헤르츠)을 벼와 오이에 들려주었을 때 씨앗이 싹트고 뿌리를 길게 내리는 것이 촉진되었다고 한다.[2]*

배관공이라면 식물의 뿌리가 지하 배수관 속으로 파고들기 좋아한다는 것을 알 것이다. 모니카 갈리아노Monica Gagliano가 이런 현상을 더 깊이 들여다보았다. 그녀는 완두콩을 양쪽으로 갈라진 화분에 두고 뿌리가 오른쪽이나 왼쪽으로 자랄 수 있도록 했다. 그리고 한쪽에서 물소리를 녹음한 것을 틀어(실제로 물이 있지는 않았다) 식물이 소리가 나는 방향으로 뿌리를 뻗게 만들 수 있었다.[3] 게다가 식물들도 척추동물의 뉴런처럼 특정한 소리 주파수에 맞춰 반응한다. 물속에 넣은 옥수수 뿌리는 오로지 220헤르츠 소리가 나는 쪽으로만 방향을 튼다.[4]

식물은 소리를 이용하여 환경에 관한 정보를 모아 자신의 생존에 유리한 신호들을 해석한다. 가지, 블루베리, 크랜베리 같은 식물들은 특정한 꿀벌이 200~400헤르츠 사이의 정확한 주파수에서 윙윙거릴 때만 꽃가루를 내보내는데 이런 과정을 '윙윙거림 수분buzz pollination'이라고 한다.[5] '잘못된' 종류의 곤충, 그러니까 꽃가루를 퍼뜨리기에 적절한 솜털이 몸에 붙어 있지 않은 곤충이 가져가는 것을 막기 위함이다.

---

* 과학자들이 소리에 반응하는 것으로 확인한 다른 식물로 오크라, 주키니호박, 양배추, 국화, 고추, 토마토가 있다.

소리의 마음들

동물과 음향 환경의 관계를 연구하는 생물음향학은 소리 생산과 지각을 연구하는 사람에게 흥미로운 분야다. 수백 킬로미터 너머로 전달되는 고래 노래와 같은 수중 소리부터 박쥐의 반향정위와 새소리에 이르기까지 폭넓게 다루는 생물음향학은 갈수록 성장하는 분야다.

수중에서 나는 소리의 힘과 분포는 산호초의 생태와 연결된다. 산호초는 탁탁거리는 해마 소리, 툴툴거리고 가르랑거리고 심지어 짖기까지 하는 물고기 소리로 항상 시끄러워 풍부한 소리지형을 이룬다. 혹독한 열파와 물고기 남획으로 산호초가 죽기 시작하면 그곳을 터전으로 삼는 생물들이 떠나면서 소리가 줄어든다. 이렇게 되면 소리를 통해 서식하기 바람직한 환경인지 판단하는 새로운 정착 생물에게 매력이 떨어지는 곳이 된다. 소리의 중요성을 알아보는 실험에서 산호초가 죽어 황폐해진 곳에 새로운 산호초를 심었다. 일부에는 옆에 스피커를 달고 건강한 산호초의 소리를 내보냈고, 다른 곳에는 소리가 없었다. 소리가 풍부한 산호초가 조용한 산호초보다 물고기와 해양생물을 두 배 더 많이 끌어들였다.[6]

소리의 존재를 예기치 않게 인식하게 되는 또 다른 예는 비행기 기내식이다. 기내식이 어째서 살짝 맛없게 느껴지는지 이유를 아는가? 이상하게도 많은 승객들이 토마토주스나 블러디메리 칵테일을 주문하는 이유는? 공기가 건조해서? 기압이 낮아서? 고도 때문에? 가장 큰 이유는 소리로 밝혀졌다. 제트엔진 같은 시끄러운 소음은 우리의 미각에 영향을 미친다. 특히 짠맛과 단맛을 억누른다.[7] 반면 감칠맛은 거의 영향을 받지 않는데[8] 토마토의 핵심적인 풍미가 이것이다. 그래서 우리가 토마토주스에 끌리는 건지도 모른다. 10킬로미터 상공에서 맛이 '제대로' 느껴지는 몇 안 되는 것이니 말이다. '적절한 수준'의 짠맛이나 단맛에 맞춰진 음식과 음료에 우리가 실망할 수도 있는 이유다. 진화적 관점에서 보자면 요란한 소리가 우리의 식욕을 억누르는 것은 타당하다. 눈사태가 밀려오는데 배가 고프다면 어떻게 되겠는가?

좋든 나쁘든 소리는 무기로 사용할 수 있다. 거리에서 어슬렁거리는 10대들을 물리치고자 고전음악을 가게 밖에서 트는 경우가 있다. 미 육군은 진정한 소리 무기를 개발했다. 개인이나 집단에게 '발사'할 수 있는 집약적인 소리 광선 같은 것으로 당국이 시위자를 해산하고 싶을 때 사용할 수 있다. 음파의 강도는 수백 미터 떨어진 곳에 있는 사람을 일시적으로 멍하게 만들 정도다. 먼 거리에 있는 정확한 장소로 소리를 전달하는 좁은 빔폭의 소리 기술이 있다. 이런 기술은 해군 함정에 지나치게 가까이 접근하는 정체불명의 배에 경고를 보내는 용도로 활용할 수 있다. 그리고 소리 무기가 쿠바의 외교관들을 괴롭혔던 뇌진탕 비슷한 증상의 원인이었을 가능성이 여전히 있다.

소리의 마음들

(((은유에 관하여 한마디)))

뇌를 컴퓨터로 여기는 은유는 내가 볼 때 설득력이 떨어진다. 우리는 뇌에 관해 알지 못하는 것이 많으며 여기에는 소리 마음도 포함된다. 하지만 우리가 뇌에 관해 아는 것이 있으니, 뇌는 컴퓨터처럼 작동하지 않는다는 것이다.[9] 이 책에서 나는 은유를 활발하게 사용했다. 특히 소리 마음을 믹싱 보드로 간주하고 설명했는데 모든 은유가 그렇듯이 한계가 있다. 믹싱 보드는 무생물이지만, 소리 마음은 엄연히 살아 있고 세상에 존재한다. 초등학생이 배고픈 악어 그림으로 부등호 개념을 배우듯, 혹은 전자공학을 배우는 학생이 보이지 않는 전자의 흐름을 이해하고자 수조와 파이프 그림을 활용하듯, 믹싱 보드의 은유는 배후의 진실을 생생하게 담아낸다. 하지만 은유가 상상하도록 도와주는 신경 처리에 대해 우리는 아직 제대로 이해하지 못한다.

(((소리는 우리가 살아가는 세상과
우리를 연결해준다)))

얼마 전 나는 내가 사는 에번스턴의 거리를 걸으면서 수천 킬로미터 떨어진 곳에 사는 아들과 전화 통화를 했다. 갑자기 아들이 하던 이야기를 멈추고 "에번스턴 새야!" 하고 소리쳤다. 고향의 소리를 들었던 것이다.

우리 모두는 고향의 소리에 본능적으로 반응한다. 새소리, 낙엽이 바스락거리는 소리, 교회 종소리, 버스가 갑자기 브레이크를 밟는 소리, 거리에서 농구를 하는 소리 말이다. 근처의 집들과 나무들에 막혀 여과되는 차들 오가는 소리도 독특한 음색으로 앞마당에 도달한다. 이 모든 것이 장소의 감각, 소속감을 부여한다.

대중 앞에서 오랫동안 강연하다 보니 대본도, 읽을거리도, 연단도 없이 청중에게 직접 말할 때 강연이 가장 잘된다는 것을 알게 되었다. 주제는 철저하게 준비하지만 자발성의 여지를 둔다. 내가 어떤 단어를 말할지 결코 알지 못한다. 순간순간 단어를 고른다.* 내가 음악을 만들 때도 비슷한 선호가 있다. 곡의 구조를 꿰뚫고 있을 때가 가장 좋지만, 즉흥연주의 여지가 있어야 한다. 나와 내가 만드는 소리와 내 연주를 듣는 사람 사이에 악보가 놓이는 것은 싫다. 음악이 나를 원하는 곳으로 데려가도록 하되, 다만 눈은 항상 시작했던 으뜸조를 바라보며 집으로 돌아갈 준비를 한다.

소리는 다른 어떤 감각보다도 우리를 이어준다. 멀리 떨어져 있어도 말이다. 그래서 음악의 기원을 어머니가 유대감을 키우려고 아기에게 불러주는 노래에서 찾는 사람들이 있다. 아기는 조

---

* 어떤 강연을 가리켜 '기조keynote'연설이라고 하는데, 음악 작품에서 조성key을 확립하듯 앞으로 이어질 사안들의 분위기를 잡는 강연이라는 뜻에서 그렇게 부르는 것이다.

소리의 마음들

금 떨어져서 다른 뭔가에 몰두하더라도 노래를 통해 어머니의 존재에 편안함을 느낄 수 있다. 그리고 이것이 확장되어 노래는 더 큰 사회집단에서 단결을 고취하는 용도로 활용되었다.[10] 노래는 최초의 음악이었고 음악은 지금도 강력한 사회적 연결의 수단으로 존재한다.

내가 배운 언어 가운데 하나는 화음이다. 여러분은 자신이 노래하는 소리를 들으며 파트너가 노래하는 소리를 동시에 듣는다. 그래서 상대의 소리에 따라 자신의 움직임을 조절해간다. 이런 상호작용은 목소리 사이의 공간을 조절하는 것이다. 다른 사람에게, 사람과 사람 간의 공간에 민감하게 반응하는 것이다. 화음을 노래하는 것은 우리를 이어주는 소리의 힘을 단적으로 보여주는 예다.

소리는 우리가 살아가는 세상에서 만들어지고 경험되는 살아있는 존재다.

(((맥락과 소리 마음)))

아들의 여자 친구 가족과 저녁 식사를 하는 자리에서 그녀의 아버지에게 멋진 딸을 두셨다고 말하자 이렇게 대답하는 것이었다. "자기가 혼자 알아서 컸지요." 이것은 소리 마음에 대해 내가 이해하게 된 많은 것을 요약하는 말이기도 하다. 귀의 역할은 부모의 역할과 마찬가지로 이론의 여지 없이 중요하다. 그리고 우리가 평생 살아가면서 만나는 소리로 우리의 소리 마음이 행하는 것이 우리를 지금의 존재로 만든다. 소리 마음은 귀가 전달하는 소리에 맥락을 부여한다.

B플랫은 F에서 완전4도 위의 음이라는 사실을 피아노 교사에게서 배웠을 것이다. 호기심이 남다른 사람이라면 미들C 아래의 B플랫이 233헤르츠의 기본주파수를 갖는다는 것도 알 것이다. 아울러 '말라리아'의 어원이 '말 아리아mal aria', 즉 '나쁜 공기'임을 배웠을 것이다. 이런 토막 지식들은 맥락에 놓이지 않으면 그 자체로 무의미하다. 음정의 지식을 곡에 통합할 수 있을 때, 개별 단어의 지식을 소설 속에 통합할 수 있을 때 맥락이 만들어진다. 우리가 마주치는 소리를 우리 삶의 맥락 속으로 넣는 것이 소리 마음이 하는 일이다.

소리 마음은 우리가 작곡하는 음악에 영향을 미친다. 어째서 바흐는 훗날 우리가 재즈라고 알게 된 방식으로 불협화음과 박자, 리듬을 활용하지 않았을까? 동일한 열두 음을 사용했으면서 말이다. 그러나 바흐는 다른 사람과 똑같이 자신이 살았던 소리적 환경이 만들어낸 자기 소리 마음의 한계 내에서 작업했다.

이중언어 화자, 음악가, 난독증 환자, 노인은 저마다 하나의 집단으로서 독특한 소리 마음의 특징을 보인다. 하지만 개인의 소리 마음을 이해하는 것만큼 매혹적인 일은 없다.《인간은 얼마나 음악적인가?How Musical Is Man?》[11]라는 책에서 존 블래킹John Blacking은

　　　　　　　　　　　　　소리의 마음들

말한다. "모차르트가 그의 교향곡이나 협주곡, 4중주곡 하나의 특정한 마디에서 과연 무엇을 의미했는지를 두고 사람마다 의견이 분분하며 학자로서 명성을 걸고 논쟁한다. 모차르트가 그 곡을 썼을 당시 그의 마음속에서 무슨 일이 벌어지고 있었는지 우리가 정확히 안다면, 그제야 오로지 하나의 설명만이 가능할 것이다." 모차르트는 자신만의 소리 마음이 있었다. 모든 사람이 자신만의 유일무이한 소리 마음을 갖는다.

소리 하나를 살펴보자. 막강한 '다'도 괜찮다. 이 짧은 음절 안에 타이밍 신호와 음높이 신호가 있다. 하모닉의 집합이 있다. FM 스위프가 있고 특정 패턴의 주파수 대역이 있다. 우리는 뇌가 이런 소리 구성요소 중 하나에 어떻게 반응하는지 세밀한 수준에서 측정할 수 있다. 이것을 따로 놓고 보면 누군가의 타이밍이 살짝 늦다는 것을, 목소리 음높이를 유난히 잘 따라간다는 것을 알 수 있다. 혹은 삶의 경험으로 형성된 소리 마음으로 모든 요소를 통합된 전체로 처리하는 한 사람의 맥락에서 볼 수도 있다. 다음과 같은 문항에 빈칸을 채워 이런 사실들을 모아볼 수 있다.

타이밍 = ☐빠르다 ☐정상이다 ☒늦다

기본주파수 = ☒크다 ☐정상이다 ☐작다

반응의 일관성 = ☒일관적이다 ☐비일관적이다

등등.

그림 14.1
소리 마음은 평생 듣고 느끼고 움직이고 생각한 것을 바탕으로 하여 소리 구성요소들을 더 강조하고 덜 강조함으로써 우리가 소리를 처리하는 것을 조정한다.

우리는 하나의 요소만 보고 이렇게 말할 수 있다. "타이밍이 늦군." "반응이 일관적이군." 혹은 전체를 보고 이렇게 말할 수 있다. "이중언어 화자인데 난독증이 있군!" "당신이 바로 조이 군!"(그림 14.1). 소리와 소리 마음의 반응은 맥락으로 받아들여야 한다.

듣는 뇌는 아름답게 통합된 체계다. 그러나 청각적 장비 자체가 복잡하고 인상적일지언정 그것만 따로 기능하지는 않는다. 우리가 소리에 대해 파악하려면 생각하고 감각하고 움직이고 느끼는 우리의 뇌가 제공하는 맥락에 기대어 듣기 과정에 의미를 부여해야 한다.

어떤 소리를 들으면 연상되는 느낌이 바로 떠오르고 시각적 신호와 우리가 아는 바("이탈리아어 억양이군")가 곧바로 머릿속에

소리의 마음들

그려진다. 우리는 '지각적 결합perceptual binding'이라는 과정을 통해 이런 요소들을 한꺼번에 처리한다. 과학자들과 철학자들은 우리가 지각하는 모든 요소가 어떻게 어디서 합쳐지는가 하는 문제를 오래전부터 고심해왔다. 우리가 소리에 대해 아는 것, 느끼는 바, 동반되는 시각적 요소들이 우리가 소리를 알아듣는 것에 영향을 미쳐 결합에 관한 이해에 한 걸음 더 다가가게 한다.

(((저마다 다른 소리 마음)))

나는 우리가 살아가는 동안 벌어지는 생물학적 적응에 관심이 많다. 무의식적으로 사람들을 저마다 독특한 방식으로 듣게 만드는 것이 이런 생물학적 적응이다. 최근에, 그러니까 내가 처음 피아노로 배운 지 수십 년이 지나서 바흐의 〈이탈리아 협주곡〉에 다시 도전했다. 피아노 앞에 처음 앉았을 때는 어떻게 해야 할지 몰랐는데 서서히, 그러다가 점점 더 빨리 맞춰지기 시작했다. 소리 마음에서 기억을 끌어내면서 내가 있는 줄도 몰랐던 나의 일부가 모습을 드러낸 것이다. 나의 의식적인 마음은 도움을 주지 못했지만, 아무튼 나는 마침내 곡을 연주할 수 있게 되었다.

이 경험을 계기로 직감에 더 많이 주목하게 되었다. 우리는 뛰기 전에 신중하게 살펴보고 모든 상황의 장단점을 꼼꼼하게 살핀다. 그것이 합리적이다. 하지만 우리의 직감이 뭐라고 말하면 거기에 귀를 기울이는 편이 좋다. 직감은 자의적인 것이 아니라 오랜 세월 축적된 경험에서 나오는 것이기 때문이다. 게르트 기거렌처Gerd Gigerenzer는 《생각이 직관에 묻다》라는 책에서 논리적인 계산이 어려운 상황들에 대해 말한다.[12] 100퍼센트 확실한 투자 정보는 없다. 우리는 회사의 과거 성과를 보고 재정 상황을 공부하고 최고 임원들의 자질을 평가할 수 있지만, 그럼에도 확실한 보증이라는 건 없다. 직감에 떠밀려 이것에 투자할지 저것에 투자할지 결정하는 경우가 많다. 노련한 투자자라면 딱 꼬집어 말할 수 없는 좋은 투자에 관한 데이터를 평생 축적한 상태이므로 직감에 귀를 기울이면 좋은 결과를 낼 수 있다. 직감이 좋은 투자로 이끌지 아닐지를 결정하는 핵심은 경험이다.

직감은 소리 마음이 기본값 상태에 맞춰서 연마한 소리 처리 전략과 유사하다. 소리 마음도 축적된 경험을 바탕으로 하여 소리에 반응할 준비를 하거나 오랫동안 손 놓고 있던 협주곡을 연주할 준비를 한다. 세상에 대한 우리 지각의 대부분은 직감만큼이나 손에 잡히지 않는 것이다. 하지만 머리 안의 신호로 소리가 어떻게 처리되는지 분석함으로써 우리의 경험이 머리 바깥의 소리들을 어떻게 해석하는지 짐작할 수 있다. 모든 사람은 저마다 독특한 소리의 지문이 있다. 믹싱 보드의 조절기가 어떻게 조정되어 있는가? 음악을 만들거나 제2의 언어를 배움으로써 소리 마음을 연마했는가? 소음에 노출되어 뇌가 예리함을 잃었거나 언어의 풍부한 소리를 제대로 접하지 못했는가? 소리가 우리를 더 좋은 쪽으로 바꾸도록 하기 위해 지금 우리는 어떤 선택을 할 수 있는가?

《 소리의 미래를 위한 선택 》

소리의 힘은 몇몇 사람들만 아는 비밀이다. 내가 이 책을 쓴 목적은 그런 소리의 힘을 사람들에게 알리기 위함이었다. 시각 중심적이고 물질주의적인 관점에서 잠깐 벗어나서 소리가 무엇을 줄 수 있는지 알아보자. 그러면 소리를 우리 삶의 우군으로, 다른 사람들과 다른 살아 있는 존재들의 삶의 우군으로 받아들이게 될 것이다.

우리가 어떤 사람이고 무엇을 중요하게 여기는지가 우리가 사는 세상에 영향을 준다. 우리가 발달시키는 소리 마음은 우리가 무엇을 좋아하고 싫어하는지를 바탕으로 하여 우리의 소리적 세계를 만들어간다. 그리고 우리의 선택은 우리 아이들과 그들의 아이들의 소리적 세계에 영향을 줄 것이다. 소리 마음의 선택은 우리가 삶에서 우선순위를 두는 곳으로 우리를 데려갈 수 있다.

책을 마치기 전에 나 자신과 가족을 위해 내가 내린 소리 마음의 선택을 여러분에게 소개하고, 소리 마음으로 삶을 어떻게 이끌어갈지 고민하도록 몇 가지 아이디어를 주고 싶다.

그림 14.2
소리 마음은 우리가 미래의 소리적 세계를 위해 내리는 선택에 영향을 준다.

- 아들들이 어렸을 때 나는 세 가지 규칙을 두었다. 그들은 학업에 진지하게 임해야 했고, 어디 있었는지 항상 내게 말해야 했으며, 악기 연습을 해야 했다. 세 가지만 지키면 나머지는 자유였다. 그들은 지금 전문 음악가는 아니지만 음악의 언어를 능숙하게 말하여 각자 그리고 남들과 함께 음악을 만든다. 우리가 함께 음악을 만들 때가 너무도 소중하다.

- 전 세계 대다수 지역에서 영어를 사실상 국제 공용어로 택하고 있다. 우리의 소리 마음은 우리가 말하는 언어에서 발달한다. 이런 현상이 우리가 서로를 더 잘 이해하도록 돕게 될까? 하나 이상의 언어 소리에 익숙해지면 우리가 서로에 대해 느끼는 것이 어떻게 될까?

- 도로 표지판을 읽기가 어려워지면 시력검사를 할 때가 되었다

는 뜻이다. 청력을 잃는 것은 훨씬 더 미묘하다. 소리를 탓하기가 너무도 쉽기 때문이다. 흐릿한 글자로 된 표지판을 세웠다고 교통당국을 탓해야겠다고 생각하는 사람은 없겠지만, 웅얼거린다고 상대방을 탓할 수는 있다. 나이가 들어 '사람들이 웅얼거리기 시작하면' 보청기의 도움을 받아 소리 마음으로 들어오는 입력 정보를 명료하게 할 수 있다.

• 로파이lo-fi 시스템으로 음악을 들으면 소리 마음에 어떤 영향을 줄까? 우리는 압축된 파일(스트리밍, MP3)을 스마트폰 스피커로 듣는 것에 익숙해졌다. 한 음악 교사가 내게 말하기를 많은 학생들이 하이파이hi-fi 시스템으로 듣는 음악과 스마트폰으로 듣는 음악을 구별하지 못한다고 한다. 뇌가 음악의 조잡한 복제품에 적응하면 세상에 존재하는 풍부한 소리들을 듣는 법을 배울 수 있을까? 우리는 라이브 음악을 덜 찾고, 고품질 스피커로 덜 듣고, 소리 구성요소가 제대로 들리는 공간을 덜 만드는 것일까? 그러면 이런 구성요소들이 유실될까? 우리는 덜 흥미로운 음악을 만들게 될까? 린다 론스태드Linda Ronstadt, 브라이언 이노Brian Eno, 케이트 부시Kate Bush, 후기의 비틀스를 포함하여 몇몇 음악가들은 스타디움 기둥에 맞고 튀어 과하게 증폭되는 소리를 피해 자신들의 음악을 가장 잘 전달하고자 작은 공연장이나 스튜디오에서 연주하는 것을 선호했다. 자신들의 소리 마음에 귀를 기울인 것이다.

• 소음에 둔감한 것이 환경에 미치는 영향은 어떻게 될까? 황야

의 소리를 좋아하는 사람은 그런 소리지형을 듣는 특권을 계속 누리려고 할 것이다. 반면 소리를 잘 듣지 못하는 사람은 황야를 경제적 기회로 볼 수도 있다. "멋진 풍경의 헬리콥터 투어, 30분에 75달러."

- 커피숍에서 공부하거나 텔레비전을 틀어놓고 공부한다고 말하는 학생들이 있다. 그들은 소리를 무시해야 하는 것이 집중력을 높여준다고 주장한다. 나는 그런 아이들이 시끄러운 곳에서 자랐다는 것을 종종 알게 된다. 어릴 때부터 그들의 듣는 뇌는 생산적이 되고자 소음을 갈망하도록 훈련된 것이다. 뇌의 연결망의 기본값이 소리를 무시해야 하는 대상으로 간주한다면, 소리 마음에는 무슨 일이 벌어질까?

- 음악의 목적은 연결이지만 오늘날 대다수 공공장소에서 배경에 늘 존재하는 것이 되었다. 음악이 갈수록 무시해야 하는 대상이 된다면 어떻게 될까?

- 소음은 스트레스를 낳고 스트레스는 소음을 부른다. 스트레스를 느끼는 사람은 요란한 발걸음으로 돌아다닐 수 있다. 이렇게 하여 소음 수준이 높아지면 룸메이트는 텔레비전의 볼륨을 높일 수 있다. 시끄러운 텔레비전 소리는 짜증을 유발하여 더 요란한 발걸음을 부른다. 이런 식으로 소음이 유도하는 양의 되먹임 고리에 대한 연구가 있었는데, 예상대로 소음을 접한 사람들은 한층 공격적이 되어 연구에 같이 참여한 동료에게 전기충격을 가하려고 했다.[13] 여러분을 향해 자동차 경적을

소리의 마음들

울린 사람에게 여러분은 어떤 감정을 느끼는가?

- 소리 마음은 뇌진탕의 피해자다. 운동선수야말로 누구보다 자신의 일을 위해 소리를 잘 들을 수 있어야 한다. 소리 마음이 제대로 돌아가지 않아서 최선을 다할 수 없다면, 선수가 경기에 복귀하는 것은 시급한 일이 아닐 수도 있다.

- 소리 마음의 중요성을 알고 있는 우리는 도시계획을 위해 무엇을 할 수 있을까? 어떻게 하면 명료하게 들을 수 있도록 최고의 환경을 만들어 우리가 생각하고 학습하고 서로 소통하는 것을 좋게 할까? 우리는 주택, 상업, 교통 등의 생태적 영향을 고려하여 지속가능성, 환경 감수성, 미적·시각적 매력에 초점을 자주 맞춘다. 더 나은 소리 미학을 위해 더 조용한 에어컨, 난방장치, 지하철에 관심을 더 기울이면 어떨까?

- 문자와 이메일이 전화 통화를 빠르게 대체하고 있다. 이런 변화로 정보는 전달되지만 맥락은 놓치기 쉽다. 비꼬는 것을 화내는 것으로, 무심한 요청을 시급한 요청으로 잘못 알아들은 적이 다들 있을 것이다. 이모티콘을 추가할 수 있지만 한계가 있다. 목소리 소통이 줄어들면서 우리는 '목소리 톤'에 반응하는 능력을 점점 잃어가는 것일까?

- 업체에 전화를 할 때는 보통 컴퓨터 음성 메뉴를 통해 원하는 부서와 연결되는 경우가 많다. 우리의 소리 마음은 뉘앙스가 없는 말소리를 갈수록 많이 접하면서 목소리에 담긴 뉘앙스를 포착하는 능력이 점점 떨어지고 있을까?

• 어쩌면 소리 마음은 생물학자들과 철학자들이 수백 년 동안 매달려왔던 거대한 질문들에 대해 우리에게 가르쳐줄 수 있다. 의식은 무엇인가? '자아'의 본질은 무엇인가? 우리는 세상과 어떻게 연결되어 있는가? 영성의 본질, 기억의 본질, 뇌·신체·마음의 교차점은 무엇인가?

생물학적으로 말하자면 우리는 우리가 행하는 것이다. 우리는 우리가 주의를 기울이는 것이자 우리가 시간을 보내는 방식이다. 우리는 우리를 움직이는 것이다. 우리가 사랑하는 것이다.

내가 이 책에서 여러분에게 나눠 준 것은 듣기의 생물학에 대해 오랫동안 생각한 것을 바탕으로 터득한 과학적 직감이다. 과학은 모든 질문에 답을 줄 수 없지만, 소리가 우리의 마음을 만드는 힘이라는 것은 믿어도 좋다. 우리는 음악 만들기, 외국어 학습, 운동을 적극적으로 고려하여 소리의 힘을 실천할 수 있다. 소리는 사람들(그리고 산호초)을 치유하는 힘이 있다. 우리는 침묵을, 고향의 소리를, 우리가 사랑하는 조용한 소리들을 지키고, 우리가 시간을 보내는 장소에서 과도한 소음을 피할 수 있다. 새로운 장소를 만들 때 소리를 고려할 수 있다. 가족과 친구들과 함께 음악을 만들어보려고 할 수 있다. 소리의 아름다움에 넋을 놓고 경탄할 수 있다.

감사의 말

이 책은 트렌트 니콜이 없었다면 세상에 없었을 것이다. 지난 30년간 브레인볼츠에서 나의 실험 파트너였던 그는 이 책을 쓰는 모든 단계에서 나의 파트너였다. 나의 아이디어가 아직 마음속에서 말을 얻지 못했을 때 목소리를 부여했다. 그리고 나의 의도를 나보다 더 우아하게 표현할 수 있었다. 그의 말을 듣고 '맞아, 저게 내가 말하려고 했던 거야' 하고 생각한 적이 많다. 아울러 그를 보면서 나도 저렇게 똑똑하고 재밌으면 좋겠다는 생각을 했다. 트렌트는 거대한 기획에서 일상적인 일에 이르기까지 브레인볼츠에 두루 기여했듯이 이 책을 위해서도 각주를 정리하고 그래프와 간단한 그림을 만들어주었다. 마지막으로 하나 더, 그는 옛날 라디오 복원 전문가다. 그 덕분에 매일 사무실과 부엌에서 그의 라디오로 더없이 감미로운 소리를 즐겼다.

이 책을 작업하기 시작할 때만 해도 에이전트가 필요한 줄을 몰랐다. 실은 출판 에이전트가 뭔지도 몰랐다. 앤 에델스테인은 내가 책을 쓰는 경험을 든든하게 받쳐주는 버팀목이었다. 참을성 있게 기민하게 나의 요구에 반응하며 모든 것을 하나하나 가르쳐주었다. "당신의 제안서와 원고에 내가 매료되었다는 것을 알려

351

주고 싶었어요. 지금 메인주로 가는 자동차 안에서 남편에게 큰 소리로 읽어주고 있어요." 그녀가 처음 내게 보낸 이 이메일은 내가 제대로 하고 있구나 하는 확신이 필요하던 차에 큰 힘이 되었다. '내용 편집'을 처음 겪어보는 나로서는 앤을 만난 것이 행운이었다. 그녀의 사려 깊은 관점, 내러티브를 재구성하는 능력, 적절한 단어 사용을 거치면서 내 원고가 읽을 만한 글이 되었다. 책과 관련하여 수많은 문제가 발생할 때마다 앤은 "내가 처리할 수 있어요" 하고 말하며 나를 안심시켰다.

케이티 셸리는 (말 그대로) 과학에도 예술이 있음을 보여주었다. 이 책에 나오는 그림 대다수를 기획하고 직접 그린 장본인이다. 그녀는 아름답고 기발한 상상력의 그림으로 책을 빛내주었을 뿐 아니라 다른 대륙(현재 스페인에 산다)에서 어찌나 빨리 답장을 보내는지 가끔은 같은 건물에 있는 동료들보다 반응이 빠를 때도 있었다. 나의 수많은 제안과 비판에 유연하게 인내심 있게 긍정적으로 대응하여 함께 일하는 것이 즐거웠다. 케이티는 나의 정리되지 않은 요구를 알아듣고 창의적이고 실행 가능한 아이디어로 만들어 내 기대를 뛰어넘는 디자인으로 구현할 때도 많았다.

해나 가일-노이펠드는 내가 목표로 하는 독자의 눈높이로 초고를 꼼꼼하게 읽었다. 그녀는 사려 깊고 호기심 많은 독자로 이해하기 어려운 대목, 지나치게 전문적이거나 과학 배경지식이 많이 요구되는 대목을 지적했다. 그녀가 설명을 요구한 덕분에 나의 사고와 글쓰기가 제대로 된 방향을 찾았다. 아울러 그녀는 내

소리의 마음들

글을 아름답게 고쳐주었다.

이 책에 확신을 보여준 MIT 출판사 편집자 로버트 프라이어에게 감사의 말을 전한다. 그는 각 장 서두에 들어가는 문장을 마련해줄 것을 제안하여 글의 분위기를 미리 잡는 데 도움을 주었다. 제작 편집자 주디스 펠드먼, 예술 코디네이터 션 라일리, 기획 편집자 앤-마리 보노, 홍보 담당자 앤절라 바게타에게 감사의 말을 전한다. MIT 출판사에서 모집해준 익명의 리뷰어들도 고맙다. 누구인지 내게 알려오면 개인적으로 고마움을 표하고 싶다.

초기 상태의 원고를 읽고 자신의 의견을 말해준 모두에게 감사의 말을 전한다. 댄 로커, 제니퍼 크리즈만, 트래비스 화이트-슈와크, 실비아 보나치나, 렘브란트 오토-마이어, 그레이엄 슈트라우스, 커트 매슈스와 린다 매슈스, 살바토레 스피나.

내가 이 책을 쓰는 동안 생물학과 관련하여 잘못 짚을 때마다 지적해줄 전문가가 필요했다. 운 좋게도 카시아 비에슈차드가 있었다. 카시아는 청각 학습을 세포 수준에서 엄밀하게 들여다보는 신경과학자이자 복잡한 개념들을 관심 있는 사람 누구라도 이해할 수 있도록 가르치는 것을 중요하게 여기는 교육자다. 그녀가 해준 조언이 큰 힘이 되었다.

나의 핫도그 가판대는 과거와 현재의 많은 과학자 동료들과 멘토들이 없었다면 존재하지 못했을 것이다. 몇 명은 장비를 마련해줘서 내가 그릴에 불을 지피도록 했고, 몇 명은 번bun과 각종 소스와 감자튀김으로 저장실을 채워줘서 고객들이 계속 찾도록 했다.

　수십 년 전에 레이먼드 카하트Raymond Carhart는 친절하게도 눈치 없는 한 학생의 말을 들어주고 그녀의 손을 잡고는 피터 댈러스Peter Dallos에게 소개해주었다. 훗날 멘토가 된 사람들로 존 디스테로프트John Disterhoft, 라슬로 스타인Laszlo Stein, 이얼린 엘킨스Earleen Elkins, 에드 루벨Ed Rubel이 있다.

　브레인볼츠에서 박사과정을 마친 학생들에게 감사의 말을 전한다. 아누 샤마, 신시아 킹, 켈리 트렘블레이, 제나 커닝엄, 브래드 위블, 질 퍼스트, 에린 헤이스, 가브리엘라 무사치아, 크리스타 존슨, 댄 에이브럼스, 니콜 루소, 제이드 왕, 주디 송, 이경면, 제인 호니켈, 사미라 앤더슨, 에리카 스코, 다나 스트레이트, 캐런 찬, 알렉산드라 파베리-클라크, 제니퍼 크리즈만, 제시카 슬레이터, 일레인 C. 톰프슨. 박사후과정 학생들에게도 감사의 말을 전한다. 앨런 미코, 토머스 리트먼, 아누 샤마, 엘리자베스 딘스, 앤 브래드로, 아이비 던, 캐서린 워리어, 라우리 올리비에, 캐런 바나이, 프레더릭 마멜, 바라스 찬드라세카란, 윈 난, 제이슨 톰프슨, 에리카 스코, 다나 스트레이트, 애덤 티어니, 아렌 피츠로이, 스펜서 스미스. 몇몇 학부생들과 고등학교 학생들, 임상 박사과정 학생들, 그리고 우리의 작업 공간에 창의적인 배려를 해준 밥 콘웨이가 있다. 내 동료 테레스 맥기는 인간의 말소리 처리를 이해하기 위해 피질 하부의 신경 동조화를 이용하는 방안을 처음으로 논의한 사람이었다. 그녀가 아니었다면 내가 지난 25년 동안 무엇을 연구했을지 아무도 모를 일이다. 기반 구축과 관련하여 말하자면, 아름다운 가족을 만들어준 짐 퍼킨스를 빼놓을 수 없다. 고맙다.

현재 진행 중인 연구와 관련하여 말하자면, 몇 가지 프로젝트를 이끌고 있는 제니퍼 크리즈만, 박학다식한 트래비스 화이트-슈와크, 내 어머니를 생각나게 하는 이탈리아어 억양으로 말하는 리듬 전문가 실비아 보나치나, 팬데믹에도 자료 수집을 계속해온 렘브란트 오토-마이어에게 감사의 말을 전한다. 젠과 나는 렘브란트가 거의 매일 업데이트하는 브레인볼츠 웹사이트를 함께 만들었다. 브레인볼츠의 동료들은 평생 동료들이기도 하다. 우리가 연구하는 과학의 속성상 장기적인 관계를 계속 이어가고 있으며 학술 대회에서 자연스럽게 서로 보게 된다. 젠, 에리카, 트래비스는 얼마 전에 있었던 한 국제 학술 대회에서 브레인볼츠 식구들 모임을 주도적으로 열기도 했다. 동료들을 머나먼 곳에서 다시 만나니 마치 집에 돌아온 기분이었다.

브레인볼츠에서 연구하는 과학은 교육, 음악, 생물학, 체육학, 의학, 산업 분야에서 활동하는 우리의 협업자들 덕분에 가능했다. 우리의 과학이 살아가기를 내가 바라는, 연구실 밖의 세상에서 활동하는 사람들이다. 특별히 고마움을 표하고 싶은 사람은 마거릿 마틴, 케이트 존스턴, 토리 린들리, 신시아 라벨라, 다니엘레 콜그로브, 제프 므잰스, 앤 브래드로, 톰 카렐, 스티브 제커다. 각자의 방식으로 우리를 지원해줘서 우리의 연구를 효율적이고 즐겁게 만들어준다.

르네 플레밍, 미키 하트, 자키르 후사인은 예술이 과학에 기여할 수 있음을 내게 보여준 사람들이다. 그들 덕분에 이 책에서 예를 잠깐 보여줄 수 있었다. 아널드 스타는 그림 2.3, 2.4, 2.6에서 자신의 그림을 활용하도록 허락해주었다.

브레인볼츠는 미국국립과학재단, 그리고 미국국립보건원의 산하 조직인 아동보건인간개발연구소, 정신건강연구소, 신경질환뇌졸중연구소, 난청의사소통장애연구소, 노화연구소를 통해 연방정부의 후원을 계속해서 받고 있다. 아울러 미국청력연구재단, 케이드 로열티 펀드, 다나 재단, G. 해럴드 & 레일라 Y. 매더스 재단, 헌터 패밀리 재단, 레이첼 E. 골든 재단, 스펜서 재단, 미국레코딩예술과학 아카데미, 미국음악상인협회, 운동장비표준에 관한 국가운영위원회의 지원에도 감사의 말을 전한다. 운 좋게도 우리는 메델Med-El, 인터렉티브 메트로놈, 포낙Phonak으로부터 상업적 지원을 받았다. 브레인볼츠에 보금자리를 마련해준 놀스 청각센터와 노스웨스턴대학교에 감사의 말을 전한다.

가장 큰 고마움은 내 가족의 몫이다. 부모님은 나의 소리 마음을 처음부터 키워준 분들이다. 닉 프리드먼, 리 캠벨, 해나 가일-노이펠드, 그랜트 도슨, 수지 리처드, 루치오 사도크, 린 맥너트는 내가 옆에서 쉬지 않고 이야기했음에도 내 프로젝트를 끝까지 응원해주었다. 시종일관 나를 격려하며 피가 되고 살이 되는 의견들을 표명했다. 브레인볼츠의 수호천사이자 내 가장 친한 친구

빅 워츠에게 고맙다는 말을 전한다. 내가 이 책을 헌정한 마이키 퍼킨스, 러셀 퍼킨스, 닉 퍼킨스, 마셜 도슨은 따로 몇 마디 더 언급하고 싶다.

내 아들 닉은 감각과 마음이 연결되어 있음을 매일 일깨워준다. 요리사로 영양이 풍부하고 맛있는 식사를 만든다. 음식, 식재료, 맛과 풍미, 부엌의 화학에 관한 지식이 풍부하여 모든 것을 맛있게 만든다. 심지어 유제품에 목숨이 위태로운 알레르기가 있음에도 우유와 버터도 요리한다. 우리는 그를 '우리의 베토벤'이라고 부른다.

내 아들 마이키는 집, 소속감, 공동체의 개념이 소중함을 깨닫게 한다. 그는 나무를 재료로 사용하여 연결을 강조하는 집을 지어 이런 개념을 기린다. 그를 보면서 나는 소리가 이런 맥락에 어떻게 들어맞는지 생각하게 되었다. 자신의 신념에 맞는 삶을 살아가는 마이키는 내가 아는 가장 비타협적인 사람이다.

닉과 마이키는 소속감에 중점을 두어 작업 공간을 만들었다. 이런 노력은 브레인볼츠에 계속해서 영감을 준다. 최고의 모습일 때의 과학은 협업적이고 통합적이고 누적적이기 때문이다.

꼼꼼하면서도 무한한 가능성을 즐기는 내 아들 러셀은 예술과 과학의 공통적인 경향을 단적으로 보여주는 인물이다. 화가이자 학자, 음악가인 그는 자신의 생각을 다정하게도 남들에게 나눠준다. 러셀은 어릴 때부터 배움에 단련되어 있어서 배움 자체를 좋아한다. 예술과 과학의 토대가 되는 것으로 이보다 좋은 것을 생각할 수 없다.

나의 소리 마음에 가장 좋은 영향을 미친 인물을 들라면 단연코 남편 마셜이다. 그는 배우 목소리로 만화 주인공을 연기하는가 하면 평생 악보를 읽고 모방하고 즉흥연주를 하는 음악가로 살면서 소리 마음이 무엇을 할 수 있는지 보여주었다. 가르치고 연주하면서 소리적 세계를 빛나게 한다. 이 책을 쓰면서 나는 더할 나위 없이 솔직하게 의지할 수 있는 마셜이 옆에 있어서 항상 고마웠다. 그리고 마이크와 전기저항이 저녁 식사 자리에서 나누는 대화 주제로 적절하다는 것을 그가 알게 되어 너무도 반갑다.

옮긴이의 말

청각을 잃으면 살기에 불편할 뿐만 아니라 세상으로부터 고립된 느낌이 들어 우울증에 빠지기 쉽다고 한다. 그리고 뇌를 보면 다른 건 몰라도 그 사람이 음악가인지 아닌지는 바로 알 수 있다고 한다. 듣기라는 활동이 뇌에 구조적 차이를 가져올 정도로 강력하다는 뜻이다.

음향학 수업 시간에 소리에 대해 배운 것이 기억난다. 이 책에서도 설명하고 있듯이, 공기 분자의 움직임으로 인해 귓속 달팽이관에 들어 있는 체액이 출렁이면 3만 개의 유모세포가 이를 포착하고 뇌가 그 신호를 소리로 해석한다. 체액의 출렁임이 소리 지각의 출발점이라는 것도 놀랍지만, 고작 3만 개의 세포(망막에서 빛을 감지하는 시세포는 1억 개가 훌쩍 넘는다)가 이런 일을 한다는 것도 놀랍기는 마찬가지다. 그러니 듣는다는 것은, 특히 수많은 소리 중 우리에게 중요한 소리를 선별하여 집중해 듣는다는 것은 얼마나 마술 같은 일인가. 그런 만큼 잘 듣기가 어렵다. 우리는 환청에 취약하고 감각의 오류에 휘둘릴 때가 많다.

다른 모든 감각이 그렇지만 듣기에는 학습의 역할이 결정적이다. 귀와 뇌와 다른 모든 감각기관들의 조율이 중요하고, 경험에 따른 뇌의 배선이 중요하다. 그래서 듣기만큼 사람마다 차이가 나는 감각도 없다. 어떤 일을 하느냐에 따라, 어떤 소리적 경험을 하느냐에 따라 개인차가 극명하게 나뉜다. 듣기는 귀의 감각 훨씬 이상으로 뇌의 감각이기도 하다. 이 책에서 중요하게 다루는 '소리 마음'은 뇌와 소리의 협업의 소산을 가리키는 말이다.

똑같은 소리를 사람마다 다르게 듣는 것을 보면 놀랍다. 숲속을 걷다 들리는 새소리로 어떤 새인지도 파악할 수 있는 사람이 있는가 하면, 어떤 사람은 새소리를 알아차리지도 못한다. 우리는 자신이 말하는 언어에서 구별하는 소리에 민감하게 반응하며 구별하지 않는 소리는 잘 분간하지 못한다(예컨대 한국어 화자는 'l'과 'r'의 차이에 둔감하다). 사투리도 마찬가지여서 가령 경상도에서 자란 사람은 경상도 각 지역 고유의 억양을 서로 구별해서 들을 줄 안다. 악기 연주자는 자신의 악기 소리에 민감하게 반응한다. 예컨대 드럼 연주자는 라이드심벌, 크래시심벌, 하이햇, 탐탐, 플로어탐, 스네어드럼, 베이스드럼 소리를 구별해서 듣지만 일반인이 이런 소리를 구별하려면 가외의 노력이 필요하다. 소리 마음이 저마다 다른 것이다.

잘 듣는 것이 왜 중요할까. 머나먼 과거에는 듣기가 생존과 직결되는 문제였다. 지금도 소리를 듣지 못하면(예컨대 뒤에서 오는 자동차 소리를 듣지 못하면) 종종 위험한 상황이 벌어지곤 하지만, 그 정도는 아니더라도 자신에게 중요한 소리를 포착해서 의미를 만드는 것은 여전히 중요하다. 소리를 세밀하게 풍성하게 들

소리의 마음들

는 것은 삶의 질, 행복감과 연결되며 건강과도 연결된다. 소리를 듣는 행위는 비단 귀만이 아니라 온몸으로 이루어지기 때문이다. 몸이 아프면 소리의 지각이 무너진다. 그래서 소리에 대한 반응으로 질병을 확인하는 것이 가능하다. 소리는 학습과도 연결된다. 교실 환경에서 소음을 줄이자 아이들의 집중력이 높아져서 학습 능력이 향상되었다는 연구가 있다.

미국 노스웨스턴대학교에서 학생들을 가르치며 브레인볼츠라는 실험실을 운영하고 있는 신경과학자 니나 크라우스는 30년 넘게 소리와 청각에 대해 연구해온 이 분야 최고 전문가다. 신경가소성에 관한 책에 자주 언급되는 이름이며 내가 이전에 번역한 책에서도 몇 번 소개되어 내게는 친숙한 학자다.《소리의 마음들》은 우리가 소리를 이해하는 생물학적 과정을 다룬다. 우리가 소리를 듣고 의미를 만들어갈 때 뇌에서 무슨 일이 벌어지는지 알아본다. 소리적 경험이 왜 중요한지, 우리가 듣는 것이 어떻게 우리의 존재를 만드는지 보여준다. 그리고 우리가 듣는 것에 관심을 기울이면 세상을 더 좋은 방향으로 바꿀 수 있다고 주장한다. 듣기는 정체성의 감각이자 연결의 감각인 동시에 발전의 감각이다.

갈수록 듣기가 어려운 세상이 되고 있다. 인간이 만드는 소음으로 점점 시끄러워지고 있다. 그리고 원치 않는 소리가 많아지면서 자신에게 필요한 소리를 선별해서 듣는 능력이, 잘 들리지 않는 부분, 비어 있는 부분을 채워서 듣는 능력이 중요해지고 있다. 소리적 환경의 변화도 예사롭지 않다. 아날로그에서 디지털로 소리의 양태가 바뀌면서 세심하게 집중해서 듣는 능력을 키울 수 있는 기회가 줄고 있다. 한편 노화나 다른 건강의 위협으로 청력이 손상되는 경우도 많아졌다. 저자는 이런 환경에서 듣기에 도움이 되는 방안으로 악기 학습과 외국어 학습을 권장한다. 어릴 때 음악을 만들거나 제2의 언어를 배우면 풍부한 소리를 경험하게 되어 소리 구성요소를 세밀하게 듣는 법을 배울 수 있다. 양질의 소리를 어릴 때 많이 접할수록 소리에서 의미를 만들어내는 능력이 좋아진다. 그리고 이런 긍정적인 효과는 나이가 들어서도 상당 부분 유지된다. 소리는 우리 마음을 건강하게 가꾸는 근간이 된다. 그러니 소리에, 소리 마음에 귀를 기울어야 한다.

용어 정리

결합 문제 다양한 감각계로 들어오는 입력 정보들을 결합하고 조율하여 하나의 통합된 대상의 지각으로 만드는 일.

구심성 중심점(뇌)으로 향하는 움직임. 청각계에서는 달팽이관에서 중뇌와 시상을 거쳐 청각 피질로 나아가는 움직임을 말한다.

기본주파수 소리를 이루는 여러 주파수 가운데 가장 낮은 주파수. 기본주파수는 음높이를 지각하게 하는 물리적 실체다.

망상활성계 각성과 주의에 관여하는 뇌 중추.

변연계 감정, 동기부여, 쾌락의 느낌을 지원하는 뇌 연결망.

변환 뭔가를 다른 형태로 바꾼다는 뜻이다. 이 책에서는 소리가 일으키는 공기 압력파가 달팽이관에서 전기로 변환되는 것을 말한다.

불일치 음전위MMN 소리 패턴의 변화에 대한 신경생리학적 반응. 예컨대 풀밭에서 뱀이 지나가면 부스럭거리는 풀의 소리에 변화가 일어나고 여기에 뇌가 불일치 음전위로 반응한다.

소리기피증 예컨대 씹는 소리나 시계가 째깍거리는 소리가 과도하게 불편하게 여겨지는 증상이다.

스펙트럼 소리나 뇌 신호를 이루는 주파수들을 시각적 도표로 나타낸 것. 스펙트로그램은 주파수가 시간에 따라 달라지는 양상을 도표로 표시한 것이다.

스펙트럼 모양 소리에서 하모닉의 에너지 분포 패턴. 스펙트럼 모양은 음색을 지각하게 한다. 말소리에서는 어떤 자음이나 모음이 말해지는지 결정하고, 음악에서는 어떤 악기가 연주되는지 결정한다.

신경 가소성 뇌의 뉴런이 학습에 의해 반응성을 바꾸는 능력. 바이올리니스트의 왼쪽 손가락에 해당하는 체성감각계 지도와 운동계 지도가 일반인에 비해 확연히 큰 것이 전형적인 예다.

신경 동조화 뉴런이 소리에서 타이밍의 지표가 되는 것에 맞춰 함께 발화하는 현상.

신경교육 아이들의 학업 성취를 극대화하는 교습 방법을 알아보기 위해 신경과학에 기반을 두고 접근하는 방식.

신경생리학 신경계의 기능을 연구하는 학문.

억제 뉴런의 발화를 자발적 발화 수준 아래로 떨어뜨려 억누르는 과정. 귀에 들어오는 소리 바로 옆의 주파수들에 맞춰진 뉴런은 발화를 억제한다. 정확한 주파수에 맞춰진 뉴런의 발화를 강조하기 위함이다.

원심성 중심점(뇌)에서 멀어지는 움직임. 청각계에서는 신경신호가 청각피질에서 시상으로, 중뇌에서 달팽이관으로 전달되는 것이 이에 해당한다.

위상고정 사인파나 착암기 같은 반복적이고 주기적인 청각신호에 맞춰 뉴런이 계속 발화하는 것.

소리의 마음들

유모세포 속귀에 들어 있는 유모세포는 공기의 움직임(소리)으로 체액이 출렁이면 이에 따라 부드럽게 일렁인다. 이런 유모세포의 움직임이 전기신호를 일으켜 소리가 전기로 변환하는 과정이 완료된다.

음높이 소리의 주파수를 지각하는 감각. 대체로 주파수가 높은 소리는 음높이가 높게 들리고, 주파수가 낮은 소리는 음높이도 낮게 들린다.

음색 스펙트럼 모양에 따라 달라지는 소리의 질. 오보에와 트롬본은 동일한 음을 연주해도 다른 음색을 갖는다. 우리가 말소리의 음색에 대해 이야기하지는 않지만, 악기들을 구별하는 원리는 '아'와 '우' 같은 말소리를 구별하는 것에 똑같이 적용된다.

음소 말의 가장 작은 소리 단위. 음소는 글자와 일대일로 매핑되지 않는다. 일례로 영어에 존재하는 마흔여덟 개 음소 가운데 하나인 /f/는 fact, phone, half, laugh 등의 단어에서 볼 수 있다.

음위상 청각경로에 있는 구조물이 우선적으로 맡는 주파수에 따라 체계적으로 배열되는 양상.

이음향방사OAE 귀에서 나는 소리로, 외유모세포의 기능과 원심적 제어를 평가하는 용도로 활용할 수 있다.

작업기억 자유롭게 처리할 수 있는 일시적 형태의 기억. 잔향기억과 비교하자면, 단어 다섯 개를 듣고 그대로 외우는 것이 잔향기억, 단어들을 알파벳순으로 배열하여 말하는 것이 작업기억이다.

주파수 고정된 시간 동안 어떤 사건이 벌어지는 횟수. 소리의 주파수는 초당 반복되는 주기(헤르츠/Hz)로 측정되며 이것이 음높이를 결정한다.

주파수 추종 반응FFR 소리에 대한 신경생리학적 반응이며 이것을 통해 뇌가 음높이, 타이밍, 음색 같은 소리의 많은 구성요소들을 어떻게 처리하는지 확인할 수 있다.

중뇌 뇌간과 피질 사이에 있는 뇌 영역. 청각계에서 중뇌는 감각·운동·인지·보상 체계가 교차하는 곳에 있는 허브이므로 소리 마음으로 들어가는 아주 유용한 창문이다.

진폭변조AM 소리의 세기가 경보기처럼 크게-작게-크게-작게 출렁이는 것이다. 성대주름이 열렸다 닫히면서 진동하여 소리를 진폭변조한다. 진폭변조의 속도는 말소리의 기본주파수이며 이것이 목소리의 음높이(남성은 더 낮고 여성은 더 높은)를 결정한다.

청각과민증 낮거나 적절한 세기의 소리가 불편하리만치 시끄러운 소리로 지각되는 증상이다.

하모닉 기본주파수의 배수가 되는 지점에 존재하는 주파수들. 예컨대 기본주파수가 150헤르츠인 소리는 300헤르츠, 450헤르츠, 600헤르츠 등의 하모닉을 갖는다.

FM 스위프 주파수변조FM가 이루어진 소리는 시간에 따라 주파수가 바뀐다. 사이렌 소리나 피아노로 훑는 소리를 생각하면 된다. FM 스위프는 말소리의 중요한 구성요소다. 특히 자음에서 모음으로 넘어갈 때와 자음으로 다시 돌아올 때 음향 에너지가 집중된 대역이 낮은 주파수에서 높은 주파수로 올라가고 내려가는 형식으로 표출된다.

소리의 마음들

후주

들어가며

1 E. H. Lenneberg, *Biological Foundations of Language* (New York: Wiley, 1967).

2 D. Harris, P. Dallos, and N. Kraus, "Forward and Simultaneous Tonal Suppression of Single-Fiber Responses in the Chinchilla Auditory Nerve," *Journal of the Acoustical Society of America* 60 (1976): S81.

3 N. Kraus and J. F. Disterhoft, "Response Plasticity of Single Neurons in Rabbit Auditory Association Cortex during Tone-Signalled Learning," *Brain Research* 246, no. 2 (1982): 205-215.

4 A. W. Scott, N. M. Bressler, S. Ffolkes, J. S. Wittenborn and J. Jorkasky, "Public Attitudes about Eye and Vision Health," *JAMA Ophthalmology* 134, no. 10 (2016): 1111-1118.

5 F. R. Lin and M. Albert, "Hearing Loss and Dementia—Who Is Listening?" *Aging & Mental Health* 18, no. 6 (2014): 671-673.

6 A. Krishnan, Y. S. Xu, J. Gandour, and P. Cariani, "Encoding of Pitch in the Human Brainstem Is Sensitive to Language Experience," *Cognitive Brain Research* 25, no. 1 (2005): 161-168.

1장

1 T. D. Hanley, J. C. Snidecor, and R. L. Ringel, "Some Acoustic Differences among Languages," *Phonetica* 14 (1966): 97-107; A. B. Andrianopoulos, K. N. Darrow, and J. Chen, "Multimodal Standardization of Voice among Four Multicultural Populations: Fundamental Frequency and Spectral Characteristics," *Journal of Voice* 15, no. 2 (2001): 194-219.

2 S. A. Xue, R. Neeley, F. Hagstrom, and J. Hao, "Speaking F0 Characteristics of Elderly Euro-American and African-American Speakers: Building a Clinical Comparative Platform," *Clinical Linguistics & Phonetics* 15, no. 3 (2001): 245-252.

3 B. Lee and D. V. L. Sidtis, "The Bilingual Voice: Vocal Characteristics when Speaking Two Languages across Speech Tasks," *Speech, Language and Hearing* 20, no. 3 (2017): 174-185.

2장

1 R. Wallace, *Hearing Beethoven: A Story of Musical Loss and Discovery* (Chicago: The University of Chicago Press, 2018); 로빈 월리스, 홍한결 옮김,《소리 잃은 음악》(마티, 2020).

2 J. Cunningham, T. Nicol, C. D. King, S. G. Zecker, and N. Kraus, "Effects of Noise and Cue Enhancement on Neural Responses to Speech in Auditory Midbrain, Thalamus and Cortex," *Hearing Research* 169 (2002): 97-111.

3 E. M. Ostapoff, J. J. Feng, and D. K. Morest, "A Physiological and Structural Study of Neuron Types in the Cochlear Nucleus. II. Neuron Types and Their Structural Correlation with Response Properties," *Journal of Comparative Neurology* 346, no. 1 (1994): 19-42.

4 J. J. Feng, S. Kuwada, E. M. Ostapoff, R. Batra, and D. K. Morest, "A Physiological and Structural Study of Neuron Types in the Cochlear Nucleus. I. Intracellular Responses to Acoustic Stimulation and Current Injection," *Journal of Comparative Neurology* 346, no. 1 (1994): 1-18.

5 Source for figure 2.5: N. B. Cant, "The Cochlear Nucleus: Neuronal Types and Their Synaptic Organization," in *The Mammalian Auditory Pathway: Neuroanatomy*, ed. D. B. Webster, A. N. Popper, and R. R. Fay, Springer Handbook of Auditory Research (Springer-Verlag, 1992), 66-119.

6 R. D. Frisina, R. L. Smith, and S. C. Chamberlain, "Encoding of Amplitude Modulation in the Gerbil Cochlear Nucleus: I. A Hierarchy of Enhancement," *Hearing Research* 44, no. 2-3 (1990): 99-122.

7 T. C. T. Yin, "Neural Mechanisms of Encoding Binaural Localization Cues in the Auditory Brainstem," in *Integrative Functions in the Mammalian Auditory Pathway*, ed. D. Oertel, R. R. Fay, and A. N. Popper, Springer Handbook of Auditory Research (New York: Springer, 2002).

8   C. E. Schreiner and G. Langner, "Periodicity Coding in the Inferior Colliculus of the Cat. II. Topographical Organization," *Journal of Neurophysiology* 60, no. 6 (1988): 1823–1840; G. Langner, M. Albert, and T. Briede, "Temporal and Spatial Coding of Periodicity Information in the Inferior Colliculus of Awake Chinchilla (Chinchilla laniger)," *Hearing Research* 168, no. 1–2 (2002): 110–130.

9   G. M. Shepherd, *Neurogastronomy: How the Brain Creates Flavor and Why It Matters* (New York: Columbia University Press, 2012).

10   G. H. Recanzone, D. C. Guard, M. L. Phan, and T. K. Su, "Correlation between the Activity of Single Auditory Cortical Neurons and Sound-Localization Behavior in the Macaque Monkey," *Journal of Neurophysiology* 83, no. 5 (2000): 2723–2739; J. C. Middlebrooks and J. D. Pettigrew, "Functional Classes of Neurons in Primary Auditory Cortex of the Cat Distinguished by Sensitivity to Sound Location," *Journal of Neuroscience* 1, no. 1 (1981): 107–120.

11   L. Feng and X. Wang, "Harmonic Template Neurons in Primate Auditory Cortex Underlying Complex Sound Processing," *Proceedings of the National Academy of Sciences of the United States of America* 114, no. 5 (2017): E840–848.

12   Y. I. Fishman, I. O. Volkov, M. D. Noh, P. C. Garell, H. Bakken, J. C. Arezzo, M. A. Howard, and M. Steinschneider, "Consonance and Dissonance of Musical Chords: Neural Correlates in Auditory Cortex of Monkeys and Humans," *Journal of Neurophysiology* 86, no. 6 (2001): 2761–2788; M. J. Tramo, J. J. Bharucha, and E. E. Musiek, "Music Perception and Cognition Following Bilateral Lesions of Auditory Cortex," *Journal of Cognitive Neuroscience* 2, no. 3 (1990): 195–212; I. Peretz, A. J. Blood, V. Penhune, and R. Zatorre, "Cortical Deafness to Dissonance," *Brain* 124, no. 5 (2001): 928–940.

13   A. Bieser and P. Muller-Preuss, "Auditory Responsive Cortex in the Squirrel

Monkey: Neural Responses to Amplitude-Modulated Sounds," *Experimental Brain Research* 108, no. 2 (1996): 273-284; H. Schulze and G. Langner, "Periodicity Coding in the Primary Auditory Cortex of the Mongolian Gerbil (Meriones Unguiculatus): Two Different Coding Strategies for Pitch and Rhythm?" *Journal of Comparative Physiology A: Neuroethology, Sensory, Neural, and Behavioral Physiology* 181, no. 6 (1997): 651-663.

14 C. T. Engineer, C. A. Perez, Y. H. Chen, R. S. Carraway, A. C. Reed, J. A. Shetake, V. Jakkamsetti, K. Q. Chang, and M. P. Kilgard, "Cortical Activity Patterns Predict Speech Discrimination Ability," *Nature Neuroscience* 11, no. 5 (2008): 603-608.

15 P. Heil and D. R. Irvine, "First-Spike Timing of Auditory-Nerve Fibers and Comparison with Auditory Cortex," *Journal of Neurophysiology* 78, no. 5 (1997): 2438-2454.

16 R. C. deCharms, D. T. Blake, and M. M. Merzenich, "Optimizing Sound Features for Cortical Neurons," *Science* 280, no. 5368 (1998): 1439-1443.

17 A. S. Bregman, *Auditory Scene Analysis: The Perceptual Organization of Sound* (Cambridge, MA: MIT Press, 1990).

18 L. J. Hood, C. I. Berlin, and P. Allen, "Cortical Deafness: A Longitudinal Study," *Journal of the American Academy of Audiology* 5, no. 5 (1994): 330-342.

19 G. Vallortigara, L. J. Rogers, and A. Bisazza, "Possible Evolutionary Origins of Cognitive Brain Lateralization," *Brain Research Reviews* 30, no. 2 (1999): 164-175.

20 R. J. Zatorre, A. C. Evans, E. Meyer, and A. Gjedde, "Lateralization of Phonetic and Pitch Discrimination in Speech Processing," *Science* 256, no. 5058 (1992): 846-849; M. J. Tramo, G. D. Shah, and L. D. Braida, "Functional Role of Auditory Cortex in Frequency Processing and Pitch Perception," *Journal of Neurophysiology* 87, no. 1 (2002): 122-139.

21 I. McGilchrist, *The Master and His Emissary: The Divided Brain and the Making of the Western World* (New Haven: Yale University Press, 2009); 이언 맥길크리스트, 김병화 옮김, 《주인과 심부름꾼》(뮤진트리, 2014).

22 N. Kraus and T. Nicol, "Brainstem Origins for Cortical 'What' and 'Where'

Pathways in the Auditory System," *Trends in Neurosciences* 28 (2005): 176–181.

23 A. Starr, T. W. Picton, W. Sininger, L. J. Hood, and C. I. Berlin, "Auditory Neuropathy," *Brain* 119, no. 3 (1996): 741–753; N. Kraus, Ö. Özdamar, L. Stein, and N. Reed, "Absent Auditory Brain Stem Response: Peripheral Hearing Loss or Brain Stem Dysfunction?" *Laryngoscope* 94: (1984): 400–406.

24 M. N. Wallace, R. G. Rutkowski, and A. R. Palmer, "Identification and Localisation of Auditory Areas in Guinea Pig Cortex," *Experimental Brain Research* 132, no. 4 (2000): 445–456.

25 N. Kraus and T. White-Schwoch, "Unraveling the Biology of Auditory Learning: A Cognitive-Sensorimotor-Reward Framework," *Trends in Cognitive Sciences* 19 (2015): 642–654; N. M. Weinberger, "The Medial Geniculate, Not the Amygdala, as the Root of Auditory Fear Conditioning," *Hearing Research* 274, no. 1–2 (2001): 61–74; E. Hennevin, C. Maho, and B. Hars, "Neuronal Plasticity Induced by Fear Conditioning Is Expressed During Paradoxical Sleep: Evidence from Simultaneous Recordings in the Lateral Amygdala and the Medial Geniculate in Rats," *Behavorial Neuroscience* 112, no. 4 (2008): 839–862.

26 E. D. Jarvis, "Learned Birdsong and the Neurobiology of Human Language," *Annals of the New York Academy of Sciences* 1016 (2004): 749–777.

27 M. H. Giard, L. Collet, P. Bouchet, and J. Pernier, "Auditory Selective Attention in the Human Cochlea," *Brain Research* 633, no. 1–2 (1994): 353–356.

28 M. Ahissar and S. Hochstein, "The Reverse Hierarchy Theory of Visual Perceptual Learning," *Trends in Cognitive Sciences* 8, no. 10 (2004): 457–464.

29 M. Schutz and S. Lipscomb, "Hearing Gestures, Seeing Music: Vision Influences Perceived Tone Duration," *Perception* 36, no. 6 (2007): 888–897.

30 R. Gillespie, "Rating of Violin and Viola Vibrato Performance in Audio-Only and Audiovisual Presentations," *Journal of Research in Music Education* 45, no. 2 (1997): 212–220.

31 H. Saldaña and L. D. Rosenblum, "Visual Influences on Auditory Pluck and

Bow Judgments," *Perception and Psychophysics* 54, no. 3 (1993): 406-416.

32 H. McGurk and J. MacDonald, "Hearing Lips and Seeing Voices," *Nature* 264, no. 5588 (1976): 746-748.

33 J. A. Grahn and M. Brett, "Rhythm and Beat Perception in Motor Areas of the Brain," *Journal of Cognitive Neuroscience* 19, no. 5 (2007): 893-906.

34 A. Lahav, E. Saltzman, and G. Schlaug, "Action Representation of Sound: Audiomotor Recognition Network While Listening to Newly Acquired Actions," *Journal of Neuroscience* 27, no. 2 (2007): 308-314; J. Haueisen and T. R. Knosche, "Involuntary Motor Activity in Pianists Evoked by Music Perception," *Journal of Cognitive Neuroscience* 13, no. 6 (2001): 786-792.

35 B. Haslinger, P. Erhard, E. Altenmuller, U. Schroeder, H. Boecker, and A. O. Ceballos-Baumann, "Transmodal Sensorimotor Networks during Action Observation in Professional Pianists," *Journal of Cognitive Neuroscience* 17, no. 2 (2005): 282-293; G. A. Calvert, E. T. Bullmore, M. J. Brammer, R. Campbell, S. C. Williams, P. K. McGuire, P. W. Woodruff, S. D. Iversen, and A. S. David, "Activation of Auditory Cortex During Silent Lipreading," *Science* 276, no. 5312) (1997): 593-696.

36 B. W. Vines, C. L. Krumhansl, M. M. Wanderley, D. J. Levitin, "Cross-modal Interactions in the Perception of Musical Performance," *Cognition* 101, no. 1 (2006): 80-103; C. Chapados, D. J. Levitin, "Cross-modal Interactions in the Experience of Musical Performances: Physiological Correlates," *Cognition* 108, no. 3 (2008): 639-651; B. W. Vines, C. L. Krumhansl, M. M. Wanderley, I. M. Dalca, and D. J. Levitin, "Music to My Eyes: Cross-modal Interactions in the Perception of Emotions in Musical Performance," *Cognition* 118, no. 2 (2011): 157-170.

37 E. Kohler, C. Keysers, M. A. Umilta, L. Fogassi, V. Gallese, and G. Rizzolatti, "Hearing Sounds, Understanding Actions: Action Representation in Mirror Neurons," *Science* 297, no. 5582 (2002): 846-848; V. Gallese, L. Fadiga, L. Fogassi, and G. Rizzolatti, "Action Recognition in the Premotor Cortex," *Brain* 119, no. 2 (1996): 593-609.

38 L. M. Oberman, E. M. Hubbard, J. P. McCleery, E. L. Altschuler, V. S. Ramachandran, and J. A. Pineda, "EEG Evidence for Mirror Neuron

Dysfunction in Autism Spectrum Disorders," *Brain Research: Cognitive Brain Research* 24, no. 2 (2005): 190-198; G. Hickok, *The Myth of Mirror Neurons: The Real Neuroscience of Communication and Cognition* (New York: W. W. Norton, 2014).

39 S. Montgomery, *The Soul of an Octopus: A Surprising Exploration into the Wonder of Consciousness* (New York: Atria Books, 2015); 사이 몽고메리, 최로미 옮김,《문어의 영혼》(글항아리, 2017).

40 J. Panksepp, *Affective Neuroscience: The Foundations of Human and Animal Emotions* (New York: Oxford University Press, 1998).

41 L. Selinger, K. Zarnowiec, M. Via, I. C. Clemente, and C. Escera, "Involvement of the Serotonin Transporter Gene in Accurate Subcortical Speech Encoding," *Journal of Neuroscience* 36, no. 42 (2016): 10782-10790; L. M. Hurley and G. D. Pollak, "Serotonin Differentially Modulates Responses to Tones and Frequency-Modulated Sweeps in the Inferior Colliculus," *Journal of Neuroscience* 19, no. 18 (1999): 8071-8082; L. M. Hurley and G. D. Pollak, "Serotonin Effects on Frequency Tuning of Inferior Colliculus Neurons," *Journal of Neurophysiology* 85, no. 2 (2001): 828-842; J. A. Schmitt, M. Wingen, J. G. Ramaekers, E. A. Evers, and W. J. Riedel, "Serotonin and Human Cognitive Performance," *Current Pharmaceutical Design* 12, no. 20 (2006): 2473-2486; A. G. Fischer and M. Ullsperger, "An Update on the Role of Serotonin and Its Interplay with Dopamine for Reward," *Frontiers in Human Neuroscience* 11 (2017): 484.

42 B. J. Marlin, M. Mitre, J. A. D'Amour, M. V. Chao, and R. C. Froemke, "Oxytocin Enables Maternal Behaviour by Balancing Cortical Inhibition," *Nature* (2015), https:doi.org/10.1038/nature14402.

3장

1 W. Penfield and E. Boldrey, "Somatic Motor and Sensory Representation in the Cerebral Cortex of Man as Studied by Electrical Stimulation," *Brain* 60 (1937): 389-443; J. L. Hampson, C. R. Harrison, and C. N. Woolsey, "Somatotopic Localization in the Cerebellum," *Federation Proceedings* 5, no. 1

(1946): 41.

2   M. M. Merzenich, J. H. Kaas, J. Wall, R. J. Nelson, M. Sur, and D. Felleman, "Topographic Reorganization of Somatosensory Cortical Areas 3b and 1 in Adult Monkeys Following Restricted Deafferentation," *Neuroscience* 8, no. 1 (1983): 33-55.

3   M. M. Merzenich, P. L. Knight, and G. L. Roth, "Representation of Cochlea Within Primary Auditory Cortex in the Cat," *Journal of Neurophysiology* 38, no. 2 (1975): 231-249.

4   C. A. Atencio, D. T. Blake, F. Strata, S. W. Cheung, M. M. Merzenich, and C. E. Schreiner, "Frequency-Modulation Encoding in the Primary Auditory Cortex of the Awake Owl Monkey," *Journal of Neurophysiology* 98, no. 4 (2007): 2182-2195; G. H. Recanzone, C. E. Schreiner, M. L. Sutter, R. E. Beitel, and M. M. Merzenich, "Functional Organization of Spectral Receptive Fields in the Primary Auditory Cortex of the Owl Monkey," *Journal of Comparative Neurology* 415, no. 4 (1999): 460-481.

5   G. H. Recanzone, C. E. Schreiner, and M. M. Merzenich, "Plasticity in the Frequency Representation of Primary Auditory Cortex Following Discrimination Training in Adult Owl Monkeys," *Journal of Neuroscience* 13, no. 1 (1993): 87-103; M. M. Merzenich, P. L. Knight, and G. L. Roth, "Representation of Cochlea Within Primary Auditory Cortex in the Cat," *Journal of Neurophysiology* 38, no. 2 (1975): 231-234; J. S. Bakin and N. M. Weinberger, "Classical Conditioning Induces Cs-Specific Receptive-Field Plasticity in the Auditory Cortex of the Guinea Pig," *Brain Research* 536, no. 1-2 (1990): 271-286; K. M. Bieszczad, A. A. Miasnikov, and N. M. Weinberger, "Remodeling Sensory Cortical Maps Implants Specific Behavioral Memory," *Neuroscience* 246 (2013): 40-51; M. Brown, D. R. Irvine, and V. N. Park, "Perceptual Learning on an Auditory Frequency Discrimination Task by Cats: Association with Changes in Primary Auditory Cortex," *Cerebral Cortex* 14, no. 9 (2004): 952-965; J. M. Edeline, and N. M. Weinberger, "Receptive Field Plasticity in the Auditory Cortex During Frequency Discrimination Training: Selective Retuning Independent of Task Difficulty," *Behavioral Neuroscience* 107, no. 1 (1993): 82-103; G. A. Elias, K. M. Bieszczad, and

N. M. Weinberger, "Learning Strategy Refinement Reverses Early Sensory Cortical Map Expansion but Not Behavior: Support for a Theory of Directed Cortical Substrates of Learning and Memory," *Neurobiology of Learning and Memory* 126 (2015): 39-55.

6   B. Röder, O. Stock, S. Bien, H. Neville, and F. Rösler, "Speech Processing Activates Visual Cortex in Congenitally Blind Humans," *European Journal of Neuroscience* 16, no. 5 (2002): 930-936.

7   N. Sadato, A. Pascual-Leone, J. Grafman, V. Ibanez, M. P. Deiber, G. Dold, and M. Hallett, "Activation of the Primary Visual Cortex by Braille Reading in Blind Subjects," *Nature* 380, no. 6574 (1996): 526-528.

8   H. Nishimura, K. Hashikawa, K. Doi, T. Iwaki, Y. Watanabe, H. Kusuoka, T. Nishimura, and T. Kubo, "Sign Language 'Heard' in the Auditory Cortex," *Nature* 397, no. 6715 (1999): 116.

9   E. I. Knudsen, G. G. Blasdel, and M. Konishi, "Sound Localization by the Barn Owl (Tyto-Alba) Measured with the Search Coil Technique," *Journal of Comparative Physiology* 133, no. 1 (1979): 1-11.

10   G. Ashida, "Barn Owl and Sound Localization," *Acoustical Science and Technology* 36, no. 4 (2015): 275-285.

11   E. I. Knudsen, "Instructed Learning in the Auditory Localization Pathway of the Barn Owl," *Nature* 417, no. 6886 (2002): 322-328.

12   M. S. Brainard and E. I. Knudsen, "Sensitive Periods for Visual Calibration of the Auditory Space Map in the Barn Owl Optic Tectum," *Journal of Neuroscience* 18, no. 10 (1998): 3929-3942.

13   B. A. Linkenhoker and E. I. Knudsen, "Incremental Training Increases the Plasticity of the Auditory Space Map in Adult Barn Owls," *Nature* 419, no. 6904 (2002): 293-296.

14   M. S. Brainard and E. I. Knudsen, "Sensitive Periods for Visual Calibration of the Auditory Space Map in the Barn Owl Optic Tectum," *Journal of Neuroscience* 18, no. 10 (1998): 3929-3942.

15   J. Fritz, S. Shamma, M. Elhilali, and D. Klein, "Rapid Task-Related Plasticity of Spectrotemporal Receptive Fields in Primary Auditory Cortex," *Nature Neuroscience* 6, no. 11 (2004): 1216-1223; M. Ahissar and S. Hochstein, "The

Reverse Hierarchy Theory of Visual Perceptual Learning," *Trends in Cognitive Sciences* 8, no. 10 (2003): 457-464.

16 O. Kacelnik, F. R. Nodal, C. H. Parsons, and A. J. King, "Training-Induced Plasticity of Auditory Localization in Adult Mammals," *PLOS Biology* 4, no. 4 (2006): e71.

17 V. M. Bajo, F. R. Nodal, D. R. Moore, and A. J. King, "The Descending Corticocollicular Pathway Mediates Learning-Induced Auditory Plasticity," *Nature Neuroscience* 13, no. 2 (2010): 253-260.

18 A. H. Teich, P.M. McCabe, C. C. Gentile, L. S. Schneiderman, R. W. Winters, D. R. Liskowsky, and N. Schneiderman, "Auditory Cortex Lesions Prevent the Extinction of Pavlovian Differential Heart Rate Conditioning to Tonal Stimuli in Rabbits," *Brain Research* 480, nos. 1-2 (1989): 210-218.

19 X. F. Ma and N. Suga, "Plasticity of Bat's Central Auditory System Evoked by Focal Electric Stimulation of Auditory and/or Somatosensory Cortices," *Journal of Neurophysiology* 85, no. 3 (2001): 1078-1087.

20 Y. Zhang, N. Suga, and J. Yan, "Corticofugal Modulation of Frequency Processing in Bat Auditory System," *Nature* 387, no. 6636 (1997): 900-903.

21 N. Suga and X. F. Ma, "Multiparametric Corticofugal Modulation and Plasticity in the Auditory System," *Nature Reviews. Neuroscience* 4, no. 10 (2003): 783-794.

22 F. Luo, Q. Wang, A. Kashani, and J. Yan, "Corticofugal Modulation of Initial Sound Processing in the Brain," *Journal of Neuroscience* 28, no. 45 (2008): 11615-11621.

23 M. V. Popescu and D. B. Polley, "Monaural Deprivation Disrupts Development of Binaural Selectivity in Auditory Midbrain and Cortex," *Neuron* 65, no. 5 (2010): 718-731.

24 P. Dallos, B. Evans, and R. Hallworth, "Nature of the Motor Element in Electrokinetic Shape Changes of Cochlear Outer Hair Cells," *Nature* 350, no. 6314 (1991): 155-157.

25 P. J. Dallos, "On Generation of Odd-Fractional Subharmonics," Journal of the Acoustical Society of America 40, no. 6 (1966): 1381-1391; D. T. Kemp, "Stimulated Acoustic Emissions from within the Human Auditory System,"

Journal of the Acoustical Society of America 64, no. 5 (1978): 1386-1991.

26 M. C. Liberman, "The Olivocochlear Efferent Bundle and Susceptibility of the Inner Ear to Acoustic Injury," *Journal of Neurophysiology* 65, no. 1 (1991): 123-132.

27 X. Perrot, P. Ryvlin, J. Isnard, M. Guenot, H. Catenoix, C. Fischer, F. Mauguiere, and L. Collet, "Evidence for Corticofugal Modulation of Peripheral Auditory Activity in Humans," *Cerebral Cortex* 16, no. 7 (2006)): 941-948; S. Khalfa, R. Bougeard, N. Morand, E. Veuillet, J. Isnard, M. Guenot, P. Ryvlin, C. Fischer, and L. Collet, "Evidence of Peripheral Auditory Activity Modulation by the Auditory Cortex in Humans," *Neuroscience* 104, no. 2 (2001): 347-358.

28 P. Froehlich, L. Collet, and A. Morgon, "Transiently Evoked Otoacoustic Emission Amplitudes Change with Changes of Directed Attention," *Physiology and Behavior* 53, no. 4 (1993): 679-682; C. Meric and L. Collet, "Differential Effects of Visual Attention on Spontaneous and Evoked Otoacoustic Emissions," *International Journal of Psychophysiology* 17, no. 3 (1994): 281-289; S. Srinivasan, A. Keil, K. Stratis, K. L. Woodruff Carr, and D. W. Smith, "Effects of Cross-Modal Selective Attention on the Sensory Periphery: Cochlear Sensitivity Is Altered by Selective Attention," *Neuroscience* 223 (2012): 325-332.

29 X. Perrot, C. Micheyl, S. Khalfa, and L. Collet, "Stronger Bilateral Efferent Influences on Cochlear Biomechanical Activity in Musicians Than in Non-Musicians," *Neuroscience Letters* 262, no. 3 (1999): 167-170; C. Micheyl, S. Khalfa, X. Perrot, and L. Collet, "Difference in Cochlear Efferent Activity between Musicians and Non-Musicians," *Neuroreport* 8, no. 4 (1997): 1047-50; S. M. Brashears, T. G. Morlet, C. I. Berlin, and L. J. Hood, "Olivocochlear Efferent Suppression in Classical Musicians," *Journal of the American Academy of Audiology* 14, no. 6 (2003): 314-324.

30 V. Marian, T. Q. Lam, S. Hayakawa, and S. Dhar, "Spontaneous Otoacoustic Emissions Reveal an Efficient Auditory Efferent Network," *Journal of Speech, Language, and Hearing Research* 61, no. 11 (2018): 2827-2832.

31 M. E. Goldberg and R. H. Wurtz, "Activity of Superior Colliculus in

Behaving Monkey 2. Effect of Attention on Neuronal Responses," *Journal of Neurophysiology* 35, no. 4 (1972): 560-574.

32 C. G. Kentros, N. T. Agnihotri, S. Streater, R. D. Hawkins, and E. R. Kandel, "Increased Attention to Spatial Context Increases Both Place Field Stability and Spatial Memory," *Neuron* 42, no. 2 (2004): 283-295.

33 E. R. Kandel, *In Search of Memory: The Emergence of a New Science of Mind* (New York: W. W. Norton, 2006); 에릭 R. 캔델, 전대호 옮김,《기억을 찾아서》(RHK, 2014).

34 Quoted in Matt Richtel, "Outdoors and Out of Reach, Studying the Brain," *New York Times*, August 15, 2010, https://www.nytimes.com/2010/08/16/technology/16brain.html.

35 J. Fritz, S. Shamma, M. Elhilali, and D. Klein, "Rapid Task-Related Plasticity of Spectrotemporal Receptive Fields in Primary Auditory Cortex," *Nature Neuroscience* 6, no. 11 (2003): 1216-1223.

36 J. B. Fritz, M. Elhilali, and S. A. Shamma, "Differential Dynamic Plasticity of A1 Receptive Fields during Multiple Spectral Tasks," *Journal of Neuroscience* 25, no. 33 (2005): 7623-7635.

37 J. Fritz, M. Elhilali, and S. Shamma, "Active Listening: Task-Dependent Plasticity of Spectrotemporal Receptive Fields in Primary Auditory Cortex," *Hearing Research* 206, no. 1-2 (2005): 159-176.

38 S. J. Slee and S. V. David, "Rapid Task-Related Plasticity of Spectrotemporal Receptive Fields in the Auditory Midbrain," *Journal of Neuroscience* 35, no. 38 (2015): 13090-13102.

39 P. H. Delano, D. Elgueda, C. M. Hamame, and L. Robles, "Selective Attention to Visual Stimuli Reduces Cochlear Sensitivity in Chinchillas," *Journal of Neuroscience* 27, no. 15 (2007): 4146-4153.

40 N. Mesgarani and E. F. Chang, "Selective Cortical Representation of Attended Speaker in Multi-Talker Speech Perception," *Nature* 485, no. 7397 (2012): 233-236; J. Krizman, A. Tierney, T. Nicol, and N. Kraus, "Attention Induces a Processing Tradeoff between Midbrain and Cortex," in *Association for Research in Otolaryngology* PS 428 (2017): 277.

41 N. M. Weinberger, A. A. Miasnikov, and J. C. Chen, "The Level of

Cholinergic Nucleus Basalis Activation Controls the Specificity of Auditory Associative Memory," *Neurobiology of Learning and Memory* 86 (2006): 270–285.

42 H. H. Webster, U. K. Hanisch, R. W. Dykes, and D. Biesold, "Basal Forebrain Lesions with or without Reserpine Injection Inhibit Cortical Reorganization in rat Hindpaw Primary Somatosensory Cortex Following Sciatic Nerve Section," *Somatosensory & Motor Research* 8 (1991): 327–346.

43 M. P. Kilgard and M. M. Merzenich, "Cortical Map Reorganization Enabled by Nucleus Basalis Activity," *Science* 279 (1998): 1714–1718.

44 W. Guo, B. Robert, and D. B. Polley, "The Cholinergic Basal Forebrain Links Auditory Stimuli with Delayed Reinforcement to Support Learning," *Neuron* 103, no. 6 (2019): P1164–1177.E6.

45 S. Corkin, "Acquisition of Motor Skill After Bilateral Medial Temporal–Lobe Excision," *Neuropsychologia* 6, no. 3 (1968): 255–265.

46 J. R. Saffran, R. N. Aslin, and E. L. Newport, "Statistical Learning by 8-Month–Old Infants," *Science* 274, no. 5294 (1996): 1926–1928; E. Partanen, T. Kujala, R. Näätänen, A. Liitola, A. Sambeth, and M. Huotilainen, "Learning–Induced Neural Plasticity of Speech Processing Before Birth," *Proceedings of the National Academy of Sciences* 110, no. 37 (2013): 15145–15150.

47 J. Fritz, S. Shamma, M. Elhilali, and D. Klein, "Rapid Task–Related Plasticity of Spectrotemporal Receptive Fields in Primary Auditory Cortex," *Nature Neuroscience* 6, no. 11 (2003): 1216–1223.

48 N. Kraus and T. White–Schwoch, "Unraveling the Biology of Auditory Learning: A Cognitive–Sensorimotor–Reward Framework," *Trends in Cognitive Sciences* 19 (2015): 642–654.

4장

1 I. Fried, K. A. MacDonald, and C. L. Wilson, "Single Neuron Activity in Human Hippocampus and Amygdala During Recognition of Faces and Objects," *Neuron* 18, no. 5 (1997): 753–765.

2   J. B. Meixner and J. P. Rosenfeld, "Detecting Knowledge of Incidentally Acquired, Real-World Memories Using a P300-Based Concealed-Information Test," *Psychological Science* 25, no. 11 (2014): 1994-2005; J. B. Meixner and J. P. Rosenfeld, "A Mock Terrorism Application of the P300-Based Concealed Information Test," *Psychophysiology* 48, no. 2 (2011): 149-154.

3   R. Näätänen, *Attention and Brain Function* (Hillsdale, NJ: Erlbaum, 1992).

4   R. Näätänen, A. W. Gaillard, and S. Mäntysalo, "Early Selective-Attention Effect on Evoked Potential Reinterpreted," *Acta Psychologica* 42, no. 4 (1978): 313-329.

5   M. Sams, P. Paavilainen, K. Alho, and R. Näätänen, "Auditory Frequency Discrimination and Event-Related Potentials," *Electroencephalography and Clinical Neurophysiology* 62, no. 6 (1985): 437-448.

6   J. Allen, N. Kraus, and A. R. Bradlow, "Neural Representation of Consciously Imperceptible Speech-Sound Differences," *Perception and Psychophysics* 62 (2000): 1383-1393.

7   K. Tremblay, N. Kraus, and T. McGee, "The Time Course of Auditory Perceptual Learning: Neurophysiological Changes During Speech-Sound Training," *Neuroreport* 9, no. 16 (1998): 3557-3560.

8   T. McGee, N. Kraus, and T. Nicol, "Is It Really a Mismatch Negativity? An Assessment of Methods for Determining Response Validity in Individual Subjects," *Electroencephalography and Clinical Neurophysiology* 104, no. 4 (1997): 359-368.

9   F. G. Worden and J. T. Marsh, "Frequency-Following (Microphonic-Like) Neural Responses Evoked by Sound," *Electroencephalography and Clinical Neurophysiology* 25, no. 1 (1968): 42-52.

10   G. C. Galbraith, P. W. Arbagey, R. Branski, N. Comerci, and P. M. Rector, "Intelligible Speech Encoded in the Human Brain Stem Frequency-Following Response," *Neuroreport* 6, no. 17 (1995): 2363-2367; G. C. Galbraith, S. P. Jhaveri, and J. Kuo, "Speech-Evoked Brainstem Frequency-Following Responses During Verbal Transformations Due to Word Repetition," *Electroencephalography and Clinical Neurophysiology* 102, no. 1 (1997): 46-53;

G. C. Galbraith, S. M. Bhuta, A. K. Choate, J. M. Kitahara, and T. A. Mullen, "Brain Stem Frequency-Following Response to Dichotic Vowels During Attention," *Neuroreport* 9, no. 8 (1998): 1889-1893.

11 A. Krishnan, Y. S. Xu, J. Gandour, and P. Cariani, "Encoding of Pitch in the Human Brainstem Is Sensitive to Language Experience," *Brain Research. Cognitive Brain Research* 25, no. 1 (2005): 161-168.

12 E. Skoe and N. Kraus, "Auditory Brainstem Response to Complex Sounds: A Tutorial," *Ear and Hearing* 31, no. 3 (2010): 302-24; J. Krizman and N. Kraus, "Analyzing the FFR: A Tutorial for Decoding the Richness of Auditory Function," *Hearing Research* 382 (2019): 107779; N. Kraus & T. Nicol "The Power of Sound for Brain Health," *Nature Human Behaviour* 1 (2017): 700-702.

13 J. Feldman, "The Neural Binding Problem(s)," *Cognitive Neurodynamics* 7, no. 1 (2013): 1-11.

14 I. McGilchrist, *The Master and His Emissary* (New Haven: Yale University Press, 2009).

15 J. Panksepp, *Affective Neuroscience: The Foundations of Human and Animal Emotions* (New York: Oxford University Press, 1998).

16 E. Coffey, T. Nicol, T. White-Schwoch, B. Chandrasekaran, J. Krizman, E. Skoe, R. Zatorre, and N. Kraus, "Evolving Perspectives on the Sources of the Frequency-Following Response," *Nature Communications* 10 (2019): 5036; L. Selinger, K. Zarnowiec, M. Via, I. C. Clemente, and C. Escera, "Involvement of the Serotonin Transporter Gene in Accurate Subcortical Speech Encoding," *Journal of Neuroscience* 36, no. 42 (2016): 10782-10790.

17 N. Kraus and T. White-Schwoch, "Unraveling the Biology of Auditory Learning: A Cognitive-Sensorimotor-Reward Framework," *Trends in Cognitive Sciences* 19 (2015): 642-654.

5장

1 E. A. Spitzka, "A Study of the Brains of Six Eminent Scientists and Scholars Belonging to the American Anthropometric Society, Together with a

Description of the Skull of Professor E. D. Cope," *Transactions of the American Philosophical Society* 21, no. 4 (1907): 175–308.

2   J. Brandt, *The Grape Cure* (New York: The Order of Harmony, 1928).

3   S. Auerbach, "Zur Lokalisation des musicalischen Talentes im Gehirn unad am Schädel," *Archives of Anatomy and Physiology* (1906): 197–230.

4   P. Schneider, M. Scherg, H. G. Dosch, H. J. Specht, A. Gutschalk, and A. Rupp, "Morphology of Heschl's Gyrus Reflects Enhanced Activation in the Auditory Cortex of Musicians," *Nature Neuroscience* 5, no. 7 (2002): 688–694.

5   T. Elbert, C. Pantev, C. Wienbruch, B. Rockstroh, and E. Taub, "Increased Cortical Representation of the Fingers of the Left Hand in String Players," *Science* 270, no. 5234 (1995): 305–307.

6   G. Schlaug, "The Brain of Musicians: A Model for Functional and Structural Adaptation," *Annals of the New York Academy of Sciences* 930 (2001): 281–299.

7   D. J. Lee, Y. Chen, and G. Schlaug, "Corpus Callosum: Musician and Gender Effects," *Neuroreport* 14, no. 2 (2003): 205–209; G. Schlaug, L. Jäncke, Y. X. Huang, J. F. Staiger, and H. Steinmetz, "Increased Corpus–Callosum Size in Musicians," *Neuropsychologia* 33, no. 8 (1995): 1047.

8   S. Hutchinson, L. H. L. Lee, N. Gaab, and G. Schlaug, "Cerebellar Volume of Musicians," *Cerebral Cortex* 13, no. 9 (2003): 943–949.

9   F. Bouhali, V. Mongelli, M. Thiebaut, and L. Cohen, "Reading Music and Words: The Anatomical Connectivity of Musicians' Visual Cortex," *Neuroimage* 212 (2020): 116666.

10   S. L. Bengtsson, Z. Nagy, S. Skare, L. Forsman, H. Forssberg, and F. Ullen, "Extensive Piano Practicing Has Regionally Specific Effects on White Matter Development," *Nature Neuroscience* 8, no. 9 (2005): 1148–1150.

11   C. Pantev, R. Oostenveld, A. Engelien, B. Ross, L. E. Roberts, and M. Hoke, "Increased Auditory Cortical Representation in Musicians," *Nature* 392, no. 6678 (1998): 811–814; A. Shahin, L. E. Roberts, and L. J. Trainor, "Enhancement of Auditory Cortical Development by Musical Experience in Children," *Neuroreport* 15, no. 12 (2004): 1917–21; A. J. Shahin, L. E. Roberts, W. Chau, L. J. Trainor, and L. M. Miller, "Music Training Leads to

the Development of Timbre-Specific Gamma Band Activity," *Neuroimage* 41, no. 1 (2008): 113-122; A. Shahin, D. J. Bosnyak, L. J. Trainor, and L. E. Roberts, "Enhancement of Neuroplastic P2 and N1c Auditory Evoked Potentials in Musicians," *Journal of Neuroscience* 23, no. 13 (1998): 5545-5552.

12 S. Koelsch, E. Schroger, and M. Tervaniemi, "Superior Pre-Attentive Auditory Processing in Musicians," *Neuroreport* 10, no. 6 (1999): 1309-1313; E. Brattico, K. J. Pallesen, O. Varyagina, C. Bailey, I. Anourova, M. Jarvenpaa, T. Eerola, and M. Tervaniemi, "Neural Discrimination of Nonprototypical Chords in Music Experts and Laymen: An MEG Study," *Journal of Cognitive Neuroscience* 21, no. 11 (2009): 2230-2244.

13 P. Virtala, M. Huotilainen, E. Lilja, J. Ojala, and M. Tervaniemi, "Distortion and Western Music Chord Processing: An ERP Study of Musicians and Nonmusicians," *Music Perception* 35, no. 3 (2018): 315-331.

14 A. Parbery-Clark, S. Anderson, E. Hittner, and N. Kraus, "Musical Experience Strengthens the Neural Representation of Sounds Important for Communication in Middle-Aged Adults," *Frontiers in Aging Neuroscience* 4, no. 30 (2012): 1-12; N. Kraus and B. Chandrasekaran, "Music Training for the Development of Auditory Skills," *Nature Reviews Neuroscience* 11 (2010): 599-605; N. Kraus and T. White-Schwoch, "Neurobiology of Everyday Communication: What Have We Learned from Music?" *Neuroscientist* 23, no. 3 (2017): 287-298.

15 N. Kraus and T. White-Schwoch, "Unraveling the Biology of Auditory Learning: A Cognitive-Sensorimotor-Reward Framework," *Trends in Cognitive Sciences* 19 (2015): 642-654.

16 M. Tervaniemi, L. Janhunen, S. Kruck, V. Putkinen, and M. Huotilainen, "Auditory Profiles of Classical, Jazz, and Rock Musicians: Genre-Specific Sensitivity to Musical Sound Features," *Frontiers in Psychology* 6 (2015): 1900.

17 M. Tervaniemi, M. Rytkonen, E. Schroger, R. J. Ilmoniemi, and R. Naatanen, "Superior Formation of Cortical Memory Traces for Melodic Patterns in Musicians," *Learning and Memory* 8, no. 5 (2001): 295-300.

18 E. Brattico, K. J. Pallesen, O. Varyagina, C. Bailey, I. Anourova, M. Jarvenpaa,

T. Eerola, and M. Tervaniemi, "Neural Discrimination of Nonprototypical Chords in Music Experts and Laymen: An MEG Study," *Journal of Cognitive Neuroscience* 21, no. 11 (2009): 2230-2244; S. Leino, E. Brattico, M. Tervaniemi, and P. Vuust, "Representation of Harmony Rules in the Human Brain: Further Evidence from Event-Related Potentials," *Brain Research* 1142 (2007): 169-177; P. Virtala, M. Huotilainen, E. Partanen, and M. Tervaniemi, "Musicianship Facilitates the Processing of Western Music Chords—an ERP and Behavioral Study," *Neuropsychologia* 61 (2014): 247-258; W. De Baene, A. Vandierendonck, M. Leman, A. Widmann, and M. Tervaniemi, "Roughness Perception in Sounds: Behavioral and ERP Evidence," *Biological Psychology* 67, no. 3 (2004): 319-330; M. Tervaniemi, V. Just, S. Koelsch, A. Widmann, and E. Schroger, "Pitch Discrimination Accuracy in Musicians vs Nonmusicians: An Event-Related Potential and Behavioral Study," *Experimental Brain Research* 161, no. 1 (2005): 1-10; M. Tervaniemi, E. Huotilainen, E. Brattico, R. J. Ilmoniemi, K. Reinikainen, and K. Alho, "Event-Related Potentials to Expectancy Violation in Musical Context," *Musicae Scientiae* 7, no. 2 (2003): 241-261; A. Caclin, E. Brattico, B. K. Smith, M. Ternaviemi, M.-H. Giard, and S. McAdams, "Electrophysiological Correlates of Musical Timbre Perception," *Journal of the Acoustical Society of America* 112, no. 5 (2002): 2240; M. Tervaniemi, A. Castaneda, M. Knoll, and M. Uther, "Sound Processing in Amateur Musicians and Nonmusicians: Event-Related Potential and Behavioral Indices," *Neuroreport* 17, no. 11 (2006): 1225-1258.

19 A. Parbery-Clark, S. Anderson, E. Hittner, and N. Kraus, "Musical Experience Strengthens the Neural Representation of Sounds Important for Communication in Middle-Aged Adults," *Frontiers in Aging Neuroscience* 4, no. 30 (2012): 1-12; N. Kraus and B. Chandrasekaran, "Music Training for the Development of Auditory Skills," *Nature Reviews Neuroscience* 11 (2010): 599-605; N. Kraus and T. White-Schwoch, "Neurobiology of Everyday Communication: What Have We Learned from Music?" *Neuroscientist* 23, no. 3 (2017): 287-298; D. L. Strait, A. Parbery-Clark, E. Hittner, and N Kraus, "Musical Training During Early Childhood Enhances the Neural Encoding of Speech in Noise," *Brain and Language* 123, no. 3 (2012): 191-201; D.

L. Strait, A. Parbery-Clark, S. O'Connell, and N. Kraus, "Biological Impact of Preschool Music Classes on Processing Speech in Noise," *Developmental Cognitive Neuroscience* 6 (2013): 51–60; A. Parbery-Clark, E. Skoe, and N. Kraus, "Musical Experience Limits the Degradative Effects of Background Noise on the Neural Processing of Sound," *Journal of Neuroscience* 29, no. 45 (2009): 14100–14107.

20 C. Pantev, L. E. Roberts, M. Schulz, A. Engelien, and B. Ross, "Timbre–Specific Enhancement of Auditory Cortical Representations in Musicians," *Neuroreport* 12, no. 1 (2001): 169–174.

21 E. H. Margulis, L. M. Mlsna, A. K. Uppunda, T. B. Parrish, and P. C. M. Wong, "Selective Neurophysiologic Responses to Music in Instrumentalists with Different Listening Biographies," *Human Brain Mapping* 30, no. 1 (2009): 267–275.

22 D. L. Strait, K. Chan, R. Ashley, and N. Kraus, "Specialization among the Specialized: Auditory Brainstem Function Is Tuned in to Timbre," *Cortex* 48 (2012): 360–362.

23 T. F. Münte, C. Kohlmetz, W. Nager, and E. Altenmüller, "Superior Auditory Spatial Tuning in Conductors," *Nature* 409, no. 6820 (2001): 580.

24 N. Matthews, L. Welch, and E. Festa, "Superior Visual Timing Sensitivity in Auditory but Not Visual World Class Drum Corps Experts," *eNeuro* 5, no. 6 (2018).

25 G. Musacchia, M. Sams, E. Skoe, and N. Kraus, "Musicians Have Enhanced Subcortical Auditory and Audiovisual Processing of Speech and Music," *Proceedings of the National Academy of Sciences of the United States of America* 104, no. 40 (2007): 15894–15898.

26 J. L. Chen, V. B. Penhune, and R. J. Zatorre, "Listening to Musical Rhythms Recruits Motor Regions of the Brain," *Cerebral Cortex* 18, no. 12 (2008): 2844–54; A. Lahav, E. Saltzman, and G. Schlaug, "Action Representation of Sound: Audiomotor Recognition Network while Listening to Newly Acquired Actions," *Journal of Neuroscience* 27, no. 2 (2007): 308–314.

27 F. J. Langheim, J. H. Callicott, V. S. Mattay, J. H. Duyn, and D. R. Weinberger, "Cortical Systems Associated with Covert Music Rehearsal,"

Neuroimage 16, no. 4 (2002): 901–908; A. R. Halpern and R. J. Zatorre, "When That Tune Runs through Your Head: A PET Investigation of Auditory Imagery for Familiar Melodies," *Cerebral Cortex* 9, no. 7 (1999): 697–704.

28 K. Amunts, G. Schlaug, A. Schleicher, H. Steinmetz, A. Dabringhaus, P. E. Roland, and K. Zilles, "Asymmetry in the Human Motor Cortex and Handedness," *Neuroimage* 4, no. 3 part 1 (1996): 216–222; L. E. White, G. Lucas, A. Richards, and D. Purves, "Cerebral Asymmetry and Handedness," *Nature* 368, no. 6468 (1994): 197–198.

29 C. Gaser and G. Schlaug, "Gray Matter Differences between Musicians and Nonmusicians," *Annals of the New York Academy of Sciences* 999 (2003): 514–517.

30 T. Elbert, C. Pantev, C. Wienbruch, B. Rockstroh, and E. Taub, "Increased Cortical Representation of the Fingers of the Left Hand in String Players," *Science* 270, no. 5234 (1995): 305–307.

31 H. Corrigall and E. G. Schellenberg, "Music: The Language of Emotion," in *Handbook of Psychology of Emotions*, ed. C. Mohiyeddini, M. Eyesenck, and S. Bauer (Hauppauge, NY: Nova Science Publishers, 2013), 299–326.

32 M. Iwanaga and Y. Moroki, "Subjective and Physiological Responses to Music Stimuli Controlled over Activity and Preference," *Journal of Music Therapy* 36, no. 1 (1999): 26–38; L.-O. Lundqvist, F. Carlsson, P. Hilmersson, and P. N. Juslin, "Emotional Responses to Music: Experience, Expression, and Physiology," *Psychology of Music* 37, no. 1 (2009): 61–90; R. A. McFarland, "Relationship of Skin Temperature Changes to the Emotions Accompanying Music," *Biofeedback and Self-Regulation* 10 (1985): 255–267; C. L. Krumhansl, "An Exploratory Study of Musical Emotions and Psychophysiology," *Canadian Journal of Experimental Psychology* 51, no. 4 (1997): 336–353.

33 H. Corrigall and E. G. Schellenberg, "Music: The Language of Emotion," in *Handbook of Psychology of Emotions*, ed. C. Mohiyeddini, M. Eyesenck, and S. Bauer (Hauppauge, NY: Nova Science Publishers, 2013), 299–326.

34 A. J. Blood and R. J. Zatorre, "Intensely Pleasurable Responses to Music Correlate with Activity in Brain Regions Implicated in Reward and Emotion,"

Proceedings of the National Academy of Sciences of the United States of America
98, no. 20 (2001): 11818-11823.

35 V. N. Salimpoor, M. Benovoy, K. Larcher, A. Dagher, and R. J. Zatorre, "Anatomically Distinct Dopamine Release During Anticipation and Experience of Peak Emotion to Music," *Nature Neuroscience* 14, no. 2 (2011): 257-256.

36 V. N. Salimpoor, I. van den Bosch, N. Kovacevic, A. R. McIntosh, A. Dagher, and R. J. Zatorre, "Interactions between the Nucleus Accumbens and Auditory Cortices Predict Music Reward Value," *Science* 340, no. 6129 (2013): 216-219.

37 E. Mas-Herrero, R. J. Zatorre, A. Rodriguez-Fornells, and J. Marco-Pallares, "Dissociation between Musical and Monetary Reward Responses in Specific Musical Anhedonia," *Current Biology* 24, no. 6 (2014): 699-704.

38 N. Martinez-Molina, E. Mas-Herrero, A. Rodriguez-Fornells, R. J. Zatorre, and J. Marco-Pallares, "Neural correlates of specific musical anhedonia," *Proceedings of the National Academy of Sciences of the United States of America* 113, no. 46 (2016): E7337-345.

39 D. Strait, E. Skoe, N. Kraus, and R. Ashley, "Musical Experience and Neural Efficiency: Effects of Training on Subcortical Processing of Vocal Expressions of Emotion," *European Journal of Neuroscience* 29 (2009): 661-668.

40 A. S. Chan, Y. C. Ho, and M. C. Cheung, "Music Training Improves Verbal Memory," *Nature* 396, no. 6707 (1998): 128; Y. C. Ho, M. C. Cheung, and A. S. Chan, "Music Training Improves Verbal but Not Visual Memory: Cross-Sectional and Longitudinal Explorations in Children," *Neuropsychology* 17, no. 3 (2003): 439-450; L. S. Jakobson, S. T. Lewycky, A. R. Kilgour, and B. M. Stoesz, "Memory for Verbal and Visual Material in Highly Trained Musicians," *Music Perception* 26, no. 1 (2008): 41-55; A. T. Tierney, T. R. Bergeson-Dana, and D. B. Pisoni, "Effects of Early Musical Experience on Auditory Sequence Memory," *Empirical Musicology Review* 3, no. 4 (2008): 178-186; S. Brandler and T. H. Rammsayer, "Differences in Mental Abilities between Musicians and Non-Musicians," *Psychology of Music* 31, no. 2 (2003): 123-138; M. S. Franklin, K. S. Moore, K. Rattray, and J. Moher, "The Effects of Musical Training on Verbal Memory," *Psychology of Music* 36, no. 3 (2008): 353-365.

41 D. L. Strait, A. Parbery-Clark, S. O'Connell, and N. Kraus, "Biological Impact of Preschool Music Classes on Processing Speech in Noise," *Developmental Cognitive Neuroscience* 6 (2013): 51-60; A. Parbery-Clark, E. Skoe, and N. Kraus, "Musical Experience Limits the Degradative Effects of Background Noise on the Neural Processing of Sound," *Journal of Neuroscience* 29, no. 45 (2009): 14100-14107; A. Parbery-Clark, D. L. Strait, S. Anderson, E. Hittner, and N. Kraus, "Musical Experience and the Aging Auditory System: Implications for Cognitive Abilities and Hearing Speech in Noise," *PLOS ONE* 6, no. 5 (2011): E18082l; K. J. Pallesen, E. Brattico, C. J. Bailey, A. Korvenoja, J. Koivisto, A. Gjedde, and S. Carlson, "Cognitive Control in Auditory Working Memory Is Enhanced in Musicians," *PLOS ONE* 5, no. 6 (2010): E11120; D. Strait, S. O'Connell, A. Parbery-Clark, and N. Kraus, "Musicians' Enhanced Neural Differentiation of Speech Sounds Arises Early in Life: Developmental Evidence from Ages Three to Thirty," *Cerebral Cortex* 24, no. 9 (2014): 2512-2521; E. M. George and D. Coch, "Music Training and Working Memory: An ERP Study," *Neuropsychologia* 49, no. 5 (2011): 1083-1094; S. B. Nutley, F. Darki, and T. Klingberg, "Music Practice Is Associated with Development of Working Memory During Childhood and Adolescence," *Frontiers in Human Neuroscience* (2014); G. M. Bidelman, S. Hutka, and S. Moreno, "Tone Language Speakers and Musicians Share Enhanced Perceptual and Cognitive Abilities for Musical Pitch: Evidence for Bidirectionality between the Domains of Language and Music," *PLOS ONE* 8, no. 4 (2013): E60676.

42 A. T. Tierney, T. R. Bergeson-Dana, and D. B. Pisoni, "Effects of Early Musical Experience on Auditory Sequence Memory," *Empirical Musicology Review* 3, no. 4 (2007): 178-186; Y. Lee, M. Lu, and H. Ko, "Effects of Skill Training on Working Memory Capacity," *Learning and Instruction* 17, no. 3 (2007): 336-344.

43 J. Zuk, C. Benjamin, A. Kenyon, and N. Gaab, "Behavioral and Neural Correlates of Executive Functioning in Musicians and Non-Musicians,"

PLOS ONE 9, no. 6 (2014): E99868; L. Moradzadeh, G. Blumenthal, and M. Wiseheart, "Musical Training, Bilingualism, and Executive Function: A Closer Look at Task Switching and Dual-Task Performance," *Cognitive Sciences* 39, no. 5 (2015): 992-1020; A. C. Jaschke, H. Honing, and E. J. A. Scherder, "Longitudinal Analysis of Music Education on Executive Functions in Primary School Children," *Frontiers in Neuroscience* (2018): 12; E. Bialystok and A. M. Depape, "Musical Expertise, Bilingualism, and Executive Functioning," *Journal of Experimental Psychology: Human Perception and Performance* 35, no. 2 (2009): 565-574; D. Strait, N. Kraus, A. Parbery-Clark, and R. Ashley, "Musical Experience Shapes Top-Down Auditory Mechanisms: Evidence from Masking and Auditory Attention Performance," *Hearing Research* 261 (2010): 22-29; K. K. Clayton, J. Swaminathan, A. Yazdanbakhsh, J. Zuk, A. D. Patel, and G. Kidd Jr., "Executive Function, Visual Attention and the Cocktail Party Problem in Musicians and Non-Musicians," *PLOS ONE* 11, no. 7 (2016): E0157638; A. J. Oxenham, B. J. Fligor, C. R. Mason and G. Kidd, "Informational Masking and Musical Training," *Journal of the Acoustical Society of America* 114, no. 3 (2003): 1543-1549.

44 K. J. Pallesen, E. Brattico, C. J. Bailey, A. Korvenoja, J. Koivisto, A. Gjedde, and S. Carlson, "Cognitive Control in Auditory Working Memory Is Enhanced in Musicians," *PLOS ONE* 5, no. 6 (2010): e11120; J. Zuk, C. Benjamin, A. Kenyon, and N. Gaab, "Behavioral and Neural Correlates of Executive Functioning in Musicians and Non-Musicians," *PLOS ONE* 9, no. 6 (2014): e99868; K. Schulze, K. Mueller, and S. Koelsch, "Neural Correlates of Strategy Use During Auditory Working Memory in Musicians and Non-Musicians," *European Journal of Neuroscience* 33, no. 1 (2011): 189-196; K. Schulze, S. Zysset, K. Mueller, A. D. Friederici, and S. Koelsch, "Neuroarchitecture of Verbal and Tonal Working Memory in Nonmusicians and Musicians," *Human Brain Mapping* 32, no. 5 (2011): 771-783.

45 D. L. Strait, K. Chan, R. Ashley, and N. Kraus, "Specialization Among the Specialized: Auditory Brainstem Function Is Tuned in to Timbre," *Cortex* 48 (2012): 360-362; N. Kraus, D. Strait, and A. Parbery-Clark, "Cognitive Factors Shape Brain Networks for Auditory Skills: Spotlight on Auditory

Working Memory," *Annals of the New York Academy of Sciences* 1252 (2012):
100–107; D. L. Strait, J. Hornickel, and N. Kraus, "Subcortical Processing
of Speech Regularities Underlies Reading and Music Aptitude in Children,"
Behavioral and Brain Functions 7, no. 1 (2011): 44; D. L. Strait, S. O'Connell,
A. Parbery-Clark, and N. Kraus, "Musicians' Enhanced Neural Differentiation
of Speech Sounds Arises Early in Life: Developmental Evidence from Ages 3
to 30," *Cerebral Cortex* (2013): https://doi.org/10.1093/cercor/bht103.

46 C. J. Limband and A. R. Braun, "Neural Substrates of Spontaneous Musical
Performance: An FMRI Study of Jazz Improvisation," *PLOS ONE* 3, no. 2
(2008): e1679.

47 J. Collier, "Musician Explains One Concept in 5 Levels of Difficulty,"
Wired, YouTube video, January 8, 2018, https://www.youtube.com/
watch?v=eRkgK4jfi6M.

48 T. Gioia, *Healing Songs* (Durham, NC: Duke University Press, 2006).

49 S. Bodeck, C. Lappe, and S. Evers, "Tic-Reducing Effects of Music in Patients
with Tourette's Syndrome: Self-Reported and Objective Analysis," *Journal of
the Neurological Sciences* 352, no. 1–2 (2015): 41–47.

50 O. Sacks, *Musicophilia: Tales of Music and the Brain* (New York: Alfred A.
Knopf, 2007); 올리버 색스, 장호연 옮김, 《뮤지코필리아》(알마, 2012).

51 T. Gioia, *Healing Songs* (Durham, NC: Duke University Press, 2006).

52 C. M. Tomaino, "Clinical Applications of Music Therapy in Neurologic
Rehabilitation," in *Music That Works*, ed. R. B. Haas and V. Brandes (Austria:
Springer-Verlag, 2009), 211–220.

53 S. Hegde, "Music-Based Cognitive Remediation Therapy for Patients with
Traumatic Brain Injury," *Frontiers in Neurology* 5 (2014): 34; M. H. Thaut, J.
C. Gardiner, D. Holmberg, J. Horwitz, L. Kent, G. Andrews, B. Donelan, and
G. R. McIntosh, "Neurologic Music Therapy Improves Executive Function
and Emotional Adjustment in Traumatic Brain Injury Rehabilitation," *Annals
of the New York Academy of Sciences* 1169 (2009): 406–416.

54 K. Bergmann, "The Sound of Trauma: Music Therapy in a Post-War
Environment," *Australian Journal of Music Therapy* 13 (2012): 3–16; M.
Bensimon, D. Amir, and Y. Wolf, "Drumming Through Trauma: Music

Therapy with Post-Traumatic Soldiers," *Arts in Psychotherapy* 35, no. 1 (2008): 34-48; S. Garrido, F. A. Baker, J. W. Davidson, G. Moore, and S. Wasserman, "Music and Trauma: The Relationship between Music, Personality, and Coping Style," *Frontiers in Psychology* 6 (2015): 977; J. Loewy and K. Stewart, "Music Therapy to Help Traumatized Children and Caretakers," in *Mass Trauma and Violence*, ed. N. B. Webb, 191-215 (New York: Guilford Press, 2004); J. V. Loewy and A. F. Hara, *Caring for the Caregiver: The Use of Music Therapy in Grief and Trauma* (The American Music Therapy Association, 2002); J. Orth, L. Doorschodt, J. Verburgt, and B. Droždek, "Sounds of Trauma: An Introduction to Methodology in Music Therapy with Traumatized Refugees in Clinical and Outpatient Settings," in *Broken Spirits: The Treatment of Traumatized Asylum Seekers, Refugees, War, and Torture Victims*, ed. J. Willson and B. Droždek, 443-80 (New York: Brunner-Routledge, 2004).

55 S. L. Robb, D. S. Burns, K. A. Stegenga, P. R. Haut, P. O. Monahan, J. Meza, T. E. Stump, et al., "Randomized Clinical Trial of Therapeutic Music Video Intervention for Resilience Outcomes in Adolescents/Young Adults Undergoing Hematopoietic Stem Cell Transplant," *Cancer* 120, no. 6 (2014): 909-917.

56 C. M. Tomaino, "Meeting the Complex Needs of Individuals with Dementia through Music Therapy," *Music and Medicine* 5, no. 4 (2013): 234-241.

57 M. W. Hardy and A. B. Lagasse, "Rhythm, Movement, and Autism: Using Rhythmic Rehabilitation Research As a Model for Autism," *Frontiers in Integrative Neuroscience* 7 (2013): 19; A. B. LaGasse, "Effects of a Music Therapy Group Intervention on Enhancing Social Skills in Children with Autism," *Journal of Music Therapy* 51, no. 3 (2014): 250-275; A. B. LaGasse, "Social Outcomes in Children with Autism Spectrum Disorder: A Review of Music Therapy Outcomes," *Patient Related Outcome Measures* 8 (2017): 23-32.

58 W. Groß, U. Linden W, and T. Ostermann, "Effects of Music Therapy in the Treatment of Children with Delayed Speech Development—Results of a Pilot Study," *BMC Complementary and Alternative Medicine* 10 (2010): 39; M. Ritter, K. A. Colson, and J. Park, "Reading Intervention Using

Interactive Metronome in Children with Language and Reading Impairment:
A Preliminary Investigation," *Communication Disorders Quarterly* 34, no. 2
(2012): 106-119; G. E. Taub, K. S. McGrew, and T. Z. Keith, "Improvements
in Interval Time Tracking and Effects on Reading Achievement," *Psychology in
the Schools* 44, no. 8 (2007): 849-863.

59 C. Nombela, L. E. Hughes, A. M. Owen and J. A. Grahn, "Into the Groove:
Can Rhythm Influence Parkinson's Disease?" *Neuroscience & Biobehavorial
Reviews* 37, no. 10, pt. 2 (2013): 2564-2570; M. J. de Dreu, A. S. van der
Wilk, E. Poppe, G. Kwakkel, and E. E. van Wegen, "Rehabilitation, Exercise
Therapy and Music in Patients with Parkinson's Disease: A Meta-Analysis of
the Effects of Music-Based Movement Therapy on Walking Ability, Balance
and Quality of Life," *Parkinsonism & Related Disorders* 18 Suppl 1 (2012):
S114-119; J. M. Hausdorff, J. Lowenthal, T. Herman, L. Gruendlinger,
C. Peretz, and N. Giladi, "Rhythmic Auditory Stimulation Modulates Gait
Variability in Parkinson's Disease," *European Journal of Neuroscience* 26, no. 8
(2007): 2369-2375; R. S. Calabro, A. Naro, S. Filoni, M. Pullia, L. Billeri, P.
Tomasello, S. Portaro, G. Di Lorenzo, C. Tomaino, and P. Bramanti, "Walking
to Your Right Music: A Randomized Controlled Trial on the Novel Use of
Treadmill Plus Music in Parkinson's Disease," *Journal of Neuroengineering and
Rehabilitation* 16, no. 1 (2019): 68.

60 A. Raglio, O. Oasi, M. Gianotti, A. Rossi, K. Goulene, and M. Stramba-
Badiale, "Improvement of Spontaneous Language in Stroke Patients with
Chronic Aphasia Treated with Music Therapy: A Randomized Controlled
Trial," *Internal Journal of Neuroscience* 126, no. 3 (2016): 235-242; M.
H. Thaut and G. C. McIntosh, "Neurologic Music Therapy in Stroke
Rehabilitation," *Current Physical Medicine and Rehabilitation Reports* 2, no. 2
(2014): 106-113; J. P. Brady, "Metronome-Conditioned Speech Retraining
for Stuttering," *Behavior Therapy* 2, no. 2 (1971): 129-150.

61 C. M. Tomaino, "Recovery of Fluent Speech through a Musician's Use
of Prelearned Song Repertoire: A Case Study," *Music and Medicine* 2, no.
(2010): 85-88; C. M. Tomaino, "Effective Music Therapy Techniques in the
Treatment of Nonfluent Aphasia," *Annals of the New York Academy of Sciences*

1252, no. 1 (2012): 312–317; E. L. Stegemoller, T. R. Hurt, M. C. O'Connor, R. D. Camp, C. W. Green, J. C. Pattee, and E. K. Williams, "Experiences of Persons with Parkinson's Disease Engaged in Group Therapeutic Singing," *Journal of Music Therapy* 54, no. 4 (2018): 405–431.

62 A. Good, K. Gordon, B. C. Papsin, G. Nespoli, T. Hopyan, I. Peretz, and F. A. Russo, "Benefits of Music Training for Perception of Emotional Speech Prosody in Deaf Children with Cochlear Implants," *Ear and Hearing* 38, no. 4 (2017): 455–464; C. Y. Lo, V. Looi, W. F. Thompson, and C. M. McMahon, "Music Training for Children With Sensorineural Hearing Loss Improves Speech-in-Noise Perception," *Journal of Speech, Language, and Hearing Research* 63, no. 6 (2020): 1990–2015.

6장

1 N. L. Wallin, B. Merker, and S. Brown, *The Origins of Music* (Cambridge, MA: MIT Press, 2000).

2 A. B. Lord, *The Singer of Tales* (Cambridge, MA: Harvard University Press, 1960).

3 T. Gioia, *Work Songs* (Durham, NC: Duke University Press, 2006).

4 H. Pham, "West Africa Ghana, Post Office," YouTube, June 22, 2011, https://www.youtube.com/watch?v=c3fctmixsKE.

5 M. Aminian, *The Woven Sounds* (documentary film). 2019.

6 S. Brown and J. Jordania, "Universals in the World's Musics," *Psychology of Music* 41, no. 2 (2011): 229–248.

7 S. Dehaene, *Consciousness and the Brain: Deciphering How the Brain Codes Our Thoughts* (New York: Viking, 2014); 스타니슬라스 드앤, 박인용 옮김, 《뇌의 식의 탄생》(한언출판사, 2017).

8 S. A. Kotz, A. Ravignani, and W. T. Fitch, "The Evolution of Rhythm Processing," *Trends in Cognitive Science* 22, no. 10 (2018): 896–910.

9 A. Tierney and N. Kraus, "Neural Entrainment to the Rhythmic Structure of Music," *Journal of Cognitive Neuroscience* 27, no. 2 (2015): 400–408.

10 I. J. Moon, S. Kang, N. Boichenko, S. H. Hong, and K. M. Lee, "Meter Enhances the Subcortical Processing of Speech Sounds at a Strong Beat,"

Scientific Reports 10, no. 1 (2020): 15973.

11 W. Fries and A. A. Swihart, "Disturbance of Rhythm Sense Following Right Hemisphere Damage," *Neuropsychologia* 28, no. 12 (1990): 1317–1323; M. Di Pietro, M. Laganaro, B. Leemann, and A. Schnider, "Receptive Amusia: Temporal Auditory Processing Deficit in a Professional Musician Following a Left Temporo–Parietal Lesion," *Neuropsychologia* 42, no. 7 (2004): 868–877; I. Peretz, "Processing of Local and Global Musical Information by Unilateral Brain–Damaged Patients," *Brain* 113, no. 4 (1990): 1185–1205; C. Liégeois–Chauvel, I. Peretz, M. Babaï, V. Laguitton, and P. Chauvel, "Contribution of Different Cortical Areas in the Temporal Lobes to Music Processing," *Brain* 121, no. 10) (1998): 1853–1867.

12 A. Tierney and N. Kraus, "Evidence for Multiple Rhythmic Skills," *PLOS ONE* 10, no. 9 (2015): e0136645; S. Bonacina, J. Krizman, T. White–Schwoch, T. Nicol, and N. Kraus, "How Rhythmic Skills Relate and Develop in School–Age Children," *Global Pediatric Health* 6 (2019): 2333794X19852045.

13 A. Tierney, T. White–Schwoch, J. MacLean, and N. Kraus, "Individual Differences in Rhythm Skills: Links with Neural Consistency and Linguistic Ability," *Journal of Cognitive Neuroscience* 29, no. 5 (2017): 855–868; J. M. Thomson and U. Goswami, "Rhythmic Processing in Children with Developmental Dyslexia: Auditory and Motor Rhythms Link to Reading and Spelling," *Journal of Physiology* 102, no. 1–3 (2008): 120–129; S. Bonacina, J. Krizman, T. White–Schwoch, and N. Kraus, "Clapping in Time Parallels Literacy and Calls Upon Overlapping Neural Mechanisms in Early Readers," *Annals of the New York Academy of Sciences* 1423 (2018): 338–348.

14 J. Slater, N. Kraus, K. W. Carr, A. Tierney, A. Azem, and R. Ashley, "Speech–in–Noise Perception Is Linked to Rhythm Production Skills in Adult Percussionists and Non–Musicians," *Language, Cognition and Neuroscience* 33, no. 6 (2018): 710–717.

15 A. Tierney and N. Kraus, "Getting Back on the Beat: Links between Auditory–Motor Integration and Precise Auditory Processing at Fast Time Scales," *European Journal of Neuroscience* 43, no. 6 (2016): 782–791.

16 A. A. Benasich, Z. Gou, N. Choudhury, and K. D. Harris, "Early Cognitive

and Language Skills Are Linked to Resting Frontal Gamma Power across the First 3 Years," *Behavioural Brain Research* 195, no. 2 (2008): 215-222.

17 J. M. Thomson and U. Goswami, "Rhythmic Processing in Children with Developmental Dyslexia: Auditory and Motor Rhythms Link to Reading and Spelling," *Journal of Physiology* 102, no. 1-3 (2008): 120-129; P. Wolff, "Timing Precision and Rhythm in Developmental Dyslexia," *Reading and Writing* 15 (2002): 179-206; J. Thomson, B. Fryer, J. Maltby, and U. Goswami, "Auditory and Motor Rhythm Awareness in Adults with Dyslexia," *Journal of Research in Reading* 29 (2006): 334-348; K. H. Corriveau and U. Goswami, "Rhythmic Motor Entrainment in Children with Speech and Language Impairments: Tapping to the Beat," *Cortex* 45, no. 1 (2009): 119-130; A. T. Tierney and N. Kraus, "The Ability to Tap to a Beat Relates to Cognitive, Linguistic, and Perceptual Skills," *Brain and Language* 124, no. 3 (2013): 225-231; C. S. Moritz, S. Yampolsky, G. Papadelis, J. Thomson, and M. Wolf, "Links between Early Rhythm Skills, Musical Training, and Phonological Awareness," *Reading and Writing* 26 (2013): 739-769.

18 P. Wolff, "Timing Precision and Rhythm in Developmental Dyslexia," *Reading and Writing* 15 (2002): 179-206.

19 A. T. Tierney and N. Kraus, "The Ability to Tap to a Beat Relates to Cognitive, Linguistic, and Perceptual Skills," *Brain and Language* 124, no. 3 (2013): 225-231.

20 K. Woodruff Carr, T. White-Schwoch, A. T. Tierney, D. L. Strait, and N. Kraus, "Beat Synchronization Predicts Neural Speech Encoding and Reading Readiness in Preschoolers," *Proceedings of the National Academy of Sciences of the United States of America* 111, no. 40 (2014): 14559-14564; S. Bonacina, J. Krizman, T. White-Schwoch, T. Nicol, and N. Kraus, "Distinct Rhythmic Abilities Align with Phonological Awareness and Rapid Naming in School-age Children," *Cognitive Processing* 21 (2020): 575-581; S. Bonacina, J. Krizman, T. White-Schwoch, and N. Kraus, "Clapping in Time Parallels Literacy and Calls upon Overlapping Neural Mechanisms in Early Readers," *Annals of the New York Academy of Sciences* 1423 (2018): 338-348.

21 K. J. Kohler, "Rhythm in Speech and Language: A New Research Paradigm,"

Phonetica 66, no. 1-2 (2009): 29-45.

22 J. Slater, N. Kraus, K. W. Carr, A. Tierney, A. Azem, and R. Ashley, "Speech-in-Noise Perception Is Linked to Rhythm Production Skills in Adult Percussionists and Non-Musicians," *Language, Cognition and Neuroscience* 33, no. 6 (2018): 710-717.

23 N. Kraus and T. White-Schwoch, "Neurobiology of Everyday Communication: What Have We Learned from Music?" *Neuroscientist* 23, no. 3 (2017): 287-298; A. Parbery-Clark, E. Skoe, C. Lam, and N. Kraus, "Musician Enhancement for Speech-in-Noise," *Ear and Hearing* 30, no. 6 (2009): 653-661; A. Parbery-Clark, D. L. Strait, S. Anderson, E. Hittner, and N. Kraus, "Musical Experience and the Aging Auditory System: Implications for Cognitive Abilities and Hearing Speech in Noise," *PLOS ONE* 6, no. 5 (2011): e18082; A. Parbery-Clark, A. Tierney, D. Strait, and N. Kraus, "Musicians Have Fine-Tuned Neural Distinction of Speech Syllables," *Neuroscience* 219 (2012): 111-119; B. R. Zendel and C. Alain, "Musicians Experience Less Age-Related Decline in Central Auditory Processing," *Psychology and Aging* 27, no. 2 (2012): 410-417; D. L. Strait, A. Parbery-Clark, E. Hittner, and N. Kraus, "Musical Training During Early Childhood Enhances the Neural Encoding of Speech in Noise," *Brain and Language* 123, no. 3 (2012): 191-201; J. Swaminathan, C. R. Mason, T. M. Streeter, V. Best, G. Kidd Jr., and A. D. Patel, "Musical Training, Individual Differences and the Cocktail Party Problem," *Scientific Reports* 5 (2015): 11628; B. R. Zendel, C. D. Tremblay, S. Belleville, and I. Peretz, "The Impact of Musicianship on the Cortical Mechanisms Related to Separating Speech from Background Noise," *Journal of Cognitive Neuroscience* 27, no. 5 (2015): 1044-1059.

24 A. D. Patel, J. R. Iversen, M. R. Bregman, and I. Schulz, "Experimental Evidence for Synchronization to a Musical Beat in a Nonhuman Animal," *Current Biology* 19, no. 10 (2009): 827-830.

25 S. M. Wilson, A. P. Saygin, M. I. Sereno, and M. Iacoboni, "Listening to Speech Activates Motor Areas Involved in Speech Production," *Nature Neuroscience* 7, no. 7 (2004): 701-702; S. C. Herholz, E. B. Coffey, C. Pantev, and R. J. Zatorre, "Dissociation of Neural Networks for Predisposition and for

Training-Related Plasticity in Auditory-Motor Learning," *Cerebral Cortex* 26, no. 7 (2016): 3125-3134.

26 M. Bangert, T. Peschel, G. Schlaug, M. Rotte, D. Drescher, H. Hinrichs, H. J. Heinze, and E. Altenmuller, "Shared Networks for Auditory and Motor Processing in Professional Pianists: Evidence from Fmri Conjunction," *NeuroImage* 30, no. 3 (2006): 917-926.

27 M. Larsson, S. R. Ekstrom, and P. Ranjbar, "Effects of Sounds of Locomotion on Speech Perception," *Noise and Health* 17, no. 77 (2015): 227-232.

28 I. Winkler, G. P. Haden, O. Ladinig, I. Sziller, and H. Honing, "Newborn Infants Detect the Beat in Music," *Proceedings of the National Academy of Sciences of the United States of America* 106, no. 7 (2009): 2468-2471.

29 J. Phillips-Silver and L. J. Trainor, "Feeling the Beat: Movement Influences Infant Rhythm Perception," *Science* 308, no. 5727 (2005): 1430.

30 M. J. Hove and J. L. Risen, "It's All in the Timing: Interpersonal Synchrony Increases Affiliation," *Social Cognition* 27, no. 6 (2009): 949-961.

31 S. Kirschner and M. Tomasello, "Joint Drumming: Social Context Facilitates Synchronization in Preschool Children," *Journal of Experimental Child Psychology* 102, no. 3 (2009): 299-314.

32 L. K. Cirelli, K. M. Einarson, and L. J. Trainor, "Interpersonal Synchrony Increases Prosocial Behavior in Infants," *Developmental Science* 17, no. 6 (2014): 1003-1011.

33 Y. Hou, B. Song, Y. Hu, Y. Pan, and Y. Hu, "The Averaged Inter-Brain Coherence between the Audience and a Violinist Predicts the Popularity of Violin Performance," *NeuroImage* 211 (2020): 116655.

34 Musicians Without Borders, www.musicianswithoutborders.org.

35 T. Gioia, *Healing Songs* (Durham, NC: Duke University Press, 2006).

36 G. Reynolds, "Phys Ed: Does Music Make You Exercise Harder?" *New York Times*, August 25, 2010.

37 H. A. Lim, "Effect of 'Developmental Speech and Language Training through Music' on Speech Production in Children with Autism Spectrum Disorders," *Journal of Music Therapy* 47, no. 1 (2010): 2-26.

38 L. A. Nelson, M. Macdonald, C. Stall, and R. Pazdan, "Effects of Interactive

Metronome Therapy on Cognitive Functioning After Blast-Related Brain Injury: A Randomized Controlled Pilot Trial," *Neuropsychology* 27, no. 6 (2013): 666–679; S. Hegde, "Music-Based Cognitive Remediation Therapy for Patients with Traumatic Brain Injury," *Frontiers in Neurology* 5 (2014): 34; M. H. Thaut, J. C. Gardiner, D. Holmberg, J. Horwitz, L. Kent, G. Andrews, B. Donelan, and G. R. McIntosh, "Neurologic Music Therapy Improves Executive Function and Emotional Adjustment in Traumatic Brain Injury Rehabilitation," *Annals of the New York Academy of Sciences* 1169 (2009): 406–416.

39 C. Nombela, L. E. Hughes, A. M. Owen, and J. A. Grahn, "Into the Groove: Can Rhythm Influence Parkinson's Disease?" *Neuroscience and Biobehavioral Reviews* 37, no. 10 Pt. 2 (2013): 2564–2570; M. J. de Dreu, A. S. van der Wilk, E. Poppe, G. Kwakkel, and E. E. van Wegen, "Rehabilitation, Exercise Therapy and Music in Patients with Parkinson's Disease: A Meta-Analysis of the Effects of Music-Based Movement Therapy on Walking Ability, Balance and Quality of Life," *Parkinsonism & Related Disorders* 18, Suppl. 1 (2012): S114–119; J. M. Hausdorff, J. Lowenthal, T. Herman, L. Gruendlinger, C. Peretz, and N. Giladi, "Rhythmic Auditory Stimulation Modulates Gait Variability in Parkinson's Disease," *European Journal of Neuroscience* 26, no. 8 (2007): 2369–2375.

40 C. M. Tomaino, "Recovery of Fluent Speech Through a Musician's Use of Prelearned Song Repertoire: A Case Study," *Music and Medicine* 2, no. 2 (2010): 85–88; C. M. Tomaino, "Effective Music Therapy Techniques in the Treatment of Nonfluent Aphasia," *Annals of the New York Academy of Sciences* 1252, no. 1 (2012): 312–317; E. L. Stegemoller, T. R. Hurt, M. C. O'Connor, R. D. Camp, C. W. Green, J. C. Pattee, and E. K. Williams, "Experiences of Persons with Parkinson's Disease Engaged in Group Therapeutic Singing," *Journal of Music Therapy* 54, no. 4 (2018): 405–431; A. Raglio, O. Oasi, M. Gianotti, A. Rossi, K. Goulene, and M. Stramba-Badiale, "Improvement of Spontaneous Language in Stroke Patients with Chronic Aphasia Treated with Music Therapy: A Randomized Controlled Trial," *International Journal of Neuroscience* 126, no. 3 (2016): 235–242;

M. H. Thaut and G. C. McIntosh, "Neurologic Music Therapy in Stroke Rehabilitation," *Current Physical Medicine and Rehabilitation Reports* 2, no. 2 (2014): 106-113; C. M. Tomaino, "Clinical Applications of Music Therapy in Neurologic Rehabilitation," in *Music That Works*, R. B. Haas, pp. 211-20 (Austria: Springer-Verlag, 2009); J. P. Brady, "Metronome-Conditioned Speech Retraining for Stuttering," *Behavior Therapy* 2, no. 2 (1971): 129-150.

41 M. W. Hardy and A. B. Lagasse, "Rhythm, Movement, and Autism: Using Rhythmic Rehabilitation Research as a Model for Autism," *Frontiers in Integrative Neuroscience* 7 (2013): 19; A. B. Lagasse, "Effects of a Music Therapy Group Intervention on Enhancing Social Skills in Children with Autism," *Journal of Music Therapy* 51, no. 3 (2014): 250-275; A. B. Lagasse, "Social Outcomes in Children with Autism Spectrum Disorder: A Review of Music Therapy Outcomes," *Patient Related Outcome Measures* 8 (2017): 23-32.

42 L. K. Cirelli, K. M. Einarson, and L. J. Trainor, "Interpersonal Synchrony Increases Prosocial Behavior in Infants," *Developmental Science* 17, no. 6 (2014): 1003-1011.

43 S. Bonacina, J. Krizman, T. White-Schwoch, and N. Kraus, "Clapping in Time Parallels Literacy and Calls Upon Overlapping Neural Mechanisms in Early Readers," *Annals of the New York Academy of Sciences* 1423 (2018): 338-348; M. Ritter, K. A. Colson, and J. Park, "Reading Intervention Using Interactive Metronome in Children with Language and Reading Impairment: A Preliminary Investigation," *Communication Disorders Quarterly* 34, no. 2 (2012): 106-119; G. E. Taub, K. S. McGrew, and T. Z. Keith, "Improvements in Interval Time Tracking and Effects on Reading Achievement," *Psychology in the Schools* 44, no. 8 (2007): 849-963.

44 F. S. Barrett, H. Robbins, D. Smooke, J. L. Brown, and R. R. Griffiths, "Qualitative and Quantitative Features of Music Reported to Support Peak Mystical Experiences During Psychedelic Therapy Sessions," *Frontiers in Psychology* 8 (2017): 1238.

45 T. Gioia, *Healing Songs* (Durham, NC: Duke University Press, 2006).

46 W. R Thompson, S. S. Yen, and J. Rubin, "Vibration Therapy: Clinical

Applications in Bone," *Current Opinion in Endocrinology, Diabetes, and Obesity* 21, no. 6 (2014): 447-453.

47 E. Muggenthaler, "The Felid Purr: A Healing Mechanism?" *Journal of the Acoustical Society of America* 110 (2001): 2666.

7장

1 E. Paulesu, E. McCrory, F. Fazio, L. Menoncello, N. Brunswick, S. F. Cappa, M. Cotelli, et al., "A Cultural Effect on Brain Function," *Nature Neuroscience* 3, no. 1 (2000): 91-96.

2 P. H. Seymour, M. Aro, and J. M. Erskine, "Foundation Literacy Acquisition in European Orthographies," *British Journal of Psychology* 94, part 2 (2003): 143-174; N. C. Ellis, M. Natsume, K. Stavropoulou, L. Hoxhallari, V. H. P. Daal, N. Polyzoe, M.-L. Tsipa, and M. Petalas, "The Effects of Orthographic Depth On Learning to Read Alphabetic, Syllabic, and Logographic Scripts," *Reading Research Quarterly* 39, no. 4 (2004): 438-468.

3 J. C. Ziegler, C. Perry, A. Ma-Wyatt, D. Ladner, and G. Schulte-K örne, "Developmental Dyslexia in Different Languages: Language-Specific or Universal?" *Journal of Experimental Child Psychology* 86, no. 3 (2003): 169-193; E. Paulesu, J. F. Demonet, F. Fazio, E. McCrory, V. Chanoine, N. Brunswick, S. F. Cappa, et al., "Dyslexia: Cultural Diversity and Biological Unity," *Science* 291, no. 5511 (2001): 2165-2167.

4 M. Wolf and C. J. Stoodley, *Proust and the Squid: The Story and Science of the Reading Brain* (New York: HarperCollins, 2007).

5 J. Stein, "The Magnocellular Theory of Developmental Dyslexia," *Dyslexia* 7, no. 1 (2001): 12-36; S. Singleton and S. Trotter, "Visual Stress in Adults with and without Dyslexia," *Journal of Research in Reading* 28, no. 3 (2005): 365-378; J. Stein, "The Current Status of the Magnocellular Theory of Developmental Dyslexia," *Neuropsychologia* 130 (2019): 66-77; S. M. Handler and W. M. Fierson, "Learning Disabilities, Dyslexia, and Vision," *Pediatrics* 127, no. 3 (2011): e818-856; P. Harries, R. Hall, N. Ray, and J. Stein, "Using Coloured Filters to Reduce the Symptoms of Visual Stress in

Children with Reading Delay," *Scandinavian Journal of Occupational Therapy* 22, no. 2 (2015): 153-160.

6 A. A. Benasich and R. H. Fitch, *Developmental Dyslexia: Early Precursors, Neurobehavioral Markers and Biological Substrates* (Baltimore: Paul H. Brookes, 2012).

7 T. Teinonen, V. Fellman, R. Näätänen, P. Alku, and M. Huotilainen, "Statistical Language Learning in Neonates Revealed by Event-Related Brain Potentials," *BMC Neuroscience* 10 (2009): 21.

8 T. Teinonen, V. Fellman, R. Näätänen, P. Alku, and M. Huotilainen, "Statistical Language Learning in Neonates Revealed by Event-Related Brain Potentials," *BMC Neuroscience* 10 (2009): 21; J. R. Saffran, R. N. Aslin, and E. L. Newport, "Statistical Learning by 8-Month-Old Infants," *Science* 274, no. 5294 (1996): 1926-1928.

9 E. Skoe and N. Kraus, "Hearing It Again and Again: On-Line Subcortical Plasticity in Humans," *PLOS ONE* 5, no. 10 (2010): e13645.

10 B. Chandrasekaran, J. Hornickel, E. Skoe, T. Nicol, and N. Kraus, "Context-Dependent Encoding in the Human Auditory Brainstem," *Neuron* 64 (2009): 311-319.

11 H. M. Sigurdardottir, H. B. Danielsdottir, M. Gudmundsdottir, K. H. Hjartarson, E. A. Thorarinsdottir, and A. Kristjansson, "Problems with Visual Statistical Learning in Developmental Dyslexia," *Scientific Reports* 7, no. 1 (2017): 606; J. L. Evans, J. R. Saffran, and K. Robe-Torres, "Statistical Learning in Children with Specific Language Impairment," *Journal of Speech, Language, and Hearing Research* 52, no. 2 (2009): 321-335.

12 C. M. Conway, D. B. Pisoni, E. M. Anaya, J. Karpicke, and S. C. Henning, "Implicit Sequence Learning in Deaf Children with Cochlear Implants," *Developmental Science 14*, no. 1 (2011): 69-82.

13 A. A. Scott-Van Zeeland, K. McNealy, A. T. Wang, M. Sigman, S. Y. Bookheimer, and M. Dapretto, "No Neural Evidence of Statistical Learning During Exposure to Artificial Languages in Children with Autism Spectrum Disorders," *Biological Psychiatry* 68, no. 4 (2010): 345-351.

14 K. McNealy, J. C. Mazziotta, and M. Dapretto, "Age and Experience Shape

Developmental Changes in the Neural Basis of Language-Related Learning,"
Developmental Science 14, no. 6 (2011): 1261-1282; J. Bartolotti, V.
Marian, S. R. Schroeder, and A. Shook, "Bilingualism and Inhibitory Control
Influence Statistical Learning of Novel Word Forms," *Frontiers in Psychology* 2
(2011): 324; A. Shook, V. Marian, J. Bartolotti, and S. R. Schroeder, "Musical
Experience Influences Statistical Learning of a Novel Language," *American
Journal of Psychology* 126, no. 1 (2013): 95-104; P. Vasuki R. M., M. Sharma,
R. Ibrahim, and J. Arciuli, "Statistical Learning and Auditory Processing in
Children with Music Training: An ERP Study," *Clinical Neurophysiology* 128,
no. 7 (2017): 1270-1281; D. Schön and C. François, "Musical Expertise
and Statistical Learning of Musical and Linguistic Structures," *Frontiers in
Psychology* 2 (2011): 167.

15 L. Kishon-Rabin, O. Amir, Y. Vexler, and Y. Zaltz, "Pitch Discrimination:
Are Professional Musicians Better Than Non-Musicians?" *Journal of Basic
and Clinical Physiology and Pharmacology* 12, no. 2 (2001): 125-143; M. F.
Spiegel and C. S. Watson, "Performance on Frequency-Discrimination Tasks
by Musicians and Nonmusicians," *Journal of the Acoustical Society of America*
76, no. 6 (1984): 1690-1695.

16 K. Banai and M. Ahissar, "Poor Frequency Discrimination Probes Dyslexics
with Particularly Impaired Working Memory," *Audiology and Neurotology* 9,
no. 6 (2004): 328-340; L. F. Halliday and D. V. Bishop, "Is Poor Frequency
Modulation Detection Linked to Literacy Problems? A Comparison of Specific
Reading Disability and Mild to Moderate Sensorineural Hearing Loss," *Brain
and Language* 97, no. 2 (2006): 200-213; S. J. France, B. S. Rosner, P. C.
Hansen, C. Calvin, J. B. Talcott, A. J. Richardson, and J. F. Stein, "Auditory
Frequency Discrimination in Adult Developmental Dyslexics," *Perception and
Psychophysics* 64, no. 2 (2002): 169-179.

17 P. Helenius, K. Uutela, and R. Hari, "Auditory Stream Segregation in Dyslexic
Adults," *Brain* 122, part 5 (1999): 907-913.

18 J. B. Talcott, C. Witton, M. F. McLean, P. C. Hansen, A. Rees, G. G. Green,
and J. F. Stein, "Dynamic Sensory Sensitivity and Children's Word Decoding
Skills," *Proceedings of the National Academy of Sciences of the United States of*

America 97, no. 6 (2000): 2952-2957.

19 T. Baldeweg, A. Richardson, S. Watkins, C. Foale, and J. Gruzelier, "Impaired Auditory Frequency Discrimination in Dyslexia Detected with Mismatch Evoked Potentials," *Annals of Neurology* 45, no. 4 (1999): 495-503.

20 M. van Ingelghem, A. van Wieringen, J. Wouters, E. Vandenbussche, P. Onghena, and P. Ghesquiere, "Psychophysical Evidence for a General Temporal Processing Deficit in Children with Dyslexia," *Neuroreport* 12, no. 16 (2001): 3603-3637; M. J. Hautus, G. J. Setchell, K. E. Waldie, and I. J. Kirk, "Age-Related Improvements in Auditory Temporal Resolution in Reading-Impaired Children," *Dyslexia* 9, no. 1 (2003): 37-45; M. Sharma, S. C. Purdy, P. Newall, K. Wheldall, R. Beaman, and H. Dillon, "Electrophysiological and Behavioral Evidence of Auditory Processing Deficits in Children with Reading Disorder," *Clinical Neurophysiology* 117, no. 5 (2006): 1130-1144.

21 S. Rosen and E. Manganari, "Is There a Relationship between Speech and Nonspeech Auditory Processing in Children with Dyslexia?" *Journal of Speech, Language, and Hearing Research* 44, no. 4 (2001): 720-736.

22 P. Menell, K. I. McAnally, and J. F. Stein, "Psychophysical Sensitivity and Physiological Response to Amplitude Modulation in Adult Dyslexic Listeners," *Journal of Speech, Language, and Hearing Research* 42, no. 4 (1999): 797-803.

23 B. Boets, M. Vandermosten, H. Poelmans, H. Luts, J. Wouters, and P. Ghesquiere, "Preschool Impairments in Auditory Processing and Speech Perception Uniquely Predict Future Reading Problems," *Research in Developmental Disabililties* 32, no. 2 (2011): 560-570; K. H. Corriveau, U. Goswami, and J. M. Thomson, "Auditory Processing and Early Literacy Skills in a Preschool and Kindergarten Population," *Journal of Learning Disabilities* 43, no. 4 (2010): 369-382.

24 A. A. Benasich and P. Tallal, "Infant Discrimination of Rapid Auditory Cues Predicts Later Language Impairment," *Behavioural Brain Research* 136, no. 1 (2002): 31-49.

25 M. M. Merzenich, W. M. Jenkins, P. Johnston, C. Schreiner, S. L. Miller, and P. Tallal, "Temporal Processing Deficits of Language-Learning Impaired Children Ameliorated by Training," *Science* 271, no. 5245 (1996): 77-81; P. Tallal, S. L. Miller, G. Bedi, X. Wang, S. S. Nagarajan, C. Schreiner, W. M. Jenkins, and M. M. Merzenich, "Language Comprehension in Language-Learning Impaired Children Improved with Acoustically Modified Speech," *Science* 271, No. 5245 (1996): 81-84.

26 E. Temple, G. K. Deutsch, R. A. Poldrack, S. L. Miller, P. Tallal, M. M. Merzenich, and J. D. E. Gabrieli, "Neural Deficits in Children with Dyslexia Ameliorated by Behavioral Remediation: Evidence from Functional MRI," *Proceedings of the National Academy of Sciences of the United States of America* 100, no. 5 (2003): 2860-2855.

27 A. A. Benasich, N. A. Choudhury, T. Realpe-Bonilla, and C. P. Roesler, "Plasticity in Developing Brain: Active Auditory Exposure Impacts Prelinguistic Acoustic Mapping," *Journal of Neuroscience* 34, no. 40 (2014): 13349-13363.

28 P. Lieberman, R. H. Meskill, M. Chatillon, and H. Schupack, "Phonetic Speech Perception Deficits in Dyslexia," *Journal of Speech and Hearing Research* 28, no. 4 (1985): 480-486.

29 N. Kraus, T. J. McGee, T. D. Carrell, S. G. Zecker, T. G. Nicol, and D. B. Koch, "Auditory Neurophysiologic Responses and Discrimination Deficits in Children with Learning Problems," *Science* 273, no. 5277 (1996): 971-973.

30 P. Lieberman, R. H. Meskill, M. Chatillon, and H. Schupack, "Phonetic Speech Perception Deficits in Dyslexia," *Journal of Speech and Hearing Research* 28, no. 4 (1985): 480-486.

31 N. Kraus, T. J. McGee, T. D. Carrell, S. G. Zecker, T. G. Nicol, and D. B. Koch, "Auditory Neurophysiologic Responses and Discrimination Deficits in Children with Learning Problems," *Science* 273, no. 5277 (1996): 971-973.

32 C. King, C. M. Warrier, E. Hayes, and N. Kraus, "Deficits in Auditory Brainstem Encoding of Speech Sounds in Children with Learning Problems," *Neuroscience Letters* 319, no. (2002): 111-115; J. Cunningham, T. Nicol, S. G. Zecker, A. Bradlow, and N. Kraus, "Neurobiologic Responses to Speech in Noise in Children with Learning Problems: Deficits and Strategies for

Improvement," *Clinical Neurophysiology* 112 (2001): 758-767.

33 B. Wible, T. Nicol, and N. Kraus, "Correlation between Brainstem and Cortical Auditory Processes in Normal and Language-Impaired Children," *Brain* 128 (2005): 417-423; B. Wible, T. Nicol, and N. Kraus, "Atypical Brainstem Representation of Onset and Formant Structure of Speech Sounds in Children with Language-Based Learning Problems," *Biological Psychology* 67 (2004): 299-317.

34 K. Banai, J. M. Hornickel, E. Skoe, T. Nicol, S. Zecker, and N. Kraus, "Reading and Subcortical Auditory Function," *Cerebral Cortex* 19, no. 11 (2009): 2699-2707.

35 E. Skoe, T. Nicol, and N. Kraus, "Cross-Phaseogram: Objective Neural Index of Speech Sound Differentiation," *Journal of Neuroscience Methods* 196, no. 2 (2011): 308-317; T. White-Schwoch and N. Kraus, "Physiologic Discrimination of Stop Consonants Relates to Phonological Skills in Pre-Readers: a Biomarker For Subsequent Reading Ability?" *Frontiers in Human Neuroscience* 7 (2013): 899.

36 G. A. Miller and P. E. Nicely, "An Analysis of Perceptual Confusions Among Some English Consonants," *Journal of the Acoustical Society of America* 27, no. 2 (1955): 338-52; J. Meyer, L. Dentel, and F. Meunier, "Speech Recognition in Natural Background Noise," *PLOS ONE* 8, no. 11 (2013): e79279.

37 J. Hornickel and N. Kraus, "Unstable Representation of Sound: A Biological Marker of Dyslexia," *Journal of Neuroscience* 33, no. 8 (2013): 3500-3504.

38 T. White-Schwoch, K. Woodruff Carr, E. C. Thompson, S. Anderson, T. Nicol, A. R. Bradlow, S. G. Zecker, and N. Kraus, "Auditory Processing in Noise: A Preschool Biomarker For Literacy," *PLOS Biology* 13, no. 7 (2015): e1002196.

39 세 가지 구성요소의 예측력을 설득력 있게 만들고자 세심하게 조정하는 통계 모델링 작업은 브레인볼츠의 여러 프로젝트를 맡았던 자료 분석가이자 이 연구를 보고한 논문의 주요 저자인 트래비스 화이트-슈와크가 맡아서 했다.

40 T. White-Schwoch, K. Woodruff Carr, E. C. Thompson, S. Anderson, T. Nicol, A. R. Bradlow, S. G. Zecker, and N. Kraus, "Auditory Processing in

Noise: A Preschool Biomarker for Literacy," *PLOS Biology* 13, no. 7 (2015): e1002196.

41 J. Hornickel, S. Zecker, A. Bradlow, and N. Kraus, "Assistive Listening Devices Drive Neuroplasticity in Children with Dyslexia," *Proceedings of the National Academy of Sciences of the United States of America* 109, no. 41 (2012): 16731–1636.

42 B. Hart and T. R. Risley, *Meaningful Differences in the Everyday Experience of Young American Children* (Baltimore: P. H. Brookes, 1995).

43 J. Gilkerson, J. A. Richards, S. F. Warren, J. K. Montgomery, C. R. Greenwood, D. Kimbrough Oller, J. H. L. Hansen, and T. D. Paul, "Mapping the Early Language Environment Using All-Day Recordings and Automated Analysis," *American Journal of Speech-Language Pathology* 26, no. 2 (2017): 248–265; D. E. Sperry, L. L. Sperry, and P. J. Miller, "Reexamining the Verbal Environments of Children from Different Socioeconomic Backgrounds," *Child Development* 90, no. 4 (2019): 1303–1318.

44 E. Hoff, "The Specificity of Environmental Influence: Socioeconomic Status Affects Early Vocabulary Development Via Maternal Speech," *Child Development* 74, no. 5 (2003): 1368–1378; E. Hoff-Ginsberg, "The Relation of Birth Order and Socioeconomic Status to Children's Language Experience and Language Development," *Applied Psycholinguistics* 19, no. 4 (1998): 603–629; J. Huttenlocher, H. Waterfall, M. Vasilyeva, J. Vevea, and L. V. Hedges, "Sources of Variability in Children's Language Growth," *Cognitive Psychology* 61, no. 4 (2010): 343–365; M. L. Rowe, "Child-Directed Speech: Relation to Socioeconomic Status, Knowledge of Child Development and Child Vocabulary Skill," *Journal of Child Language* 35, no. 1 (2008): 185–205; A. Fernald, V. A. Marchman, and A. Weisleder, "SES Differences in Language Processing Skill and Vocabulary Are Evident At 18 Months," *Developmental Science* 16, no. 2 (2013): 234–248.

45 A. J. Tomarken, G. S. Dichter, J. Garber, and C. Simien, "Resting Frontal Brain Activity: Linkages to Maternal Depression and Socio-Economic Status Among Adolescents," *Biological Psychology* 67, no. 1-2 (2004): 77–102; R. D. Raizada, T. L. Richards, A. Meltzoff, and P. K. Kuhl, "Socioeconomic Status

Predicts Hemispheric Specialisation of the Left Inferior Frontal Gyrus in Young Children," *NeuroImage* 40, no. 3 (2008): 1392-401; M. A. Sheridan, K. Sarsour, D. Jutte, M. D'Esposito, and W. T. Boyce, "The Impact of Social Disparity on Prefrontal Function in Childhood," *PLOS ONE* 7, no. 4 (2012): e35744.

46 K. G. Noble, S. M. Houston, E. Kan, and E. R. Sowell, "Neural Correlates of Socioeconomic Status in the Developing Human Brain," *Developmental Science* 15, no. 4 (2012): 516-527; J. L. Hanson, A. Chandra, B. L. Wolfe, and S. D. Pollak, "Association between Income and the Hippocampus," *PLOS ONE* 6, no. 5 (2011): e18712; K. Jednoróg, I. Altarelli, K. Monzalvo, J. Fluss, J. Dubois, C. Billard, G. Dehaene-Lambertz, and F. Ramus, "The Influence of Socioeconomic Status on Children's Brain Structure," *PLOS ONE* 7, no. 8 (2012): e42486.

47 J. Gilkerson, J. A. Richards, S. F. Warren, J. K. Montgomery, C. R. Greenwood, D. Kimbrough Oller, J. H. L. Hansen, and T. D. Paul, "Mapping the Early Language Environment Using All-Day Recordings and Automated Analysis," *American Journal of Speech-Language Pathology* 26, no. 2 (2017): 248-265; E. A. Cartmill, B. F. Armstrong III, L. R. Gleitman, S. Goldin-Meadow, T. N. Medina, and J. C. Trueswell, "Quality of Early Parent Input Predicts Child Vocabulary 3 Years Later," *Proceedings of the National Academy of Sciences of the United States of America* 110, no. 28 (2013): https://doi.org/10.1073/pnas.1309518110.

48 J. Huttenlocher, H. Waterfall, M. Vasilyeva, J. Vevea, and L. V. Hedges, "Sources of Variability in Children's Language Growth," *Cognitive Psychology* 61, no. 4 (2010): 343-365; M. L. Rowe, "A Longitudinal Investigation of the Role of Quantity and Quality of Child-Directed Speech in Vocabulary Development," *Child Development* 83, no. 5 (2012): 1762-1774; J. F. Schwab, and C. Lew-Williams, "Language Learning, Socioeconomic Status, and Child-Directed Speech," *Wiley Interdisciplinary Reviews: Cognitive Science* 7, no. 4 (2016): 264-275.

49 J. Gilkerson, and J. A. Richards. *The LENA Natural Language Study* (Boulder, CO: LENA Foundation, 2008).

50 K. Wong, C. Thomas, and M. Boben, "Providence Talks: A Citywide Partnership to Address Early Childhood Language Development," *Studies in Educational Evaluation* (2020): 64.

51 E. Skoe, J. Krizman, and N. Kraus, "The Impoverished Brain: Disparities in Maternal Education Affect the Neural Response to Sound," *Journal of Neuroscience* 33, no. 44 (2013): 17221–17231.

52 N. M. Russo, E. Skoe, B. Trommer, T. Nicol, S. Zecker, A. Bradlow, and N. Kraus, "Deficient Brainstem Encoding of Pitch in Children with Autism Spectrum Disorders," *Clinical Neurophysiology* 119, no. 8 (2008): 1720–1723.

53 D. A. Abrams, C. J. Lynch, K. M. Cheng, J. Phillips, K. Supekar, S. Ryali, L. Q. Uddin, and V. Menon, "Underconnectivity between Voice-Selective Cortex and Reward Circuitry in Children with Autism," *Proceedings of the National Academy of Sciences of the United States of America* 110, no. 29 (2013): 12060–12065.

54 C. Chevallier, G. Kohls, V. Troiani, E. S. Brodkin, and R. T. Schultz, "The Social Motivation Theory of Autism," *Trends in Cognitive Sciences* 16, no. 4 (2012): 231–239.

55 M. Font-Alaminos, M. Cornella, J. Costa-Faidella, A. Hervás, S. Leung, I. Rueda, and C. Escera, "Increased Subcortical Neural Responses to Repeating Auditory Stimulation in Children with Autism Spectrum Disorder," *Biological Psychology* (in press).

56 B. L. Maslen and J. R. Maslen, *Bob Books Series* (Scholastic: New York, 1976–).

57 W. I. Serniclaes, S. Van Heghe, P. Mousty, R. Carr and L. Sprenger-Charolles, "Allophonic Mode of Speech Perception in Dyslexia," *Journal of Experimental Child Psychology* 87, no. 4 (2004): 336–361.

58 D. A. Treffert, "The Savant Syndrome: An Extraordinary Condition. A Synopsis: Past, Present, Future," *Philosophical Transactions of the Royal Society of London. Series B, Biological Sciences* 364, no. 1522 (2009): 1351–1357.

59 E. L. Grigorenko, A. Klin, D. L. Pauls, R. Senft, C. Hooper, and F. Volkmar, "A Descriptive Study of Hyperlexia in a Clinically Referred Sample of Children with Developmental Delays," *Journal of Autism and Developmental Disorders* 32, no. 1 (2002): 3–12.

60 J. M. Quinn and R. K. Wagner, "Gender Differences in Reading Impairment and in the Identification of Impaired Readers: Results from a Large-Scale Study of At-Risk Readers," *Journal of Learning Disabilities* 48, no. 4 (2015): 433-445; K. A. Flannery, J. Liederman, L. Daly, and J. Schultz, "Male Prevalence for Reading Disability Is Found in a Large Sample of Black and White Children Free from Ascertainment Bias," *Journal of the International Neuropsychological Society* 6, no. 4 (2000): 433-442.

61 J. I Benichov, S. E. Benezra, D. Vallentin, E. Globerson, M. A. Long, and O. Tchernichovski, "The Forebrain Song System Mediates Predictive Call Timing in Female and Male Zebra Finches," *Current Biology* 26, no. 3 (2016): 309-318.

62 C. Del Negro and J. M. Edeline, "Differences in Auditory and Physiological Properties of HVc Neurons between Reproductively Active Male and Female Canaries (Serinus Canaria)," *European Journal of Neuroscience* 14, no. 8 (2001): 1377-1389; M. D. Gall, T. S. Salameh, and J. R. Lucas, "Songbird Frequency Selectivity and Temporal Resolution Vary with Sex and Season," *Proceedings of the Royal Society B: Biological Sciences* 280, no. 1751 (2013): 20122296.

63 J. A. Miranda, K. N. Shepard, S. K. McClintock, and R. C. Liu, "Adult Plasticity in the Subcortical Auditory Pathway of the Maternal Mouse," *PLOS ONE* 9, no. 7 (2014): e101630.

64 J. Krizman, S. Bonacina, and N. Kraus, "Sex Differences in Subcortical Auditory Processing Emerge Across Development," *Hearing Research* 380 (2019): 166-174.

65 J. Jerger and J. Hall, "Effects of Age and Sex on Auditory Brainstem Response," *Archives of Otolaryngology—Head and Neck Surgery* 106, no. 7 (1980): 387-391.

66 J. L. Krizman, S. Bonacina, N. Kraus "Sex Differences in Subcortical Auditory Processing Only Partially Explain Higher Prevalence of Language Disorders in Males," *Hearing Research* 398 (2020): 108075.

67 W. Kintsch and E. Kozminsky, "Summarizing Stories After Reading and Listening," *Journal of Educational Psychology* 69, no. 5 (1977): 491-499; B. A. Rogowsky, B. M. Calhoun, and P. Tallal, "Does Modality Matter? The Effects of Reading, Listening, and Dual Modality on Comprehension," *Sage Open* 6, no. 3 (2016); F. Deniz, A. O. Nunez-Elizalde, A. G. Huth, and J. L. Gallant, "The Representation of Semantic Information Across Human Cerebral Cortex During Listening Versus Reading Is Invariant to Stimulus Modality," *Journal of Neuroscience* 39, no. 39 (2019): 7722-7736.

68 C. M. MacLeod, N. Gopie, K. L. Hourihan, K. R. Neary, and J. D. Ozubko, "The Production Effect: Delineation of a Phenomenon," *Journal of Experimental Psychology: Learning, Memory, and Cognition* 36 (2010): 671-685; V. E. Pritchard, M. Heron-Delaney, S. A. Malone, and C. M. MacLeod, "The Production Effect Improves Memory in 7-to 10-Year-Old Children," *Child Development* 91, no. 3 (2020): 901-913.

8장

1 A. Parbery-Clark, E. Skoe, C. Lam, and N. Kraus, "Musician Enhancement for Speech-in-Noise," *Ear and Hearing* 30, no. 6 (2009): 653-661; B. R. Zendel and C. Alain, "Concurrent Sound Segregation Is Enhanced in Musicians," *Journal of Cognitive Neuroscience* 21, no. 8 (2009): 1488-1498; B. R. Zendel and C. Alain, "Musicians Experience Less Age-Related Decline in Central Auditory Processing," *Psychology and Aging* 27, no. 2 (2012): 410-417; G. M. Bidelman and A. Krishnan, "Effects of Reverberation on Brainstem Representation of Speech in Musicians and Non-Musicians," *Brain Research* 1355 (2010): 112-125; A. Parbery-Clark, E. Skoe, and N. Kraus, *Biological Bases for the Musician Advantage for Speech-in-Noise. Society for Neuroscience, Auditory Satellite* (Chicago: APAN, 2009); A. Parbery-Clark, E. Skoe, and N. Kraus, "Musical Experience Limits the Degradative Effects of Background Noise on the Neural Processing of Sound," *Journal of Neuroscience* 29, no. 45 (2009): 14100-14107; A. Parbery-Clark, A. Tierney, D. Strait, and N. Kraus, "Musicians Have Fine-Tuned Neural Distinction of Speech Syllables," *Neuroscience* 219 (2012): 111-119; A. Tierney, J. Krizman, E. Skoe, K. Johnston, and N. Kraus, "High School Music Classes Enhance the Neural Processing of Speech," *Frontiers in Psychology* 4 (2013): 855; D. L.

Strait, A. Parbery-Clark, E. Hittner, and N. Kraus, "Musical Training During Early Childhood Enhances the Neural Encoding of Speech in Noise," *Brain and Language* 123, no. 3 (2012): 191–201; D. L. Strait, A. Parbery-Clark, S. O'Connell, and N. Kraus, "Biological Impact of Preschool Music Classes onProcessing Speech in Noise," *Developmental Cognitive Neuroscience* 6 (2013): 51–60.

2   A. D. Patel, "Why Would Musical Training Benefit the Neural Encoding of Speech? The OPERA Hypothesis," *Frontiers in Psychology* 2 (2011): 142.

3   M. Forgeard, G. Schlaug, A. Norton, C. Rosam, U. Iyengar, and E. Winner, "The Relation between Music and Phonological Processing in Normal-Reading Children and Children with Dyslexia," *Music Perception* 25, no. 4 (2008): 383–390.

4   J. Slater, A. Tierney, and N. Kraus, "At-Risk Elementary School Children with One Year of Classroom Music Instruction Are Better at Keeping a Beat," *PLOS ONE* 8, no. 10 (2013): e77250.

5   M. Forgeard, G. Schlaug, A. Norton, C. Rosam, U. Iyengar, and E. Winner, "The Relation between Music and Phonological Processing in Normal-Reading Children and Children with Dyslexia," *Music Perception* 25, no. 4 (2008): 383–390; S. H. Anvari, L. J. Trainor, J. Woodside, and B. A. Levy, "Relations Among Musical Skills, Phonological Processing, and Early Reading Ability in Preschool Children," *Journal of Experimental Child Psychology* 83, no. 2 (2002): 111–130; M. Huss, J. P. Verney, T. Fosker, N. Mead, and U. Goswami, "Music, Rhythm, Rise Time Perception and Developmental Dyslexia: Perception of Musical Meter Predicts Reading and Phonology," *Cortex* 47, no. 6 (2011): 674–689; R. F. McGivern, C. Berka, M. L. Languis, and S. Chapman, "Detection of Deficits in Temporal Pattern Discrimination Using the Seashore Rhythm Test in Young Children with Reading Impairments," *Journal of Learning Disabilities* 24, no. 1 (1991): 58–62; B. W. Atterbury, "A Comparison of Rhythm Pattern Perception and Perfor mance in Normal and Learning-Disabled Readers, Age 7 and 8," *Journal of Research in Music Education* 31, no. 4 (1983): 259–270; G. Dellatolas, L. Watier, M. T. Le Normand, T. Lubart, and C. Chevrie-Muller, "Rhythm Reproduction

in Kindergarten, Reading Performance at Second Grade, and Developmental Dyslexia Theories," *Archives of Clinical Neuropsychology* 24, no. 6 (2009): 555–563; C. Moritz, S. Yampolsky, G. Papadelis, J. Thomson, and M. Wolf, "Links between Early Rhythm Skills, Musical Training, and Phonological Awareness," *Reading and Writing* 26 (2013): 739–769; J. Thomson, B. Fryer, J. Maltby, and U. Goswami, "Auditory and Motor Rhythm Awareness in Adults with Dyslexia," *Journal of Research in Reading* 29 (2006): 334–348; J. M. Thomson and U. Goswami, "Rhythmic Processing in Children with Developmental Dyslexia: Auditory and Motor Rhythms Link to Reading and Spelling," *Journal of Physiology* 102, no. 1–3 (2008): 120–129; K. H. Corriveau and U. Goswami, "Rhythmic Motor Entrainment in Children with Speech and Language Impairments: Tapping to the Beat," *Cortex* 45, no. 1 (2009): 119–130; D. David, L. Wade-Woolley, J. R. Kirby, and K. Smithrim, "Rhythm and Reading Development in School-Age Children: A Longitudinal Study," *Journal of Research in Reading* 30, no. 2 (2007): 169–183; P. Wolff, "Timing Precision and Rhythm in Developmental Dyslexia," *Reading and Writing* 15 (2002): 179–120.

6   C. Moritz, S. Yampolsky, G. Papadelis, J. Thomson, and M. Wolf, "Links between Early Rhythm Skills, Musical Training, and Phonological Awareness," *Reading and Writing* 26 (2013): 739–769; E. Flaugnacco, L. Lopez, C. Terribili, M. Montico, S. Zoia, and D. Schon, "Music Training Increases Phonological Awareness and Reading Skills in Developmental Dyslexia: A Randomized Control Trial," *PLOS ONE* 10, no. 9 (2015): e0138715; K. Overy, "Dyslexia and Music: From Timing Deficits to Musical Intervention," in *The Neurosciences and Music*, ed. G. Avanzini, C. Faienza, L. Lopez, M. Majno, and D. Minciacchi, 497–505 (New York: The New York Academy of Sciences, 2003); H. Cogo-Moreira, C. R. Brandão de Ávila, G. B. Ploubidis, and J. de Jesus Maria, "Effectiveness of Music Education for the Improvement of Reading Skills and Academic Achievement in Young Poor Readers: A Pragmatic Cluster-Randomized, Controlled Clinical Trial," *PLOS ONE* 8, no. 3 (2013): e59984; F. H. Rauscher and S. C. Hinton, "Music Instruction and Its Diverse Extra-Musical Benefits," *Music Perception* 29, no. 2 (2011):

215–226; L. Herrera, O. Lorenzo, S. Defior, G. Fernandez–Smith, and E. Costa–Giomi, "Effects of Phonological and Musical Training on the Reading Readiness of Native–and Foreign–Spanish–Speaking Children," *Psychology of Music* 39, no. 1 (2010): 68–81; F. Degé and G. Schwarzer, "The Effect of a Music Program onPhonological Awareness in Preschoolers," *Frontiers in Psychology* 2 (2011): 124.

7   E. Flaugnacco, L. Lopez, C. Terribili, M. Montico, S. Zoia, and D. Schon, "Music Training Increases Phonological Awareness and Reading Skills in Developmental Dyslexia: A Randomized Control Trial," *PLOS ONE* 10, no. 9 (2015): e0138715; H. Cogo–Moreira, C. R. Brandão de Ávila, G. B. Ploubidis, and J. de Jesus Maria, "Effectiveness of Music Education for the Improvement of Reading Skills and Academic Achievement in Young Poor Readers: A Pragmatic Cluster–Randomized, Controlled Clinical Trial," *PLOS ONE* 8, no. 3 (2013): e59984; D. Fisher, "Early Language Learning with and Without Music," *Reading Horizons* 42, no. 1 (2001); I. Hurwitz, P. H. Wolff, B. D. Bortnick, and K. Kokas, "Nonmusical Effects of Kodaly Music Curriculum in Primary Grade Children," *Journal of Learning Disabilities* 8, no. 3 (1975): 167–74; S. Douglas and P. Willatts, "The Relationship between Musical Ability and Literacy Skills," *Journal of Research in Reading* 17, no. 2 (1994): 99–107; M. Forgeard, E. Winner, A. Norton, and G. Schlaug, "Practicing a Musical Instrument in Childhood Is Associated with Enhanced Verbal Ability and Nonverbal Reasoning," *PLOS ONE* 3, no. 10 (2008): e3566; S. Moreno, C. Marques, A. Santos, M. Santos, S. L. Castro, and M. Besson, "Musical Training Influences Linguistic Abilities in 8–Year–Old Children: More Evidence for Brain Plasticity," *Cerebral Cortex* 19, no. 3 (2009): 712–23; G. E. Taub and P. J. Lazarus, "The Effects of Training in Timing and Rhythm on Reading Achievment," *Contemporary Issues in Education Research* 5, no. 4 (2013): 343–350; I. Rautenberg, "The Effects of Musical Training on the Decoding Skills of German–Speaking Primary School Children," *Journal of Research in Reading* 38, no. 1 (2015): 1–17.

8   A. Tierney and N. Kraus, "The Ability to Move to a Beat Is Linked to the Consistency of Neural Responses to Sound," *Journal of Neuroscience* 33, no. 38 (2013): 14981-14988; K. Woodruff Carr, A. Tierney, T. White-Schwoch, and N. Kraus, "Intertrial Auditory Neural Stability Supports Beat Synchronization in Preschoolers," *Developmental Cognitive Neuroscience* 17 (2016): 76-82; N. Kraus, J. Slater, E. Thompson, J. Hornickel, D. Strait, T. Nicol, and T. White-Schwoch, "Music Enrichment Programs Improve the Neural Encoding of Speech in At-Risk Children," *Journal of Neuroscience* 34, no. 36 (2014): 11913-11918.

9 A. Parbery-Clark, E. Skoe, C. Lam, and N. Kraus, "Musician Enhancement for Speech-in-Noise," *Ear and Hearing* 30, no. 6 (2009): 653-61; B. R. Zendel and C. Alain, "Concurrent Sound Segregation Is Enhanced in Musicians," *Journal of Cognitive Neuroscience* 21, no. 8 (2009): 1488-1498; B. R. Zendel and C. Alain, "Musicians Experience Less Age-Related Decline in Central Auditory Processing," *Psychology and Aging* 27, no. 2 (2012): 410-17; G. M. Bidelman and A. Krishnan, "Effects of Reverberation on Brainstem Representation of Speech in Musicians and Non-Musicians," *Brain Research* 1355 (2010): 112-125; A. Parbery-Clark, E. Skoe, and N. Kraus, "Biological Bases for the Musician Advantage for Speech-in-Noise," presentation at Society for Neuroscience, Auditory Satellite (APAN), Chicago, 2009; A. Parbery-Clark, E. Skoe, and N. Kraus, "Musical Experience Limits the Degradative Effects of Background Noise on the Neural Processing of Sound," *Journal of Neuroscience* 29, no. 45 (2009): 14100-14107; A. Parbery-Clark, A. Tierney, D. Strait, and N. Kraus, "Musicians Have Fine-Tuned Neural Distinction of Speech Syllables," *Neuroscience* 219 (2012): 111-119; A. Tierney, J. Krizman, E. Skoe, K. Johnston, and N. Kraus, "High School Music Classes Enhance the Neural Processing of Speech," *Frontiers in Psychology* 4 (2013): 855; D. L. Strait, A. Parbery-Clark, E. Hittner, and N. Kraus, "Musical Training During Early Childhood Enhances the Neural Encoding of Speech in Noise," *Brain and Language* 123, no. 3 (2012): 191-201; D. L. Strait, A. Parbery-Clark, S. O'Connell, and N. Kraus, "Biological Impact of Preschool Music Classes on Processing Speech in Noise," *Developmental Cognitive Neuroscience* 6 (2013): 51-60; A. Parbery-Clark, E. Skoe, and N. Kraus, "Musical Experience Improves Speech- in-Noise Perception: Behavioural and

Neurophysiological Evidence," presentation at Society for Music Perception and Cognition, Indianapolis, IN, 2009.

10 J. Slater, E. Skoe, D. L. Strait, S. O'Connell, E. Thompson, and N. Kraus, "Music Training Improves Speech-in-Noise Perception: Longitudinal Evidence from a Community-Based Music Program," *Behavioural Brain Research* 291 (2015): 244–252.

11 Y. Du and R. J. Zatorre, "Musical Training Sharpens and Bonds Ears and Tongue to Hear Speech Better," *Proceedings of the National Academy of Sciences of the United States of America* 114, no. 51 (2017): 13579–13584.

12 A. Parbery-Clark, E. Skoe, and N. Kraus, "Musical Experience Limits the Degradative Effects of Background Noise on the Neural Processing of Sound," *Journal of Neuroscience* 29, no. 45 (2009): 14100–14107.

13 J. Slater, N. Kraus, K. W. Carr, A. Tierney, A. Azem, and R. Ashley, "Speech-in-Noise Perception Is Linked to Rhythm Production Skills in Adult Percussionists and Non-Musicians," *Language, Cognition and Neuroscience* 33, no. 6 (2018): 710–717.

14 A. Parbery-Clark, E. Skoe, C. Lam, and N. Kraus, "Musician Enhancement for Speech-in-Noise," *Ear and Hearing* 30, no. 6 (2009): 653–661.

15 B. R. Zendel and C. Alain, "Concurrent Sound Segregation Is Enhanced in Musicians," *Journal of Cognitive Neuroscience* 21, no. 8 (2009): 1488–1498; B. R. Zendel and C. Alain, "Musicians Experience Less Age-Related Decline in Central Auditory Processing," *Psychology and Aging* 27, no. 2 (2012): 410–417; D. L. Strait, A. Parbery-Clark, E. Hittner, and N. Kraus, "Musical Training During Early Childhood Enhances the Neural Encoding of Speech in Noise," *Brain and Language* 123, no. 3 (2012): 191–201; A. Parbery-Clark, D. L. Strait, S. Anderson, E. Hittner, and N. Kraus, "Musical Experience and the Aging Auditory System: Implications for Cognitive Abilities and Hearing Speech in Noise," *PLOS ONE* 6, no. 5 (2011): e18082; B. Hanna-Pladdy and A. Mackay, "The Relation between Instrumental Musical Activity and Cognitive Aging," *Neuropsychology* 25, no. 3 (2011): 378–386.

16 P. C. M. Wong, E. Skoe, N. M. Russo, T. Dees, and N. Kraus, "Musical Experience Shapes Human Brainstem Encoding of Linguistic Pitch Patterns,"

Nature Neuroscience 10, no. 4 (2007): 420-422.

17 A. Parbery-Clark, D. L. Strait, and N. Kraus, "Context-Dependent Encoding in the Auditory Brainstem Subserves Enhanced Speech-in-Noise Perception in Musicians," *Neuropsychologia* 49, no. 12 (2011): 3338-3345; C. Francois and D. Schön, "Musical Expertise Boosts Implicit Learning of Both Musical and Linguistic Structures," *Cerebral Cortex* 21, no. 10 (2011): 2357-2365.

18 D. R. Ruggles, R. L. Freyman, and A. J. Oxenham, "Influence of Musical Training on Understanding Voiced and Whispered Speech in Noise," *PLOS ONE* 9, no. 1 (2014): e86980; D. Boebinger, S. Evans, S. Rosen, C. F. Lima, T. Manly, and S. K. Scott, "Musicians and Non-Musicians Are Equally Adept at Perceiving Masked Speech," *Journal of the Acoustical Society of America* 137, no. 1 (2015): 378-387.

19 E. Skoe and N. Kraus, "A Little Goes a Long Way: How the Adult Brain Is Shaped by Musical Training in Childhood," *Journal of Neuroscience* 32, no. 34 (2012): 11507-11510.

20 T. White-Schwoch, K. W. Carr, S. Anderson, D. L. Strait, and N. Kraus, "Older Adults Benefit from Music Training Early in Life: Biological Evidence for Long-Term Training-Driven Plasticity," *Journal of Neuroscience* 33, no. 45 (2013): 17667-17674; B. Hanna-Pladdy and A. Mackay, "The Relation between Instrumental Musical Activity and Cognitive Aging," *Neuropsychology* 23, no. 3 (2011): 378-386; M. A. Balbag, N. L. Pedersen and M. Gatz, "Playing a Musical Instrument as a Protective Factor against Dementia and Cognitive Impairment: A Population-Based Twin Study," *Internation Journal of Alzheimer's Disease* 2014 (2014): 836748; T. Amer, B. Kalender, L. Hasher, S. E. Trehub and Y. Wong, "Do Older Professional Musicians Have Cognitive Advantages?" *PLOS ONE* 8, no. 8 (2013): e71630.

21 A. Tierney, J. Krizman, E. Skoe, K. Johnston, and N. Kraus, "High School Music Classes Enhance the Neural Processing of Speech," *Frontiers in Psychology* 4 (2013): 855; A. T. Tierney, J. Krizman, and N. Kraus, "Music Training Alters the Course of Adolescent Auditory Development," *Proceedings of the National Academy of Sciences of the United States of America* 112, no. 32 (2015): 10062-10067.

22 J. Hornickel, E. Skoe, T. Nicol, S. Zecker, and N. Kraus, "Subcortical Differentiation of Stop Consonants Relates to Reading and Speech-in-Noise Perception," *Proceedings of the National Academy of Sciences of the United States of America* 106, no. 31 (2009): 13022-13027.

23 J. Chobert, C. François, J. L. Velay, and M. Besson, "Twelve Months of Active Musical Training in 8-to 10-Year-Old Children Enhances the Preattentive Processing of Syllabic Duration and Voice Onset Time," *Cerebral Cortex* 24, no. 4 (2014): 956-967.

24 S. Moreno, C. Marques, A. Santos, M. Santos, S. L. Castro, and M. Besson, "Musical Training Influences Linguistic Abilities in 8-Year-Old Children: More Evidence for Brain Plasticity," *Cerebral Cortex* 19, no. 3 (2009): 712- 723; S. Moreno and M. Besson, "Influence of Musical Training on Pitch Processing: Event-Related Brain Potential Studies of Adults and Children," *Annals of the New York Academy of Sciences* 1060 (2005): 93-97; S. Moreno, E. Bialystok, R. Barac, E. G. Schellenberg, N. J. Cepeda, and T. Chau, "Short- Term Music Training Enhances Verbal Intelligence and Executive Function," *Psychological Science* 22, no. 11 (2011): 1425-1433.

25 A. C. Jaschke, H. Honing, and E. J. A. Scherder, "Longitudinal Analysis of Music Education on Executive Functions in Primary School Children," *Frontiers in Neuroscience* 12 (2018): 103.

26 A. Habibi, B. R. Cahn, A. Damasio, and H. Damasio, "Neural Correlates of Accelerated Auditory Processing in Children Engaged in Music Training," *Developmental Cognitive Neuroscience* 21 (2016): 1-14.

27 H. Yang, W. Ma, D. Gong, J. Hu, and D. Yao, "A Longitudinal Study on Children's Music Training Experience and Academic Development," *Scientific Reports* 4 (2014): 5854.

28 T. Linnavalli, V. Putkinen, J. Lipsanen, M. Huotilainen, and M. Tervaniemi, "Music Playschool Enhances Children's Linguistic Skills," *Scientific Reports* 8, no. 1 (2018): 8767.

29 M. L. Whitson, S. Robinson, K. V. Valkenburg, and M. Jackson, "The Benefits of an Afterschool Music Program for Low-Income, Urban Youth: the Music Haven Evaluation Project," *Journal of Community Psychology* (forthcoming).

30 S. L. Hennessy, M. E. Sachs, B. Ilari, and A. Habibi, "Effects of Music Training onInhibitory Control and Associated Neural Networks in School-Aged Children: a Longitudinal Study," *Frontiers in Neuroscience* 13 (2019): 1080.

31 V. Putkinen, M. Tervaniemi, K. Saarikivi, P. Ojala, and M. Huotilainen, "Enhanced Development of Auditory Change Detection in Musically Trained School-Aged Children: a Longitudinal Event-Related Potential Study. *Developmental Science* 17, no. 2 (2014): 282-297; A. T. Tierney, J. Krizman, and N. Kraus, "Music Training Alters the Course of Adolescent Auditory Development," *Proceedings of the National Academy of Sciences of the United States of America* 112, no. 32 (2015): 10062-10067; A. Habibi, A. Damasio, B. Ilari, R. Veiga, A. Joshi, R. Leahy, J. Haldar, D. Varadarajan, C. Bhushan, and H. Damasio, "Childhood Music Training Induces Change in Micro and Macroscopic Brain Structure: Results from a Longitudinal Study," *Cerebral Cortex* 28, no. 12 (2018): 4336-4347; A. Habibi, R. B. Cahn, A. Damasio, and H. Damasio, "Neural Correlates of Accelerated Auditory Processing in Children Engaged in Music Training," *Developmental Cognitive Neuroscience* 21 (2016): 1-14; B. S. Ilari, P. Keller, H. Damasio, and A. Habibi, "The Development of Musical Skills of Underprivileged Children Over the Course of 1 Year: A Study in the Context of an El Sistema-Inspired Program," *Frontiers in Psychology* 7 (2016): 62.

32 A. J. Tomarken, G. S. Dichter, J. Garber, and C. Simien, "Resting Frontal Brain Activity: Linkages to Maternal Depression and Socio-Economic Status Among Adolescents. *Biological Psychology* 67, no. 1-2 (2004): 77-102; R. D. Raizada, T. L. Richards, A. Meltzoff, and P. K. Kuhl, "Socioeconomic Status Predicts Hemispheric Specialisation of the Left Inferior Frontal Gyrus in Young Children," *NeuroImage* 40, no. 3 (2008): 1392-1401; M. A. Sheridan, K. Sarsour, D. Jutte, M. D'Esposito, and W. T. Boyce, "The Impact of Social Disparity on Prefrontal Function in Childhood," *PLOS ONE* 7, no. 4 (2012): e35744; K. G. Noble, S. M. Houston, E. Kan, and E. R. Sowell, "Neural Correlates of Socioeconomic Status in the Developing Human Brain," *Developmental Science* 15, no. 4 (2012): 516-527; J. L. Hanson, A. Chandra, B. L. Wolfe, and S. D. Pollak, "Association between Income and the Hippocampus," *PLOS ONE* 6, no. 5 (2011): e18712; K. Jednoróg, I. Altarelli, K. Monzalvo, J. Fluss, J. Dubois, C. Billard, G. Dehaene-Lambertz, and F. Ramus, "The Influence of Socioeconomic Status onChildren's Brain Structure," *PLOS ONE* 7, no. 8 (2012): e4248.

33 E. Skoe, J. Krizman, and N. Kraus, "The Impoverished Brain: Disparities in Maternal Education Affect the Neural Response to Sound," *Journal of Neuroscience* 33, no. 44 (2013): 17221–1731.

34 M. Lacour and L. D. Tissington, "The Effects of Poverty on Academic Achievement," *Educational Research Review* 7, no. 6 (2011): 522–527.

35 K. E. Stanovich, "Matthew Effects in Reading—Some Consequences of Individual-Differences in the Acquisition of Literacy," *Reading Research Quarterly* 21, no. 4 (1986): 360–407.

36 J. Slater, D. Strait, E. Skoe, S. O'Connell, E. Thompson, and N. Kraus, "Longitudinal Effects of Group Music Instruction onLiteracy Skills in Low Income Children," *PLOS ONE* 9, no. 11 (2014): e113383.

37 S. Saarikallio and J. Erkkilä, "The Role of Music in Adolescents' Mood Regulation," Psychology of Music 35 (2007): 88–109; S. Saarikallio, "Music as Emotional Self-Regulation Throughout Adulthood," *Psychology of Music* 39, no. 3 (2011): 307–327.

38 N. Mammarella, B. Fairfield, and C. Cornoldi, "Does Music Enhance Cognitive Perfor mance in Healthy Older Adults? the Vivaldi Effect" *Aging Clinical and Experimental Research* 19, no. 5 (2007): 394–399; H. C. Beh and R. Hirst, "Performance on Driving-Related Tasks During Music," *Ergonomics* 42, no. 8 (1999): 1087–1098; S. Hallam, J. Price, and G. Katsarou, "The Effects of Background Music on Primary School Pupils' Task Performance," *Educational Studies* 28, no. 2 (2002): 111–122.

39 L. Ferreri, E. Mas-Herrero, R. J. Zatorre, P. Ripolles, A. Gomez-Andres, H. Alicart, G. Olive, et al., "Dopamine Modulates the Reward Experiences Elicited by Music," *Proceedings of the National Academy of Sciences of the United States of America* 116, no. 9 (2019): 3793–3798.

40 F. G. Ashby, A. M. Isen, and U. Turken, "A Neuropsychological Theory of Positive Affect and Its Influence on Cognition," *Psychological Review* 106, no.

3 (1999): 529-550.

41 T. Särkämö and D. Soto, "Music Listening After Stroke: Beneficial Effects and Potential Neural Mechanisms," *Annals of the New York Academy of Sciences* 1252 (2012): 266-281.

42 N. Kraus, J. Slater, E. Thompson, J. Hornickel, D. Strait, T. Nicol, and T. White-Schwoch, "Auditory Learning Through Active Engagement with Sound: Biological Impact of Community Music Lessons in At-Risk Children," *Frontiers in Neuroscience* 8 (2014): 351.

43 N. Kraus, J. Slater, E. Thompson, J. Hornickel, D. Strait, T. Nicol, and T. White-Schwoch, "Music Enrichment Programs Improve the Neural Encoding of Speech in At-Risk Children," *Journal of Neuroscience* 34, no. 36 (2014): 11913-18; J. Slater, E. Skoe, D. L. Strait, S. O'Connell, E. Thompson, and N. Kraus, "Music Training Improves Speech-in-Noise Perception: Longitudinal Evidence from a Community-Based Music Program," *Behavioural Brain Research* 291 (2015): 244-252.

44 M. L. Fermanich, "Money for Music Education: A District Analysis of the How, What, and Where of Spending for Music Education," *Journal of Education Finance* 37, no. 2 (2011): 130-149.

45 N. Kraus and T. White-Schwoch, "The Argument for Music Education," *American Scientist* 108 (2020): 210-213.

46 J. Daugherty, "Why Music Matters: The Cognitive Personalism of Reimer and Elliott," *Australian Journal of Music Education* 1 (1996): 29-37.

47 B. Reimer, *A Philosophy of Music Education* (Englewood Cliffs, NJ: Prentice-Hall, 1970).

48 A. D. Patel, "Evolutionary Music Cognition: Cross-species Studies," in *Foundations in Music Psychology: Theory and Research*, ed. P. J. Rentfrow and D. Levitin (Cambridge, MA: MIT Press, 2019), 459-501.

49 I. Peretz, *How Music Sculpts Our Brain* (Paris/New York: Odile Jacob, 2019).

50 D. Elliott, *Music Matters: A Philosophy of Music Education* (New York: Oxford University Press, 1995); 데이비드 J. 엘리엇, 최은식 옮김,《실천주의 음악교육 철학》(교육과학사, 2021).

51 J. Slater, A. Azem, T. Nicol, B. Swedenborg, and N. Kraus, "Variations on the Theme of Musical Expertise: Cognitive and Sensory Processing in Percussionists, Vocalists and Non-Musicians," *European Journal of Neuroscience* 45, no. 7 (2017): 952-956.

52 V. Mongelli, S. Dehaene, F. Vinckier, I. Peretz, P. Bartolomeo, and L. Cohen, "Music and Words in the Visual Cortex: The Impact of Musical Expertise," *Cortex* 86 (2017): 260-274; F. Bouhali, V. Mongelli, M. Thiebaut de Schotten, and L. Cohen, "Reading Music and Words: The Anatomical Connectivity of Musicians' Visual Cortex," *NeuroImage* 212 (2020): 116666.

9장

1 F. Grosjean, "Individual Bilingualism," in *The Encyclopedia of Language and Linguistics*, ed. R. E. Asher and J. M. Y. Simpson (Oxford: Pergamon Press, 1994).

2 R. Näätänen, A. Lehtokoski, M. Lennes, M. Cheour, M. Huotilainen, A. Iivonen, M. Vainio, P. Alku, R. J. Ilmoniemi, A. Luuk, J. Allik, J. Sinkkonen, and K. Alho, "Language-Specific Phoneme Representations Revealed by Electric and Magnetic Brain Responses," *Nature* 385, no. 6615 (1997): 432-434.

3 C. Ryan, *Language Use in the United States: 2011* (Washington, DC: US Census Bureau, 2013).

4 D. J. Saer, "The Effect of Bilingualism on Intelligence," *British Journal of Psychology* 14, no. 1 (1923): 25-38.

5 G. G. Thompson, *Child Psychology; Growth Trends in Psychological Adjustment* (Boston: Houghton Mifflin, 1952).

6 K. Hakuta, *Mirror of Language: The Debate on Bilingualism* (New York: Basic Books, 1986).

7 A. Sharma and M. F. Dorman, "Neurophysiologic Correlates of Cross-Language Phonetic Perception," *Journal of the Acoustical Society of America* 107, no. 5, part 1 (2000): 2697-2703.

8 A. Sharma and M. F. Dorman, "Neurophysiologic Correlates of Cross-Language Phonetic Perception," *Journal of the Acoustical Society of America*

107, no. 5, part 1 (2000): 2697-2703.

9   A. M. Liberman, K. S. Harris, H. S. Hoffman, and B. C. Griffith, "The
    Discrimination of Speech Sounds Within and Across Phoneme Boundaries,"
    Journal of Experimental Psychology 54, no. 5 (1957): 358-368.

10 K. Tremblay, N. Kraus, T. J. McGee, C. W. Ponton, and B. Otis, "Central
    Auditory Plasticity: Changes in the N1-P2 Complex After Speech-Sound
    Training," *Ear and Hearing* 22, no. 2 (2001): 79-90; A. R. Bradlow, D. B.
    Pisoni, R. Akahane-Yamada, and Y. Tohkura, "Training Japanese Listeners
    to Identify English /R/ and /L/: IV. Some Effects of Perceptual Learning
    on Speech Production," *Journal of the Acoustical Society of America* 101, no. 4
    (1997): 2299-2310.

11 A. R. Bradlow, R. Akahane-Yamada, D. B. Pisoni, and Y. Tohkura, "Training
    Japanese Listeners to Identify English /R/ and /L/: Long-Term Retention of
    Learning in Perception and Production," *Perception and Psychophysics* 61, no. 5
    (1999): 977-985.

12 R. Näätänen, A. Lehtokoski, M. Lennes, M. Cheour, M. Huotilainen, A.
    Iivonen, M. Vainio, P. Alku, R. J. Ilmoniemi, A. Luuk, J. Allik, J. Sinkkonen,
    and K. Alho, "Language-Specific Phoneme Representations Revealed by
    Electric and Magnetic Brain Responses," *Nature* 385, no. 6615 (1997): 432-
    434.

13 B. Chandrasekaran, A. Krishnan, and J. T. Gandour, "Mismatch Negativity to
    Pitch Contours Is Influenced by Language Experience," *Brain Research* 1128,
    no. 1 (2007): 148-156.

14 M. Cheour, R. Ceponiene, A. Lehtokoski, A. Luuk, J. Allik, K. Alho, and R.
    Näätänen, "Development of Language-Specific Phoneme Representations in
    the Infant Brain," *Nature Neuroscience* 1, no. 5 (1998): 351-353.

15 P. K. Kuhl, S. Kiritani, T. Deguchi, A. Hayashi, E. B. Stevens, C. D. Dugger,
    and P. Iverson, "Effects of Language Experience on Speech Perception:
    American and Japanese Infants' Perception of /Ra/ and /La/," *Journal of the
    Acoustical Society of America* 102, no. 5 (1997): 3135.

16 P. K. Kuhl, K. A. Williams, F. Lacerda, K. N. Stevens, and B. Lindblom,
    "Linguistic Experience Alters Phonetic Perception in Infants by 6 Months of

Age," *Science* 255, no. 5044 (1992): 606-608.

17 C. M. Weber-Fox and H. J. Neville, "Maturational Constraints on Functional Specializations For Language Processing: ERP and Behavioral Evidence in Bilingual Speakers," *Journal of Cognitive Neuroscience* 8, no. 3 (1996): 231-56; V. Marian, M. Spivey, and J. Hirsch, "Shared and Separate Systems in Bilingual Language Processing: Converging Evidence from Eyetracking and Brain Imaging," *Brain and Language* 86, no. 1 (2003): 70-82; H. Sumiya and A. F. Healy, "Phonology in the Bilingual Stroop Effect," *Memory and Cognition* 32, no. 5 (2004): 752-758.

18 A. Rodriguez-Fornells, A. van der Lugt, M. Rotte, B. Britti, H. J. Heinze, and T. F. Munte, "Second Language Interferes with Word Production in Fluent Bilinguals: Brain Potential and Functional Imaging Evidence," *Journal of Cognitive Neuroscience* 17, no. 3 (2005): 422-433.

19 M. J. Spivey and V. Marian, "Cross Talk between Native and Second Languages: Partial Activation of an Irrelevant Lexicon," *Psychological Science* 10, no. 3 (1999): 281-284.

20 G. Thierry and Y. J. Wu, "Brain Potentials Reveal Unconscious Translation During Foreign-Language Comprehension," *Proceedings of the National Academy of Sciences of the United States of America* 104, no. 30 (2007): 12530-12535.

21 E. Bialystok, *Bilingualism in Development: Language, Literacy, and Cognition* (Cambridge: Cambridge University Press, 2001).

22 P. M. Roberts, L. J. Garcia, A. Desrochers, and D. Hernandez, "English Performance of Proficient Bilingual Adults on the Boston Naming Test," *Aphasiology* 16, no. 4-6 (2002): 635-645; J. S. Portocarrero, R. G. Burright, and P. J. Donovick, "Vocabulary and Verbal Fluency of Bilingual and Monolingual College Students," *Archives of Clinical Neuropsychology* 22, no. 3 (2007): 415-422.

23 M. Kaushanskaya and V. Marian, "Bilingual Language Processing and Interference in Bilinguals: Evidence from Eye Tracking and Picture Naming," *Language Learning* 57, no. 1 (2007): 119-163; G. M. Bidelman and L. Dexter, "Bilinguals at the 'Cocktail Party': Dissociable Neural Activity in Auditory-Linguistic Brain Regions Reveals Neurobiological Basis for Nonnative Listeners' Speech-in-Noise Recognition Deficits," *Brain and Language* 143 (2015): 32–41; C. L. Rogers, J. J. Lister, D. M. Febo, J. M. Besing, and H. B. Abrams, "Effects of Bilingualism, Noise, and Reverberation on Speech Perception by Listeners with Normal Hearing," *Applied Psycholinguistics* 27, no. 3 (2006): 465–485; L. H. Mayo, M. Florentine, and S. Buus, "Age of Second-Language Acquisition and Perception of Speech in Noise," *Journal of Speech, Language, and Hearing Research* 40, no. 3 (1997): 686–693.

24 M. L. Garcia Lecumberri, M. Cooke, and A. Cutler, "Non-Native Speech Percep-tion in Adverse Conditions: a Review," *Speech Communication* 52, no. 11–12 (2010): 864–886.

25 P. A. Luce and D. B. Pisoni, "Recognizing Spoken Words: the Neighborhood Activation Model," *Ear and Hearing* 19, no. 1 (1998): 1–36.

26 J. Krizman, A. R. Bradlow, S. S. Y. Lam, and N. Kraus, "How Bilinguals Listen in Noise: Linguistic and Non-Linguistic Factors," *Bilingualism: Language and Cognition* 20, no. 4 (2017): 834–843.

27 A. S. Dick, N. L. Garcia, S. M. Pruden, W. K. Thompson, S. W. Hawes, M. T. Sutherland, M. C. Riedel, A. R. Laird, and R. Gonzalez, "No Evidence for a Bilingual Executive Function Advantage in the Nationally Representative ABCD Study," *Nature Human Behavior* 3, no. 7 (2019): 692–701; K. R. Paap, H. A. Johnson, and O. Sawi, "Bilingual Advantages in Executive Functioning Either Do Not Exist or Are Restricted to Very Specific and Undetermined Circumstances," *Cortex* 69 (2015): 265–278.

28 E. Bialystok and M. M. Martin, "Attention and Inhibition in Bilingual Children: Evidence from the Dimensional Change Card Sort Task," *Developmental Science* 7, no. 3 (2014): 325–339; A. Costa, M. Hernández, and N. Sebastián-Gallés, "Bilingualism Aids Conflict Resolution: Evidence from the ANT Task" *Cognition* 106, no. 1 (2008): 59–86; E. Bialystok, "Cognitive Complexity and Attentional Control in the Bilingual Mind," *Child Development* 70, no. 3 (1999): 636–644; J. Krizman, V. Marian, A. Shook, E. Skoe, and N. Kraus, "Subcortical Encoding of Sound Is Enhanced in Bilinguals and Relates to Executive Function Advantages," *Proceedings of the National Academy of Sciences of the United States of America* 109, no. 20 (2012): 7877–7881.

29 E. Bialystok, "Cognitive Complexity and Attentional Control in the Bilingual Mind," Child Development 70, no. 3 (1999): 636–44; H. K. Blumenfeld and V. Marian, "Bilingualism Influences Inhibitory Control in Auditory Comprehension," *Cognition* 118, no. 2 (2011): 245–257; A. Hartanto and H. Yang, "Does Early Active Bilingualism Enhance Inhibitory Control and Monitoring? A Propensity–Matching Analysis," *Journal of Experimental Psychology: Learning, Memory, and Cognition* 45, no. 2 (2019): 360–378; S. M. Carlson and A. N. Meltzoff, "Bilingual Experience and Executive Functioning in Young Children," *Developmental Science* 11, no. 2 (2008): 282–298.

30 D. M. Antovich and K. Graf Estes, "Learning Across Languages: Bilingual Experience Supports Dual Language Statistical Word Segmentation," *Developmental Science* 21, no. 2 (2018).

31 T. Wang and J. R. Saffran, "Statistical Learning of a Tonal Language: The Influence of Bilingualism and Previous Linguistic Experience," *Frontiers in Psychology* 5 (2014): 953; J. Bartolotti, V. Marian, S. R. Schroeder, and A. Shook, "Bilingualism and Inhibitory Control Influence Statistical Learning of Novel Word Forms," *Frontiers in Psychology* 2 (2011): 324.

32 J. Bartolotti and V. Marian, "Bilinguals' Existing Languages Benefit Vocabulary Learning in a Third Language," *Language Learning* 67, no. 1 (2017): 110–140.

33 C. M. Conway, D. B. Pisoni, and W. G. Kronenberger, "The Importance of Sound for Cognitive Sequencing Abilities: The Auditory Scaffolding Hypothesis," *Current Directions in Psychological Science* 18, no. 5 (2009): 275–279.

34 M. A. Gremp, J. A. Deocampo, A. M. Walk, and C. M. Conway, "Visual Sequential Processing and Language Ability in Children Who Are Deaf or Hard of Hearing," *Journal of Child Language* 46, no. 4 (2019): 785–799; P. C. Hauser, J. Lukomski, and T. Hillman, "Development of Deaf and Hard– of– Hearing Students' Executive Function," in *Deaf Cognition: Foundations and Outcomes*, ed. M. Marschark and P. Hauser, 286–308 (New York: Oxford

University Press, 2008); D. B. Pisoni and M. Cleary, "Learning, Memory, and Cognitive Processes in Deaf Children Following Cochlear Implantation," in *Cochlear Implants: Auditory Prostheses and Electric Hearing*, ed. F.-G. Zeng, A. N. Popper, and R. R. Fay, 377–426 (New York: Springer, 2004); L. S. Davidson, A. E. Geers, S. Hale, M. M. Sommers, C. Brenner, and B. Spehar, "Effects of Early Auditory Deprivation on Working Memory and Reasoning Abilities in Verbal and Visuospatial Domains for Pediatric Cochlear Implant Recipients," *Ear and Hearing* 40, no. 3 (2019): 517–528; S. V. Bharadwaj and J. A. Mehta, "An Exploratory Study of Visual Sequential Processing in Children with Cochlear Implants," *International Journal of Pediatric Otorhinolaryngology* 85 (2016): 158–165.

35   E. Bialystok, F. I. Craik, R. Klein, and M. Viswanathan, "Bilingualism, Aging, and Cognitive Control: Evidence from the Simon Task," *Psychology and Aging* 19, no. 2 (2004): 290–303.

36   J. Krizman, V. Marian, A. Shook, E. Skoe, and N. Kraus, "Subcortical Encoding of Sound Is Enhanced in Bilinguals and Relates to Executive Function Advantages," *Proceedings of the National Academy of Sciences of the United States of America* 109, no. 20 (2012): 7877–7881; J. Krizman, J. Slater, E. Skoe, V. Marian, and N. Kraus, "Neural Processing of Speech in Children Is Influenced by Extent of Bilingual Experience," *Neuroscience Letters* 585 (2015): 48–53.

37   J. Krizman, J. Slater, E. Skoe, V. Marian, and N. Kraus, "Neural Processing of Speech in Children Is Influenced by Extent of Bilingual Experience," *Neuroscience Letters* 585 (2015): 48–53; J. Krizman, E. Skoe, V. Marian, and N. Kraus, "Bilingualism Increases Neural Response Consistency and Attentional Control: Evidence for Sensory and Cognitive Coupling," *Brain and Language* 128, no. 1 (2014): 34–40.

38   T. D. Hanley, J. C. Snidecor, and R. L. Ringel, "Some Acoustic Differences Among Languages," *Phonetica* 14 (1966): 97–107.

39   B. Lee and D. V. L. Sidtis, "The Bilingual Voice: Vocal Characteristics When Speaking Two Languages Across Speech Tasks," *Speech, Language and Hearing* 20, no. 3 (2017): 174–185.

40 J. Krizman, E. Skoe, and N. Kraus, "Bilingual Enhancements Have No Socioeconomic Boundaries," *Developmental Science* 19, no. 6 (2016): 881–891.

41 S. M. Carlson and A. N. Meltzoff, "Bilingual Experience and Executive Functioning in Young Children," *Developmental Science* 11, no. 2 (2008): 282–298.

42 W. C. So, "Cross–Cultural Transfer in Gesture Frequency in Chinese–English Bilinguals," *Language and Cognitive Processes* 25, no. 10 (2010): 1335–1353.

43 G. Stam, "Thinking for Speaking About Motion: L1 and L2 Speech and Gesture," *International Journal of Applied Linguistics* 44, no. 2 (2006).

44 M. Gullberg, "Bilingualism and Gesture," in *The Handbook of Bilingualism and Multilingualism*, ed. T. K. Bhatia and W. C. Ritchie (Hoboken, NJ: Wiley–Blackwell, 2013), 417–437.

45 B. de Gelder and M. J. Huis In 'T Veld, "Cultural Differences in Emotional Expressions and Body Language," in *The Oxford Handbook of Cultural Neuroscience*, ed. J. Y. Chiao, R. Seligman, and R. Turner (Oxford: Oxford University Press, 2016).

46 C. L. Caldwell–Harris, "Emotionality Differences between a Native and Foreign Language: Theoretical Implications," *Frontiers in Psychology* 5 (2014): 1055.

47 M. H. Bond and T. M. Lai, "Embarrassment and Code–Switching into a Second Language," *Journal of Social Psychology* 126, no. 2 (1986): 179–186.

10장

1 M. Naguib and K. Riebel, "Singing in Space and Time: The Biology of Birdsong," in *Biocommunication of Animals*, ed. G. Witzany (Dordrecht: Springer Science+Business, 2014), 233–247.

2 S. Nowicki, D. Hasselquist, S. Bensch, and S. Peters, "Nestling Growth and Song Repertoire Size in Great Reed Warblers: Evidence for Song Learning as an Indicator Mechanism in Mate Choice," *Proceedings of the Royal Society B: Biological Sciences* 267, no. 1460 (2000): 2419–2424.

3   E. D. Jarvis, "Learned Birdsong and the Neurobiology of Human Language," *Annals of the New York Academy of Sciences* 1016 (2004): 749-777.

4   E. P. Kingsley, C. M. Eliason, T. Riede, Z. Li, T. W. Hiscock, M. Farnsworth, S. L. Thomson, F. Goller, C. J. Tabin, and J. A. Clarke, "Identity and Novelty in the Avian Syrinx," *Proceedings of the National Academy of Sciences of the United States of America* 115, no. 41 (2018): 10209-10217.

5   R. A. Suthers, E. Vallet, A. Tanvez, and M. Kreutzer, "Bilateral Song Production in Domestic Canaries," *Journal of Neurobiology* 60, no. 3 (2004): 381-393.

6   C. P. Elemans, I. L. Spierts, U. K. Muller, J. L. Van Leeuwen, and F. Goller, "Bird Song: Superfast Muscles Control Dove's Trill," *Nature* 431, no. 7005 (2004): 146.

7   W. A. Calder, "Respiration During Song in the Canary (Serinus Canaria)," *Comparative Biochemistry and Physiology* 32, no. 2 (1970): 251-258.

8   J. M. Wild, F. Goller, and R. A. Suthers, "Inspiratory Muscle Activity During Bird Song," *Journal of Neurobiology* 36, no. 3 (1998): 441-453.

9   E. A. Armstrong, *A Study of Bird Song* (London: Oxford University Press, 1963).

10 C. Safina, *Becoming Wild: How Animal Cultures Raise Families, Create Beauty, and Achieve Peace* (New York: Henry Holt, 2020).

11 R. E. Lemon, "How Birds Develop Song Dialects," *Condor* 77, no. 4 (1975): 385-406; P. Marler and M. Tamura, "Song 'Dialects' in Three Populations of White-Crowned Sparrows," *Condor* 64 (1962): 368-377.

12 M. C. Baker, K. J. Spitler-Nabors, and D. C. Bradley, "Early Experience Determines Song Dialect Responsiveness of Female Sparrows," *Science* 214, no. 4522 (1981): 819-821.

13 E. L. Doolittle, B. Gingras, D. M. Endres, and W. T. Fitch, "Overtone-Based Pitch Selection in Hermit Thrush Song: Unexpected Convergence with Scale Construction in Human Music," *Proceedings of the National Academy of Sciences of the United States of America* 111, no. 46 (2014): 16616-16621.

14 A. A. Saunders, "Octaves and Kilocycles in Bird Songs," *Wilson Bulletin* 71 (1959): 280-282.

15 A. H. Wing "Notes on the Song Series of a Hermit Thrush in the Yukon," *The*

Auk 68, no. 2 (1951): 189-193; C. Hartshorne, *Born to Sing: An Interpretation and World Survey of Bird Song* (Bloomington: Indiana University Press, 1973).

16 E. L. Doolittle, B. Gingras, D. M. Endres, and W. T. Fitch, "Overtone-Based Pitch Selection in Hermit Thrush Song: Unexpected Convergence with Scale Construction in Human Music," *Proceedings of the National Academy of Sciences of the United States of America* 111, no. 46 (2014): 16616-16621.

17 M. Araya-Salas, "Is Birdsong Music?" *Significance* 9, no. 6 (2012): 4-7.

18 L. F. Baptista and R. A. Keister, "Why Birdsong Is Sometimes Like Music," *Perspectives in Biology and Medicine* 48, no. 3 (2005): 426-443.

19 L. F. Baptista and R. A. Keister, "Why Birdsong Is Sometimes Like Music," *Perspectives in Biology and Medicine* 48, no. 3 (2005): 426-443.

20 E. A. Armstrong, *A Study of Bird Song* (London: Oxford University Press, 1963).

21 A. T. Tierney, F. A. Russo, and A. D. Patel, "The Motor Origins of Human and Avian Song Structure," *Proceedings of the National Academy of Sciences of the United States of America* 108, no. 37 (2011): 15510-15515.

22 E. Doolittle, "Music Theory Is for the Birds," *Conrad Grebel Review* 33, no. 2 (2015): 238-248.

23 W. Young and V. Arlington, "Translating the Language of Birds," *Verbatim* 28, no. 1 (2003): 1-5.

24 Y. Chen, L. E. Matheson, and J. T. Sakata, "Mechanisms Underlying the Social Enhancement of Vocal Learning in Songbirds," *Proceedings of the National Academy of Sciences of the United States of America* 113, no. 24 (2016): 6641-6646.

25 P. Marler, "A Comparative Approach to Vocal Learning—Song Development in White-Crowned Sparrows," *Journal of Comparative and Physiological Psychology* 71, no. 2 (1970): 1.

26 W. H. Thorpe, "The Learning of Song Patterns by Birds, with Especial Reference to the Song of the Chaffinch Fringilla Coelebs," *Ibis* 100 (1958): 535-570.

27 R. Dooling and M. Searcy, "Early Perceptual Selectivity in the Swamp Sparrow," *Developmental Psychobiology* 13, no. 5 (1980): 499-506.

28 J. M. Moore and S. M. N. Woolley, "Emergent Tuning for Learned

Vocalizations in Auditory Cortex," *Nature Neuroscience* 22, no. 9 (2019): 1469-1476.

29 D. A. Nelson and P. Marler, "Innate Recognition of Song in White-Crowned Sparrows—a Role in Selective Vocal Learning," *Animal Behaviour* 46, no. 4 (1993): 806-808.

30 R. F. Braaten and K. Reynolds, "Auditory Preference for Conspecific Song in Isolation-Reared Zebra Finches," *Animal Behaviour* 58, no. 1 (1999): 105-111.

31 H. Lee, "In Birds' Songs, Brains and Genes, He Finds Clues to Speech: Interview with Erich Jarvis," *Quanta Magazine*, January 30, 2018.

32 P. K. Kuhl, S. Kiritani, T. Deguchi, A. Hayashi, E. B. Stevens, C. D. Dugger, and P. Iverson, "Effects of Language Experience on Speech Perception: American and Japanese Infants' Perception of /Ra/ and /La/," *Journal of the Acoustical Society of America* 102, no. 5 (1997): 3135; P. K. Kuhl, K. A. Williams, F. Lacerda, K. N. Stevens, and B. Lindblom, "Linguistic Experience Alters Phonetic Perception in Infants by 6 Months of Age," *Science* 255, no. 5044 (1991): 606-608.

33 P. K. Kuhl, F. M. Tsao, and H. M. Liu, "Foreign-Language Experience in Infancy: Effects of Short-Term Exposure and Social Interaction on Phonetic Learning," *Proceedings of the National Academy of Sciences of the United States of America* 100, no. 15 (2003): 9096-9101.

34 S. Coren, "Do Dogs Have a Musical Sense?" *Psychology Today*, April 2, 2012, https://www.psychologytoday.com/us/blog/canine-corner/201204/do-dogs-have-musical-sense.

35 M. R. Bregman, A. D. Patel, and T. Q. Gentner, "Songbirds Use Spectral Shape, Not Pitch, for Sound Pattern Recognition," *Proceedings of the National Academy of Sciences* 113, no. 6 (2016): 1666-1671.

36 S. H. Hulse, A. H. Takeuchi, and R. F. Braaten, "Perceptual Invariances in the Comparative Psychology of Music," *Music Perception* 10, no. 2 (1992): 151-184.

37 A. Bannerjee, S. M. Phelps, and M. A. Long, "Singing Mice," *Current Biology* 29 (2019): R183-R199.

38 E. D. Jarvis, "Learned Birdsong and the Neurobiology of Human Language," *Annals of the New York Academy of Sciences* 1016 (2004): 749–777.

39 S. Yanagihara and Y. Yazaki-Sugiyama, "Auditory Experience-Dependent Cortical Circuit Shaping for Memory Formation in Bird Song Learning," *Nature Communications* 7 (2016): 11946.

40 R. Mooney, "Neural Mechanisms for Learned Birdsong," *Learning and Memory* 16, no. 11 (2009): 655–669.

41 M. S. Brainard and A. J. Doupe, "What Songbirds Teach Us About Learning," *Nature* 417, no. 6886 (2002): 351–358.

42 E. P. Derryberry, J. N. Phillips, G. E. Derryberry, M. J. Blum, and D. Luther, "Singing in a Silent Spring: Birds Respond to a Half-Century Soundscape Reversion during the COVID-19 Shutdown," *Science* 370, no. 6516 (2020): 575–579.

43 P. Marler and S. Peters, "Long-Term Storage of Learned Birdsongs Prior to Production," *Animal Behaviour* 30 (1982): 479–482.

44 R. Mooney, "Neural Mechanisms for Learned Birdsong," *Learning & Memory* 16, no. 11 (2009): 655–669.

45 H. J. Leppelsack, "Critical Periods in Bird Song Learning," *Acta Oto-Laryngologica. Supplementum* 429 (1986): 57–60.

46 I. McGilchrist, *The Master and His Emissary: The Divided Brain and the Making of the Western World* (New Haven: Yale University Press, 2009).

47 M. L. Phan and D. S. Vicario, "Hemispheric Differences in Processing of Vocalizations Depend on Early Experience," *Proceedings of the National Academy of Sciences USA* 107, no. 5 (2010): 2301–6; H. U. Voss, K. Tabelow, J. Polzehl, O. Tchernichovski, K. K. Maul, D. Salgado-Commissariat, D. Ballon, and S. A. Helekar, "Functional MRI of the Zebra Finch Brain During Song Stimulation Suggests a Lateralized Response Topography," *Proceedings of the National Academy of Sciences of the United States of America* 104, no. 25 (2007): 10667–10672.

48 M. J. West and A. P. King, "Female Visual Displays Affect the Development of Male Song in the Cowbird," *Nature* 334, no. 6179 (1988): 244–246.

49 J. Krizman, S. Bonacina, and N. Kraus, "Sex Differences in Subcortical

Auditory Processing Emerge Across Development," *Hearing Research* 380 (2019): 166-174.

50   C. J. Limb and A. R. Braun, "Neural Substrates of Spontaneous Musical Performance: An FMRI Study of Jazz Improvisation," *PLOS ONE* 3, no. 2 (2008): e1679.

51   P. Marler, S. Peters, G. F. Ball, A. M. Dufty Jr., and J. C. Wingfield, "The Role of Sex Steroids in the Acquisition and Production of Birdsong," *Nature* 336, no. 6201 (1988): 770-772.

52   G. Ritchison, "Variation in the Songs of Female Black-Headed Grosbeaks," *Wilson Bulletin* 97, no. 1 (1985): 47-56.

53   A. E. Illes and L. Yunes-Jimenez, "A Female Songbird Out-Sings Male Conspecifics During Simulated Territorial intrusions," *Proceedings of the Royal Society B: Biological Sciences* 276, no. 1658 (2009): 981-986.

54   W. H. Webb, D. H. Brunton, J. D. Aguirre, D. B. Thomas, M. Valcu, and J. Dale, "Female Song Occurs in Songbirds with More Elaborate Female Coloration and Reduced Sexual Dichromatism," *Frontiers in Ecology and Evolution* 4 (2016): 22.

55   C. Safina, *Becoming Wild: How Animal Cultures Raise Families, Create Beauty, and Achieve Peace* (New York: Henry Holt, 2020).

11장

1   The National Institute for Occupational Safety and Health, "Occupational Noise Exposure: Revised Criteria, 1998," *U.S. Department of Health and Human Services* (1998): 98-126.

2   M. Chasin, *Hear the Music: Hearing Loss Prevention for Musicians*, 4th ed. (Toronto: Musicians' Clinics of Canada, 2010).

3   S. Cohen, G. W. Evans, D. S. Krantz, and D. Stokols, "Physiological, Motivational, and Cognitive Effects of Aircraft Noise on Children: Moving from the Laboratory to the Field," *American Psychologist* 35, no. 3 (1980): 231-243; M. M. Haines, S. A. Stansfeld, R. F. Job, B. Berglund, and J. Head, "Chronic Aircraft Noise Exposure, Stress Responses, Mental Health and

Cognitive Performance in School Children," *Psychological Medicine* 31, no. 2 (2001): 265–277; S. A. Stansfeld, B. Berglund, C. Clark, I. Lopez–Barrio, P. Fischer, E. Ohrstrom, M. M. Haines, J. Head, S. Hygge, J. van Kamp, B. F. Berry, and RANCH Study Team, "Aircraft and Road Traffic Noise and Children's Cognition and Health: A Cross–National Study," *Lancet* 365, no. 9475 (2005): 1942–1949; E. E. van Kempen, I. van Kamp, R. K. Stellato, I. Lopez–Barrio, M. M. Haines, M. E. Nilsson, C. Clark, D. Houthuijs, B. Brunekreef, B. Berglund, and S. A. Stansfeld, "Children's Annoyance Reactions to Aircraft and Road Traffic Noise," *Journal of the Acoustical Society of America* 125, no. 2 (2009): 895–904; G. W. Evans, S. Hygge, and M. Bullinger, "Chronic Noise and Psychological Stress," *Psychological Science* 6, no. 6 (1995): 333–338; B. Griefahn and M. Spreng, "Disturbed Sleep Patterns and Limitation of Noise," *Noise Health* 6, no. 22 (2004): 27–33; M. Spreng, "Possible Health Effects of Noise Induced Cortisol Increase," *Noise Health* 2, no. 7 (2000): 59–64.

4   M. Basner, W. Babisch, A. Davis, M. Brink, C. Clark, S. Janssen, and S. Stansfeld, "Auditory and Non–Auditory Effects of Noise on Health," *Lancet* 383, no. 9925 (2014): 1325–1332.

5   A. L. Bronzaft and D. P. McCarthy, "The Effect of Elevated Train Noise on Reading Ability," *Environment and Behavior* 7 (1975): 517–528.

6   A. L. Bronzaft, "The Effect of a Noise Abatement Program on Reading Ability," *Environmental Psychology* 1 (1981): 215–222.

7   M. P. Walker, *Why We Sleep: Unlocking the Power of Sleep and Dreams* (New York: Scribner, 2017); 매슈 워커, 이한음 옮김, 《우리는 왜 잠을 자야 할까》 (열린책들, 2019).

8   M. Basner, W. Babisch, A. Davis, M. Brink, C. Clark, S. Janssen, and S. Stansfeld, "Auditory and Non–Auditory Effects of Noise on Health," *Lancet* 383, no. 9925 (2014): 1325–1332; M. Basner, U. Muller, and E. M. Elmenhorst, "Single and Combined Effects of Air, Road, and Rail Traffic Noise on Sleep and Recuperation," *Sleep* 34, no. 1 (2011): 11–23.

9   E. F. Chang and M. M. Merzenich, "Environmental Noise Retards Auditory Cortical Development," *Science* 300, no. 5618 (2003): 498–502; X. Yu, D.

H. Sanes, O. Aristizabal, Y. Z. Wadghiri, and D. H. Turnbull, "Large-Scale Reorganization of the Tonotopic Map in Mouse Auditory Midbrain Revealed by MRI," *Proceedings of the National Academy of Sciences of the United States of America* 104, no. 29 (2007): 12193-12198.

10 A. Lahav and E. Skoe, "An Acoustic Gap between the NICU and Womb: A Potential Risk for Compromised Neuroplasticity of the Auditory System in Preterm Infants," *Frontiers in Neuroscience* 8 (2014): 381.

11 E. McMahon, P. Wintermark, and A. Lahav, "Auditory Brain Development in Premature Infants: the Importance of Early Experience," *Annals of the New York Academy of Sciences* 1252 (2012): 17-24.

12 D. E. Anderson and A. D. Patel, "Infants Born Preterm, Stress, and Neurodevelopment in the Neonatal Intensive Care Unit: Might Music Have an Impact?" *Developmental Medicine and Child Neurology* 60, no. 3 (2018): 256-266.

13 A. R. Webb, H. T. Heller, C. B. Benson, and A. Lahav, "Mother's Voice and Heartbeat Sounds Elicit Auditory Plasticity in the Human Brain Before Full Gestation," *Proceedings of the National Academy of Sciences of the United States of America* 112, no. 10 (2015): 3152-3157.

14 S. Arnon, A. Shapsa, L. Forman, R. Regev, S. Bauer, I. Litmanovitz, and T. Dolfin, "Live Music Is Beneficial to Preterm Infants in the Neonatal intensive Care Unit Environment," *Birth* 33, no. 2 (2006): 131-136.

15 X. Zhou, R. Panizzutti, E. de Villers-Sidani, C. Madeira, and M. M. Merzenich, "Natural Restoration of Critical Period Plasticity in the Juvenile and Adult Primary Auditory Cortex," *Journal of Neuroscience* 31, no. 15 (2011): 5625-5634.

16 A. J. Noreña and J. J. Eggermont, "Enriched Acoustic Environment after Noise Trauma Reduces Hearing Loss and Prevents Cortical Map Reorganization," *Journal of Neuroscience* 25, no. 3 (2005): 699-705.

17 M. Pienkowski and J. J. Eggermont, "Long-Term, Partially- Reversible Reorganization of Frequency Tuning in Mature Cat Primary Auditory Cortex Can Be Induced by Passive Exposure to Moderate-Level Sounds," *Hearing Research* 257, nos. 1-2 (2009): 24-40; M. Pienkowski and J. J. Eggermont,

"Intermittent Exposure with Moderate-Level Sound Impairs Central Auditory Function of Mature Animals Without Concomitant Hearing Loss," *Hearing Research* 261, no. 1-2 (2010): 30-35; W. Zheng, "Auditory Map Reorganization and Pitch Discrimination in Adult Rats Chronically Exposed to Low-Level Ambient Noise," *Frontiers in Systems Neuroscience* 6 (2012): 65; M. Pienkowski, R. Munguia, and J. J. Eggermont, "Effects of Passive, Moderate-Level Sound Exposure on the Mature Auditory Cortex: Spectral Edges, Spectrotemporal Density, and Real-World Noise," *Hearing Research* 296 (2012): 121-130.

18 E. Hoff, B. Laursen, and K. Bridges, "Measurement and Model Building in Studying the Influence of Socioeconomic Status on Child Development," in *The Cambridge Handbook of Environment in Human Development* (Cambridge: Cambridge University Press, 2012), 590-606.

19 E. Skoe, J. Krizman, and N. Kraus, "The Impoverished Brain: Disparities in Maternal Education Affect the Neural Response to Sound," *Journal of Neuroscience* 33, no. 44 (2013): 17221-17231.

20 B. Hart and T. R. Risley, *Meaningful Differences in the Everyday Experience of Young American Children* (Baltimore: P.H. Brookes, 1995).

21 L. M. Dale, S. Goudreau, S. Perron, M. S. Ragettli, M. Hatzopoulou, and A. Smargiassi, "Socioeconomic Status and Environmental Noise Exposure in Montreal, Canada," *BMC Public Health* 15 (2015): 205.

22 W. H. Mulders, D. Ding, R. Salvi, and D. Robertson, "Relationship between Auditory Thresholds, Central Spontaneous Activity, and Hair Cell Loss after Acoustic Trauma," *Journal of Comparative Neurology* 519, no. 13 (2011): 2637-47; A. J. Norena and J. J. Eggermont, "Changes in Spontaneous Neural Activity Immediately After an Acoustic Trauma: Implications for Neural Correlates of Tinnitus," *Hearing Research* 183, no. 1-2 (2003): 137-153.

23 J. J. Eggermont, *Tinnitus: Springer Handbook of Auditory Research* (New York: Springer, 2012).

24 M. Attarha, J. Bigelow, and M. M. Merzenich, "Unintended Consequences of White Noise Therapy for Tinnitus—Otolaryngology's Cobra Effect: A Review," *JAMA Otolaryngology—Head and Neck Surgery* 144, no. 10 (2018):

938-943.

25 B. Mazurek, A. J. Szczepek, and S. Hebert, "Stress and Tinnitus," *HNO* 63, no. 4 (2015): 258-265; P. J. Jastreboff and M. M. Jastreboff, "Tinnitus Retraining Therapy (TRT) as a Method for Treatment of Tinnitus and Hyperacusis Patients," *Journal of the American Academy of Audiology* 11 (2000): 162-177.

26 R. Tyler, A. Cacace, C. Stocking, B. Tarver, N. Engineer, J. Martin, A. Deshpande, N. Stecker, M. Pereira, M. Kilgard, C. Burress, D. Pierce, R. Rennaker, and S. Vanneste, "Vagus Nerve Stimulation Paired with Tones for the Treatment of Tinnitus: A Prospective Randomized Double-Blind Controlled Pilot Study in Humans," *Scientific Reports* 7, no. 1 (2017): 11960.

27 W. H. Mulders, D. Ding, R. Salvi, and D. Robertson, "Relationship between Auditory Thresholds, Central Spontaneous Activity, and Hair Cell Loss After Acoustic Trauma," *Journal of Comparative Neurology* 519, no. 13 (2011): 2637-2647; A. J. Norena and J. J. Eggermont, "Changes in Spontaneous Neural Activity Immediately After an Acoustic Trauma: Implications for Neural Correlates of Tinnitus," *Hearing Research* 183, no. 1-2 (2003): 137-153.

28 T. Gioia, *Healing Songs* (Durham, NC: Duke University Press, 2006).

29 G. Hempton and J. Grossmann, *One Square Inch of Silence: One Man's Search for Natural Silence in a Noisy World* (New York: Free Press, 2009).

30 M. A. Denolle and T. Nissen-Meyer, "Quiet Anthropocene, Quiet Earth," *Science* 369, no. 6509 (2020): 1299-1300.

31 G. L. Patricelli and J. L. Blickley, "Avian Communication in Urban Noise: Causes and Consequences of Vocal Adjustment," *Auk* 123, no. 3 (2006): 639-649; J. W. C. Sun and P. A. Narins, "Anthropogenic Sounds Differentially Affect Amphibian Call Rate," *Biological Conservation* 121, no. 3 (2005): 419-27; S. E. Parks, M. Johnson, D. Nowacek, and P. L. Tyack, "Individual Right Whales Call Louder in increased Environmental Noise," *Biology Letters* 7, no. 1 (2011): 33-35.

32 W. E. Wood and S. M. Yezerinac, "Song Sparrow (Melospiza Melodia) Song Varies with Urban Noise," *Auk* 123, no. 3 (2006): 650-659.

33 E. P. Derryberry, J. N. Phillips, G. E. Derryberry, M. J. Blum, and D. Luther, "Singing in a Silent Spring: Birds Respond to a Half-Century Soundscape Reversion during the COVID-19 Shutdown," *Science* 370, no. 6516 (2020): 575-579.

34 A. Fernandez, M. Arbelo, and V. Martin, "No Mass Strandings Since Sonar Ban," *Nature* 497, no. 7449 (2013): 317.

35 M. Waldman, *My Fellow Americans: The Most Important Speeches of America's Presidents, from George Washington to Barack Obama* (Naperville, IL: Sourcebooks, 2010).

36 B. Bosker, "The End of Silence," *Atlantic*, November 2019.

37 A. J. Blood and R. J. Zatorre, "Intensely Pleasurable Responses to Music Correlate with Activity in Brain Regions Implicated in Reward and Emotion," *Proceedings of the National Academy of Sciences USA* 98, no. 20 (2001): 11818-11823; V. N. Salimpoor, I. van Den Bosch, N. Kovacevic, R. R. Mcintosh, A. Dagher, and R. J. Zatorre, "Interactions between the Nucleus Accumbens and Auditory Cortices Predict Music Reward Value," *Science* 340, no. 6129 (2013): 216-219; V. N. Salimpoor, M. Benovoy, K. Larcher, A. Dagher, and R. J. Zatorre, "Anatomically Distinct Dopamine Release During Anticipation and Experience of Peak Emotion to Music," *Nature Neuroscience* 14, no. 2 (2011): 257-262.

38 N. Martinez-Molina, E. Mas-Herrero, A. Rodriguez-Fornells, R. J. Zatorre, and J. Marco-Pallares, "Neural Correlates of Specific Musical Anhedonia," *Proceedings of the National Academy of Sciences of the United States of America* 113, no. 46 (2016): E7337-345.

39 "Paris Police Step Up Anti-noise Patrols," *BBC News*, July 25, 2020, https://www.bbc.com/news/av/world-europe-53521561/paris-police-step-up-anti-noise-patrols.

12장

1   K. J. Cruickshanks, T. L. Wiley, T. S. Tweed, B. E. K. Klein, R. Klein, J. A. Mares-Perlman, and D. M. Nondahl, "Prevalence of Hearing Loss in Older

Adults in Beaver Dam, Wisconsin—the Epidemiology of Hearing Loss Study," *American Journal of Epidemiology* 148, no. 9 (1998): 879–86.

2   F. R. Lin, R. Thorpe, S. Gordon-Salant, and L. Ferrucci, "Hearing Loss Prevalence and Risk Factors Among Older Adults in the United States," *Journals of Gerontology Series A: Biological Sciences and Medical Sciences* 66, no. 5 (2011): 582–90.

3   J. F. Willott, "Anatomic and Physiologic Aging: A Behavioral Neuroscience Perspective," *Journal of the American Academy of Audiology* 7, no. 3 (1996): 141–51.

4   S. Anderson and N. Kraus, "The Potential Role of the cABR in Assessment and Management of Hearing Impairment," *International Journal of Otolaryngology* 2013, no. 604729 (2013): 1–10; H. Karawani, K. Jenkins, and S. Anderson, "Restoration of Sensory Input May Improve Cognitive and Neural Function," *Neuropsychologia* 114 (2018): 203–13; H. Karawani, K. Jenkins, and S. Anderson, "Neural and Behavioral Changes After the Use of Hearing Aids," *Clinical Neurophysiology* 129, no. 6 (2018): 1254–67; K. A. Jenkins, C. Fodor, A. Presacco, and S. Anderson, "Effects of Amplification on Neural Phase Locking, Amplitude, and Latency to a Speech Syllable," *Ear and Hearing* 39, no. 4 (2018): 810–24.

5   J. P. Walton, H. Simon, and R. D. Frisina, "Age-Related Alterations in the Neural Coding of Envelope Periodicities," *Journal of Neurophysiology* 88, no. 2 (2002): 565–78.

6   D. M. Caspary, L. Ling, J. G. Turner, and L. F. Hughes, "Inhibitory Neurotransmission, Plasticity and Aging in the Mammalian Central Auditory System," *Journal of Experimental Biology* 211, no. 11 (2008): 1781–91; D. M. Caspary, L. F. Hughes, and L. L. Ling. "Age-Related GABAA Receptor Changes in Rat Auditory Cortex." *Neurobiology of Aging* 34, no. 5 (2013): 1486–96; J. R. Engle and G. H. Recanzone, "Characterizing Spatial Tuning Functions of Neurons in the Auditory Cortex of Young and Aged Monkeys: A New Perspective on Old Data," *Frontiers in Aging Neuroscience* 4 (2012): 36; D. M. Caspary, T. A. Schatteman, and L. F. Hughes, "Age-Related Changes in the Inhibitory Response Properties of Dorsal Cochlear Nucleus Output

Neurons: Role of Inhibitory Inputs," *Journal of Neuroscience* 25, no. 47 (2005): 10952–59; E. de Villers-Sidani, L. Alzghoul, X. Zhou, K. L. Simpson, R. C. Lin, and M. M. Merzenich, "Recovery of Functional and Structural Age-Related Changes in the Rat Primary Auditory Cortex with Operant Training," *Proceedings of the National Academy of Sciences of the USA* 107, no. 31 (2010): 13900–5; B. D. Richardson, L. L. Ling, V. V. Uteshev, and D. M. Caspary, "Reduced GABA(A) Receptor-Mediated Tonic Inhibition in Aged Rat Auditory Thalamus," *Journal of Neuroscience* 33, no. 3 (2013): 1218–27 a; D. L. Juarez-Salinas, J. R. Engle, X. O. Navarro, and G. H. Recanzone, "Hierarchical and Serial Processing in the Spatial Auditory Cortical Pathway Is Degraded by Natural Aging," *Journal of Neuroscience* 30, no. 44 (2010): 14795–804.

7   D. M. Caspary, L. Ling, J. G. Turner, and L. F. Hughes, "Inhibitory Neurotransmission, Plasticity and Aging in the Mammalian Central Auditory System," *Journal of Experimental Biology* 211(11): 1781–91; J. H. Grose and S. K. Mamo, "Processing of Temporal Fine Structure as a Function of Age," *Ear and Hearing* 31, no. 6 (2010): 755–60; K. L. Tremblay, M. Piskosz, and P. Souza, "Effects of Age and Age-Related Hearing Loss on the Neural Representation of Speech Cues," *Clinical Neurophysiology* 114, no. 7 (2003): 1332–43; K. C. Harris, M. A. Eckert, J. B. Ahlstrom, and J. R. Dubno, "Age-Related Differences in Gap Detection: Effects of Task Difficulty and Cognitive Ability," *Hearing Research* 264, no. 1–2 (2010): 21–29; J. J. Lister, N. D. Maxfield, G. J. Pitt, and V. B. Gonzalez, "Auditory Evoked Response to Gaps in Noise: Older Adults," *International Journal of Audiology* 50, no. 4 (2011): 211–25; J. P. Walton, "Timing Is Everything: Temporal Processing Deficits in the Aged Auditory Brainstem," *Hearing Research* 264, no. 1–2 (2010): 63–69; L. E. Humes, D. Kewley-Port, D. Fogerty, and D. Kinney, "Measures of Hearing Threshold and Temporal Processing Across the Adult Lifespan," *Hearing Research* 264, no. 1–2 (2010): 30–40.

8   W. C. Clapp, M. T. Rubens, J. Sabharwal, and A. Gazzaley, "Deficit in Switching between Functional Brain Networks Underlies the Impact of Multitasking on Working Memory in Older Adults," *Proceedings of the*

National Academy of Sciences of the USA 108 no. 17 (2011): 7212-17;
A. Gazzaley, J. W. Cooney, J. Rissman, and M. D'Esposito, "Top-Down
Suppression Deficit Underlies Working Memory Impairment in Normal
Aging," *Nature Neuroscience* 8, no. 10 (2005): 1298-300.

9   D. L. Juarez-Salinas, J. R. Engle, X. O. Navarro, and G. H. Recanzone,
"Hierarchical and Serial Processing in the Spatial Auditory Cortical Pathway
Is Degraded by Natural Aging," *Journal of Neuroscience* 30, no. 44 (2010):
14795-804.

10 R. Peters, "Ageing and the Brain," *Postgraduate Medical Journal* 82, no. 964
(2006): 84-88.

11 T. A. Salthouse, "The Processing-Speed Theory of Adult Age Differences in
Cognition," *Psychological Review* 103(3): 403-28; C. T. Albinet, G. Boucard,
C. A. Bouquet, and M. Audiffren, "Processing Speed and Executive Functions
in Cognitive Aging: How to Disentangle Their Mutual Relationship?" *Brain
and Cognition* 79, no. 1 (2012): 1-11; R. Zacks, L. Hasher, and K. Li, "Human
Memory," in *Handbook of Aging and Cognition*, ed. F. Craik and T. Salthouse,
293-358 (Mahwah, NJ: Erlbaum, 2000).

12 D. M. Caspary, L. Ling, J. G. Turner, and L. F. Hughes, "Inhibitory
Neurotransmission, Plasticity and Aging in the Mammalian Central Auditory
System," *Journal of Experimental Biology* 211, no. 11 (2008): 1781-91; D. L.
Juarez-Salinas, J. R. Engle, X. O. Navarro, and G. H. Recanzone, "Hierarchical
and Serial Processing in the Spatial Auditory Cortical Pathway Is Degraded by
Natural Aging," *Journal of Neuroscience* 30, no. 44 (2010): 14795-804; J. J.
Lister, R. A. Roberts, and F. L. Lister, "An Adaptive Clinical Test of Temporal
Resolution: Age Effects," *International Journal of Audiology* 50, no. 6 (2011):
367-74.

13 T. Salthouse, "Consequences of Age-Related Cognitive Declines," *Annual
Review of Psychology* 63 (2012): 201-26.

14 R. Katzman, R. Terry, R. Deteresa, T. Brown, P. Davies, P. Fuld, R. B.
Xiong, and A. Peck, "Clinical, Pathological, and Neurochemical Changes
in Dementia—a Subgroup with Preserved Mental Status and Numerous
Neocortical Plaques," *Annals of Neurology* 23, no. 2 (1988): 138-44.

15 C. M. Tomaino, "Meeting the Complex Needs of Individuals with Dementia Through Music Therapy," *Music and Medicine* 5, no. 4 (2013): 234–41.

16 S. Anderson, A. Parbery–Clark, T. White–Schwoch, and N. Kraus, "Aging Affects Neural Precision of Speech Encoding," *Journal of Neuroscience* 32, no. 41 (2012): 14156–64.

17 B. U. Forstmann, M. Tittgemeyer, E. J. Wagenmakers, J. Derrfuss, D. Imperati, and S. Brown, "The Speed–Accuracy Tradeoff in the Elderly Brain: A Structural Model–Based Approach," *Journal of Neuroscience* 31, no. 47 (2011): 17242–49; P. H. Lu, G. J. Lee, E. P. Raven, K. Tingus, T. Khoo, P. M. Thompson, and G. Bartzokis, "Age–Related Slowing in Cognitive Processing Speed Is Associated with Myelin Integrity in a Very Healthy Elderly Sample," *Journal of Clinical and Experimental Neuropsychology* 33, no. 10 (2011): 1059–68.

18 S. Anderson, A. Parbery–Clark, T. White–Schwoch, and N. Kraus, "Auditory Brainstem Response to Complex Sounds Predicts Self–Reported Speech–in–Noise Performance," *Journal of Speech, Language, and Hearing Research* 56, no. 1 (2013): 31–43.

19 H. A. Glick and A. Sharma, "Cortical Neuroplasticity and Cognitive Function in Early–Stage, Mild–Moderate Hearing Loss: Evidence of Neurocognitive Benefit From Hearing Aid Use," *Frontiers in Neuroscience* 14 (2020): 93.

20 Max Planck Institute for Human Development and Stanford Center on Longevity, "A Consensus on the Brain Training Industry from the Scientific Community," http://longevity3.stanford.edu/blog/2014/10/15/the-consensus-on-the-brain-training-industry-from-the-scientific-community-2/.

21 S. Anderson, T. White–Schwoch, A. Parbery–Clark, and N. Kraus, "Reversal of Age–Related Neural Timing Delays with Training," *Proceedings of the National Academy of Sciences of the United States of America* 110, no. 11 (2013): 4357–62.

22 S. Anderson, T. White–Schwoch, H. J. Choi, and N. Kraus, "Partial Maintenance of Auditory–Based Cognitive Training Benefits in Older Adults," *Neuropsychologia* 62 (2014): 286–96.

23 J. Verghese, R. B. Lipton, M. J. Katz, C. B. Hall, C. A. Derby, G. Kuslansky,

A. F. Ambrose, M. Sliwinski, and H. Buschke, "Leisure Activities and the Risk of Dementia in the Elderly," *New England Journal of Medicine* 348, no. 25 (2003): 2508-16; S. C. Moore, A. V. Patel, C. E. Matthews, A. Berrington de Gonzalez, Y. Park, H. A. Katki, M. S. Linet, E. Weiderpass, K. Visvanathan, K. J. Helzlsouer, M. Thun, S. M. Gapstur, P. Hartge, and I. M. Lee, "Leisure Time Physical Activity of Moderate to Vigorous intensity and Mortality: A Large Pooled Cohort Analysis," *PLOS Medicine* 9, no. 11 (2012): e1001335.

24   F. R. Lin, E. J. Metter, R. J. O'Brien, S. M. Resnick, A. B. Zonderman, and L. Ferrucci, "Hearing Loss and Incident Dementia," *Archives of Neurology* 68, no. 2 (2011): 214-20; R. K. Gurgel, P. D. Ward, S. Schwartz, M. C. Norton, N. L. Foster, and J. T. Tschanz, "Relationship of Hearing Loss and Dementia: A Prospective, Population-Based Study," *Otology & Neurotology* 35, no. 5 (2014): 775-81; F. R. Lin, K. Yaffe, J. Xia, Q. L. Xue, T. B. Harris, E. Purchase-Helzner, S. Satterfield, H. N. Ayonayon, L. Ferrucci, E. M. Simonsick, and Health ABC Study Group, "Hearing Loss and Cognitive Decline in Older Adults," *JAMA Internal Medicine* 173, no. 4 (2013): 293-99.

25   R. K. Gurgel, P. D. Ward, S. Schwartz, M. C. Norton, N. L. Foster, and J. T. Tschanz, "Relationship of Hearing Loss and Dementia: A Prospective, Population-Based Study," *Otology & Neurotology* 35, no. 5 (2014): 775-81; C. A. Peters, J. F. Potter, and S. G. Scholer, "Hearing Impairment as a Predictor of Cognitive Decline in Dementia," *Journal of the American Geriatrics Society* 36, no. 11 (1998): 981-86.

26   G. Livingston, A. Sommerlad, V. Orgeta, S. G. Costafreda, J. Huntley, D. Ames, C. Ballard, S. Banerjee, A. Burns, J. Cohen-Mansfield, C. Cooper, N. Fox, L. N. Gitlin, R. Howard, H. C. Kales, E. B. Larson, K. Ritchie, K. Rockwood, E. L. Sampson, Q. Samus, L. S. Schneider, G. Selbaek, L. Teri, and N. Mukadam, "Dementia Prevention, Intervention, and Care," *Lancet* 390, no. 10113 (2017): 2673-2734.

27   G. A. Gates, R. K. Karzon, P. Garcia, J. Peterein, M. Storandt, J. C. Morris, and J. P. Miller, "Auditory Dysfunction in Aging and Senile Dementia of the Alzheimer's Type," *Archives in Neurology* 52, no. 6 (1995): 626-634; G.

A. Gates, M. L. Anderson, S. M. McCurry, M. P. Feeney, and E. B. Larson, "Central Auditory Dysfunction as a Harbinger of Alzheimer Dementia," *Archives of Otolaryngology—Head and Neck Surgery* 137, no. 4 (2011): 390-395.

28 B. R. Zendel and C. Alain, "Musicians Experience Less Age-Related Decline in Central Auditory Processing," *Psychology and Aging* 27, no. 2 (2012): 410-17; G. M. Bidelman and C. Alain, "Musical Training Orchestrates Coordinated Neuroplasticity in Auditory Brainstem and Cortex to Counteract Age-Related Declines in Categori cal Vowel Perception," *Journal of Neuroscience* 35, no. 3 (2015): 1240-49.

29 B. Pladdy and A. MacKay, "The Relation between Instrumental Musical Activity and Cognitive Aging," *Neuropsychology* 25, no. 3 (2011): 378-86.

30 A. Parbery-Clark, D. L. Strait, S. Anderson, E. Hittner, and N. Kraus, "Musical Experience and the Aging Auditory System: Implications for Cognitive Abilities and Hearing Speech in Noise," *PLOS ONE* 6, no. 5 (2011): e18082.

31 S. Anderson, A. Parbery-Clark, T. White-Schwoch, and N. Kraus, "Aging Affects Neural Precision of Speech Encoding," *Journal of Neuroscience* 32, no. 41 (2012): 14156-64; A. Parbery-Clark, S. Anderson, E. Hittner, and N. Kraus, "Musical Experience Strengthens the Neural Representation of Sounds Important for Communication in Middle-Aged Adults," *Frontiers in Aging Neuroscience* 4, no. 30 (2012): 1-12.

32 A. Parbery-Clark, D. L. Strait, S. Anderson, E. Hittner, and N. Kraus, "Musical Experience and the Aging Auditory System: Implications for Cognitive Abilities and Hearing Speech in Noise," *PLOS ONE* 6, no. 5 (2011): e18082; A. Parbery-Clark, S. Anderson, and N. Kraus, "Musicians Change Their Tune: How Hearing Loss Alters the Neural Code," *Hearing Research* 302 (2013): 121-31.

33 E. Skoe and N. Kraus, "A Little Goes a Long Way: How the Adult Brain Is Shaped by Musical Training in Childhood," *Journal of Neuroscience* 32, no. 34 (2012): 11507-10; T. White-Schwoch, K. W. Carr, S. Anderson, D. L. Strait, and N. Kraus, "Older Adults Benefit from Music Training Early in Life: Biological Evidence for Long-Term Training-Driven Plasticity," *Journal of*

Neuroscience 33, no. 45 (2012): 17667–74.

34 S. W. Threlkeld, C. A. Hill, G. D. Rosen, and R. H. Fitch, "Early Acoustic Discrimination Experience Ameliorates Auditory Processing Deficits in Male Rats with Cortical Developmental Disruption," *International Journal of Developmental Neuroscience* 27, no. 4 (2009): 321–28; E. C. Sarro and D. H. Sanes, "The Cost and Benefit of Juvenile Training on Adult Perceptual Skill," *Journal of Neuroscience* 31, no. 14 (2011): 5383–91; N. D. Engineer, C. R. Percaccio, P. K. Pandya, R. Moucha, D. L. Rathbun, and M. P. Kilgard, "Environmental Enrichment Improves Response Strength, Threshold, Selectivity, and Latency of Auditory Cortex Neurons," *Journal of Neurophysiology* 92, no. 1 (2004): 73–82.

35 B. Hanna–Pladdy and A. MacKay, "The Relation between Instrumental Musical Activity and Cognitive Aging," *Neuropsychology* 25, no. 3 (2011): 378–86; B. Hanna–Pladdy and B. Gajewski, "Recent and Past Musical Activity Predicts Cognitive Aging Variability: Direct Comparison with General Lifestyle Activities," *Frontiers in Human Neuroscience* 6 (2012): 198.

36 E. de Villers–Sidani, L. Alzghoul, X. Zhou, K. L. Simpson, R. C. Lin, and M. M. Merzenich, "Recovery of Functional and Structural Age–Related Changes in the Rat Primary Auditory Cortex with Operant Training," *Proceedings of the National Academy of Sciences of the USA* 107, no. 31 (2010): 13900–5; E. de Villers–Sidani and M. M. Merzenich, "Lifelong Plasticity in the Rat Auditory Cortex: Basic Mechanisms and Role of Sensory Experience," *Progress in Brain Research* 191 (2011): 119–31; J. M. Cisneros–Franco, L. Ouellet, B. Kamal, and E. de Villers–Sidani, "A Brain Without Brakes: Reduced Inhibition Is Associated with Enhanced but Dysregulated Plasticity in the Aged Rat Auditory Cortex," *eNeuro* 5, no. 4 (2018).

37 E. Dubinsky, E. A. Wood, G. Nespoli, and F. A. Russo, "Short–Term Choir Singing Supports Speech–in–Noise Perception and Neural Pitch Strength in Older Adults with Age–Related Hearing Loss," *Frontiers in Neuroscience* 13 (2019): 1153.

38 B. R. Zendel, G. L. West, S. Belleville, and I. Peretz, "Musical Training Improves the Ability to Understand Speech–in–Noise in Older Adults,"

Neurobiology of Aging 81 (2019): 102-115.

39 J. A. Bugos, "The Effects of Bimanual Coordination in Music Interventions on Executive Functions in Aging Adults," *Frontiers in Integrative Neuroscience* 13 (2019): 68.

40 J. K. Johnson, J. Louhivuori, A. L. Stewart, A. Tolvanen, L. Ross, and P. Era, "Quality of Life (QOL) of Older Adult Community Choral Singers in Finland," *International Psychogeriatrics* 25, no. 7 (2013): 1055-64; J. K. Johnson, A. L. Stewart, M. Acree, A. M. Napoles, J. D. Flatt, W. B. Max, and S. E. Gregorich, "A Community Choir Intervention to Promote Well-Being Among Diverse Older Adults: Results from the Community of Voices Trial," *Journals of Gerontology Series B: Psychological Sciences and Social Sciences* (2018): https://doi.org/10.1093/geronb/gby132.

41 G. D. Cohen, S. Perlstein, J. Chapline, J. Kelly, K. M. Firth, and S. Simmens, "The Impact of Professionally Conducted Cultural Programs on the Physical Health, Mental Health, and Social Functioning of Older Adults," *Gerontologist* 46, no. 6 (2006): 726-34.

42 J. K. Johnson, J. Louhivuori, A. L. Stewart, A. Tolvanen, L. Ross, and P. Era, "Quality of Life (QOL) of Older Adult Community Choral Singers in Finland," *International Psychogeriatrics* 25, no. 7 (2013): 1055-1064; T. Särkämö, S. Laitinen, A. Numminen, M. Kurki, J. K. Johnson, and P. Rantanen, "Pattern of Emotional Benefits Induced by Regular Singing and Music Listening in Dementia," *Journal of the American Geriatrics Society* 64, no. 2 (2016): 439-440; T. Särkämö, M. Tervaniemi, S. Laitinen, A. Numminen, M. Kurki, J. K. Johnson, and P. Rantanen, "Cognitive, Emotional, and Social Benefits of Regular Musical Activities in Early Dementia: Randomized Controlled Study," *Gerontologist* 54, no. 4 (2014): 634-650.

43 E. Bialystok, F. I. Craik, R. Klein, and M. Viswanathan, "Bilingualism, Aging, and Cognitive Control: Evidence from the Simon Task," *Psychology and Aging* 19, no. 2 (2004): 290-303.

44 T. A. Schweizer, J. Ware, C. E. Fischer, F. I. Craik, and E. Bialystok, "Bilingualism as a Contributor to Cognitive Reserve: Evidence from Brain

Atrophy in Alzheimer's Disease," *Cortex* 48, no. 8 (2012): 991-996.

45 E. Woumans, P. Santens, A. Sieben, J. Versijpt, M. Stevens, and W. Duyck, "Bilingualism Delays Clinical Manifestation of Alzheimer's Disease," *Bilingualism: Language and Cognition* 18, no. 3 (2015): 568-574; F. I. Craik, E. Bialystok, and M. Freedman, "Delaying the Onset of Alzheimer Disease: Bilingualism as a Form of Cognitive Reserve," *Neurology* 75, no. 19 (2010): 1726-1729.

13장

1 H. Kraus and R. P. Hirschland, "Muscular Fitness and Health," *Journal of the American Association for Health, Physical Education, and Recreation* 24, no. 10 (1953): 17-19; H. Kraus and R. P. Hirschland, "Muscular Fitness and Orthopedic Disability," *New York State Journal of Medicine* 54, no. 2 (1954): 212-215.

2 R. H. Boyle, "The Report That Shocked the President," *Sports Illustrated*, August 15, 1955.

3 C. H. Hillman, K. I. Erickson, and A. F. Kramer, "Be Smart, Exercise Your Heart: Exercise Effects on Brain and Cognition," *Nature Reviews Neuroscience* 9, no. 1 (2008): 58-65; M. W. Voss, A. F. Kramer, C. Basak, R. S. Prakash, and B. Roberts, "Are Expert Athletes 'Expert' in the Cognitive Laboratory? A Meta-Analytic Review of Cognition and Sport Expertise," *Applied Cognitive Psychology* 24, no. 6 (2010): 812-826; F. M. Iaia and J. Bangsbo, "Speed Endurance Training Is a Powerful Stimulus for Physiological Adaptations and Performance Improvements of Athletes," *Scandinavian Journal of Medicine & Science in Sports* 20, Suppl. 2 (2010): 11-23; T. R. Bashore, B. Ally, N. C. van Wouwe, J. S. Neimat, W. P. M. van Den Wildenberg, and S. A. Wylie, "Exposing an 'Intangible' Cognitive Skill Among Collegiate Football Players: II. Enhanced Response Impulse Control," *Frontiers in Psychology* 9 (2018): 1496; Centers for Disease Control and Prevention, *The Association between School Based Physical Activity, Including Physical Education, and Academic Performance* (Atlanta: US Department of Health and Human Services, 2010).

4   B. Draganski, C. Gaser, V. Busch, G. Schuierer, U. Bogdahn, and A. May, "Neuroplasticity: Changes in Grey Matter Induced by Training," *Nature* 427, no. 6972 (2004): 311–312; M. Taubert, B. Draganski, A. Anwander, K. Muller, A. Horstmann, A. Villringer, and P. Ragert, "Dynamic Properties of Human Brain Structure: Learning–Related Changes in Cortical Areas and Associated Fiber Connections," *Journal of Neuroscience* 30, no. 35 (2010): 11670–11667; C. Sampaio–Baptista, J. Scholz, M. Jenkinson, A. G. Thomas, N. Filippini, G. Smit, G. Douaud, and H. Johansen–Berg, "Gray Matter Volume Is Associated with Rate of Subsequent Skill Learning After a Long Term Training Intervention," *Neuroimage* 96 (2014): 158–166; T. R. Bashore, B. Ally, N. C. van Wouwe, J. S. Neimat, W. P. M. van Den Wildenberg, and S. A. Wylie, "Exposing an 'Intangible' Cognitive Skill Among Collegiate Football Players: II. Enhanced Response Impulse Control," *Frontiers in Psychology* 9 (2018): 1496.

5   I. A. McKenzie, D. Ohayon, H. Li, J. P. de Faria, B. Emery, K. Tohyama, and W. D. Richardson, "Motor Skill Learning Requires Active Central Myelination," *Science* 346, no. 6207 (2014): 318–322.

6   T. Takeuchi, "Auditory Information in Playing Tennis," Perceptual and Motor Skills 76, no. 3, pt. 2 (1993): 1323–1328; C. Kennel, L. Streese, A. Pizzera, C. Justen, T. Hohmann, and M. Raab, "Auditory Reafferences: The Influence of Real–Time Feed back on Movement Control," *Frontiers in Psychology* 6 (2015): 69; F. Sors, M. Murgia, I. Santoro, V. Prpic, A. Galmonte, and T. Agostini, "The Contribution of Early Auditory and Visual Information to the Discrimination of Shot Power in Ball Sports," *Psychology of Sport and Exercise* 31 (2017): 44–51; M. Murgia, T. Hohmann, A. Galmonte, M. Raab, and T. Agostini, "Recognising One's Own Motor Actions Through Sound: The Role of Temporal Factors," *Perception* 41, no. 8 (2012): 976–987; I. Camponogara, M. Rodger, C. Craig, and P. Cesari, "Expert Players Accurately Detect an Opponent's Movement Intentions Through Sound Alone," *Journal of Experimental Psychology: Human Perception and Performance* 43, no. 2 (2017): 348–359; N. Schaffert, T. B. Janzen, K. Mattes, and M. H. Thaut, "A Review on the Relationship between Sound and Movement in Sports and

Rehabilitation," *Frontiers in Psychology* 10 (2019): 244.

7 J. Krizman, T. Lindley, S. Bonacina, D. Colegrove, T. White-Schwoch, and N. Kraus, "Play Sports for a Quieter Brain: Evidence from Division I Collegiate Athletes," *Sports Health* 12, no. 2 (2020): 154-158.

8 E. Skoe, J. Krizman, and N. Kraus, "The Impoverished Brain: Disparities in Maternal Education Affect the Neural Response to Sound," *Journal of Neuroscience* 33, no. 44 (2013): 17221-17231; H. Luo, E. Pace, X. Zhang, and J. Zhang, "Blast-Induced Tinnitus and Spontaneous Activity Changes in the Rat Inferior Colliculus," *Neuroscience Letters* 580 (2014): 47-51; W. H. Mulders and D. Robertson, "Development of Hyperactivity After Acoustic Trauma in the Guinea Pig Inferior Colliculus," *Hearing Research* 298 (2013): 104-108.

9 C. H. Hillman, K. I. Erickson, and A. F. Kramer, "Be Smart, Exercise Your Heart: Exercise Effects on Brain and Cognition," *Nature Reviews Neuroscience* 9, no. 1 (2008): 58-65; S. E. Fox, P. Levitt, and C. A. Nelson, "How the Timing and Quality of Early Experiences Influence the Development of Brain Architecture," *Child Development* 81, no. 1 (2010): 28-40.

10 Centers for Disease Control and Prevention, "Nonfatal Traumatic Brain injuries Related to Sports and Recreation Activities Among Persons Aged <=19 Years—United States, 2001-2009," *Morbidity and Mortality Weekly Report* 60, no. 39 (2011): 1337-1342.

11 N. Kounang, "Former NFLers Call for End to Tackle Football for Kids," *CNN Health*, March 18, 2018, https://www.cnn.com/2018/01/18/health/nfl-no-tackle-football-kids/index.html.

12 L. S. M, Johnson, "Return to Play Guidelines Cannot Solve the Football-Related Concussion Problem," *Journal of School Health* 82, no. 4 (2012): 180-185.

13 H. S. Martland, "Punch Drunk," *Journal of the American Medical Association* 91 (1928): 1103-1107.

14 A. P. Kontos, T. Covassin, R. J. Elbin, and T. Parker, "Depression and Neurocognitive Performance After Concussion Among Male and Female High School and Collegiate Athletes," *Archives of Physical Medicine and*

Rehabilitation 93, no. 10 (2012): 1751-1756; R. D. Moore, W. Sauve, and D. Ellemberg, "Neurophysiological Correlates of Persistent Psycho-Affective Alterations in Athletes with a History of Concussion," *Brain Imaging and Behavior* 10 (2016): 1108; L. M. Mainwaring, M. Hutchison, S. M. Bisschop, P. Comper, and D. W. Richards, "Emotional Response to Sport Concussion Compared to ACL Injury," *Brain Injury* 24, no. 4 (2010): 589-597.

15 B. M. Asken, M. J. Sullan, S. T. DeKosky, M. S. Jaffee, and R. M. Bauer, "Research Gaps and Controversies in Chronic Traumatic Encephalopathy: A Review," *JAMA Neurology* 74, no. 10 (2017): 1255-1262.

16 J. Mez, D. H. Daneshvar, P. T. Kiernan, B. Abdolmohammadi, V. E. Alvarez, B. R. Huber, M. L. Alosco, et al., "Clinicopathological Evaluation of Chronic Traumatic Encephalopathy in Players of American Football," *Journal of the American Medical Association* 318, no. 4 (2017): 360-370.

17 L. de Beaumont, D. Mongeon, S. Tremblay, J. Messier, F. Prince, S. Leclerc, M. Lassonde, and H. Theoret, "Persistent Motor System Abnormalities in Formerly Concussed Athletes," *Journal of Athletic Training* 46, no. 3 (2017): 234-240; D. M. Bernstein, "Information Processing Difficulty Long After Self-Reported Concussion," *Journal of the International Neuropsychological Society* 8, no. 5 (2002): 673-682; R. D. Moore, S. P. Broglio, and C. H. Hillman, "Sport-Related Concussion and Sensory Function in Young Adults," *Journal of Athletic Training* 49, no. 1 (2014): 36-41; M. B. Pontifex, P. M. O'Connor, S. P. Broglio, and C. H. Hillman, "The Association between Mild Traumatic Brain Injury History and Cognitive Control," *Neuropsychologia* 47, no. 14 (2009): 3210-3216; R. D. Moore, C. H. Hillman, and S. P. Broglio, "The Persistent Influence of Concussive Injuries on Cognitive Control and Neuroelectric Function," *Journal of Athletic Training* 49, no. 1 (2014): 24-35; H. G. Belanger and R. D. Vanderploeg, "The Neuropsychological Impact of Sports-Related Concus sion: A Meta-Analysis," *Journal of the International Neuropsychological Society* 11, no. 4 (2005): 345-357; R. S. Moser, P. Schatz, and B. D. Jordan, "Prolonged Effects of Concussion in High School Athletes," *Neurosurgery* 57, no. 2 (2005): 300-306; G. L. Iverson, M. Gaetz, M. R. Lovell, and M. W. Collins, "Cumulative Effects of Concussion in Amateur

Athletes," *Brain Injury* 18, no. 5 (2004): 433–443.

18 Arnold Starr, https://www.arnoldstarrart.com.

19 C. Grillon, R. Ameli, and W. M. Glazer, "Brainstem Auditory-Evoked Potentials to Different Rates and Intensities of Stimulation in Schizophrenics," *Biological Psychiatry* 28, no. 9 (1990): 819–823; J. Källstrand, S. F. Nehlstedt, M. L. Sköld, and S. Nielzén, "Lateral Asymmetry and Reduced Forward Masking Effect in Early Brainstem Auditory Evoked Responses in Schizophrenia," *Psychiatry Research* 196, no. 2-3 (2012): 188–193; E. Lahat, E. Avital, J. Barr, M. Berkovitch, A. Arlazoroff, and M. Aladjemm, "BAEP Studies in Children with Attention Deficit Disorder," *Developmental Medicine and Child Neurology* 37, no. 2 (1995): 119–123; S. Otto-Meyer, J. Krizman, T. White-Schwoch, and N. Kraus, "Children with Autism Spectrum Disorder Have Unstable Neural Responses to Sound," *Experimental Brain Research* 236, no. 3 (2018): 733–743; N. M. Russo, E. Skoe, B. Trommer, T. Nicol, S. Zecker, A. Bradlow, and N. Kraus, "Deficient Brainstem Encoding of Pitch in Children with Autism Spectrum Disorders," *Clinical Neurophysiology* 119, no. 8 (2008): 1720–1731; N. M. Russo, T. G. Nicol, B. L. Trommer, S. G. Zecker, and N. Kraus, "Brainstem Transcription of Speech Is Disrupted in Children with Autism Spectrum Disorders," *Developmental Science* 12, no. 4 (2009): 557–567; G. M. Bidelman, J. E. Lowther, S. H. Tak, and C. Alain, "Mild Cognitive Impairment Is Characterized by Deficient Brainstem and Cortical Representations of Speech," *Journal of Neuroscience* 37, no. 13 (2017): 3610–3620; H. Tachibana, M. Takeda, and M. Sugita, "Brainstem Auditory Evoked Potentials in Patients with Multi-Infarct Dementia and Dementia of the Alzheimer Type," *International Journal of Neuroscience* 48, no. 3-4 (1989): 325–331; H. Nakamura, S. Takada, R. Shimabuku, M. Matsuo, T. Matsuo, and H. Negishi, "Auditory Nerve and Brainstem Responses in Newborn Infants with Hyperbilirubinemia," *Pediatrics* 75, no. 4 (1985): 703–8; V. Wahlström, F. Åhlander, and R. Wynn, "Auditory Brainstem Response as a Diagnostic Tool for Patients Suffering from Schizophrenia, Attention Deficit Hyperactivity Disorder, and Bipolar Disorder: Protocol," *JMIR Research Protocols* 4, no. 1 (2015): e16; H. Tachibana, M. Takeda, and M. Sugita,

"Short-Latency Somatosensory and Brainstem Auditory Evoked Potentials in Patients with Parkinson's Disease," *International Journal of Neuroscience* 44, no. 3–4 (1989): 321–326; G. Paludetti, F. Ottaviani, V. Gallai, A. Tassoni, and M. Maurizi, "Auditory Brainstem Responses (ABR) in Multiple Sclerosis." *Scandinavian Audiology* 14, no. 1 (1985): 27–34; T. White-Schwoch, A. K. Magohe, A. M. Fellows, C. C. Rieke, B. Vilarello, T. Nicol, E. R. Massawe, N. Moshi, N. Kraus, and J. C. Buckey, "Auditory Neurophysiology Reveals Central Nervous System Dysfunction in HIV-Infected Individuals," *Clinical Neurophysiology* 131 (2020): 1827–1832; E. Castello, N. Baroni, and E. Pallestrini, "Neurotological Auditory Brain Stem Response Findings in Human Immunodeficiency Virus-Positive Patients without Neurologic Manifestations," *Annals of Otology, Rhinology, and Laryngology* 107, no. 12 (1988): 1054–1060.

20 P. McCrory, W. Meeuwisse, J. Dvorak, M. Aubry, J. Bailes, S. Broglio, R. C. Cantu, et al., "Consensus Statement on Concussion in Sport—the 5th international Conference on Concussion in Sport Held in Berlin, October 2016," *British Journal of Sports Medicine* 51 (2017): 838–847.

21 F. J. Gallun, A. C. Diedesch, L. R. Kubli, T. C. Walden, R. L. Folmer, M. S. Lewis, D. J. McDermott, S. A. Fausti, and M. R. Leek, "Performance on Tests of Central Auditory Processing by individuals Exposed to High-Intensity Blasts," *Journal of Rehabilitation Research and Development* 49, no. 7 (2012): 1005–1025.

22 E. C. Thompson, J. Krizman, T. White-Schwoch, T. Nicol, C. R. LaBella, and N. Kraus, "Difficulty Hearing in Noise: A Sequela of Concussion in Children," *Brain Injury* 32, no. 6 (2018): 763–769; C. Turgeon, F. Champoux, F. Lepore, S. Leclerc, and D. Ellemberg, "Auditory Processing After Sport-Related Concussions," *Ear and Hearing* 32, no. 5 (2011): 667–70; P. O. Bergemalm and B. Lyxell, "Appearances Are Deceptive? Long-Term Cognitive and Central Auditory Sequelae from Closed Head Injury," *International Journal of Audiology* 44, no. 1 (2005): 39–49; J. L. Cockrell and S. A. Gregory, "Audiological Deficits in Brain-Injured Children and Adolescents," *Brain Injury* 6, no. 3 (1992): 261–266.

23 L. A. Nelson, M. Macdonald, C. Stall, and R. Pazdan, "Effects of Interactive Metronome Therapy on Cognitive Functioning after Blast-Related Brain Injury: A Randomized Controlled Pilot Trial," *Neuropsychology* 27, no. 6 (2013): 666–679.

24 C. C. Giza and D. A. Hovda, "The New Neurometabolic Cascade of Concussion," *Neurosurgery* 75, suppl. 4 (2014): S24–33.

25 Y. Aoki, R. inokuchi, M. Gunshin, N. Yahagi, and H. Suwa, "Diffusion Tensor Imaging Studies of Mild Traumatic Brain Injury: A Meta-Analysis," *Journal of Neurology, Neurosurgery, and Psychiatry* 83, no. 9 (2012): 870–876.

26 A. A. Hirad, J. J. Bazarian, K. Merchant-Borna, F. E. Garcea, S. Heilbronner, D. Paul, E. B. Hintz, et al., "A Common Neural Signature of Brain Injury in Concussion and Subconcussion," *Science Advances* 5, no. 8 (2019): eaau3460.

27 M. Thériault, L. De Beaumont, N. Gosselin, M. Filipinni, and M. Lassonde, "Electrophysiological Abnormalities in Well Functioning Multiple Concussed Athletes," *Brain Injury* 23, no. 11 (2009): 899–906; S. J. Segalowitz, D. M. Bernstein, and S. Lawson, "P300 Event-Related Potential Decrements in Well-Functioning Univer sity Students with Mild Head Injury," *Brain and Cognition* 45, no. 3 (2001): 342–356; R. Pratap-Chand, M. Sinniah, and F. A. Salem, "Cognitive Evoked Potential (P300): A Metric for Cerebral Concussion," *Acta Neurologica Scandinavica* 78, no. 3 (1988): 185–189; N. Gosselin, M. Thériault, S. Leclerc, J. Montplaisir, and M. Lassonde, "Neurophysiological Anomalies in Symptomatic and Asymptomatic Concussed Athletes," *Neurosurgery* 58, no. 6 (2006): 1151–1161.

28 R. M. Amanipour, R. D. Frisina, S. A. Cresoe, T. J. Parsons, Z. Xiaoxia, C. V. Borlongan, and J. P. Walton, "Impact of Mild Traumatic Brain Injury on Auditory Brain Stem Dysfunction in Mouse Model," *Conference Proceedings: Annual International Conference of the IEEE Engineering in Medicine and Biology Society*, (2016): 1854–1857; J. H. Noseworthy, J. Miller, T. J. Murray, and D. Regan, "Auditory Brainstem Responses in Postconcussion Syndrome," *Archives of Neurology* 38, no. 5 (1981): 275–278; F. Ottaviani, G. Almadori, A. B. Calderazzo, A. Frenguelli, and G. Paludetti, "Auditory Brain-Stem (ABRs) and Middle Latency Auditory Responses (MLRs) in the Prognosis of Severely

Head-Injured Patients," *Electroencephalography and Clinical Neurophysiology* 65, no. 3 (1986): 196–202; A. Matsumura, I. Mitsui, S. Ayuzawa, S. Takeuchi, and T. Nose, "Prediction of the Reversibility of the Brain Stem Dysfunction in Head injury Patients: MRI and Auditory Brain Stem Response Study," in *Recent Advances in Neurotraumatology*, ed. N. Nakamura, T. Hashimoto, and M. Yasue (Tokyo: Springer Japan, 1993), 192–195.

29 S. K. Munjal, N. K. Panda, and A. Pathak, "Relationship between Severity of Traumatic Brain Injury (TBI) and Extent of Auditory Dysfunction," *Brain Injury* 24, no. 3 (2010): 525–532; Y. Haglund and H. E. Persson, "Does Swedish Amateur Boxing Lead to Chronic Brain Damage? 3. A Retrospective Clinical Neurophysiological Study," *Acta Neurologica Scandinavica* 82, no. 6 (1990): 353–360; C. Nölle, I. Todt, R. O. Seidl, and A. Ernst, "Pathophysiological Changes of the Central Auditory Pathway After Blunt Trauma of the Head," *Journal of Neurotrauma* 21, no. 3 (2004): 251–258.

30 E. C. Thompson, J. Krizman, T. White-Schwoch, T. Nicol, C. R. LaBella, and N. Kraus, "Difficulty Hearing in Noise: a Sequela of Concussion in Children," *Brain Injury* 32, no. 6 (2018): 763–769.

31 N. Kraus, E. C. Thompson, J. Krizman, K. Cook, T. White-Schwoch, and C. R. LaBella, "Auditory Biological Marker of Concussion in Children," *Scientific Reports* 6 (2016): 39009.

32 G. Rauterkus, D. Moncrieff, G. Stewart, and E. Skoe, "Baseline, Retest, and Post-injury Profiles of Auditory Neural Function in Collegiate Football Players," *International Journal of Audiology* (2021) https://doi.org/10.1080/14 992027.2020.1860261; K. R. Vander Werff and B. Rieger, "Brainstem Evoked Potential Indices of Subcortical Auditory Processing After Mild Traumatic Brain Injury," *Ear and Hearing* 38, no. 4 (2017): e200–214.

33 J. P. L. Brokx and S. G. Nooteboom, "Intonation and the Perceptual Separation of Simultaneous Voices," *Journal of Phonetics* 10, no. 1 (1982): 23–36; V. Summers and M. R. Leek, "F0 Processing and the Separation of Competing Speech Signals by Listeners with Normal Hearing and with Hearing Loss," *Journal of Speech, Language, and Hearing Research* 41, no. 6 (1998): 1294–1306.

34 N. Kraus, T. Lindley, D. Colegrove, J. Krizman, S. Otto-Meyer, E. C. Thompson, and T. White-Schwoch, "The Neural Legacy of a Single Concussion," *Neuroscience Letters* 646 (2017): 21-23.

35 S. Abrahams, S. M. Fie, J. Patricios, M. Posthumus, and A. V. September, "Risk Factors for Sports Concussion: An Evidence-Based Systematic Review," *British Journal of Sports Medicine* 48, no. 2 (2014): 91-97.

36 T. White-Schwoch, J. Krizman, K. McCracken, J. K. Burgess, E. C. Thompson, T. Nicol, N. Kraus, and C. R. LaBella, "Baseline Profiles of Auditory, Vestibular, and Visual Functions in Youth Tackle Football Players," *Concussion* 4, no. 4 (2020): CNC66; T. White-Schwoch, J. Krizman, K. McCracken, J. K. Burgess, E. C. Thompson, T. Nicol, C. R. LaBella, and N. Kraus, "Performance on Auditory, Vestibular, and Visual Tests Is Stable Across Two Seasons of Youth Tackle Football," *Brain Injury* 34 (2020): 236-244.

14장

1 P. Weinberger and C. Burton, "The Effect of Sonication on the Growth of Some Tree Seeds," *Canadian Journal of Forest Research-Revue Canadienne De Recherche Forestiere* 11, no. 4 (1981): 840-844.

2 H. Takahashi, H. Suge, and T. Kato, "Growth Promotion by Vibration At 50 Hz in Rice and Cucumber Seedlings," *Plant and Cell Physiology* 32, no. 5 (1991): 729-732.

3 M. Gagliano, M. Grimonprez, M. Depczynski, and M. Renton, "Tuned In: Plant Roots Use Sound to Locate Water," *Oecologia* 184, no. 1 (2017): 151-160.

4 M. Gagliano, S. Mancuso, and D. Robert, "Towards Understanding Plant Bioacoustics," *Trends in Plant Science* 17, no. 6 (2012): 323-325.

5 S. Buchmann, "Pollination in the Sonoran Desert Region," in *A Natural History of the Sonoran Desert*, ed. M. A. Dimmit, P. W. Comus, S. J. Phillips, and L. M. Brewer (Oakland: University of California Press, 2015), 124-129.

6 T. A. C. Gordon, A. N. Radford, I. K. Davidson, K. Barnes, K. McCloskey, S. L. Nedelec, M. G. Meekan, M. I. McCormick, and S. D. Simpson, "Acoustic

Enrichment Can Enhance Fish Community Development on Degraded Coral Reef Habitat," *Nature Communications* 10, no. 1 (2019): 5414.

7 A. T. Woods, E. Poliakoff, D. M. Lloyd, J. Kuenzel, R. Hodson, H. Gonda, J. Batchelor, G. B. Dijksterhuis, and A. Thomas, "Effect of Background Noise on Food Perception," *Food Quality and Preference* 22, no. 1 (2011): 42-47.

8 C. Spence, C. Michel, and B. Smith, "Airline Noise and the Taste of Umami," *Flavour* 3, no. 2 (2014): 1-4.

9 M. Cobb, *The Idea of the Brain: The Past and Future of Neuroscience* (New York: Basic Books, 2020) 매튜 코브, 이한나 옮김, 《뇌 과학의 모든 역사》(심심, 2021); V. S. Ramachandran and S. Blakeslee, *Phantoms in the Brain: Human Nature and the Architecture of the Mind* (New York: William Morrow, 1998); 빌라야누르 라마찬드란, 샌드라 블레이크스리, 신상규 옮김, 《라마찬드란 박사의 두뇌 실험실》(바다출판사, 2015).

10 A. D. Patel, "Evolutionary Music Cognition: Cross-Species Studies," in *Foundations in Music Psychology: Theory and Research*, ed. P. J. Rentfrow and D. Levitin (Cambridge, MA: MIT Press, 2019): 459-501.

11 J. Blacking, *How Musical Is Man?* (Seattle: University of Washington Press, 1973).

12 G. Gigerenzer, *Gut Feelings: The Intelligence of the Unconscious* (New York: Viking, 2007); 게르트 기거렌처, 안의정 옮김, 《생각이 직관에 묻다》(추수밭, 2008).

13 R. G. Geen, "Effects of Attack and Uncontrollable Noise on Aggression," *Journal of Research in Personality* 12, no. 1 (1978): 15-29.

찾아보기

소리의 마음들

초판 1쇄 인쇄 2023년 4월 17일
초판 1쇄 발행 2023년 4월 26일

지은이 니나 크라우스
옮긴이 장호연
펴낸이 이승현

출판2 본부장 박태근
W&G 팀장 류혜정
편집 남은경
디자인 윤정아
교정교열 신지영

펴낸곳 ㈜위즈덤하우스 **출판등록** 2000년 5월 23일 제13-1071호
주소 서울특별시 마포구 양화로 19 합정오피스빌딩 17층
전화 02) 2179-5600 **홈페이지** www.wisdomhouse.co.kr

ISBN 979-11-6812-382-3 93400